SO VERRÜCKT IST UNSERE WELT

© 2007 Dorling Kindersely Limited
Text copyright © Ian Harrison

© 2010 der deutschen Ausgabe
Edel Germany GmbH, Hamburg
www.edel.de
1. Auflage 2010

Projektkoordination: Dr. Marten Brandt
Übersetzung: Dr. Willfried Baatz, Dr. Michael Schmidt,
Jeanette Stark, Theresia Übelhör
Layout, Herstellung und Satz: alpha & bet VERLAGSSERVICE, München
Lektorat: Dr. Willfried Baatz

Umschlagabbildungen: © Dorling Kindersley, www.dkimages.com
Umschlaggestaltung: Groothuis, Lohfert, Consorten,
Hamburg | www.glcons.de

Alle Rechte vorbehalten. All rights reserved.
Das Werk darf – auch teilweise – nur mit Genehmigung
des Verlages wiedergegeben werden.

Printed in China

ISBN 978-3-86803-436-3

SO VERRÜCKT IST UNSERE WELT

IAN HARRISON

MOEWIG

INHALT

8 EINFÜHRUNG IN DIE ERDE

10 **KAPITEL 1**

12 *Die Bedeutung der Zahl Eins*
Interessantes vom einarmigen Banditen bis zu
111 111 111 x 111 111 111 = 12345678987654321

14 PLANET ERDE
Wo man nicht hin sollte
Anullierte Flüge sind die geringsten Sorgen auf einer Reise. Spannender wird es erst nach der Ankunft.

16 SITTEN UND GEBRÄUCHE
Es ist erlaubt...
Hier erfahren Sie, wo Sie was machen dürfen.

18 ESSEN UND TRINKEN
Hier geht es um die Wurst
Jedes Land hat seine Lieblingswurst, Deutschland hat 1200 Sorten davon.

20 FLORA UND FAUNA
Der beste Freund des Menschen
Bilder von Hunden in ihren (oder in denen ihrer Besitzer) Lieblingsverkleidungen.

22 TECHNOLOGIE
Wie wird man ein Superheld
Wie eignet man sich die Kraft der populären Superhelden an?

24 MYTHEN UND LEGENDEN
Urbane Mythen
Geschichten von den unterschwelligen Hoffnungen und Ängsten der Menschen.

26 SPORT UND FREIZEIT
Die hehre Kunst
Zwei Männer steigen in einen Boxring, um sich mit gepolsterten Handschuhen bewusstlos zu schlagen. Wozu soll das gut sein?

28 SPORT UND FREIZEIT
Klassiker
Ein kaputtes Nasenbein in New York.

30 KOMMUNIKATION
Auf einen Drink
Die richtigen Worte beim Erheben des Glases, ganz gleich wo auf der Welt Sie gerade sind.

32 FLORA UND FAUNA
50er Pin ups
Hier sehen Sie, wie es aussah, als in Hollywood die Hüllen fielen.

34 MYTHEN UND LEGENDEN
Berühmte Ausbrecher
Jeder möchte frei und unabhängig sein, und deshalb sind Ausbrecher so interessant.

36 ESSEN UND TRINKEN
Riesen-Maki
Schritt-für-Schritt-Anleitung zur Herstellung von Riesen-Sushis, aber Vorsicht mit dem Wasabi!

38 SPORT UND FREIZEIT
Heldentaten
Wer war die Erste, die die Niagarafälle in einem Fass befuhr, und wer hüpfte mit einem Pogo Stick als Erster auf den CN-Tower?

40 SITTEN UND GEBRÄUCHE
Partys der Welt
Zu jeder Jahreszeit gibt es irgendwo auf der Welt eine Riesenparty. Mehr über die Partys von Glastonbury bis Rio de Janeiro hier.

42 FLORA UND FAUNA
Supermenschen
Menschliche Extreme: vom längsten Bart bis zu der schmalsten Taille.

44 FLORA UND FAUNA
Die Tödlichste
Nehmen Sie sich nicht nur vor den Tieren mit den mächtigsten Krallen in Acht...

46 SITTEN UND GEBRÄUCHE
Verkehrsregeln
Es ist schon schwer genug, fahren zu lernen. Doch wenn Sie in Athen oder Thailand unterwegs sind, müssen Sie auch noch richtig gekleidet sein.

48 SITTEN UND GEBRÄUCHE
Wenn Sie in Rom sind
Wenn Sie in Rom sind, sollten Sie sich auch wie ein Römer verhalten. Für alle, die nicht sicher sind, wie das geht, hier einige Tipps.

50 MYTHEN UND LEGENDEN
Falschmeldungen
Sie werden feststellen, wie leichtgläubig Menschen sein können.

52 SPORT UND FREIZEIT
Auf der Piste
Können Sie bei Ollie, Butter, Grab und Alleyoop mitreden? Hier gibts mehr Infos dazu.

54 MYTHEN UND LEGENDEN
Erste Verbrechen
Die ersten Mörder, Verurteilungen und Hinrichtungen.

56 SPORT UND FREIZEIT
Was steckt dahinter
Die Hintergründe einiger der wichtigsten Alben-Titel der Popmusik.

58 TECHNOLOGIE
Big Brother
Sie werden beobachtet!

60 **KAPITEL 2**

62 *Die Bedeutung der Zahl Zwei*
Interessantes von bekannten Paaren bis zu Yin und Yang.

64 SITTEN UND GEBRÄUCHE
Männer aus aller Welt
Vom Karibu-Fell zum Kilt zeigt die kleine Auswahl, was Männer rund um die Welt tragen.

66 SITTEN UND GEBRÄUCHE
Frauen aus aller Welt
Von der Spitzenhaube bis zur Federstola ist hier zu sehen, was Frauen so tragen.

68 MYTHEN UND LEGENDEN
Riesige Feuerbälle
Kann ein Mensch einfach so in Flammen aufgehen?

70 FLORA UND FAUNA
Mensch vs Tier
Wer kann mehr essen, eine Raupe oder ein erwachsener Mensch? Wenn Sie genau nachmessen, gewinnt immer das Insekt.

72 FLORA UND FAUNA
60er Sex Symbole
Das waren die Swinging Sixties.

74 PLANET ERDE
Gottes Werk?
Lawinen, Zyklone, Erdbeben, Erdrutsche, Vulkanausbrüche, Tsunamis, Epidemien – was verursacht die größten Schäden?

76 PLANET ERDE
Heuschreckenplage
Essstörung.

78 PLANET ERDE
Katastrophen und Tod
Die verheerenden Folgen menschlichen Versagens.

80 ESSEN UND TRINKEN
Riesen-Keks
Schritt-für-Schritt-Anleitung zum Backen eines Monster-Kekses mit gut 8000 Kalorien.

82 TECHNOLOGIE
Menschen auf dem Mond
Wie lange haben Menschen gebraucht, um auf den Mond zu kommen? Über 1,8 Millionen Jahre!

84 ESSEN UND TRINKEN
Scharf auf scharfe Drinks
Erfahren Sie, wo man welchen Schnaps legal oder auch schwarzbrennt.

86 FLORA UND FAUNA
Experimente mit Drogen
Was machen Marihuana, LSD und Amphetamine und was bewirken sie bei Spinnen?

88 SPORT UND FREIZEIT
Neue Bälle, bitte
Irgendwann beförderte man einen Stein mit einem Stock in ein Loch und nannte es Golf. Doch danach wurde es immer komplizierter.

90 MYTHEN UND LEGENDEN
Verschwörungstheorien
Ob sie nun tatsächlich daran glauben oder nur etwas suchen, das sie als lächerlich abtun können – Menschen lieben Verschwörungstheorien.

92 FLORA UND FAUNA
Ungebetene Gäste
Ob Haarbalgmilben oder Leberegel, Hunderte Arten versuchen, es sich im menschlichen Körper bequem zu machen.

94 ESSEN UND TRINKEN
Essens-Premiere
Was ärgerte einen Chef so sehr, dass er die Kartoffelchips erfand? Und wessen Idee war das tischfertige Müsli zum Frühstück?

96 FLORA UND FAUNA
Bienenkönigin
Ganzkörperbedeckung.

98 SPORT UND FREIZEIT
Zaubertricks
Eine Schritt-für-Schritt-Anleitung zum Erlernen von Bar-Ticks, die Ihnen helfen werden, neue Freunde zu finden und Leute zu beeindrucken.

100 FLORA UND FAUNA
Haustier-Projekte
Affen im Weltraum und Hunde am Fallschirm. Wieso? Fragen Sie deren Besitzer.

102 SPORT UND FREIZEIT
Sport ist Mord
Vom Angeln und Cheerleading bis zum Base-Jumping: Es kann gefährlich werden.

104 SPORT UND FREIZEIT
Bullenreiten
Ein Sport für die wirklich Verrückten.

106 MYTHEN UND LEGENDEN
Wie man zu Geld kommt
Jeder möchte zu Geld kommen. Einige arbeiten dafür, andere stehlen, wieder andere erben und manche schaffen es mit ausgeklügelten Gaunereien.

108 **KAPITEL 3**
110 **Die Bedeutung der Zahl Drei**
Interessantes von den drei Aggregatzuständen bis zu den drei Musketieren.

112 SITTEN UND GEBRÄUCHE
Arbeit und Konsum
Wo muss man am längsten für ein Drei-Gänge-Menü arbeiten, und wie viele Arbeitsstunden sind wo nötig, um sich Kleidung zu kaufen?

114 SPORT UND FREIZEIT
Amerikas Sportart Nr. 1
Baseball in Fakten und Zahlen.

116 KOMMUNIKATION
Einen Partner finden
Finden Sie heraus, wie Sie erkennen können, ob sie einer hinreißende Person gefallen oder nicht und wie Sie ihr ohne Worte zu verstehen geben können, dass Sie auf sie scharf sind.

118 FLORA UND FAUNA
Tierischer Sex
Eigenwillige Begattungsrituale.

120 FLORA UND FAUNA
Katzenkunst
Verwandlung mit einigen Pinselstrichen.

122 TECHNOLOGIE
Patentierter Unsinn
Einige Dinge, von denen Menschen meinten, sie sich patentieren lassen zu müssen: von der Spaghettigabel bis zum Schulterklopfer.

124 SPORT UND FREIZEIT
Hals- und Beinbruch!
Wenn im Sport etwas schief geht, sind die Konsequenzen oft schmerzhaft.

126 SITTEN UND GEBRÄUCHE
Dating-Regeln
Wie man sich richtig benimmt und so Zuneigung gewinnt.

128 PLANET ERDE
Ich überlebe ... Teil I
Genau das könnte Ihr Leben retten.

130 PLANET ERDE
Ich überlebe ... Teil II
Noch mehr lebensrettende Informationen.

132 FLORA UND FAUNA
70er Stars
Wer war cool in dem Jahrzehnt der eigenwilligen Mode?

134 SITTEN UND GEBRÄUCHE
Es ist noch immer verboten ...
Erfahren Sie, wo man keine Rüstung tragen darf, wo Eltern ihre Kinder nicht beleidigen dürfen und in welchem US-Staat es verboten ist, sein Gebiss zu versetzen.

136 FLORA UND FAUNA
Dringendes Bedürfnis
Wenn man muss, muss man gehen!

138 SPORT UND FREIZEIT
Origami
Eine Schritt-für-Schritt-Anleitung zum Falten von Wasserbomben, Booten oder Dollar-Shirts.

140 MYTHEN UND LEGENDEN
Fakt oder Fiktion
Können hohe Töne ein Weinglas zerspringen lassen, und kann eine von einem Hochhaus herabfallende Münze jemanden töten? Sie erfahren es hier.

142 FLORA UND FAUNA
Gestörte Ordnung
Einer muss immer aus der Reihe tanzen.

144 KOMMUNIKATION
Welt-Karaoke
Texte einiger traditioneller Lieder aus aller Welt, die Sie gemeinsam mit den Einheimischen anstimmen können.

146 PLANET ERDE
Künstliche Eilande
Früher machten sich Entdecker auf den Weg, um unbekannte Inseln zu finden. Heute schaffen sich die Menschen ihre Inseln selbst.

148 SITTEN UND GEBRÄUCHE
Millionen-Dollar-Menschen
Beine und Brüste sind bei einigen Menschen wertvoller als alles andere.

150 SITTEN UND GEBRÄUCHE
So wertvoll wie Gold
Was war im Römischen Reich so wertvoll, dass es die Goten als Lösegeld verlangten?

152 MYTHEN UND LEGENDEN
Wer hat Angst vor ...
Ob Angst vorm Fliegen oder vor Gewitter, vor Spinnen oder Sonnenuntergängen, vor Waffen oder Kaugummi, welches sind die größten Ängste?

154 SPORT UND FREIZEIT
Radkünstler
Ein Rückwärtssalto unter freiem Himmel.

156 TECHNOLOGIE
Sicherheit im Haus
Hier werden die Gefahren von Teewärmern, Stühlen und Wäschekörben vor Augen geführt.

158 **KAPITEL 7**
160 **Die Bedeutung der Zahl Sieben**
Interessantes von der Glückszahl bis zu den sieben Weltmeeren.

162 PLANET ERDE
Klimawandel 5 vor 12 ?
Die Temperaturen auf der Erde steigen. Wie warm wird es noch werden und wie sehr wird es unseren Planeten verändern?

164 SITTEN UND GEBRÄUCHE
Die Regeln des Trinkens
Sie haben gelernt, wie man Prost sagt, doch was sollten Sie noch wissen?

166 ESSEN UND TRINKEN
Lokale Delikatessen
Werfen Sie einen Blick auf die vielen Leckerbissen aus aller Welt.

168 SPORT UND FREIZEIT
Handzeichen
Weshalb finden sich jährlich Tausende Männer an den Stränden rund um die Welt ein?

170 SPORT UND FREIZEIT
Horrorfilme
Wenn ein Darsteller stirbt, ist das Pech, sterben zwei, ist es ein Unglück, sterben drei oder mehr, liegt ein Fluch auf dem Film.

172 SPORT UND FREIZEIT
Pech und Pannen
Vom Crash des Favoriten mit einem Begleitfahrzeug bei der Tour de France bis zum Torjubel, der mit einem fehlenden Finger endete.

174 ESSEN UND TRINKEN
XXL-Scotch egg
Schritt-für-Schritt-Anleitung zur Herstellung eines XXL-Scotch egg – aber Vorsicht: Um die Kalorien zu verbrennen müssen Sie 7 Stunden Seil springen!

MEHR INHALT

176 MYTHEN UND LEGENDEN
Straßenverkehr
Wer war der erste Unglückliche, der bei einem Autounfall ums Leben kam, und wer war der erste Genießer, der wegen Alkohol am Steuer verurteilt wurde?

178 TECHNOLOGIE
Horch und Guck
Das unentbehrliche Werkzeug für Spione.

180 FLORA UND FAUNA
Sturmlocken
Die hier abgebildeten Leute sehen aus, als wäre jeder Tag ein schlechter Tag für ihre Frisur.

182 MYTHEN UND LEGENDEN
Sechs Grade von Prominenz
Unsere Welt ist klein, doch für Prominente ist sie noch kleiner, wie man hier sehen kann.

184 SITTEN UND GEBRÄUCHE
Nationale Schätze
T-Shirts sind beliebte Souvenirs. Aber vielleicht wollen Sie keines. Hier finden Sie Alternativen, die in Ihrer Tasche landen könnten.

186 FLORA UND FAUNA
Vogelscheuche
Eine eigenwillige Art, die Ernte zu schützen.

188 MYTHEN UND LEGENDEN
Willkommen im Klub
Diese verschwiegenen Vereinigungen sind Gegenstand von Gerüchten, Anschuldigungen und konspirativen Theorien.

190 FLORA UND FAUNA
80er Ikonen
Out – Busen und Dekolletés, in – lange Beine.

192 SPORT UND FREIZEIT
Extreme Ausdauer
An die Grenzen der physischen Belastbarkeit.

194 SPORT UND FREIZEIT
Vereint im freien Fall
Freifallformation, bei der jeder Springer seine Position hat.

196 TECHNOLOGIE
Milliarden für das Militär
Wenn es um die Streitkräfte geht, zählt vor allem die Größe.

198 SITTEN UND GEBRÄUCHE
Nationale Gesundheit
Wer gibt wie viel für die Gesundheit aus?

200 MYTHEN UND LEGENDEN
Am Leben bleiben
Überleben ist ein Urinstinkt des Menschen.

202 TECHNOLOGIE
Menschliche Ersatzteile
Von künstlichen Nasen zu transplantierten Herzen: Es war ein langer Weg von den ersten Prothesen der Alten Griechen bis heute.

204 KOMMUNIKATION
Liebesgeflüster
Wie sagt man „Ich liebe Dich" in 100 Sprachen.

206 **KAPITEL 9**
208 *Die Bedeutung der Zahl Neun*
Interessantes von der Glückszahl in China und der Unglückszahl in Japan zu den neun Planeten unseres Sonnensystems.

210 TECHNOLOGIE
Roboterchirurg
Roboter führen operative Eingriffe aus, die ein Arzt am anderen Ende der Welt leitet: Die Medizin hat eine lange Entwicklung hinter sich.

212 FLORA UND FAUNA
Körperschmuck
Vom Stammeszeichen zum modischen Schmuck.

214 FLORA UND FAUNA
Bemalte Frau
Da ist man doch etwas irritiert, oder?

216 SPORT UND FREIZEIT
Sport und Aberglauben
Glück spielt im Sport eine große Rolle. Und wo Glück ins Spiel kommt, ist Aberglaube nicht weit.

218 FLORA UND FAUNA
Sein Freund der Baum
Die vertikale Version eines Spagats.

220 KOMMUNIKATION
Ärger in Sicht
Verkehrszeichen: sinnvoll oder kurios.

222 MYTHEN UND LEGENDEN
Für immer jung?
Was haben Kinderstars später gemacht?

224 SPORT UND FREIZEIT
Radpartie
„Die Hölle des Nordens" erzeugt Chaos.

226 FLORA UND FAUNA
90er Weiber
Die Rundungen sind zurück – und zwar richtig!

228 SPORT UND FREIZEIT
Das schönste Spiel
Die Guten, die Bösen und die Hässlichen.

230 FLORA UND FAUNA
Lebendige Statistik
Alle Menschen haben einen Körper, doch die meisten wissen sehr wenig über ihn.

232 TECHNOLOGIE
Geld, Geld, Geld
Auf der ganzen Welt haben einige ziemlich merkwürdige Dinge als Zahlungsmittel gedient, von Totenschädeln bis zu Pfefferkörnern.

234 SPORT UND FREIZEIT
Papierflieger
Eine Schritt-für-Schritt-Anleitung zum Bauen von Flugzeugen aus Papier.

236 TECHNOLOGIE
Flugbeoachtung
Mit dieser Übersicht werden Sie jedes Flugzeug identifizieren können, das je geflogen ist, vom Gleitflugzeug bis zum Airbus A380.

238 TECHNOLOGIE
Flugunfall
Bruchlandung in Paris.

240 ESSEN UND TRINKEN
Super-Marshmallow
Schritt-für-Schritt-Anleitung zur Herstellung eines riesigen Marshmallows.

242 TECHNOLOGIE
Das schärfste Kombiwerkzeug
Wenn ein Taschenmesser zu groß ist, um in die Tasche zu passen.

244 FLORA UND FAUNA
Reparaturbetrieb
Welche Anstrengungen manche Menschen im Namen der „Schönheit" auf sich nehmen.

246 MYTHEN UND LEGENDEN
Urbane Mythen 2
Noch mehr zweifelhafte Geschichten zum Amüsieren und Verstören.

248 PLANET ERDE
7 Wunder der Welt
Ausgewählt von der American Society of Civil Engineers.

250 ESSEN UND TRINKEN
Großer Vogel
Ein prächtiger Festbraten.

252 TECHNOLOGIE
Was man alles mit einem Löffel macht
Vom Weg in die Freiheit mithilfe eines Löffels bis zur Familienplanung mit Frischhaltefolie – staunen Sie, was man mit Dingen des täglichen Gebrauchs so alles machen kann.

254 SPORT UND FREIZEIT
Gewinner und Verlierer
Mitunter ist es für das Publikum unvergesslicher, wenn jemand stürzt.

256 **KAPITEL 12**
258 *Die Bedeutung der Zahl Zwölf*
Interessantes von den 12 Sternzeichen bis zur Zahl 12 auf der Beaufort-Skala.

260 PLANET ERDE
60 Sekunden, um die Welt zu retten
Die Menschheit tut viel, um die Erde zu zerstören; hier einige Tipps, um die Welt zu retten.

262 FLORA UND FAUNA
Tier-Rekorde
Von Vögeln, die mehr als 10 000 km pro Jahr zurücklegen, bis zu Hunden, die mehr als 80 km schwimmen können.

264 TECHNOLOGIE
Natürliche Heilkunst
Manchmal sind die alten Hausmittel die besten. Etwa das Desinfizieren mit Maden oder ein Wickel aus Kuhdung.

266 SITTEN UND GEBRÄUCHE
Regeln des Business
Was Sie beim Business tun und lassen sollten.

268 FLORA UND FAUNA
Haustiere
Schon immer haben sich Menschen Haustiere gehalten; hier einige der ungewöhnlichsten.

270 PLANET ERDE
Wolken gucken Teil 1
Finden Sie heraus, wie man Cirrus, Altocumulus und Stratus erkennt.

272 PLANET ERDE
Wolken gucken Teil 2
Und hier eine ganz interessante Wolke.

274 MYTHEN UND LEGENDEN
Moderne Mythen
Ist es wahr, dass Menschen nur 10 % ihres Gehirns nutzen oder sich Zähne über Nacht in Cola auflösen können?

276 FLORA UND FAUNA
00er Idole
Stars für das neue Millennium.

278 SITTEN UND GEBRÄUCHE
Was ist Schönheit?
Wenn Sie demnächst jemandem sagen, er sähe göttlich aus, wissen Sie, warum es so ist.

280 SITTEN UND GEBRÄUCHE
Grimassieren
Ist Ihr Gesicht alles andere als perfekt, dann sehen Sie sich das hier an!

282 KOMMUNIKATION
Orte & Dinge
Wonach sind der Bikini, der Hamburger oder der Neandertaler benannt?

284 KOMMUNIKATION
Zeichensprache
Handzeichen: Nicht überall bedeuten sie das Gleiche.

286 SITTEN UND GEBRÄUCHE
Irre Jobs
Routine von 9 bis 17 Uhr: nicht für Körperdoubles, Sandwichdesigner oder Fluffer.

288 SITTEN UND GEBRÄUCHE
Lebensaufgabe
Ohne Schwindelfreiheit geht hier nichts.

290 TECHNOLOGIE
Come fly with me
Alles was Sie schon immer über das Fliegen wissen wollten.

292 KOMMUNIKATION
Zitate, Zitate
André Breton: „Der Mensch, der sich nicht vorstellen kann, wie ein Pferd auf einer Tomate galoppiert, ist ein Idiot."

294 FLORA UND FAUNA
Herr der Ringe
Piercing in extremer Form.

296 TECHNOLOGIE
Mensch und Maschine
Delfinähnliche Boote und laufende Panzer für Situationen, wo es normale Fahrzeuge nicht mehr bringen.

298 SPORT UND FREIZEIT
Katastrophen im Fußball
Einige der dramatischsten Ereignisse der Fußballgeschichte.

300 KOMMUNIKATION
Gangster-Kultur
Das Akzeptieren von Gang-Regeln kann sich an bestimmten Orten als sehr nützlich erweisen.

302 TECHNOLOGIE
Nie im Leben
Wir alle wissen, dass Kino nicht das wirkliche Leben ist, doch wenn man im Film die Gesetze der Physik außer Kraft setzt, werden wir aufmerksam und hellhörig.

304 **KAPITEL 13**
306 *Die Bedeutung der Zahl Dreizehn*
Interessantes von der Unglückszahl in vielen Kulturen bis zu den diversen Querverweisen auf Dollarnoten.

308 TECHNOLOGIE
Bis in den Himmel
Was die Menschen alles ersinnen mussten, bevor sie Wolkenkratzer bauen konnten.

310 SPORT UND FREIZEIT
Sport brutal
Ist der Druck groß genug, rasten Sportler schon mal aus.

312 TECHNOLOGIE
Aufgemotzt
Der ultimative Ausdruck von Autoliebe.

314 TECHNOLOGIE
Glückliche Zufälle
Wie Zufälle zur Erfindung von Gebrauchsgegenständen führten.

316 TECHNOLOGIE
Notaufnahme
Sollte Ihr Auge aus der Augenhöhle hängen oder Ihr Gesicht zerschnitten sein, ist es gut zu wissen, dass man das wieder hinbekommt.

318 SPORT UND FREIZEIT
Nichts als Exzesse
Extremes Verhalten wohin man schaut.

320 SPORT UND FREIZEIT
Ballonskulpturen
Schritt-für-Schritt-Anleitung zum Modellieren von Luftballons. Kinder sind dabei das ideale Publikum.

322 SPORT UND FREIZEIT
Extremsport
Vom Sumpfschnorcheln bis zum Zwergenwerfen.

324 SPORT UND FREIZEIT
Brettsport
Bügeln unter Extrembedingungen.

326 KOMMUNIKATION
Lass mich in Ruhe …
Manchmal möchte man allein sein. Hier erfahren Sie, was man sagen muss, um seine Ruhe zu haben.

328 ESSEN UND TRINKEN
XXL-Fischstäbchen
Schritt-für-Schritt-Anleitung zur Herstellung eines XXL-Fischstäbchens mit Riesenerbsen an beiden Seiten.

330 MYTHEN UND LEGENDEN
Besser tod?
Wer oder was nach dem Ende wertvoller ist als zu Lebzeiten.

332 MYTHEN UND LEGENDEN
Letzte Verbrechen
Wer wurde als Letzte lebendig gekocht, und wen köpfte man zuletzt mit der Axt?

334 MYTHEN UND LEGENDEN
Letzte Wege
Viele Menschen hoffen, friedlich in ihrem Bett zu sterben, andere möchten einen großen Abgang haben, doch einige kamen auf bizarre Weise zu Tode.

336 MYTHEN UND LEGENDEN
Für immer ungelöst
Zodiac Killer, Black Dahlia oder Jack the Ripper: Wir alle wissen von diesen Morden, aber nicht, wer sie begangen hat.

338 SPORT UND FREIZEIT
Kontaktsport
Ein Meister bei der Arbeit.

340 KOMMUNIKATION
Berühmte letzte Worte 1
Wenn bedeutende Menschen auf dem Sterbebett liegen, gibt es oft große letzte Worte.

342 FLORA UND FAUNA
Ging, ging, gegangen
Vom Aussterben bedrohte Arten.

344 ESSEN UND TRINKEN
Henkersmahl
Wessen letzte Mahlzeit bestand aus Minze-Eis mit Nüssen, und wer wollte sich seine Nusstorte „für später" aufheben?

346 KOMMUNIKATION
Berühmte letzte Worte 2
Wenn sich große Worte als falsch erweisen.

KOMMUNIKATION
348 **Wo ein Wille ist …**
Der letzte Wille kann Erben um ein Vermögen bringen, kann helfen Schulden zu begleichen oder kann wohltätigen Zwecken dienen.

350 PLANET ERDE
Das Ende ist nah
Von Asteroiden-Einschlägen zu Pandemien und zum nuklearen Supergau.

352 SITTEN UND GEBRÄUCHE
Das war's, Freunde
Zum Schluss noch ein etwas extravaganter Abschied.

354 *Glossar nützlicher Begriffe*
Zum Verblüffen aller anderen.

357 *Register*

360 *Danksagung*

ANMERKUNG DES AUTORS
Scharfsinnige Leser werden bemerkt haben, dass die sieben Kapitel des Buches nicht fortlaufend nummeriert wurden. Doch wir fanden es spannender, die interessantesten sieben Zahlen statt der ersten sieben Zahlen extra hervorzuheben. Doch der Ordnung halber: Die ersten sieben Zahlen lauten 1, 2, 3, 4, 5, 6, 7.

EINFÜHRUNG IN DIE ERDE

Den Weg zur Erde zu finden ist ganz einfach, verglichen mit den Schwierigkeiten, denen man nach der Landung begegnet. Zuerst steuern Sie den Orionarm der Milchstraße an, der etwa 25 000 Lichtjahre vom Zentrum der Galaxie entfernt ist. Dann orientieren Sie sich an dem gut erkennbaren Doppelsternsystem Alpha Centauri. Jetzt sind Sie nur noch 4,4 Lichtjahre vom Sonnensystem entfernt, das aus einem gelben Zwerg besteht (von den Menschen Sonne genannt), um den eine Reihe von Planeten und Asteroiden kreisen. Die Erde ist der fünftgrößte Planet des Systems, der drittnächste zur Sonne und der einzige, von dem es heißt, es gebe auf ihm Leben.

Das Leben auf der Erde hat sich erst seit einigen Milliarden Jahren entwickelt und ist deshalb noch primitiv. Neben Bakterien und Viren gibt es vor allem Insekten. Aber die Menschen üben unverhältnismäßig großen Einfluss auf ihre Umwelt aus und tun so, als beherrschten sie die Erde.

Auf den ersten Blick sehen alle Menschen gleich aus – Zweifüßler, deren Sinnesorgane fast alle im Kopf konzentriert sind. Doch es gibt Unterschiede in Körperbau und Hautfarbe, und mit ein bisschen Übung ist es möglich, die Geschlechter auseinanderzuhalten. Es gibt kulturelle Ähnlichkeiten, die alle Menschen miteinander verbinden (Männer lieben Wurst, Trinkgelage und Sport, worauf später noch ausführlicher eingegangen wird). Doch viele Menschen wollen sich unbedingt von der Masse abheben, indem sie seltsame Berufe ausüben, Extremsport betreiben und Heldentaten vollbringen.

Die primitive Technologie der Menschen hat zur Folge, dass sie sich, bis auf wenige aufgeklärte Ausnahmen, für die einzigen intelligenten Lebewesen im Universum halten. Wie bei Besuchen auf anderen Planeten, deren Bewohner ebenfalls dieser Ansicht sind, ist es erforderlich, menschliche Gestalt anzunehmen, wenn man mit ihnen in Kontakt treten will. Dieser Ratgeber zeigt Ihnen, was Sie auf der Erde erwartet. Falls Sie als Besucher Ihrer Verantwortung, sich anzupassen, gerecht werden, wird die einzige Möglichkeit, andere Außerirdische zu erkennen, darin bestehen, dass auch diese eine Ausgabe dieses Buches bei sich tragen.

9

1 Air Force One ist der Kode für das Flugzeug des US-Präsidenten – es handelt sich um eine Boeing 747 mit Schlafräumen, Duschen, einem Salon, einer Kommandozentrale, zwei Küchen und einem Kommunikationszentrum. // Die Wörter eins, Einheit, Union und universal stammen alle vom lateinischen Wort für eins (*unus*) ab. // Einarmige Banditen werden so genannt, weil sie nur einen Hebel haben und die Spieler um ihr Kleingeld erleichtern. // Die Formel 1 ist die höchste Klasse im Autorennsport und wird von der Fédération Internationale de l'Automobile (FIA) ausgerichtet. // Beim Tarot ist die Karte Nr. 1 der Magier. // *The Wilde One* (*Der Wilde*) ist ein brühmter Filmklassiker, der 1953 mit Marlon Brando in der Hauptrolle gedreht wurde. // Ein Einhorn ist ein pferdeähnliches mythologisches Tier mit einem Horn – Symbol für Macht und Reinheit. // Die Zyklopen waren menschenähnliche Riesen mit nur einem Auge in der Stirnmitte. Wie viele andere sagenumwobene einäugige Ungeheuer stehen die Zyklopen symbolisch für die Herrschaft dunkler Mächte und Naturgewalten über Vernunft. // Monotheismus ist der Glaube an einen Gott. // Dem Monismus zufolge existiert die Realität nur in einer Form, und Körper und Seele bestehen aus der gleichen Substanz. // Ein Meter ist die Distanz, die das Licht in 1/299 792 458 Sekunde zurücklegt. // Eine Sekunde wurde früher als 1/86 400 der Zeitspanne definiert, die die Erde für eine Umdrehung braucht – heute als die Zeitspanne, die ein Caesium-133-Atom braucht, um 9 192 631 770 Mal zu schwingen. // Für die Alten Griechen war die Eins keine Zahl, sondern die Einheit, aus der alle anderen Zahlen hervorgehen. // 111 111 111 x 111 111 111 = 123 456 789 876 543 21 // Die Zahl Eins kann auch unter Einsatz jeglicher Ziffer dargestellt werden: 148/296 + 35/70 = 1 // Eins gilt nicht als Primzahl und ist somit die einzige Ausnahme der Regel, denn eine Primzahl ist nur durch sich selbst und eins teilbar.

WO MAN NICHT HIN SOLLTE

Freuen Sie sich auf Ihren zweiwöchigen Jahresurlaub mit Sonne, Sand und Meer? Vorsicht – alles kann schiefgehen. Gestrichene Flüge sind das geringste Übel; erst wenn Sie an Ihrem Ziel angekommen sind, müssen Sie wirklich auf der Hut sein. Hier sind ein paar Ziele, die Sie am besten meiden.

ALLGEMEINE GEFAHRENLAGE

Als dieses Buch erschien, waren dies die zehn gefährlichsten Länder der Welt, in denen Krieg und/oder Unruhen herrschen. Die Lage verändert sich aber so rasant, dass Ihr Reiseziel schon bald auf dieser Liste erscheinen könnte:

- » AFGHANISTAN
- » KOLUMBIEN
- » ELFENBEINKÜSTE
- » REPUBLIK KONGO
- » HAITI
- » IRAK
- » LIBERIA
- » SOMALIA
- » SUDAN
- » SIMBABWE

ENTFÜHRUNGEN

In den 1990er-Jahren kam es in diesen fünf Ländern zu den meisten Entführungen (pro Million Einwohner):

1 **KOLUMBIEN**: 120,6 ENTFÜHRUNGEN
2 **MEXIKO**: 11,9 ENTFÜHRUNGEN
3 **PHILIPPINEN**: 5,6 ENTFÜHRUNGEN
4 **ECUADOR**: 4,9 ENTFÜHRUNGEN
5 **VENEZUELA**: 4,3 ENTFÜHRUNGEN

Erwähnenswert ist, dass nur ein geringer Prozentsatz der Entführungen gemeldet wird.

MORD

Laut Angaben der UN hatten im Jahr 2000 folgende fünf Länder die höchsten Mordraten (pro 100 000 Einwohner):

1 **KOLUMBIEN**: 62
2 **SÜDAFRIKA**: 50
3 **JAMAICA**: 33
4 **VENEZUELA**: 32
5 **RUSSLAND**: 20

ÜBERFÄLLE

Nach Angaben der UN fanden in folgenden fünf Ländern im Jahr 2000 die meisten Überfälle statt (pro 1000 Einwohner):

1 **SÜDAFRIKA**: 12,1
2 **MONTSERRAT**: 10,3
3 **MAURITIUS**: 8,8
4 **SEYCHELLEN**: 8,6
5 **SIMBABWE**: 7,7

Diese Zahlen beziehen sich nur auf gemeldete Verbrechen. Da Menschen Verbrechen eher in Ländern, in denen es eine effektive Polizei gibt, zur Anzeige bringen, kann es sein, dass sie kein verlässliches Bild der Gefahr liefern.

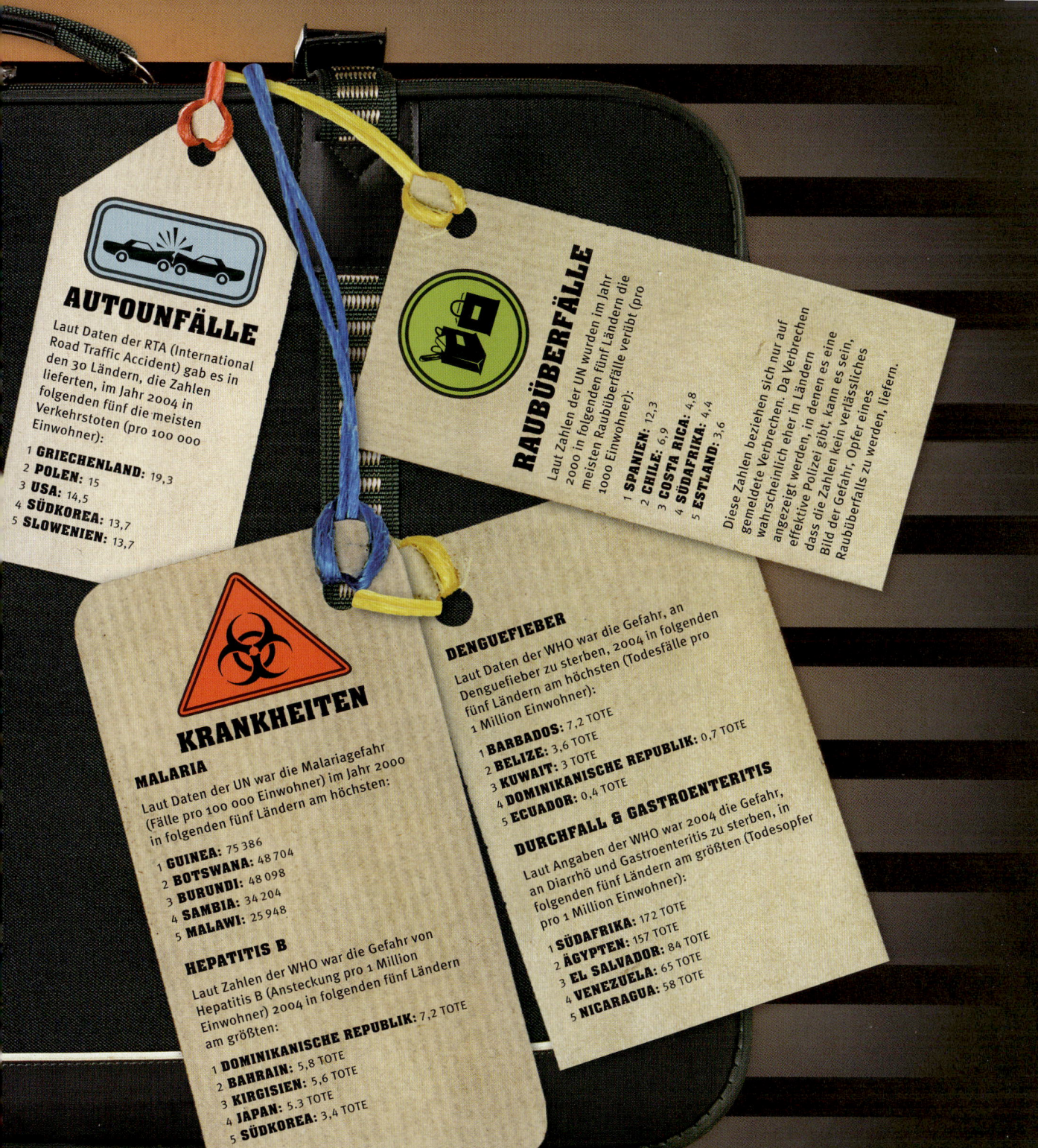

AUTOUNFÄLLE

Laut Daten der RTA (International Road Traffic Accident) gab es in den 30 Ländern, die Zahlen lieferten, im Jahr 2004 in folgenden fünf die meisten Verkehrstoten (pro 100 000 Einwohner):

1 **GRIECHENLAND:** 19,3
2 **POLEN:** 15
3 **USA:** 14,5
4 **SÜDKOREA:** 13,7
5 **SLOWENIEN:** 13,7

RAUBÜBERFÄLLE

Laut Zahlen der UN wurden im Jahr 2000 in folgenden fünf Ländern die meisten Raubüberfälle verübt (pro 1000 Einwohner):

1 **SPANIEN:** 12,3
2 **CHILE:** 6,9
3 **COSTA RICA:** 4,8
4 **SÜDAFRIKA:** 4,4
5 **ESTLAND:** 3,6

Diese Zahlen beziehen sich nur auf gemeldete Verbrechen. Da Verbrechen wahrscheinlich eher in Ländern angezeigt werden, in denen es eine effektive Polizei gibt, kann es sein, dass die Zahlen kein verlässliches Bild der Gefahr, Opfer eines Raubüberfalls zu werden, liefern.

KRANKHEITEN

MALARIA

Laut Daten der UN war die Malariagefahr (Fälle pro 100 000 Einwohner) im Jahr 2000 in folgenden fünf Ländern am höchsten:

1 **GUINEA:** 75 386
2 **BOTSWANA:** 48 704
3 **BURUNDI:** 48 098
4 **SAMBIA:** 34 204
5 **MALAWI:** 25 948

HEPATITIS B

Laut Zahlen der WHO war die Gefahr von Hepatitis B (Ansteckung pro 1 Million Einwohner) 2004 in folgenden fünf Ländern am größten:

1 **DOMINIKANISCHE REPUBLIK:** 7,2 TOTE
2 **BAHRAIN:** 5,8 TOTE
3 **KIRGISIEN:** 5,6 TOTE
4 **JAPAN:** 5.3 TOTE
5 **SÜDKOREA:** 3,4 TOTE

DENGUEFIEBER

Laut Daten der WHO war die Gefahr, an Denguefieber zu sterben, 2004 in folgenden fünf Ländern am höchsten (Todesfälle pro 1 Million Einwohner):

1 **BARBADOS:** 7,2 TOTE
2 **BELIZE:** 3,6 TOTE
3 **KUWAIT:** 3 TOTE
4 **DOMINIKANISCHE REPUBLIK:** 0,7 TOTE
5 **ECUADOR:** 0,4 TOTE

DURCHFALL & GASTROENTERITIS

Laut Angaben der WHO war 2004 die Gefahr, an Diarrhö und Gastroenteritis zu sterben, in folgenden fünf Ländern am größten (Todesopfer pro 1 Million Einwohner):

1 **SÜDAFRIKA:** 172 TOTE
2 **ÄGYPTEN:** 157 TOTE
3 **EL SALVADOR:** 84 TOTE
4 **VENEZUELA:** 65 TOTE
5 **NICARAGUA:** 58 TOTE

SITTEN UND GEBRÄUCHE

Es ist ERLAUBT...

Wir alle wissen, dass Menschen auf recht bizarre Ideen kommen und dass oft Gesetze erlassen werden müssen, um sie davon abzuhalten. Aber wieso gibt es Gesetze, die bizarre Taten legalisieren? Das liegt entweder daran, dass es alte Gesetze sind, die nie abgeschafft wurden, oder dass Anwälte Schlupflöcher gefunden haben, die Taten im Prinzip legalisieren.

... in Pakistan, dass ein **MANN SEINE SCHWESTER ZUR FRAU NIMMT**.

... in Alaska, **EINEN BÄREN ZU ERSCHIESSEN**, ihn aber auf **KEINEN FALL** in seinem **WINTERSCHLAF ZU STÖREN**.

... in England einen **SCHOTTEN ZU ERSCHIESSEN**, solange man das in Cathedral Close, York, und nicht an einem Sonntag tut.

... in Seattle, dass **EINE FRAU IM BUS ODER ZUG AUF DEM SCHOSS EINES MANNES** sitzt – aber nur, wenn sie sich ein Kissen unterlegt.

... in Nevada jemanden **ZU ERHÄNGEN**, der Ihren Hund auf Ihrem Grundstück erschossen hat.

... in Utah Ihre **COUSINE ZU HEIRATEN**, wenn Sie über 50 sind.

... in Arizona, dass ein **MANN SEINE FRAU SCHLÄGT** – allerdings nur ein Mal im Monat.

... in der Türkei, dass eine verheiratete Frau **EINEN JOB ANNIMMT** – aber nur mit der Erlaubnis ihres Ehemanns.

... in Florida **SEX ZU HABEN** – jedoch nur in Missionarsstellung.

... in Schweden, dass eine **FRAU SICH PROSTITUIERT** – jedoch darf kein Mann ihre Dienste in Anspruch nehmen.

... in South Carolina, dass ein **MANN SEINE FRAU SCHLÄGT**, jedoch nur sonntags auf den Stufen des Gerichts.

... in den Niederlanden, **KLEINE MENGEN CANNABIS** zu **KAUFEN**, zu **RAUCHEN** und **ZU BESITZEN**.

... in England, **EINEN WALISER ZU ERSCHIESSEN**, jedoch nur mit **PFEIL UND BOGEN** nach **MITTERNACHT** innerhalb der Stadtmauern von Chester, oder in Hereford sonntags mit einem Langbogen.

... in Vermont, dass **FRAUEN FALSCHE ZÄHNE** haben – jedoch nur mit schriftlicher Erlaubnis ihres Ehemanns.

... in den Niederlanden, **EIN BORDELL ZU FÜHREN.**

... in Liverpool, dass **VERKÄUFERINNEN OBEN OHNE** gehen – jedoch nur in Geschäften, wo **TROPISCHER FISCH** verkauft wird.

... in Pennsylvania, mit demselben Auto **ESSEN ZU LIEFERN** und **LEICHEN ZU TRANSPORTIEREN.**

... im Libanon, dass Männer **SEX MIT TIEREN** haben – solange es sich um weibliche Tiere handelt; auf Sex mit männlichen Tieren steht die Todesstrafe.

... in Virginia **SEX ZU HABEN** – jedoch nur bei ausgeschaltetem Licht und in der Missionarsstellung.

... in Kanada, im **VORGARTEN EINEN WASSERTROG** zu haben – aber nur, wenn Sie ihn bis 5 Uhr morgens füllen.

... in Hongkong, dass eine betrogene Frau ihren **UNTREUEN EHEMANN UMBRINGT** – solange sie es mit bloßen Händen tut.

... in Wisconsin, **SEX MIT EINEM TIERKADAVER** zu haben – nicht jedoch mit einem lebenden Tier.

... in West Virginia, dass ein Mann **SEX MIT EINEM TIER** hat – jedoch nur, wenn es weniger als 18 kg wiegt.

... in Paraguay, sich zu **DUELLIEREN**, solange beide Kontrahenten als **BLUTSPENDER REGISTRIERT** sind.

... in Teilen Indiens, dass eine **FRAU** eine **ZIEGE HEIRATET.**

... in Großbritannien, dass ein **MANN** in der **ÖFFENTLICHKEIT URINIERT** – aber nur an das Hinterrad eines Motorfahrzeugs und nur, wenn er das Auto mit der rechten Hand berührt.

ESSEN UND TRINKEN
HIER GEHT ES UM DIE WURST

Warum ist Wurst so beliebt? Sie wurde erfunden, um all jene Bestandteile von Tieren zu verbergen, Entschuldigung, haltbar zu machen, die keiner gern essen wollte – Innereien, Blut, Fett und Knorpel. Doch wohin man auch reist, alle mögen Wurst. So sehr, dass jedes Land und sogar einzelne Regionen mit ihrer eigenen typischen Sorte des ältesten verarbeiteten Lebensmittels der Welt aufwarten.

MERGUEZ
Tunesien, Algerien, Marokko. Rindswurst, mit einer Chili-Harissa-Paste gewürzt. Schmeckt gut zu Couscous.

BLACK PUDDING
Irland und Nordengland. Aus Blut, Fett, Zwiebeln und einer Mischung aus Gemüse und Getreide. Würzung auch durch die aromatische Polei-Minze.

HAGGIS
Schottland. Schafsmagen, gefüllt mit zerkleinerter Schafslunge, -leber, -herz sowie Fett, Salz und Hafermehl.

FRANKFURTER
Deutschland. Klassische Hotdog-Wurst. Mageres Schweinefleisch, vermischt mit Speck, geräuchert und erhitzt.

ANDOUILLETTE
Frankreich. Mit Kutteln gefüllt; heiß mit Senf serviert.

SAUCISSON AU POIVRE
Frankreich. Frischwurst, in Pfeffer gewälzt. Sie kann aus verschiedenen Fleischsorten bestehen und unterschiedlich gewürzt sein.

14 MAL DAS WORT WURST
- **DÄNISCH:** Pølse
- **NIEDERLÄNDISCH:** Worst
- **ENGLISCH:** Sausage/banger
- **FINNISCH:** Makkara
- **FRANZÖSISCH:** Saucisse (klein)/Saucisson (groß)
- **PORTUGIESISCH:** Salsicha
- **GRIECHISCH:** Allantes
- **ISLÄNDISCH:** Pylsa
- **ITALIENISCH:** Salsiccia (einschließl. der Unterart Salame)
- **LATEIN:** Salsicia/Lucanica
- **NORWEGISCH:** Pølse
- **SPANISCH:** Salchicha
- **SCHWEDISH:** Korv
- **TÜRKISCH:** Sosis

DER BRITISCHE HUMORIST UND ABGEORDNETE A. P. HERBERT SCHRIEB: „EIN INTELLEKTUELLER IST EINER JENER MENSCHEN, DIE EINE WURST SEHEN UND AN PICASSO DENKEN."

DEUTSCHLAND IST BERÜHMT FÜR SEINE WÜRSTE – ES GIBT 1200 SORTEN

FARINHEIRA UND MORCELA
Portugal. Farinheira ist eine Wurst aus geräuchertem Schweinefleisch. Morcela ist eine Blutwurst aus Schweineblut und Reis.

BRATWURST
Deutschland. Grillwurst aus Schwein oder Schwein- und Kalbfleischmischung. Die Thüringer ist angeblich das Original.

CUMBERLAND
England. Besteht aus grob gehacktem Schweinefleisch und Gewürzen.

KASZANKA
Polen. Schweinedarm, gefüllt mit Schweineblut und Buchweizen oder Gerste.

DROËWORS
Südafrika. Die Form erleichtert das Trocknen des würzigen Rind- oder Lammfleischs.

WEISSWURST
Deutschland. Fein gewürztes Kalbfleisch, schmeckt gut mit süßem Senf.

SALAMI
Italien. Schwein oder Rind-Schwein-Mischung; je südlicher, desto schärfer.

CHORIZO/CHOURIÇO
Spanien/Portugal. Gehacktes Schweinefleisch und -fett mit Paprika.

MORCILLA
Spanien. Schweineblut, mit Zimt, Nelken und Muskat gewürzt..

LAAP CHEONG
China. Geräucherte, getrocknete Wurst aus Schweinefleisch, Fett und Gewürzen.

1867 VERKAUFTE DER AUS DEUTSCHLAND IN DIE USA EINGEWANDERTE KARL FELTMAN AUF CONEY ISLAND, NEW YORK, FRANKFURTER SANDWICHES – ANGEBLICH DIE ERSTEN HOT DOGS DER WELT.

Eine der vom griechischen Dramatiker Aristophanes 484 v. Chr. geschaffene Figur war ein Wurstverkäufer. Aristophanes beschrieb ihn als perfekten Politiker, weil er alle seine Inhalte mit Fett vermenge, sie in Därme stopfe und mit Sauce anrichte.

FLORA UND FAUNA

"Unser bester Freund"

Der beste Freund des Menschen? Sicherlich nicht mehr, wenn diese Hunde ihre peinlichen Partybilder im Internet entdecken würden. Und falls es stimmt, dass Hundehalter wie ihre vierbeinigen Freunde aussehen, dann laufen sicherlich einige sonderbare Gestalten in der Gegend herum.

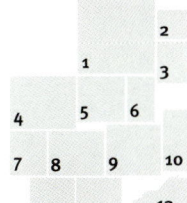

ELI (großes Bild, links)
für Halloween verkleidet
01. PRINZ
im Gangsterlook
02. HEXE
als Pocahontas
03. REX
als Judoka mit
schwarzem Gürtel
04. EUMEL
als Wolf im Schafspelz
05. FIFFI
der Zwergspitz als
Biene
06. WILLI
als Superman
07. MAESTRO
mit Hut und Frack
08. BLITZI
als Zauberin
09. KRÜMEL
als zehnbeinige
Spinne
10. BOXER
als cooler Typ beim
Karneval in Rio
11. BORIS
im Affenkostüm
12. ROXY
als Dorothy aus dem
Zauberer von Oz
13. WALDI
als großer Hotdog

TECHNOLOGIE

WIE WIRD MAN EIN SUPERHELD

Ist es ein Vogel? Oder ein Flugzeug? Nein, Sie sind es. Alle Menschen haben irgendwann geträumt, übermenschliche Kräfte zu besitzen. Deshalb sind Superhelden so beliebt. Aber besteht überhaupt die Möglichkeit, dass man je in der Lage sein wird, wie Superman zu fliegen oder übersinnliche Kräfte zu entwickeln wie sein Erzrivale Lex Luthor? Noch nicht ... aber man arbeitet daran.

RÖNTGEN- UND WÄRMEBLICK WIE SUPERMAN

Es gibt Geräte, die durch Wände „sehen" können. Sie nutzen Detektoren zur Messung elektromagnetischer Strahlen und sind so empfindlich, dass sie Atmung und Herzschlag aufzeichnen. Polizei und Armee nutzen diese Wärmebild- oder Nachtsichtgeräte ebenfalls.

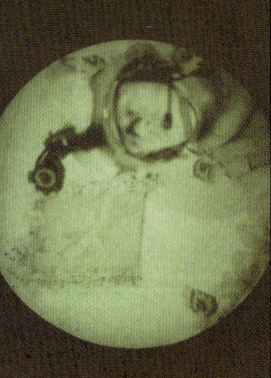

TELEPATHIE WIE BEI XAVIER

Viele Menschen behaupten, übersinnliche Fähigkeiten zu haben, doch keine wurde je bewiesen werden. Der Telepathie am nächsten kommen die meisten von uns mit dem Handy – Sie können über große Distanzen kommunizieren, und wenn Sie einen kleinen Ohrstöpsel und ein winziges Mikrofon nutzen, wird keiner erfahren, wie Ihnen das gelingt.

CHI WIE BATMAN

Das Chi verleiht Batman die Fähigkeit, Gegner nur durch einen Stoß quer durch den Raum zu schleudern. Doch diese Fähigkeit ist nicht auf Superhelden beschränkt: Batman hat seine martialischen Kunstkniffe und die Macht des Chi bei einem gewöhnlichen Sterblichen erlernt, und das können Sie auch. Einige Leute behaupten, dass das Chi die Kraft einer externen Energiequelle ist, andere, dass es lediglich erfordert, die eigene Energie zu kanalisieren und so willentlich einen Adrenalinstoß auszulösen.

DURCH RADAR ODER SONAR ZUM DAREDEVIL

Radar und Sonar funktionieren durch Aussenden eines Signals und Messung der Zeitdauer, bis das Signal reflektiert wird. Tiere sind in der Lage, ähnlich zu operieren – Fledermäuse und Delfine nutzen Echolot zur Orientierung. Deshalb ist es nicht unmöglich, dass sich auch das menschliche Gehirn anpasst und dasselbe vollbringt. Mehr, als wir glauben, orientieren wir uns mithilfe unserer Ohren. Das größte Problem könnte darin bestehen, eine geeignete Signalquelle zu finden, die uns sagen könnte, welche Objekte sich um uns herum befinden, ohne dass diese Geräusche aussenden.

FLIEGEN WIE SUPERMAN

Schade – das geht noch nicht. Dem Fliegen am nächsten kommen Sie durch Drachenfliegen, dem Flug in einem Leichtflugzeug, durch Einsatz eines Raketenantriebs, Fallschirmspringen oder eines jener Fahrgeschäfte, die Sie nach oben katapultieren. Sie könnten es auch mit dem „Kotzbomber" der NASA versuchen – einer umgebauten Boeing 707, die mehrfach auf eine Höhe von 9,5 km steigt und dann in einer parabolischen Flugbahn in Richtung Erde stürzt.

LÜGEN ERKENNEN WIE WONDERWOMAN

Lügner können durch ihre Körpersprache und messbare körperliche Veränderungen wie steigender Blutdruck, beschleunigte Atmung, nasse Handflächen und Finger sowie Veränderungen der Stimme entlarvt werden. Lügendetektoren zeichnen diese Veränderungen auf, und auch der Mensch könnte das, wenn er in der Lage wäre, diese Veränderungen zu beobachten und die Körpersprache exakt zu deuten.

SUPERSINNE WIE BATMAN ODER TIGRA, DIE KATZE

Unser Gesichts-, Gehör-, Geruchs- und Tastsinn kann jeweils durch Training verbessert werden, vor allem, wenn man die anderen Sinne unterdrückt. Die Fuegians, die fast ausgerotteten Ureinwohner Feuerlands, waren nur durch Training in der Lage, über große Entfernungen zu sehen.

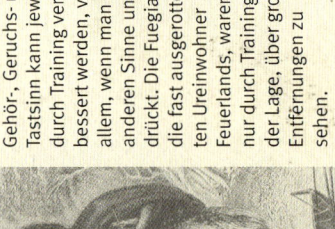

SPINNWEBEN AUSWERFEN WIE SPIDERMAN

Spiderman wirft nicht nur Seidenfäden aus, um daran hinaufzuklettern, sondern auch, um Bösewichte zu fangen – genau wie die New Yorker Polizei, die zum selben Zweck ein netzartiges Gebilde einsetzt, indem sie eine Granate zündet, die ein Netz von 5 m Durchmesser über den Bösewicht fallen lässt. Es gibt drei Arten: ein normales Netz; ein stromleitendes Netz, das den Verbrecher außer Gefecht setzt; und ein mit Klebstoff versehenes Netz, wie das von Spiderman.

ÜBERMENSCHLICHE KRÄFTE WIE SUPERMAN ODER DER UNGLAUBLICHE HULK

Adrenalin kann mit einem Menschen erstaunliche Dinge anstellen – so gibt es viele Berichte von Müttern, die Autos anhoben, um zu verhindern, dass ihre Babys davon zerquetscht wurden (allerdings legt die Vielzahl solcher Geschichten nahe, dass sie zu den modernen Mythen zählen). Falls Sie kontrollierbaren, anhaltenden Kräftezuwachs wünschen, können Sie zum Muskelaufbau auf menschliche Hormone oder synthetische Steroide zurückgreifen – wie es viele Sportler tun. Wie sonst könnten ständig Weltrekorde aufgestellt werden?

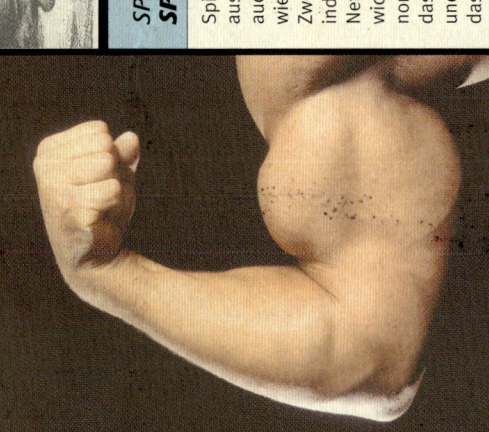

UNSICHTBARKEIT UND VERWANDLUNG WIE BEI STORM

Meister der Tarnung, wie etwa Carlos der Schakal, können als Gestaltwandler bezeichnet werden, und es ist jederzeit möglich, das Erscheinungsbild durch Prothesen zu verändern. Wissenschaftler haben jüngst herausgefunden, wie Mikrowellen von einem Objekt abzulenken sind, wodurch Unsichtbarkeit möglich wird und nicht mehr Science-Fiction ist. Andere Forscher haben einen „Durchsichtigkeitsmantel" entwickelt, der das Bild all dessen, was dahinter ist, auf die Vorderseite projiziert, wodurch der Träger den Eindruck erweckt, durchsichtig zu sein.

TELEPORTATION WIE LEX LUTHOR ODER NIGHTCRAWLER

Teleportation ist die Kunst, zu verschwinden und sofort an anderer Stelle wieder aufzutauchen. Manche Menschen tun das regelmäßig in der Kneipe, wenn sie die Runde bezahlen müssten, aber das ist nicht ganz das Gleiche – Teleportation bedeutet, es zu tun, ohne sich tatsächlich von einem Ort zum anderen zu bewegen. Es wird noch lange dauern, bis ein Mensch telepathisch verschwinden kann, doch man hat es auf Quantenebene mit einem einzelnen Photon bereits geschafft.

GEWEBEREGENERATION WIE BEI SUPERMAN UND X-MEN

Bei jedem von uns regeneriert Gewebe, wenn ein Schnitt heilt oder ein Knochen zusammenwächst. Inzwischen können Wissenschaftler Gewebe über ein Collagengerüst legen, sodass eine unvorstellbare Regeneration schwerster Verletzungen möglich sein könnte – obwohl es nicht ganz so schnell gehen wird wie bei Superman und X-Men.

UNVERWUNDBAR WIE THE THING

Versuchen Sie es mit Kevlar. Es ist stabil, leicht und feuerfest. Stuntmen, Feuerwehrleute und andere nutzen Schutzanzüge aus Kevlar, um enorme Stöße und Hitze auszuhalten. Kevlar-Fasern sind fünfmal stärker als Stahl des gleichen Gewichts, und wenn sie in Textilien oder in ein Mischmaterial eingewebt werden, absorbieren sie Energie und verhindern, dass sich Risse vom Punkt des Aufschlags ausdehnen, weil sich die Fasern in diesem Fall eher dehnen als reißen und Energie ableiten.

KLETTERN WIE SPIDERMAN

Spiderman sondert klebrige Seidenfäden ab und klettert daran hoch. Die heutigen Freeclimber sondern zwar keine Seidenfäden ab, kommen jedoch mit ihrer Gelenkigkeit den Kletterpartien von Spiderman recht nahe. Forscher arbeiten daran, die Haut des Gecko nachzubilden (unten), der sich mit Millionen winziger Härchen, *setae* genannt, festhält, um ein Material zu entwickeln, das es Menschen ermöglicht, an Wänden und Decken zu klettern.

MYTHEN UND LEGENDEN
>URBANE MYTHEN 1

Von verschwundenen Trampern bis hin zu Alligatoren im Kanalnetz, moderne Mythen sind die neue Folklore. Moderne Mythen – nicht mit Verschwörungstheorien zu verwechseln – sind abschreckende Geschichten, die mit den unterschwelligen Hoffnungen und Ängsten der Gesellschaft spielen. Sie sind immer plausibel und mit der typischen Dosis aus Geheimniskrämerei, Horror, Humor oder allen zusammen gespickt.

>DER FLUCH VON JAMES DEAN'S AUTO

Am 30. September 1955 kam James Dean bei einem Frontalzusammenstoß seines Porsche Spyder mit einem anderen Wagen ums Leben. Dean liebte sein Auto, dem er den Namen Little Bastard gab, aber seine Freundin Ursula Andress weigerte sich, damit zu fahren, sein Freund Nick Adams war davon nur genervt, während der Schauspieler Alec Guiness bei dessen Anblick *ZU ZITTERN BEGANN UND JAMES DEAN WARNTE, ER SOLLE DAMIT NICHT FAHREN*, sondern das Auto loswerden, sonst wäre er innerhalb einer Woche ein toter Mann. Keine Woche später verunglückte der Schauspieler auf dem Weg zu einem Rennen in Salinas – Little Bastard landete im Graben, „zerknautscht wie eine Zigarettenpackung", und als die Retter eintrafen, war James Dean schon tot.

Der Porsche gelangte in den Besitz von George Barris, des „King of Kustomising", der ihn zum Ausschlachten gekauft hatte. Als Barris ihn abholte, rollte Little Bastard vom Tieflader und brach einem der Mechaniker das Bein. Barris verkaufte den Motor an Troy McHenry und das Getriebe an William Eschrid, die beide während eines Autorennens im Oktober 1956 verunglückten: Eschrid trug ernsthafte Verletzungen davon, als sich sein Porsche überschlug, während McHenry ums Leben kam, als er die Kontrolle verlor und von der Strecke abkam. Unterdessen hatte Barris zwei der Reifen an einen Unbekannten verkauft, der nach einer Woche wieder erschien und sich beschwerte, dass beide Reifen gleichzeitig geplatzt seien, wodurch er im Graben landete (genau wie James Dean).

Dann lieh Barris die ramponierte Karosserie der kalifornischen Polizei für eine Ausstellung zur Verkehrssicherheit, doch beim Transport nach Salinas geriet der Lastwagen ins Schleudern und erlitt einen Unfall, bei dem der Fahrer ums Leben kam. Das letzte Mal sah Barris Little Bastard, als er ihn 1958 für eine andere Ausstellung zur Verkehrssicherheit nach Florida verlieh. 33 Jahre später zitierte ihn die *Los Angeles Times* mit den Worten, er habe gesehen, wie der Porsche nach der Ausstellung auf einen Laster geladen wurde, aber als dieser sein Ziel erreichte, sei das Auto verschwunden gewesen. Die vielen mit Little Bastard in Verbindung stehenden Todesfälle sind ein makabres Echo von James Deans Philosophie: *„DER TOD IST DAS EINZIGE, WAS MAN RESPEKTIEREN MUSS. DIE EINZIGE UNAUSWEICHLICHE, UNABÄNDERLICHE WAHRHEIT."*

>MORD AUF DER LOVERS' LANE

1964 fuhr ein Student der University of Kansas seine Freundin nach einem Rendezvous nach Hause, als er eine Idee hatte: Falls er so tun würde, als sei ihm das Benzin ausgegangen, könnte das die Gelegenheit *FÜR EINE KLEINE KNUTSCHEREI* sein. Er hielt an einer passenden Stelle in einer ruhigen Straße an, doch seine Verführungsversuche misslangen – und zu alledem wollte der Motor auf einmal nicht mehr anspringen.

Er sagte seiner Freundin, dass er zur Tankstelle zurücklaufen würde, an der sie ein paar Meilen zuvor vorbeigekommen waren, und warnte sie, dass sie alle Autotüren verschließen und unter keinen Umständen aussteigen solle. Und so saß das Mädchen da, hörte Radio und wartete. Dann hörte sie ein seltsames Schlagen auf das Autodach. Sie war versucht, auszusteigen und nachzusehen, aber sie erinnerte sich an die Warnung ihres Freundes. Sie drehte die Lautstärke des Radios auf, doch das Schlagen konnte sie noch immer hören, lauter und anhaltender. Schließlich sah sie Blaulicht blitzen und hörte einen Polizisten, der sie durch ein Megaphon aufforderte, auszusteigen und auf ihn zuzugehen, ohne sich umzudrehen.

Sie tat, wie befohlen, allerdings blickte sie sich in letzter Minute – wie Lots Frau – um. Doch statt zur Salzsäule zu erstarren, sah sie einen Mann, von dem sie später erfuhr, dass *ES EIN ENTLAUFENER PSYCHOPATH WAR, DER AUF DEM AUTODACH SASS UND MIT DEM ABGETRENNTEN KOPF IHRES FREUNDES DARAUF SCHLUG.*

>ALLIGATOREN IM KANALNETZ

Im 20. Jahrhundert erlebte New York zweimal eine Plage von Alligatoren, die die Abwasserkanäle bevölkerten. Im Februar 1935 titelte die *New York Times*: *„ALLIGATOR IN STÄDTISCHEM KANAL: JUGENDLICHE, DIE SCHNEE IN EINEN GULLY SCHOBEN, ENTDECKTEN DAS TIER, DAS IM EISIGEN WASSER KÄMPFTE"*, über einem Artikel, in dem beschrieben wurde, wie die Jugendlichen den Alligator aus dem Wasser retteten, ihn dann aber mit ihren Schneeschaufeln erschlugen, als er nach ihnen schnappte. Die Stadtwerke gingen dem Bericht nach und entdeckten eine Unmenge von Alligatoren, die mit Rattengift getötet oder bei einer bizarren unterirdischen Jagd erschossen wurden. Die Plage wurde auf ein Alligatorenpaar zurückgeführt, das von einem Schiff entkommen war und sich im Kanalnetz vermehrt hatte.

30 Jahre später fingen Alligatoren wieder an, das Kanalnetz von New York zu besiedeln, was die Stadtoberen veranlasste, erneut eine Jagd zu organisieren. Dieses Mal wurde das Problem durch eine Mode reicher Familien verursacht, die begannen, von ihrem Floridaurlaub junge Alligatoren als Haustiere mitzubringen. Sobald die Alligatoren zu groß wurden, um als Kuscheltiere zu dienen, wurden sie in der Toilette hinuntergespült. Die Überlebenden fingen an, sich im Kanalnetz zu vermehren, *WO SIE LERNTEN, IM UNGEKLÄRTEN ABWASSER VON RATTEN UND ESSBAREN ABFÄLLEN ZU LEBEN*. Abgeschieden vom Sonnenlicht entwickelten sie sich zu blinden Albinos – wie der Alligator in Thomas Pynchons Roman *V*.

>DEM RIPPER ENTKOMMEN

In den 1970er-Jahren, als der Serienvergewaltiger und -mörder, der Yorkshire Ripper, Nordengland in Atem hielt, fuhr eine junge Lehrerin nach einem Elternabend nach Hause. Sie war nervös, weil sie in der winterlichen Dunkelheit durch einen menschenleeren Stadtteil fahren musste. Als sie eine alte Frau mit einer schweren Einkaufstasche an einer Bushaltestelle stehen sah, bot sie ihr an, sie mitzunehmen, teils aus Freundlichkeit, teils zu ihrer eigenen Sicherheit. *DIE LEHRERIN FÜHLTE SICH VON ANFANG AN UNWOHL*. Die alte Frau sagte nichts und reagierte auf die Versuche der Lehrerin, ein Gespräch anzufangen, mit plötzlichen Hustenanfällen und Grunzlauten. Da schaute die Lehrerin zu ihrer Beifahrerin hinüber und erstarrte, als sie bemerkte, dass der Mantelärmel der alten Frau ein Stück hochgerutscht war und im Spalt zwischen Ärmel und Handschuh ein behaarter Unterarm hervorblitzte. Die Lehrerin ließ sich flugs etwas einfallen und erklärte, sie glaube, dass gerade einer ihrer Scheinwerfer den Geist aufgegeben habe, und sie bat die „Frau", auszusteigen und zu schauen, während sie das Licht ein- und ausschaltete. Sobald die Frau ausgestiegen war, raste die Lehrerin zur nächsten Polizeistation, wo die Beamten den Inhalt der Einkaufstasche untersuchten, der aus *SEIL, MESSERN, KLEBEBAND UND CHIRURGISCHEN INSTRUMENTEN* bestand.

>URLAUBSFOTOS

In der Zeit, als es noch keine Digitalkameras gab, beschloss eine englische Familie, im Urlaub mit dem Wohnwagen durch Spanien zu fahren. Sämtliche Campingplätze in Strandnähe waren belegt, aber sie hatten Glück und fanden einen ruhigen Platz in einem Wald ein Stück landeinwärts. Erschöpft von der Reise, aber glücklich und voller Vorfreude auf erholsame Ferien, legten sie sich schlafen.

Doch mitten in der Nacht wurden sie vom *LAUTEN DRÖHNEN VON MOTORRÄDERN* geweckt und stundenlang von lauten Gesprächen, Flüchen und Gelächter wach gehalten. *IHR WALDIDYLL WAR DURCH DIE ANKUNFT EINER GRUPPE VON HELLS ANGLES GESTÖRT WORDEN*, die die Familie auch in der folgenden Woche tyrannisierte. Eines Nachmittags kam die Familie zum Campingplatz zurück und sah, wie sich mehrere Biker hastig von ihrem Wohnwagen entfernten, aber es war nicht klar, ob sie eingebrochen waren oder nicht. Die Familie schaute nach, aber *ES FEHLTE NICHTS*, sogar der Fotoapparat der Tochter lag noch gut sichtbar auf dem Tisch.

Seltsamerweise schienen die Biker ab diesem Tag das Interesse an der Familie verloren zu haben, die erst nach ihrer Rückkehr und nachdem ihre Fotos entwickelt worden waren, herausfand, was eigentlich geschehen war.

Neben Schnappschüssen der Sehenswürdigkeiten und der am Strand spielenden Kinder gab es Dutzende Aufnahmen der Hells Angels, die der Reihe nach im Wohnwagen posierten, *DIE ZAHNBÜRSTEN DER FAMILIE IN DEN PO GESTECKT*.

>DER TOTE TAUCHER IM BAUM

In Südfrankreich hatte es die Polizei 1987 mit einem grotesken Todesfall zu tun. Waldarbeiter hatten die Leiche eines Tauchers entdeckt, der im Taucheranzug, mit Maske, Flossen und Atemgerät hoch in den Zweigen eines von einem Waldbrand verkohlten Baumes hing.

Der tote Taucher schien bis auf zwei Stellen, an denen *DER NEOPRENANZUG MIT DER HAUT VERSCHMOLZEN WAR*, nicht verbrannt zu sein, und eine Autopsie ergab, dass er nicht an Verbrennungen, sondern an inneren Verletzungen gestorben war, als sei er zerquetscht worden. Aber wie war er zerquetscht worden, und wie konnte er in eine Baumkrone etwa 80 km von der Küste entfernt gelangen? Nachdem die Leiche identifiziert war, kam die Polizei zu dem Schluss, dass Monsieur Morton, ein Rechtsanwalt aus Paris, seinen Urlaub in St. Tropez verbracht hatte und an dem Tag, als der Waldbrand ausbrach, im Meer tauchte. Die einzige Erklärung dafür, dass er im Wald aufgefunden wurde, war die, dass *ER VON EINEM LÖSCHHUBSCHRAUBER, DER ZUR KÜSTE GEFLOGEN WAR, UM WASSER AUFZUNEHMEN, IN DEN WASSERTANK* gesogen worden war. Löschhubschrauber saugen Wasser durch einen Schlauch auf, der angeblich so schmal ist, dass kein Mensch hindurchpasst. Doch in M. Mortons Fall wurde durch das Ansaugen in den Tank offenbar seine Knochen und inneren Organe zermalmt worden.

Zwar mag die Wahrscheinlichkeit, dass dies passiert, äußerst gering erscheinen, doch inzwischen gab es auch nach Waldbränden in Kalifornien und Australien Berichte, dass Taucher in Bäumen gefunden worden waren.

DIE HEHRE KUNST

SPORT UND FREIZEIT

Boxen ist ein seltsamer Sport. Zwei Männer steigen in einen quadratischen „Ring" und versuchen, den anderen bewusstlos zu schlagen, wobei sie gepolsterte Handschuhe tragen, um einander nicht zu verletzen. Für manche Menschen ist es mehr als ein Sport, es ist eine „hehre Kunst". Für andere ist es primitive Barbarei. Für all jene, die unentschlossen sind, gibt es hier eine knappe Erklärung, worum es bei dem ganzen Theater geht.

JACK JOHNSON
1908

Bis zum 26. Dezember 1908 weigerten sich weiße Boxer, gegen schwarze Gegner anzutreten. Johnson schlug Tommy Burns und wurde der erste schwarze Schwergewichtsweltmeister.

ANTIKE
SEIT 1500 V.CHR.
Das Boxen nahm als Kampf Mann gegen Mann seinen Anfang und entwickelte sich in Nordafrika, Asien und Südeuropa zur Sportart. In der Antike ging es bei manchen Arten des Boxkampfs um Leben und Tod.

OLYMPISCHE SPIELE
SEIT 688 V.CHR
Im antiken Griechenland gehörte das Boxen zur Militärausbildung. 688 v.Chr. wurde es olympische Disziplin, wobei die Gegner um die Hände Lederriemen trugen – eine Vorform der Boxhandschuhe.

BROUGHTON RULES
1743
Der Schwergewichtschampion Jack Broughton, der noch ohne Handschuhe kämpfte, führte 1743 die ersten Regeln ein. Dazu gehörten Runden, das 30-Sekunden-Anzählen und ein von Seilen abgegrenzter „Ring".

QUEENSBERRY RULES
1867
Zu den von John Chambers für den 8. Marquis von Queensberry aufgestellten Regeln gehörten das Anzählen von 10 Sekunden sowie Runden von drei Minuten und der Einsatz von gepolsterten Handschuhen.

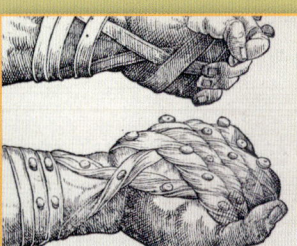

SCHLAGRINGE
IM JAHR 0
Boxer aus Indien nutzten Schlagringe aus Haizähnen. Metalldornen, cesti genannt, wurden sowohl von römischen Gladiatoren als auch von Freien genutzt. Das Boxen wurde um 500 n.Chr. von Theoderich dem Großen verboten.

BARE-KNUCKLE
17. JAHRHUNDERT
Nachdem die Römer den Sport verboten hatten, fand der erste dokumentierte Boxkampf 1681 in London statt. James Figg wurde 1719 der erste All England Bare-knuckle-champion.

KLASSIKER 4. JULI 1919
DEMPSEY vs WILLARD

Jack Dempsey, der „Manassa Mauler" knockte Jess Willard in der ersten Runde sieben Mal zu Boden. In der dritten wies Willard, dessen Kiefer, Nase und einige Rippen gebrochen waren, seinen Trainer an, das Handtuch zu werfen: Der warf sogar zwei, und Dempsey wurde zum Schwergewichtsweltmeister erklärt. Dempsey strich bei seiner Titelverteidigung 1921 zum erstenmal in der Boxgeschichte eine Gage von einer Million Dollar ein.

KLASSIKER 22. JULI 1938
LOUIS vs SCHMELING

1937 wurde Joe Louis nach Jack Johnson der zweite schwarze Weltmeister im Schwergewicht. Im Vorfeld des Zweiten Weltkriegs war die Herausforderung von Max Schmeling, einem Vertreter Nazideutschlands, für Fans und Boxer mehr als nur ein normaler Boxkampf. Louis schickte Schmeling in nur 124 Sekunden zu Boden und verteidigte in 11 Jahren seinen Titel 25-mal – ein Rekord.

KLASSIKER 23. SEPTEMBER 1952
MARCIANO VS WALCOTT

Rocky Marciano ist der Einzige, der alle seine Profi-Kämpfe gewann, doch den um die Schwergewichtsweltmeisterschaft gegen Jersey Joe Walcott hätte er beinahe verloren. Marciano, der nach Punkten zurücklag, brauchte für den Sieg einen K.O. Der gelang ihm in der 13. Runde, als er einen Schlag setzte, der als einer der härtesten aller Zeiten beschrieben wurde.

KLASSIKER 20. FEBRUAR 2000
MORALES VS BARRERA

Ein großer Kampf mit umstrittenem Ausgang. Der Superleichtgewichtschampion Eric „El Terrible" Morales behielt seinen WBC-Titel und nahm Marco Antonio Barrera den WBO-Titel ab. Ein Punktrichter gab Morales einen Punkt mehr, ein anderer Barrera. Der dritte Punktrichter bevorzugte Morales mit drei Punkten.

SCHNELLSTER K.O.
1946

Al Couture schlug Ralph Walton nach nur 10,5 Sek. K.O., das Anzählen mitgerechnet. Couture musste vor dem Gong aus seiner Ecke gekommen sein und zugeschlagen haben, während Walton noch seinen Mundschutz einsetzte.

RINGRICHTER KO
1978

Ein kurioser Moment im Boxsport ereignete sich, als der Boxer Randy Shields in der 9. Runde des Kampfs gegen Sugar Ray Leonard in Baltimore versehentlich den Ringrichter Tom Kelly zu Boden schickte.

DON KING
1972 – HEUTE

Eine der schrillsten Figuren im Boxgeschäft ist der Promoter Don King, der mehrere legendäre Kämpfe organisierte, z.B. den Rumble in the Jungle und den Thriller in Manilla.

WALLITSCH KO
1959

Henry Wallitsch ist der einzige Boxer, der sich selbst K.O. schlug. Er holte aus, um Bartolo Soni zu treffen, doch Soni wich aus, und Wallitsch hatte so viel Schwung, dass er über die Seile und mit dem Kopf auf den Boden fiel.

CASSIUS CLAY'S TITEL
1964

Als Cassius Clay gegen Sonny Liston antrat, standen alle Wetten gegen ihn. Beim Wiegen sagte Clay, er würde „wie ein Schmetterling flattern und wie eine Biene zustechen". Genau das tat er und wurde Weltmeister.

KLASSIKER 8. MÄRZ 1971
ALI VS FRAZIER

Bei diesem Kampf trafen zum ersten Mal zwei ungeschlagene Schwergewichtsweltmeister aufeinander – Muhammad Ali war sein Titel wegen seiner Weigerung, in den Vietnamkrieg zu ziehen, aberkannt worden, und Joe Frazier bekam seinen in Abwesenheit zuerkannt. Frazier gewann hier nach Punkten, doch Ali siegte bei zwei Revanchekämpfen.

MIKE TYSON
1986

Tyson war 1986 der jüngste Schwergewichtsweltmeister aller Zeiten. Leider verspielte er 1992 seinen Ruf durch eine Verurteilung wegen Vergewaltigung und dadurch, dass er 1997 Evander Holyfield ein Teil des Ohrs abbiss.

KLASSIKER **15. NOVEMBER 1957**
FULLMER vs RIVERS

Beim Kampf im Madison Square Garden, New York, muss der Mittelgewichtsweltmeister Gene Fullmer von Neal Rivers zwei Rechtsausleger auf die Nase einstecken. Erstaunlicherweise hielt Fullmer den Schlägen stand und gewann am Ende nach Punkten.

KOMMUNIKATION
AUF EINEN DRINK

C₂H₅OH, besser bekannt als Alkohol, ist die älteste und vermutlich am weitesten verbreitete Droge, die je von Menschen erzeugt wurde – Weinbau wird schon seit 5000 v. Chr. betrieben. Und wo immer auf der Welt man auf einen Drink einkehrt, gibt es eine Geste, die jeder versteht: Man erhebt das Glas als Zeichen der Freundschaft. Hier finden Sie in 56 Sprachen die richtigen Worte, um diese Geste zu unterstreichen.

„Gesondheid"
Auf die Gesundheit
AFRIKAANS

„Tim-tim"
Prost
BRASILIANISCH

„Tervist"
Auf deine Gesundheit
ESTNISCH

„Ebiba"
Trink aus!
GRIECHISCH

„Gëzuar"
Viel Glück
ALBANISCH

„Na zdrave"
Zum Wohl
BULGARISCH

„Kippis"
Prost
FINNISCH

„Okole maluna"
Ex!
HAWAIISCH

„Cheers"
Prost
AMERIKAN. ENGLISCH

„Skål"
Prost
DÄNISCH

„Op uw gezondheid"
Auf deine Gesundheit
FLÄMISCH

„L'chaim"
Auf das Leben
HEBRÄISCH

„Fisehatak"
Gesundheit
ARABISCH

„Prost" / „Zum Wohl" / „Auf deine Gesundheit"
DEUTSCH

„A votre santé"
Auf deine Gesundheit
FRANZÖSISCH

„Salute"
Grüß dich/Viel Gesundheit
ITALIENISCH

„Skål"
Zum Wohl
BAHASA INDONESIA

„Cheers" / „Bottoms up"
Zum Wohl
ENGLISCH

„Sláinte"
Auf deine Gesundheit
GÄLISCH (IRLAND)

„Kampai"
Leere dein Glas
JAPANISCH

„On egin"
Auf die Gesundheit
BASKISCH

„Je via sano"
Auf deine Gesundheit
ESPERANTO

„Slaandjivaa"
Auf deine Gesundheit
GÄLISCH (SCHOTTLAND)

„Gom bui"
Leere dein Glas
KANTONESISCH

Der erste Gin-und-Wermut-Cocktail (bekannt als Martini trocken) wurde angeblich 1860 von dem Barkeeper Jerry Thomas im Occidental Hotel in San Francisco gemixt.

Der US-amerikanische Autor H. L. Mencken bezeichnete den Cocktail als „die einzige amerikanische Erfindung, die so vollkommen ist wie ein Sonett".

TOP FIVE DER BIERKONSUMENTEN
Gläser (0,5 l) pro Person (über 15 Jahre) und pro Woche, 2003

1. TSCHECHIEN — 6,32 GLAS
2. IRLAND — 6,05
3. DEUTSCHLAND — 4,64
4. ÖSTERREICH — 4,43
5. LUXEMBURG — 4,24

CHAMPAGNER-FLASCHENGRÖSSEN

1/4 Flasche	Piccolo	
1/2 Flasche	Filette oder Demi	
2 Flasche	Magnum	
4 Flasche	Jeroboam	
6 Flasche	Rehoboam	
8 Flasche	Methusalem	
12 Flasche	Salmanazar	
16 Flasche	Balthazar	
20 Flasche	Nebukadnezar	
24 Flasche	Melchior	

„WEIN HAT DEN NACHTEIL, DASS MAN WORTE FÜR GEDANKEN HÄLT."
SAMUEL JOHNSON

„Salut"
Grüße/Viel Gesundheit
KATALANISCH

„Kia ora"
Grüße
MAORI

„Na zdorovje"
Auf deine Gesundheit
RUSSISCH

„Hotala"
Leere dein Glas
TAIWANESISCH

„Kong gang ul wi ha yo"
Viel Glück
KOREANISCH

„Salud"
Grüße/Viel Gesundheit
MEXIKANISCHES SPANISCH

„Ziveli"
Auf ein langes Leben
SERBISCH

„Choc-tee"
Grüße
THAI

„Zivjeli"
Auf ein langes Leben
KROATISCH

„Proost"
Prost
NIEDERLÄNDISCH

„Na zdravie"
Auf deine Gesundheit
SLOWAKISCH

„Na zdravi"
Prost
TSCHECHISCH

„Uz veselibu"
Auf deine Gesundheit
LETTISCH

„Kia ora"
Prost
NEUSEELÄNDISCH

„Na zdravie"
Auf deine Gesundheit
SLOWENISCH

„Serefe"
Zum Wohle
TÜRKISCH

„Kesak"
Prost/Dein Glas
LIBANESISCH

„Skål"
Prost
NORWEGISCH

„Auguryo"
Viel Glück
SOMALI

„Kedves egeszsegere"
Auf deine Gesundheit
UNGARISCH

„I sveikata"
Auf deine Gesundheit
LITAUISCH

„Na zdrowie"
Zum Wohl/Viel Gesundheit
POLNISCH

„Salud"
Grüße/Viel Gesundheit
SPANISCH

„Djam"
Prost
URDU

„Slamat"
Prost
MALAIISCH

„Saúde"
Viel Gesundheit
PORTUGIESISCH

„Hongera"
Sei stolz!
SWAHILI

„Chia"
Trink aus!
VIETNAMESISCH

„Gan bei"
Leere dein Glas
MANDARIN

„Noroc"
Viel Glück
RUMÄNISCH

„Skål"
Prost/Zum Wohl
SCHWEDISCH

„Lechyd da"
Auf die Gesundheit
WALISISCH

BELGIEN IST DAS WELTGRÖSSTE BIER-PARADIES MIT ÜBER 450 VERSCHIEDENEN BIERSORTEN

ALKOHOLGRENZEN FÜR KRAFTFAHRER

LAND	BAK (Blutalkohol in %)		
Australien	0,5	Italien	0,5
Kanada	0,5	Portugal	0,5
Dänemark	0,5	Spanien	0,5
Frankreich	0,5	Großbritannien	0,8
Deutschland	0,5	USA	0,2–0,8
Irland	0,8	(je nach Bundesstaat)	

TOP FIVE DER WEINKONSUMENTEN
Flaschen Wein (0,75 l) pro Person (über 15 Jahre) und pro Woche, 2003

1. LUXEMBURG	2,08	GLAS
2. FRANKREICH	1,52	
3. ITALIEN	1,42	
4. PORTUGAL	1,29	
5. SCHWEIZ	1,26	

FLORA UND FAUNA

Die 1950er waren die Jahre, als Hollywood seine Hüllen fallen ließ und den Sexappeal entdeckte. Die „kurvenreiche" Zeit begann 1953 mit dem Film *Blondinen bevorzugt*, in dem Marilyn Monroe und Jane Russell die Hauptrollen spielten. Währenddessen brachten James Dean und Marlon Brando den Männern bei, leidenschaftlich zu sein und „Elvis the Pelvis" machte die Frauen mit seinem Hüftschwung verrückt.

50s PIN UPS

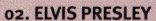

MARILYN MONROE
(großes Bild, links) war
„nicht nur eine Holly-
wood-Legende, sondern
die Hollywood-Legende"
The Times
01. JAMES DEAN gab sich
bedeutend und launisch

02. ELVIS PRESLEY
begeisterte die Mädchen
und schockierte die Eltern
03. AVA GARDNER
war grünäugig, sexy und
witzig
04. JAYNE MANSFIELD wurde
die „Königin der erogenen
Zonen" genannt
05. BRIGITTE BARDOT
wurde mit ihren Initialen
zu BB
06. AUDREY HEPBURN
wurde in vielen Männer-
träumen zum besten
Kumpel
07. MARLON BRANDO
schockierte in dem Film
Der Wilde
08. SYDNEY POITIER war
höflich und elegant

DER KÖRPER IST DA, UM GESEHEN ZU WERDEN, NICHT UM KOMPLETT VERHÜLLT ZU SEIN.
Marilyn Monroe

BERÜHMTE AUSBRECHER

Jeder möchte frei sein, deshalb sind Gefängnisausbrüche so faszinierend – selbst wenn sie von Männern verübt werden, die es verdient hatten, für ihre Verbrechen eingesperrt zu werden. Von den hier erwähnten zehn großen Gefängnisausbrüchen wurden sechs von Unschuldigen unternommen, vier von verurteilten Kriminellen, doch sie trugen zum Ausbrechermythos bei.

HENRI CHARRIÈRE, ALIAS PAPILLON (SCHMETTERLING)

Der 25 Jahre alte Pariser Gangster Henri Charrière wurde 1931 für den Mord an einem Zuhälter zu lebenslanger Haft verurteilt – obwohl er stets seine Unschuld beteuerte. Zwei Jahre später, nur 42 Tage nachdem er in der Strafkolonie von Französisch Guyana angekommen war, schlug er die Wachen im Krankenhausflügel bewusstlos und legte mehr als 1600 km in einem offenen Boot zurück, bevor er 1934 in Kolumbien wieder festgenommen wurde. Nach mehreren weiteren Fluchtversuchen wurde er in Einzelhaft gesteckt und dann auf die angeblich ausbruchssichere, berüchtigte Teufelsinsel. 40 km vor der Küste Französisch Guyanas, gebracht. Papillon entdeckte eine Stelle am Strand, wo es ihm die Strömung erlaubte, ein Floß zu Wasser zu lassen, und baute sich eines aus Jutesäcken, die er mit Kokosnüssen füllte. 1941 schoben er und ein Komplize das Floß ins Meer, wo es vor Haien wimmelte. Sie überlebten 40 Stunden ohne Essen und Trinken, bevor sie an Land gespült wurden und schließlich nach Venezuela gelangten.

HENRY McCARTY, ALIAS BILLY THE KID

Laut Legende verübte Billy the Kid im Alter von 12 Jahren seinen ersten Mord und brachte insgesamt 21 Menschen um. Am 19. Dezember 1880 verhaftete Sheriff Pat Garrett den 20-jährigen Billy, der zum Tode durch Erhängen verurteilt wurde. Garrett warnte die Wachen: „Wenn dieser Mann die geringste Chance sieht, bringt er ... euch alle um." Trotz dieser Warnung, trotz Fußkette und Handschellen entkam Billy. Am 28. April 1881 bat Billy den Wachmann James W. Bell, ihn zur Toilette zu bringen. Billy schlüpfte aus einer Handschelle, schlug Bell mit der Kette ins Gesicht, griff seinen Revolver und erschoss ihn. Er erschoss dann noch einen weiteren Wachmann, Robert Olinger, dann zwang er einen Mithäftling, ihm die Kette abzuschlagen. Garrett spürte Billy in Fort Sumner, New Mexico, auf. Am 14. Juli betrat Garrett um Mitternacht das Zimmer von Pete Maxwell, einem gemeinsamen Bekannten, und erkundigte sich nach Billy. Billy kam in den dunklen Raum und fragte Maxwell, wer denn bei ihm sei – Garrett erkannte Billys Stimme und erschoss ihn.

GIACOMO (JACQUES) CASANOVA

Casanova, der vor allem für seine Verführungskünste bekannt ist, war zudem Spieler, Alchemist, Direktor staatlicher Lotterien, Spion und Polizeiinformant. 1755 wurde er in Venedig wegen „öffentlichen Verstoßes gegen die Religion" verhaftet, aber er floh kaum ein Jahr später. Im Gefängnishof hatte er eine Eisenstange gefunden, die er in seine Zelle schmuggelte und mit der er einen Tunnel grub. Der Tunnel wurde entdeckt, aber er gab nicht auf. Er hatte seine Eisenstange noch immer, aber weil er wusste, dass er jetzt unter strenger Bewachung stand, gab er sie einem Mithäftling in der Nachbarzelle und wies die Zelle an, zwei Tunnels zu graben: einen zwischen ihren Zellen und einen zum Hof. Als sie aus ihren Zellen geflohen waren, gelangten sie zum Haupteingang, wobei sie die Eisenstange nutzten, um verschlossene Türen aufzuhebeln, aber der Haupteingang war unüberwindbar. Sie mussten warten, bis jemand schließlich kam und ihn öffnete, dann losrennen und sich schließlich trennen, um ihre Verfolger abzuschütteln. Der Plan ging auf, und Casanova floh nach Frankreich, wo er seine Abenteuer fortsetzte.

JOHN ANGLIN, CLARENCE ANGLIN, UND FRANK MORRIS

Am 11. Juni 1962 gelang drei Männern eine Flucht, die Grundlage für den Film *Flucht von Alcatraz* mit Clint Eastwood lieferte. Seit seiner Ankunft auf Alcatraz 1961 dachte Morris an Flucht. Mit Nagelknipsern kratzte er in seiner Zelle am Zement rund um einen Luftschacht; dann lötete er mithilfe von Streichhölzern und Silber, das er von einer Münze kratzte, einen aus der Kantine entwendeten Löffel an die Knipser und stellte so ein Werkzeug her, das ihm die Arbeit erleichterte. Als das Loch groß genug war, bastelte er einen Kopf aus Pappmaché, den er auf seine Liege legte, während er die Belüftungsanlage erkundete. Dabei stellte er fest, dass er Hilfe brauchte, um eine Metallstange zu überwinden, die die Belüftungsanlage nach draußen verschloss, deshalb rekrutierte er die Brüder Anglin. Die drei Männer brauchten mehr als sechs Monate, bis sie die Stange durchtrennt hatten, dann flohen sie mit notdürftig zusammengebauten Flößen von der Insel. Niemand weiß, ob ihnen die Flucht gelang, weil sie nie aufgespürt wurden.

GEORGE BLAKE

Der britische Spion George Blake begann um 1953 als Doppelagent für den KGB zu arbeiten. Er flog 1960 auf und wurde 1961 nach einem geheimen Gerichtsverfahren in Old Bailey zu 42 Jahre Haft verurteilt. Doch 1966 verhalfen ihm drei ehemalige Mithäftlinge, mit denen er sich angefreundet hatte, zur Flucht aus Wormwood Scrubs. Der Plan war einfach: Blakes Komplizen glaubten, ein 20-minütiges Zeitfenster zwischen den Sicherheitskontrollen zu haben und in dieser Zeit an einer bestimmten Stelle eine Strickleiter über die Mauer werfen zu können. Am 22. Oktober 1966 fuhr Sean Bourke in eine angrenzende Straße, um die Strickleiter zu werfen, aber ein Wachmann tauchte auf, und er fuhr davon. Als er wiederkam, war Blake schon in Panik, da er meinte, die Gelegenheit sei verpasst, doch die Leiter erschien, und er kletterte über der 6 m hohe Mauer. Dann versteckte er sich in der Wohnung seiner Komplizen. Blake außer Landes zu bringen, weil Häfen und Flughäfen bewacht wurden. Schließlich bauten sie ein Versteck in einen Kleinbus. Am 17. Dezember verließen sie England über Dover und fuhren zur DDR-Grenze, wo Blake sich den Behörden stellte.

MICHAEL KRUPA

Der polnische Offizier Michael Krupa wurde 1939 zu zehn Jahren Arbeitslager in Sibirien verurteilt. Seine Chance kam, als er den Auftrag erhielt, die Telefonmasten der Region instand zu halten – eine Arbeit, für die ihm ein Pferd zur Verfügung gestellt wurde. Er unterbrach die Leitung zur Stadt Sosnogorsk, in der es, wie er wusste, eine Zugverbindung zu Sosnogorsk gab. Dann meldete er sich freiwillig, nach Sosnogorsk zu reiten, um das angebliche Problem zu beheben. Er bestieg einen Zug und fuhr nach Süden, aber in Kirow wurde er vom Geheimdienst aufgespürt, der kurzerhand auf ihn schoss. Später sagte Krupa: „Ich hätte wirklich tot sein müssen. Wenn jemand dir einen Revolver ans Ohr hält und abdrückt ... erwartest du dann, noch am Leben zu sein? Nein." Ein Bahnarbeiter und seine Frau fanden Krupa, pflegten ihn gesund und liehen ihm eine Bahnuniform. Mit dem Zug fuhr Krupa 3220 km nach Süden bis Samarkand, Usbekistan (damals zur UdSSR gehörend), von wo aus man Afghanistan zu Fuß erreichen konnte.

RUDOLF VRBA UND ARTHUR WETZLER

Rudolf Vrba und Arthur Wetzler flohen am 10. April 1943 aus dem berüchtigten Konzentrationslager Auschwitz – zwei von gerade einmal ca. 80 Gefangenen, denen die Flucht gelang. In den Tagen vor dem Ausbruch schafften sie es, sich in einem unmittelbar außerhalb des Gefangenenbereichs, jedoch noch innerhalb der Sicherheitszone des Lagers befindlichen Holzhaufen ein Versteck zu bauen, indem sie um das Holzhaufen reichlich Alkohol verschütteten und Tabak verstreuten, um die Spürhunde zu irritieren. Am 7. April versteckten sie sich kurz vor dem Abendappell in dem Holzhaufen und harrten darin aus, während die Deutschen eine große Suchaktion starteten. Als diese abgebrochen wurde, flohen sie im Schutz der Dunkelheit. Sie bewegten sich nur nachts fort und erreichten am 21. April ihre Heimat, die Slowakei.

> „WENN JEMAND DIR EINEN REVOLVER ANS OHR HÄLT UND ABDRÜCKT ... ERWARTEST DU DANN, NOCH AM LEBEN ZU SEIN? NEIN."

HENRY „BOX" BROWN

Der 1815 als Sklave geborene Brown akzeptierte sein Schicksal und arbeitete in einer Tabakfabrik in Richmond, Virginia, wo er eine Sklavin namens Nancy heiratete, mit der er mindestens drei Kinder bekam. Doch 1848 wurden Nancy und die Kinder nach North Carolina verkauft. Entschlossen, seine Familie wiederzusehen, bat Brown zwei Freunde, ihn nach Pennsylvania zu schicken, das 1780 als erster Staat die Sklaverei abgeschafft hatte. Im März 1848 packten die Freunde ihn in eine kleine, mit drei Atemlöchern versehene Holzkiste. Brown musste die 443 km lange Reise zum Teil auf dem Kopf stehend zurücklegen. Nach 26 Stunden in der Kiste kam er in Philadelphia an, wo er vom Sklavereigegner James Miller McKim aufgenommen wurde. Brown tat sich als Kämpfer für die Sklavenbefreiung hervor, doch der Mann, der ihm geholfen hatte, der weiße Kaufmann Samuel Smith, wurde später inhaftiert, weil er zwei weiteren Sklaven zur Freiheit verholfen hatte.

GÜNTER WETZEL UND PETER STRELZYK

Während der 28 Jahre, in der die Berliner Mauer stand, kamen mindestens 75 Menschen bei der Flucht aus der DDR ums Leben. Andere schafften es. Eine der waghalsigsten Fluchten war die von Peter Strelzyk und Günter Wetzel im September 1979 mit ihren Frauen und Kindern in einem selbstgebauten Heißluftballon. Inspiriert von einer Fernsehdokumentation über Heißluftballons, brachten Wetzel und Strelzyk zwei Jahre damit zu, heimlich einen Korb und Gasbrenner zu bauen, während ihre Frauen aus Vorhängen, Bettlaken und anderen Stoffen, an die sie gelangten, einen Ballon von 18 m Durchmesser und 23 m Höhe nähten. Ihr erster Versuch im Juni scheiterte, aber am 15. September hoben sie erfolgreich ab. Mithilfe eines zum Höhenmesser umfunktionierten Barometers navigierten sie, so gut sie konnten, schwebten Richtung Grenze und landeten, als ihnen das Gas ausging, in der Nähe eines Bauernhofs – unsicher, ob sie weit genug getrieben waren. 1999 kehrten die Strelzyks in ihren Heimatort Pößneck zurück.

CHARLES GLASS

Als die Friedenstruppen 1984 aus dem Libanon abzogen, fingen Aufständische an, Ausländer als Geiseln zu nehmen. Im Juni 1985 wurde der amerikanische Journalist Charles Glass von Bewaffneten aus seinem Auto gezerrt, mit Ketten gefesselt, die Augen wurden ihm verbunden, und er wurde 62 Tage gefangen gehalten, bis er floh. Glass, der nachts, während seine Bewacher schliefen, die Augenbinde abnahm, fand heraus, dass er die Kette um seinen Fußknöchel, wenn sie im 18. statt im 14. Glied geschlossen wurde, abstreifen konnte. Mithilfe von Fäden, die er aus seiner Augenbinde zog, band er zwei Kettenglieder zusammen, damit es aussah, als säße sie fester. Am nächsten Tag, nach dem Gang zur Toilette, verschloss der Bewacher sie im 15. Glied, statt im 14. Drei Tage machte Glass das so, bis die Kette im 18. Glied geschlossen wurde. In der folgenden Nacht löste er die Kette ab, doch er musste aus dem Raum entkommen. Er kletterte auf den Fenstersims, musste aber feststellen, dass er sich im obersten Stock eines Hotels befand und es keine Chance gab, hinunterzuspringen. Er musste wieder ins Zimmer zurück, an den schlafenden Bewachern vorbei und durch die Tür, die er hinter sich verschloss, um nicht verfolgt zu werden. Dann fuhr er per Anhalter nach Beirut, wo er sich dann meldete.

ESSEN UND TRINKEN

RIESEN - MAKI

SCHWIERIGKEITSGRAD:
›LEICHT ›RECHT EINFACH ›MITTEL ›ANSPRUCHSVOLL

Maki ist die Bezeichnung für die kleinen, von Seetang umwickelten Rollen, die zu jedem ordentlichen Sushi gehören (Sushi ist Reis mit rohem Fisch). Doch für jeden, der gesunden Appetit hat, sind die kleinen Seetangrollen niemals genug, deshalb gibt es hier das Rezept für eine Riesenportion (mit gekochtem Fisch).

ZUTATEN

3 Nori-Blätter (Seetang)
500 g Nishiki (Sushi-Reis)
2 Dosen Thunfisch in Öl
2 Paprika (eine rote, eine grüne)

ZUBEREITUNG

1 Zuerst müssen Sie den Nishiki Reis kochen. Aber Vorsicht. Er braucht mindestens 20 Minuten im kochenden Wasser, dann schalten Sie die Platte aus, tun einen Deckel darauf und lassen ihn noch 10 Minuten stehen, bevor sie ihn abgießen.

2 Die wichtigste Zutat für den Riesen-Maki, damit er mehr ist als nur ein Haufen Reis, ist natürlich der Seetang. Schneiden Sie die Nori-Blätter in Streifen.

3 Legen Sie eine Kuchenform mit den Nori-Streifen aus. Bei der normalen Herstellung von Sushi wird die Füllung in die Nori-Blätter eingerollt, sodass eine große, feste Rolle entsteht. Aber für dieses Riesen-Sushi würden sie ein Nori-Blatt von der Größe eines Bettlakens und Arme wie Popeye brauchen, deshalb wird hier eine alternative Vorgehensweise vorgeschlagen.

 Stellen Sie ein Glas in die Mitte, verteilen den gekochten Reis außen herum und drücken ihn fest. Gießen Sie den Thunfisch ab. Nehmen Sie das Glas weg und füllen die Mitte mit Thunfisch.

 Waschen Sie die Paprika, schneiden Sie sie in Streifen und stecken diese mitten in den Thunfisch.

 Fertig! Zum Servieren werden Sie zwei Bambusstäbe aus dem Garten brauchen, um sie als Stäbchen zu benutzen, die größte Flasche Sojasoße, die Sie finden können, und eine DIN A4 große Scheibe eingelegten Ingwer für obendrauf.

Der Riesen-Maki – zum Vergleich daneben ein normaler Maki.

SPORT UND FREIZEIT
HELDENTATEN

Rekorde werden aufgestellt, um gebrochen zu werden, doch eine Pioniertat bleibt bestehen. Deshalb erinnern sich die Menschen an die Pioniere, die als Erste ein Flugzeug steuerten, den Everest bestiegen und auf dem Mond waren. Aber sich in einem Fass die Niagarafälle hinunterstürzen? Über den Atlantik laufen? Warum tun Menschen so etwas? Die Antwort ist die gleiche, die George Mallory gab, als er gefragt wurde, warum er den Everest besteigen wollte: „Weil er da ist."

ZU FUSS ÜBER DEN ATLANTIK

Im 15. Jahrhundert skizzierte Leonardo da Vinci „Schwimmschuhe", um über Wasser zu laufen. Im April 1988, 500 Jahre später, startete der 38-jährige Franzose Rémy Bricka von den Kanarischen Inseln auf einem Paar 4,25 m langen „Schuhen" aus Fiberglas und machte sich in Richtung Karibik auf, wobei er ein kleines Floß mit Kompass, Sextanten und Ausrüstung zur Meerwasserentsalzung hinter sich herzog. Ob man es nun gehen oder rudern im Stehen nennt, Bricka wurde nach 5636 km, bei durchschnittlich 80 km pro Tag, vor Trinidad aufgegabelt.

IN EINEM FASS ÜBER DIE NIAGARAFÄLLE

Die amerikanische Lehrerin Annie Edson Taylor beschloss, sich als erster Mensch die Niagarafälle hinabzustürzen, um so zu Ruhm und Geld zu gelangen. An ihrem 46. Geburtstag im Oktober 1901, stieg sie auf dem Niagarariver aus einem Ruderboot und in ein Gurkenfass aus Eiche um, das sie mit einer Matratze ausgepolstert und mit einem Amboss beschwert hatte. Ihre Freunde verschlossen es und ließen sie um 16:05 Uhr zu Wasser. Dann beobachteten sie, wie das Fass auf die Horseshoe Falls und die Kante zutrieb, bevor es 53 m in die Tiefe stürzte. Andere Freunde zogen das Fass um 16:40 Uhr aus dem Wasser, öffneten es und fanden die wagemutige Annie von Prellungen übersät, aber guter Dinge.

ZWISCHEN DEN ZWILLINGSTÜRMEN

110 Stockwerke

Der französische Seiltänzer Philippe Petit sagte: „Wenn ich zwei Türme sehe, laufe ich." Am 7. August 1974 trat er nach sechsjähriger Planung in 410 m Höhe auf das Seil, um den 45 m langen illegalen Drahtseilakt zwischen den Türmen des New Yorker World Trade Centers zu vollführen. Auf Anzeigen wurde verzichtet, stattdessen erhielt Petit auf Lebenszeit eine Karte für die Aussichtsplattform.

45 Meter zwischen den Türmen

SKIABFAHRT VOM EVEREST

8848 Meter

DRAHTSEILAKT ÜBER DEN NIAGARAFÄLLEN

Der erste Mensch, der am 30. Juni 1859 einen Drahtseilakt über die Niagarafälle vollführte, war der Franzose Jean François Gravelet alias Charles Blondin – eine Leistung, die in der New York Times als „Die größte Leistung des 19. Jahrhunderts" beschrieben wurde. Blondin brauchte 20 Minuten für die 335 m Strecke auf einem 7,5 cm starken Seil aus Manilahanf, das eine Meile flussabwärts über die Niagaraschlucht gespannt war. Im selben Sommer unternahm er acht weitere Überquerungen, einmal trug er dabei sogar seinen Manager, Harry Colcord, huckepack.

POGO POWER

Der Amerikaner Ashrita Furman war der Erste, der am 23. Juli 1999 alle 1899 Stufen des kanadischen CN Towers auf einem Springstock erklomm. Außerdem war Furman der erste Mensch, der unter Wasser und in der Antarktis auf dem Pogo Stick sprang und die Ausläufer des Fuji auf einem solchen Stock bezwang. Zu seinen Premieren ohne Pogo Stick gehörten ein gehüpfter Marathon und die Bewältigung einer Meile auf einem Bein springend.

Der 37 Jahre alte slowenische Extremskifahrer Davo Karni ar stieß sich am 7. Oktober 2000 um 8:00 Uhr vom Gipfel des Everest ab und fuhr den höchsten Berg der Welt hinunter; nach fünf Stunden kam er im Basislager (auf 5340 m Höhe) an. Damit noch nicht zufrieden, war er der Erste, der vom höchsten Gipfel jedes Kontinents hinabfuhr, zuletzt am 11. November 2006 vom Mt. Vinson in der Antarktis.

PEDALFLUG

Bryan Allen war der erste Mensch, der am 12. Juni 1979 mit einem selbst angetriebenen Fluggerät den Ärmelkanal überflog. Er trat in seinem Gossamer Albatross bei einer durchschnittlichen Flughöhe von 1,50 m 2 Stunden und 49 Minuten in die Pedale.

HÖHENREKORD MIT RAKETENRUCKSACK

46 Meter

Am 20. April 2004 flog der texanische Stuntman Eric Scott alias Rocketman, der einen von Gasdüsen angetriebenen Rucksack trug, auf eine Höhe von 45 m – was etwa einem 12-stöckigen Gebäude entspricht. Scott war bei Michael Jacksons Tournee 1992 zum ersten Mal spektakulär mit einem Raketenrucksack aufgetreten

JANUAR

Ganna, Äthiopien

Dieses Fest zur Weihnachtszeit ist nach einem dem Hockey ähnlichen Spiel benannt, das angeblich von äthiopischen Schafhirten zur Erinnerung an Christi Geburt gespielt wurde. Die Festlichkeiten beginnen an Heiligabend (6. Januar – was nach dem alten Julianischen Kalender dem 24. Dezember entspricht).

MÄRZ

St Patrick's Day, Irland

Der Namenstag von Irlands Schutzheiligem (17. März) wird mit den Bank Holiday Paraden, dunklem Bier und grün gefärbten Flüssen gefeiert. Er wird nicht nur in Irland begangen, sondern überall auf der Welt, wo sich Iren niedergelassen haben; und nicht nur von den Iren selbst.

FEBRUAR

Karneval von Rio, Brasilien

Mit mehr als einer halben Million Touristen, die im Februar zu diesem Fest anreisen, ist Rio de Janeiro die Karnevalshochburg der Welt. Die viertägigen Feiern erreichen am Faschingsdienstag – dem Tag vor Beginn der christlichen Fastenzeit – mit dem Umzug in Rio, auch Samba Parade genannt, ihren Höhepunkt.

APRIL

Fête des Maques, Mali

Im April und Mai wird in den Dörfern des Dogon-Stammes in Zentral-Mali ein Maskenfest gefeiert. Masken spielen in der Dogon-Kultur eine wichtige Rolle, und mit diesem 1000 Jahre alten Fest gedenken die Dogon der Toten und danken für die Ernte.

SITTEN UND GEBRÄUCHE

PARTYS DER WELT

Zu jeder Jahreszeit gibt es immer irgendwo auf der Welt eine Riesenparty. Ob Sie sich in Deutschland mit Bier volllaufen lassen, in Glastonbury im Schlamm wälzen oder sich in Bunol mit Tomaten beschmieren lassen, hier das Beste vom Besten im Jahresverlauf.

MONAT FÜR MONAT

BURNS NIGHT *Schottland*, 25. Jan. Feier zu Ehren des Nationaldichters mit Whisky und Haggis, Steckrüben. **AUSTRALIA DAY** *Australien*, 26. Jan. Feier zur Ankunft der Briten 1788; für die Aborigenes ein Tag der Trauer. **VALENTINSTAG**, *Westliche Länder*, 14. Feb. Ein Fest, an dem sich Verliebte Blumen, Pralinen und sexy Dessous schenken und man sich anonym Karten schickt. **CHINESISCHES NEUJAHRSFEST** Variiert mit dem Mondlauf. Von den Chinesen als Frühlingsfest bezeichnet.

JAN | FEB

SEPTEMBER

Burning Man, USA

Das Burning Man Festival in der Wüste von Nevada ist eine kalifornische Rückkehr zu den Idealen der Hippies. Die Zeltstadt Black Rock beherbergt vorübergehend Tausende Menschen, die das einwöchige Fest genießen. Es gipfelt im Verbrennen einer 15 m hohen Holzfigur in Menschengestalt.

OKTOBER

Oktoberfest, Deutschland

Das Paradies für Biertrinker ist das größte Volksfest der Welt. Etwa 6 Millionen Menschen kommen für das 16 bis 18 Tage dauernde Fest nach München. Erstmals fand es 1810 anlässlich der Hochzeit von Kronprinz Ludwig mit Prinzessin Therese statt. Das 42 Hektar große Festgelände ist nach ihr benannt.

MAI

Rose Festival, Marokko

Dank einer Oase eignet sich das Dadès Tal ideal zum Rosenanbau. Tonnen von Blütenblättern werden zu Parfümöl gepresst. Jedes Jahr im Mai versammeln sich die Einheimischen in der Stadt El-Kelaâ M'Gouna und feiern die Rosenernte mit Musik, Gesang, Volkstanz und Festessen.

JUNI

Glastonbury Festival, England

Das größte Openair-Festival der Welt für Musik und darstellende Künste ist berühmt wegen seiner Zeltstadt und des allgegenwärtigen Matsches, wenn es regnet. Auf dem 364 Hektar großen Gelände treten in drei Tagen an die 400 Musiker, Tänzer, Theater- und Zirkuskünstler vor 150 000 Zuschauern auf.

JULI

Gion Matsuri, Japan

Das Festival findet im Juli in Kyoto statt. Hauptattraktion ist der Yamaboko-Umzug am 17. Juli. In den drei Nächten davor wird das Stadtzentrum mit Verkaufsständen und Menschen in traditioneller Tracht zur Festmeile. Die Parade geht auf eine Reinigungszeremonie zurück.

AUGUST

La Tomatina, Spanien

Jährlich reisen etwa 30 000 Menschen zum Tomatenkampf nach Bunol. La Tomatina beginnt mit einem Wettrennen, bei dem ein großer Schinken von einem eingefetteten Pfosten geholt wird, gefolgt von zweistündigem Tomatenwerfen, bis die Feuerwehr schließlich die Straßen reinigt.

MÄRZ — PUPPENFEST, *Japan*, 3. März. Geht auf ein altes Fest zurück, bei dem man Puppen Flüsse hinuntertreiben ließ. BOUAKÉ KARNEVAL, *Elfenbeinküste*. Maskenfest im März/April in Bouaké, der zweitgrößten Stadt des Landes.

APRIL — PESSACH, *Israel u.a.* Gedenken an den Auszug der Israeliten aus Ägypten und die Entstehung des Volkes Israel. OSTERN, *Christliche Welt*. Auferstehung Christi, vermischt mit heidnischen Frühlingsriten, deshalb Hasen und Eier.

MAI — ABOAKYIR FESTIVAL, *Ghana*. Mit Tanz und Jagd wird der Zug der Simpa vom Sudan nach Ghana gefeiert. UCHINADA, *Japan*. Festival traditioneller und moderner Drachen mit Lenkern in traditioneller Kleidung.

JUNI — SONNENWENDE, *Weltweit*, 21. Juni. Sommersonnwende auf der Nord-, Wintersonnwende auf der Südhalbkugel. KIRSCHERNTEFEST, *Marokko*, Atlasgebirge. Fackelumzug der Dorfbewohner und Krönung einer Kirschkönigin.

JULI — STIERRENNEN VON PAMPLONA *Spanien*, 7–14. Juli. Jeden Morgen jagen wilde Stiere Männer durch die Straßen. UNABHÄNGIGKEITSTAG, *USA*, 4. Juli. Feier anlässlich der Unabhängigkeitserklärung von Großbritannien 1776.

AUG — NEWPORT JAZZ AND FOLK FESTIVALS, *USA*. 1965 Schauplatz des ersten Auftritts von Bob Dylan mit E-Gitarre. EDINBURGH FESTIVAL, *Schottland*. Opern-, Musik- und Theater-Festival, einschließlich des „Fringe Festivals".

SEPT — FESTA DE LA MERCÈ, *Barcelona, Spanien*. Viertägiger Straßenkarneval zur katalonischen Identität. DIECIOCHO (FIESTAS PATRIS), *Chile*, 18.–19. Sept. Zweitägiges Unabhängigkeitsfest, das über eine Woche dauert.

OKT — NAVARTI, *Indien*. Das Ende des Monsuns wird mit einem neuntägigen Musik- und Tanzfest gefeiert. HALLOWEEN, *Angelsächsische Länder*. Der Tag vor Allerheiligen liefert inzwischen Vorwand für allerhand Unfug.

NOV — DIWALI (LICHTERFEST). *Hindus und Sikhs*, Okt./Nov. Tonlampen werden als Zeichen der Hoffnung entzündet. MOMBASA KARNEVAL, *Kenia*. Zwei multireligiöse Paraden vereinigen sich zu einem glanzvollen Finale.

DEZ — SONNENWENDE, *Weltweit*, 21. Dez. Mittsommernachtsriten auf der Süd-, Mittwinterriten auf der Nordhalbkugel. SILVESTER, *Weltweit*. Spektakuläres Feuerwerk; unübertroffen ist das an Brasiliens Copacabana.

NOVEMBER

Totenfest, Mexiko

Mexiko ist berühmt für dieses Fest, das auch in Südamerika, Asien und Afrika gefeiert wird. Das Totenfest ist nicht makaber, sondern ein Fest des vergangenen Lebens und des Lebens nach dem Tod. Obwohl es an Allerheiligen und Allerseelen (1. und 2. November) stattfindet, hat das Fest einen vorchristlichen Ursprung.

DEZEMBER

Junkanoo, Bahamas

Es ist eine fröhliche Parade mit Musik und Tanz, die am 26. Dezember beginnt und am Neujahrstag wiederholt wird. Die Klänge von Kuhglocken, Trommeln, Pfeifen und Hörnern erfüllen die Luft, wenn bis zu 1000 Mitglieder umfassende Themengruppen die Straßen entlangziehen.

FLORA UND FAUNA

SUPERMENSCHEN

Wenn Sie auf diesem Planeten ankommen, könnten Sie zunächst den Eindruck gewinnen, dass alle Menschen gleich aussehen. Aber bei genauerem Hinschauen entdeckt man, dass es Unterschiede gibt – einige Menschen sind größer als andere, einige haben mehr Finger und Zehen, einer kann die Haut seines Halses sogar über sein Gesicht stülpen. Hier ist eine Auswahl an menschlichen Extremen.

LÄNGSTER SCHNURRBART Der Inder Kalyan Ramji Sain musste seinen Schnurrbart 17 Jahre wachsen lassen, bis er 3,39 m lang war. Er stutzte ihn jedoch nicht gleichmäßig. Die rechte Seite ist 1,72 m, die linke 1,67 m lang.

LÄNGSTER BART (FRAU) 1884 maß der Bart der Amerikanerin Janice Deveree 36 cm.

LÄNGSTER BART (MANN) Der Norweger Hans Langseth begann 1876 im Alter von 30 Jahren, seinen Bart wachsen zu lassen. Als er mit 81 starb, war der Bart rekordverdächtige 5,33 m lang. Er wird im Smithsonian in Washington DC ausgestellt.

DIE WENIGSTEN FINGER UND ZEHEN Einige Mitglieder des Wadomo Stamms in Simbabwe und des Kalanga Stamms in Botswana leiden unter einer erblichen Genmutation, die zur sogenannten Ektrodaktylie führt. Die Folge ist, dass sie klauenartige Hände und Füße mit jeweils nur zwei Fingern bzw. Zehen haben.

LÄNGSTER HALS Ab dem Alter von fünf Jahren strecken die Frauen des südostasiatischen Stammes der Paduang (alias Kayan) ihren Hals mit bis zu 30 bis 40 Messingreifen.

DICKSTER BAUCH Beim Bauchkampf versuchen zwei dicke Männer, einander mit ihren Bäuchen umzustoßen. Im Jahr 2001 hatte der britische Champion im Bauchkampf, David White, der unter dem Künstlernamen Mad Maurice Vanderkirkoff auftritt, einen Bauchumfang von 137,70 cm ... nicht zu verwechseln mit der dicksten Taille, die mit 302 cm der Amerikaner Walter Hudson († 1991) hatte. Das ist etwa das Dreifache einer durchschnittlichen Taille.

GRÖSSTER BIZEPS 20 Jahre Einnahme von Steroiden und Hanteltraining haben dem Amerikaner Greg Valentino zum dicksten Bizeps der Welt verholfen, der mit 70 cm Umfang dicker ist als die Taille einer schlanken Frau. Früherer Rekordhalter war Denis Sester mit 77,8 cm.

DEHNBARSTE HAUT Der Brite Gary Turner verblüfft Zuschauer mit seiner elastischen Haut. Er ist einer von nur neun Menschen, die unter dem Ehlers-Danlos-Syndrom leiden. Das defekte Collagen bewirkt, dass sich Garys Haut auf beinahe 16 cm dehnen lässt – genug um die Haut vom Hals über den Mund zu ziehen.

LÄNGSTE FINGERNÄGEL Die Amerikanerin Lee Redmond lässt ihre Nägel seit 1979 wachsen. Als dieses Buch in Druck ging, maßen sie zusammen genau 7,51 m – wobei der längste mit 80 cm der linke Daumennagel war.

DER GRÖSSTE Der Amerikaner Robert P. Wadlow maß kurz vor seinem Tod 1940 2,72 m, mehr als das Viereinhalbfache von Gul Mohammed (s. unten).

SCHMALSTE TAILLE Zehn Jahre lang, von 1929 bis 1939, trug die Engländerin Ethel Granger Korsetts, um ihren Taillenumfang nach und nach fast zu halbieren, von 56 cm auf 33 cm. Die Amerikanerin Cathie Jung macht gegenwärtig etwas Ähnliches und hat ihre Taille auf 38,1 cm reduziert – die schmalste Taille eines lebenden Erwachsenen. Britinnen haben im Durchschnitt einen Taillenumfang von 86 cm.

DAS GRÖSSTE EHEPAAR Am 17. Juni 1871 heirateten Anna Swan und Martin Van Buren Bares in St. Martin's-in-the-Fields, London. Der Bräutigam maß stattliche 2,20 m, die Braut war noch 7,5 cm größer – zusammen erreichten sie also eine Größe von 4,47 m. Den deutlichsten Größenunterschied zwischen Braut und Bräutigam gibt es beim französischen Paar Fabien Pretou und Natalie Lucius: Er misst 1,88 m, sie ist mit 94 cm halb so groß.

DIE MEISTEN FINGER UND ZEHEN Infolge einer anatomischen Besonderheit, die als Polydaktylie bezeichnet wird, hat der Inder Devendra Harne an jeder Hand sechs Finger, am linken Fuß sechs Zehen, am rechten sieben: insgesamt 25 – mehr als jeder andere lebende Mensch. Die höchste Zahl, die je dokumentiert wurde, liegt bei 50 – mit 13 Fingern an jeder Hand und 12 Zehen an jedem Fuß. Die englische Königin Anne Boleyn hatte einen zusätzlichen Finger und der Dart-Weltmeister, Eric Briston, hat einen sechsten Zeh.

DER KLEINSTE Der Inder Gul Mohammed († 1997) maß als Erwachsener gerade einmal 57 cm – das ist bei einem Menschen von 1,83 m unter Kniehöhe.

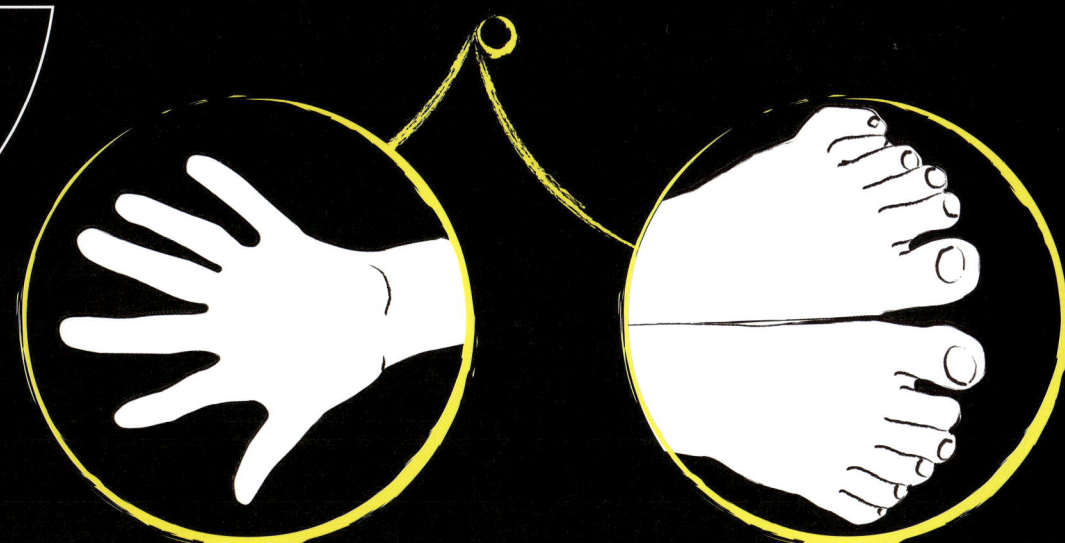

FLORA UND FAUNA

DIE TÖDLICHSTE

Abgesehen vom Menschen selbst ist das gefährlichste Wesen auf Erden die Stechmücke, die jährlich durch die Krankheiten, die sie überträgt, etwa Malaria, mehr als zwei Millionen Menschenleben fordert. Diese Mücke hat sich mit Menschenblut vollgesogen.

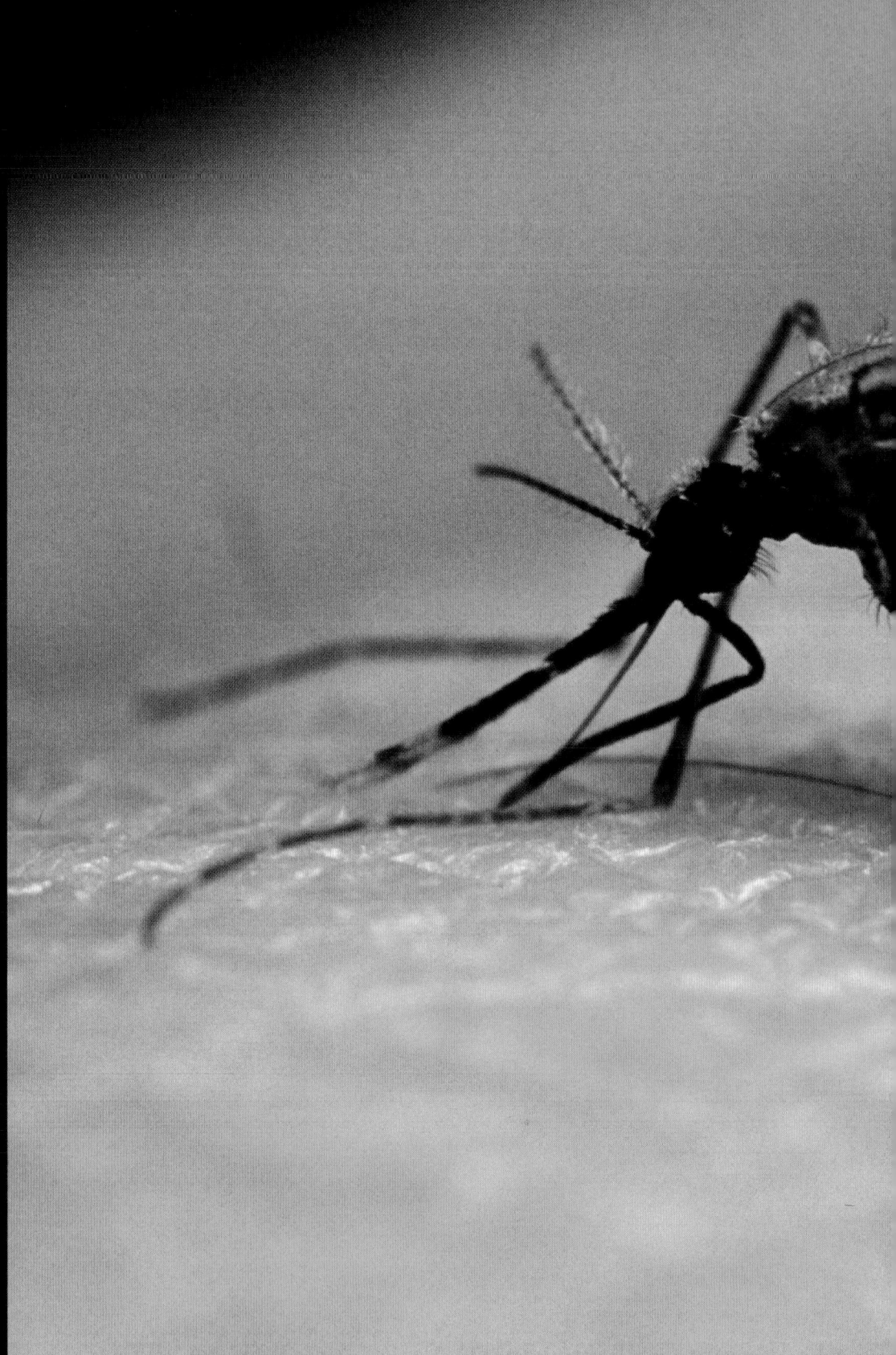

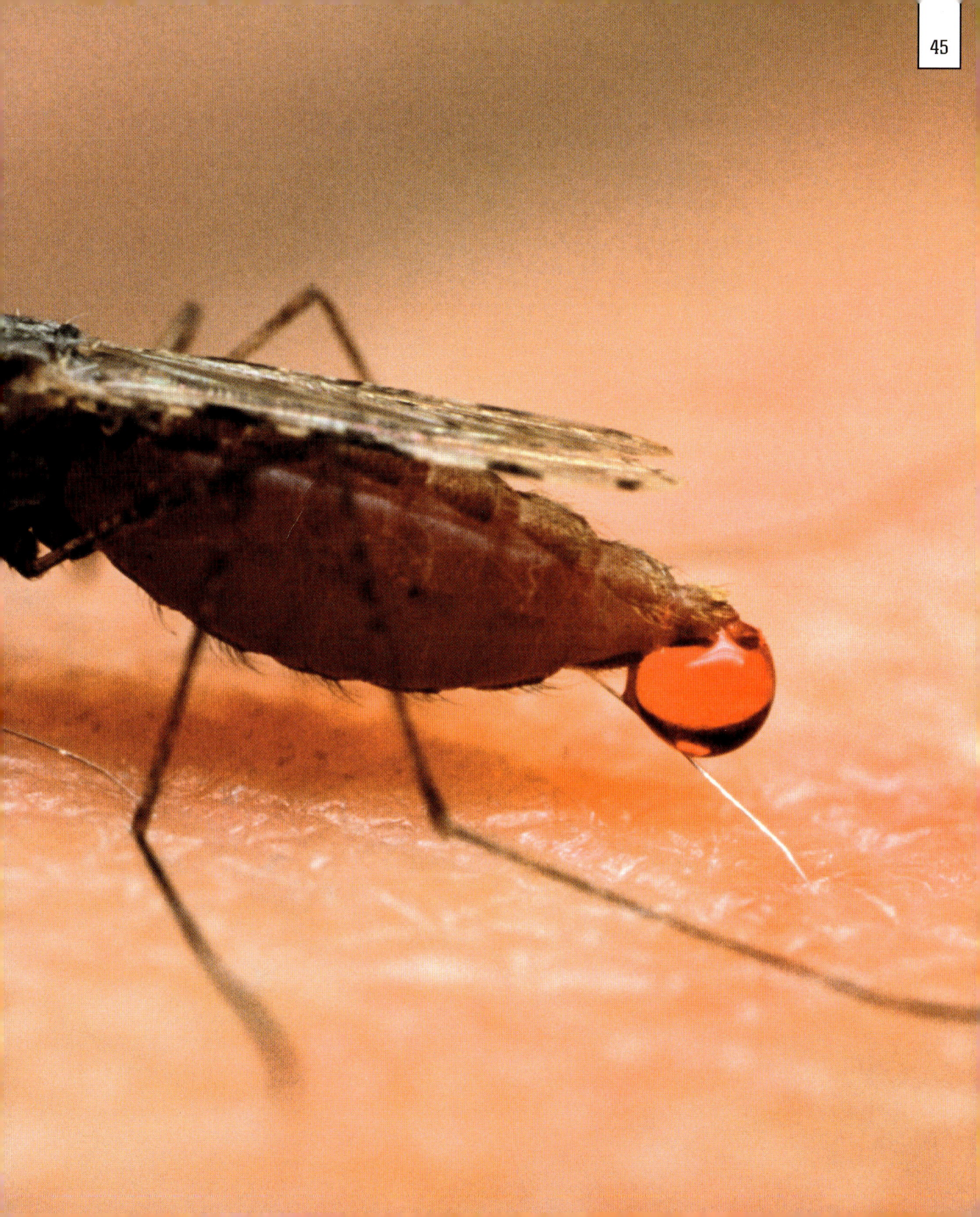

SITTEN UND GEBRÄUCHE

IN AUSTRALIEN ist es verboten, die AUTOSCHLÜSSEL STECKEN ZU LASSEN, wenn das Fahrzeug unbewacht ist.

In Athen können Autofahrer ihren Führerschein verlieren, wenn sie **SCHLAMPIG GEKLEIDET** oder **UNGEWASCHEN** sind.

In Minnesota wird das **PARKEN IN DER 2. REIHE MIT ZWANGSARBEIT** bestraft.

In Tennessee ist es verboten, **IM SCHLAFEN** Auto zu fahren.

In der Schweiz ist gesetzlich vorgeschrieben, dass Fahrer mit **SEHBEHINDERUNG** eine Ersatzbrille im Auto haben.

VERKEHRS-REGELN

Autofahren zu lernen ist kompliziert genug, denn es gibt jede Menge Verkehrsregeln. Zudem muss man, wenn man in Athen oder Thailand unterwegs ist, daran denken, dass man sich vor dem Fahren anziehen muss, in Kalifornien an das Verbot, aus einem fahrenden Auto auf Wild zu schießen. Unkenntnis der Gesetze ist keine Entschuldigung, deshalb lesen Sie die Regeln, damit Sie nicht im Knast landen.

In der Türkei kann **ALKOHOL AM STEUER** damit bestraft werden, dass man 32 km aus der Stadt gebracht wird und UNTER AUFSICHT ZURÜCKLAUFEN muss.

In Detroit ist **SEX IM AUTO** verboten, es sei denn, es ist auf Ihrem eigenen Grundstück abgestellt.

In Belgien haben Autofahrer, die bei **GEGENVERKEHR ABBIEGEN, VORFAHRT**, es sei denn, sie bremsen oder halten an.

In Utah haben **VÖGEL** auf allen Straßen Vorfahrt.

In Idaho Falls, Idaho, ist **JEDEM ÜBER 88 JAHREN** das Motorradfahren verboten.

In Südkorea ist die Polizei verpflichtet, sämtliche **SCHMIERGELDER** von Autofahrern anzugeben.

In Thailand ist gesetzlich vorgeschrieben, dass man beim Autofahren **EIN HEMD TRAGEN** muss.

In Missouri ist es Autofahrern verboten, **BÄREN OHNE KÄFIG** zu transportieren.

In der **KARWOCHE** dürfen keine **FAHRZEUGE MIT RÄDERN** nach Mexiko City kommen.

In Glendale, Arizona, ist es verboten, **RÜCKWÄRTS** zu fahren.

In Großbritannien und Australien besteht für Taxis die Pflicht, einen **BALLEN HEU** mitzuführen.

In Kalifornien ist es untersagt, aus einem fahrenden Auto **AUF WILD ZU SCHIESSEN** – es sei denn, Sie schießen auf einen **WAL**.

Auf den Philippinen dürfen Autos mit **KENNZEICHEN**, die mit 1 oder 2 enden, montags nicht fahren, die mit 3 und 4 dienstags, 5 und 6 mittwochs, 7 und 8 donnerstags und 9 und 0 samstags.

In Alabama ist es verboten, **MIT VERBUNDENEN AUGEN** Auto zu fahren.

Im Staat Washington ist jeder Autofahrer, der kriminelle Absichten hegt, gesetzlich verpflichtet, **AM RAND EINER STADT ANZUHALTEN** und den **POLIZEICHEF ANZURUFEN**, bevor er in die Stadt fährt.

In Dänemark gilt die Vorschrift, vor dem Starten des Motors die **SCHEINWERFER, BREMSEN, LENKUNG** und **HUPE** zu prüfen – und sich zu vergewissern, dass sich **KEINE KINDER UNTER DEM AUTO** befinden.

In **DEUTSCHLAND** droht eine Strafe, wenn einem auf der **AUTOBAHN** das Benzin ausgeht.

In Youngstown, Ohio, ist es **TAXIFAHRERN** untersagt, **PASSAGIERE AUF DEM DACH** zu transportieren.

In Pennsylvania ist jeder Autofahrer, der auf einer Landstraße unterwegs ist, verpflichtet, „nach jeder Meile anzuhalten, eine **SIGNALRAKETE** abzuschießen und 10 Minuten zu warten, damit **KEINE TIERE** mehr auf der Straße sind".

SITTEN UND GEBRÄUCHE

Wenn Sie in Rom sind

Im 4. Jahrhundert wurde der Hl. Ambrosius gefragt, ob man am Samstag fasten solle, wie es in Rom üblich sei, oder nicht, wie in Mailand. Ambrosius antwortete: „Wenn du in Rom bist, lebe wie die Römer; wenn du woanders bist, halte es wie die anderen" – oder auf gut Deutsch: „Andere Länder, andere Sitten." Für all jene, die sich mit den Sitten nicht genau auskennen, hier ein praktischer Führer der menschlichen Benimmregeln.

In **Saudi-Arabien** darf man eine Einladung nicht sofort annehmen – es ist höflich, mindestens ein Mal abzulehnen.

Wenn in **Großbritannien** auf einer Einladung „black tie" steht, lassen Sie sich nicht täuschen. Es wird erwartet, dass Sie in Smoking und Fliege erscheinen, aber diese muss nicht schwarz sein – in Wahrheit verzichten immer mehr Leute auf die Fliege.

In den **USA** gilt es als höflich, bis zu eine halbe Stunde später auf einen Drink zu erscheinen, bei einer Einladung zum Essen jedoch pünktlich zu sein.

Wenn man sich in **Belgien** zur Begrüßung oder zum Abschied Küsschen auf die Wange gibt, dann drei mal, nicht zwei mal wie in Frankreich.

In **Afrika** und großen Teilen **Südostasiens** wird die linke Hand zur Körperhygiene gebraucht und gilt deshalb als unrein, sodass Sie damit weder essen noch Hände schütteln sollten. In Ghana geht es so weit, dass man mit der linken Hand nicht einmal gestikuliert.

In großen Teilen **Südostasiens** gilt es als äußerst unhöflich, den Kopf eines Menschen zu berühren – selbst den eines guten Freundes.

In **China** sollten Sie Geschenke nie in schwarzes, weißes oder blaues Papier einwickeln, weil diese Farben als Trauerfarben gelten. Überreichen Sie Geschenke immer mit beiden Händen. Und beschriften Sie Karten niemals mit roter Tinte, weil damit das Ende einer Beziehung signalisiert wird.

In **Belgien**, **Italien** und **Luxemburg** bereitet man mit einem Strauß Chrysanthemen kaum Freude – sie gelten als Trauerblumen. In Frankreich sollten Sie Rosen und Chrysanthemen meiden, in Spanien Dahlien und Chrysanthemen und in Großbritannien Lilien.

Wenn Sie in **Schweden** ein Haus verlassen, warten Sie, bis sie an der Tür sind, bevor sie in den Mantel schlüpfen. Macht man es früher, erweckt man den Eindruck, man habe es eilig zu gehen.

In **Island** gilt es als Beleidigung, wenn man in Restaurants Trinkgeld gibt.

Essen Sie in **Ägypten** und **China** ihren Teller nicht leer – lassen Sie etwas stehen, um anzuzeigen, dass man Ihnen genug zu essen gegeben hat.

In **Kolumbien** ist es unhöflich, in der Öffentlichkeit zu gähnen.

In **Lateinamerika** gilt es als aggressiv, die Hände in die Hüften zu stemmen.

In **Großbritannien** wird es als unhöflich betrachtet, ein Gespräch mit der Frage nach dem Beruf des anderen zu beginnen. In den USA ist es dagegen üblich, zu Beginn eines Gesprächs nach dem Beruf zu fragen.

Wenn Sie in **Deutschland** Wein zu einer Party mitbringen, achten Sie darauf, dass es französischer oder italienischer ist. Deutschen Wein zu schenken, gilt als Zeichen, dass Sie den Geschmack des Gastgebers nicht sehr hoch einschätzen.

Seien Sie auf den **Fidschi-Inseln** vorsichtig, wenn Sie den Besitz eines anderen bewundern – es kommt der Bitte gleich, Ihnen das bewunderte Objekt zu schenken.

In **Malaysia**, **China** und **Indien** gilt es als unhöflich, ein Geschenk sofort zu öffnen.

In **Japan** ist es höflich, ein Geschenk mindestens ein Mal abzulehnen, bevor man es annimmt – und nehmen Sie es dann mit beiden Händen entgegen.

Wenn Sie in **Tschechien** Blumen schenken, dann immer eine ungerade Zahl, aber nicht 13, weil das Unglück bedeutet.

Wenn man in **Japan** ein Messer verschenkt, gilt dies als Aufforderung zum Selbstmord, deshalb ist es besser, sich etwas anderes auszudenken! Etwas paarweise zu verschenken, wie etwa Ohrringe, gilt als Glücksbringer, aber schenken Sie niemals vier Dinge, weil das Wort „vier" im Japanischen ähnlich klingt wie das Wort Tod.

Wenn man in **Großbritannien** ein Messer verschenkt, riskiert man angeblich das Ende der Freundschaft, deshalb leistet der Beschenkte meist eine symbolische Zahlung von einem Penny, damit das Messer gekauft, nicht geschenkt ist.

MYTHEN UND LEGENDEN

FALSCHMELDUNGEN

GESCHICHTEN DIE SCHLAGZEILEN MACHTEN

MONTAG 22. JANUAR 2029

ANGRIFF VOM MARS!

In Oktober 1939, keine zwei Monate nach Hitlers Einmarsch in Polen, fielen Marsbewohner in die USA ein.

Am Abend des 30. Oktober wurde die CBS-Übertragung eines Konzerts mit einer Ankündigung unterbrochen, die auf den Straßen Panik auslöste: „Meine Damen und Herren, ich habe eine ernste Meldung zu verkünden. Es mag unglaublich erscheinen, doch die seltsamen Wesen, die heute Abend in New Jersey gelandet sind, sind die Vorhut einer angreifenden Armee vom Mars." In der Nachricht wurden dreibeinige Todesmaschinen beschrieben, die einem Raumschiff entstiegen, welches nahe Grovers Mill, New Jersey, gelandet sein sollte. Die Maschinen brachten wahllos Soldaten und Zivilisten mit tödlichen Strahlen um, dann setzten sie Giftgaswolken frei, die andere Menschen töteten. Infolge dieser Falschmeldung brachen die Telefonleitungen der Notdienste zusammen, und viele Menschen flohen aus ihren Häusern.

Am nächsten Morgen stellte sich heraus, dass die Meldung ein Hörspiel war, das auf dem Science-Fiction Klassiker *Der Krieg der Welten* von H.G. Wells basierte, aufgenommen vom Mercury Theater, einer Schauspieltruppe, die von dem jungen Schauspieler Orson Welles gegründet worden war.

Bigfoot aufgenommen

Gerüchte über ein riesiges affenartiges Wesen, das den Nordwesten der USA durchstreift, haben ihren Ursprung in einer Indianerlegende.

Das Tier erhielt 1958 den Namen Bigfoot, nachdem der Bauarbeiter Jerry Crew einige große Fußabdrücke im Schlamm entdeckte, den Riesenaffen selber allerdings nicht zu Gesicht bekam.

Eines Nachmittags ritten Roger Patterson und Bob Gimlin durch den kalifornischen Six Rivers National Forest, als sie eine große Gestalt, etwa 7,50 m von ihnen entfernt, kauern sahen. Patterson rannte mit seiner Kamera filmend auf das Wesen zu und filmte Bigfoot 53 Sekunden. Experten taten den Film als Fälschung ab – aber ist er das wirklich?

Jerry Crews Chef gab 2002 zu, die Spuren gefälscht zu haben. Und ein anderer behauptete, das Bigfoot-Kostüm für den Film getragen zu haben. Aber diese Behauptung ist umstritten, und der Film wurde nie gründlich untersucht.

AUFNAHME 352 von Gimlins Film. Bigfoot dreht sich zur Kamera um, bevor er im Walc verschwindet.

WINGDINGS PROPHEZEIUNG – EIN ÜBLER JUX

Als die Welt nach dem Angriff auf das World Trade Center unter Schock stand, nutzten Internethoaxer einen Zeichensatz von Microsoft, um Gerüchte in Umlauf zu bringen.

Kurz nach dem Angriff vom September 2001 zirkulierten im Internet Gerüchte, dass Juden etwas damit zu tun hätten – und dass Microsoft den Angriff vorhergesagt habe, als die Software-Ingenieure der Zeichensatz Wingdings schrieben.

In einer der E-Mails mit dem Betreff *Gruselig* wurden viele Menschen aufgefordert, ein Word Dokument zu öffnen und Q33NY einzugeben, die Flugnummer eine der Maschinen, die in die Twin Towers gerast waren. Ihnen wurde geraten, auf den Zeichensatz Wingdings umzustellen, was die Symbole unten ergibt. Doch eine kurze Überprüfung ergab, dass es sich um einen üblen Scherz handelte. Die *New York Post* hatte 1992 bekannt gegeben, dass die Umwandlung von NYC auf Wingdings ✡ ✯ ☠ ergäbe, was, wie die Zeitung behauptete, ein Aufruf darstelle, die Juden der Stadt umzubringen. Webdings, Nachfolger von Windings, gibt eine freundlichere Botschaft: NYC wird zu ☺ ♥ 🗽 (I love New York).

HITLERTAGEBÜCHER GEFÄLSCHT

Die Hitlertagebücher wurden 1983 vom *Stern* veröffentlicht. Auch Historiker Hugh Trevor-Roper, die britische Zeitung *Sunday Times* und das französische Magazin *Paris-Match* fielen darauf herein, doch die Tagebücher wurden zwei Wochen später für falsch erklärt. Der Stern-Journalist Gerd Heidemann und sein Komplize Konrad Kujau, Händler von Nazi-Memorabilien, hatten die Tagebücher gefälscht. Beide wurden zu 4 ½ Jahren Haft verurteilt.

PILTDOWN MENSCH ENTLARVT

Ein Schädel, angeblich Reste eines Menschen, wurde 1912 vom Amateurarchäologen Charles Dawson in Piltdown, Sussex, „entdeckt". Doch in Wahrheit war er aus einem menschlichen Schädel, dem Kieferknochen eines Orang-Utan und den Zähnen eines Schimpansen zusammengesetzt – wodurch Dawson entweder zum Opfer oder zum Täter einer der größten archäologischen Fälschungen wurde. Die Identität des Fälschers wurde nie gelüftet.

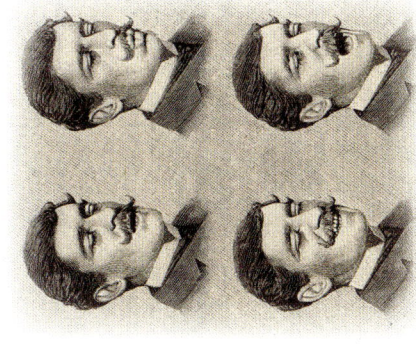

WERBUNG

Liegt ihnen das Wort auf der Zunge?

AMYGDALAMAZAMAPAM HILFT IHNEN WEITER. Tun Sie sich schwer mit Namen? Öffnen Sie den Mund, um jemanden zu begrüßen, und stellen fest, dass Sie keinen Ton herausbringen? Verbannen Sie solch peinliche Momente mit Amygdalamazamapam, das dem Vergesslichen hilft und das Gedächtnis trainiert.

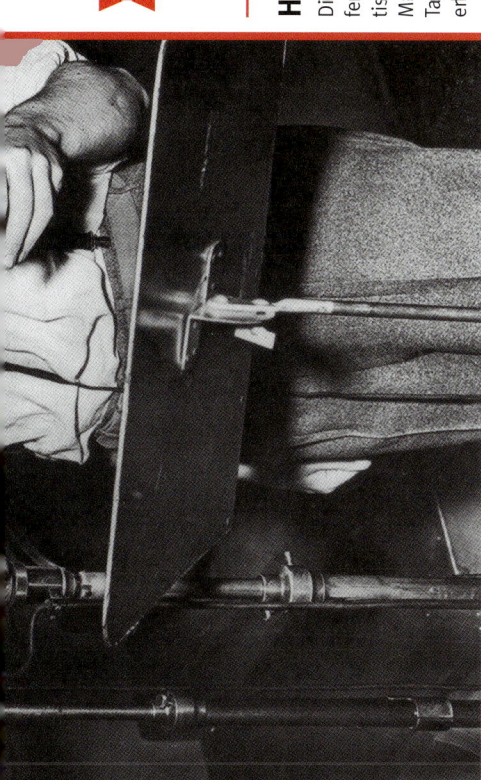

ORSON WELLES bei der Ankündigung der Invasion vom Mars. Er behauptet, dass das Stück keine absichtliche Falschmeldung war und CBS die Zuhörer darauf hingewiesen habe.

BEATLE TOT?

Laut Aussage von Russ Gibb hielten die Beatles ihre Fans jahrelang zum Narren.

Im November 1966 kam Paul McCartney anscheinend bei einem Autounfall ums Leben und wurde durch ein Double ersetzt. Die Beatles gaben den Fans Hinweise – der Song *Revolution Number Nine* rückwärts gesungen enthält den Satz: „Turn me on, dead man", und wie John sagt: „I buried Paul." Weitere Hinweise waren das Cover von *Sgt. Pepper* mit Trauerkränzen und der Trauermarsch vom *Abbey Road*-Cover, auf dem „Paul" eine Zigarette in der rechten Hand hält – der echte Paul war Linkshänder. Das *LIFE Magazin* widerlegte das Gerücht ein paar Wochen nach Gibbs Behauptung mit einem Foto von Paul.

> Paul ist entweder tod oder er lebt –
> NBC news

DIE FAB FOUR Die Trauerprozession über die Abbey Road mit John in Weiß als Priester, Ringo in Schwarz als Bestatter, George als Totengräber und das barfüßige Paul-Double als Toter.

Urbane Mythen 1
Alligatoren im Kanalnetz; Urlaubsfotos der Hells Angels; James Deans Auto.

24 ›››

Ausbrecher
Lesen Sie alles darüber: Geschichten aus Alcatraz und von anderswoher.

34 ›››

Verschwörung
Wer hat Kennedy ermordet? Ist AIDS ein von Menschen hergestelltes Virus?

90 ›››

Willkommen im Club
Sie wissen etwas über die Mafia, sind sich aber nicht ... pst!

188 ›››

Letzte Wege
Ein erzürnter Bauer tötet den König im Gurkenfeld.

334 ›››

SPORT UND FREIZEIT

HALFPIPE

Hier sieht man den Einfluss des Skateboardens: Man gleitet eine U-förmige Röhre hinunter und fährt zu den Rändern hinauf, um in der Luft Kunststücke wie die hier dargestellten zu vollführen.

ALLEY-OOP

Sprung aus der Halfpipe mit einer mindestens 180°-Drehung gegen die Flugrichtung.

FLIP

Wie zu erwarten ist der **Frontflip** ein Vorwärtssalto, der **Backflip** ein Salto rückwärts. Ganz einfach!

BUTTER

180°-Rutschenlage auf der Nose (Boardspitze) oder dem Tail (Boardende) noch vor dem Abheben zur Drehung in der Luft. Ein Butter geht meist in einen Sprung über. Buttering meint auch das Drehen auf dem Boden beim Manual (siehe unten).

DREHUNG

Sobald Sie in der Luft sind, vollführen Sie so viele Drehungen wie möglich. Drehungen werden nach der Gradzahl benannt, die Sie schaffen – 180° für eine halbe Drehung (alias **Halfcab**), 360° für eine volle Drehung (alias **Cab** oder **Three**), 540° für anderthalb Drehungen, 720° für eine Doppeldrehung usw.

HANDPLANT

Ein Move, bei dem Sie sich mit einer oder beiden Händen auf die Kante der **Halfpipe** stützen. Ein **Backside Handplant** ist eine 180°-Drehung, mit der hinteren Hand oder mit beiden Händen aufgestützt. Ein **Frontside Handplant** ist eine 180°-Drehung mit aufgestützter vorderer Hand, und ein **Layback** ist eine 180°-Vorwärtsdrehung.

AUF DER PISTE

Der Amerikaner Sherman Poppen beobachtete 1964, wie seine Tochter versuchte, stehend auf einem Schlitten zu fahren, deshalb band er ihr zwei Ski zusammen und nannte das einen Snurfer (aus Snow und Surfer). Das Snowboard kam richtig in Mode, als Jake Burton beschloss, seinen Snurfer zu verbessern: Im Alter von 23 Jahren brachte er 1977 das erste kommerziell hergestellte funktionsfähige Board heraus. Es ging rasant weiter und der Sport entwickelte sogar seinen eigenen Jargon, der hier zum Teil erklärt wird. Allgemein bekannt wurde das Snowboard 1985 durch den Bond-Film *Im Angesicht des Todes*, 1987 fand der erste Weltcup statt und 1998 wurde es olympische Disziplin.

WIPEOUT

Ein wipeout ist wie beim Surfen ein Sturz. Zwar hat das Snowboarden mehr mit dem Surfen und Skateboarden gemein als mit dem Skifahren, doch bei allen vier Sportarten kann der unvorsichtige Fahrer einen schmachvollen Sturz erleiden.

GRIND

Sie fahren über einen schmalen Gegenstand, eine Kante oder ein Geländer. Wenn Sie finden, dass das einfach aussieht, probieren Sie es doch einmal (üben Sie zuerst lieber ohne Zuschauer).

MANUAL

Verlagern Sie Ihr Gewicht über die Nose oder den Tail Ihres Boards, um auf einem Ende zu fahren, während das andere in die Luft zeigt.

OLLIE

Ein Skateboard-Trick; springen Sie vom flachen Boden in die Luft, indem Sie den vorderen Fuß heben, übers Tail abspringen und die Nose in die Luft ziehen. Bei einem **Nollie** springt man über die Nose ab.

BIG AIR

Air bedeutet, dass Luft zwischen Ihrem Board und dem Schnee sein muss. Big Air heißt, dass viel Luft dazwischen ist – ein hoher Sprung.

FAKIE

alias **Switch**: Fahren Sie rückwärts, wobei Ihr normalerweise führender Fuß hinten ist. **Goofy footers** fahren mit dem rechten Fuß vorn, **regular footers** mit dem linken vorn; wenn man einen Switch macht, hat der **goofy footer** den linken Fuß vorn, und **regular footers** den rechten. Alles klar?

GRAB

Der Griff ans Board während des Sprungs. Versuchen Sie einen **Indy** (die hintere Hand greift zwischen den Bindungen ans Board); einen **Seat Belt** (die vordere Hand greift am Körper vorbei ans Tail); **Swiss Cheese** (die hintere Hand greift zwischen den Beinen hindurch ans Board) oder **Iguana** (die hintere Hand greift ans Tail).

MYTHEN UND LEGENDEN

Erste Verbrechen

Das Tolle daran, der Erste zu sein, der etwas tut, ist die Tatsache, dass egal, wie viele Menschen in Ihre Fußstapfen treten, Ihr Name ganz oben auf der Liste stehen wird – selbst wenn Sie Ihren Ruhm etwas so Zweifelhaftem wie der Tatsache verdanken, der Erste zu sein, der durch eine Giftspritze starb.

ERSTE ERMORDUNG EINES STAATSOBERHAUPTS MIT EINER PISTOLE Am 10. Juli 1584 besuchte der französische Katholik Balthasar Gérard den protestantisch-niederländischen Hof von Wilhelm Prinz von Oranien. Gérard, der sich als bettelnder Calvinist ausgab, schoss mit einer Pistole dreimal auf Wilhelm.

ERSTER MANN/FRAU, DIE AUF DEM ELEKTRISCHEN STUHL HINGERICHTET WURDEN Am 6. August 1890 wurde der amerikanische Mörder William Kemmler zum ersten Menschen, der auf dem elektrischen Stuhl hingerichtet wurde. Qualm stieg von seinem Kopf auf, und es dauerte die ganze Minute, bis er starb. Die erste Frau, die am 20. März 1899 darauf den Tod fand, war die Mörderin Martha Place. Der Henker war in beiden Fällen Edwin Davis, der in seiner Karriere insgesamt 241 Menschen den tödlichen Stromschlag versetzte.

◀ **DIE ERSTE FRAU**, die auf dem elektrischen Stuhl hingerichtet wurde, war Martha Place. Der erste Versuch misslang, doch beim zweiten war sie nach zehn Sekunden tot.

DER ERSTE TESTKRIKET-SPIELER, DER WEGEN MORDES HINGERICHTET WURDE war der Werfer Leslie Hylton aus der Karibik, der seine Frau Lurlene umgebracht hatte. Sein wichtigster Verteidiger, der jamaikanische Mannschaftskapitän Noel „Crab" Nethersole, behauptete, Hylton habe sich selbst erschießen wollen, aber sein Ziel verfehlt!

DER ERSTE MENSCH, DER DURCH DIE GIFTSPRITZE STARB war der Amerikaner Charles Brooks jr. am 7. Dezember 1982, wegen Mordes an einem Gebrauchtwagenhändler. Die Spritze enthielt einen Cocktail aus Sodium Pentothal, Pancuroniumbromid und Kaliumchlorid, der Brook in den Arm gespritzt wurde neben einem Tattoo, auf dem stand: „Ich wurde geboren, um zu sterben."

DER ERSTE MÖRDER, DER DANK TELEGRAFIE GEFASST WURDE Nach dem Mord an seiner Frau floh Dr. Hawley Crippen 1910 mit seiner Geliebten auf einem Schiff nach Kanada. Der Kapitän erkannte Crippen anhand eines Zeitungsfotos und funkte dies Scotland Yard. Von dort wurde ein Detektiv entsandt, der auf die beiden wartete. Neun Tage später wurden sie verhaftet.

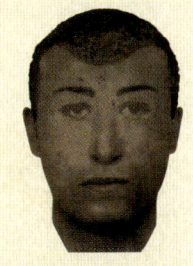

DER ERSTE EINSATZ DES PHANTOMBILDS Der erste Mörder, der mit Hilfe einer Phantomzeichnung geschnappt wurde, war der Brite Edwin Albert Bush 1961. Die Phantomzeichnung (siehe oben) wurde durch das Phantombild ersetzt, und der erste Mörder, der durch ein solches gefasst wurde, war 1970 der Brite John Bennett.

DER ERSTE GROSSE EISEN-BAHNRAUB der sogenannte „große Zugüberfall", fand am 15. Mai 1855 statt, als Edward Agar und William Pierce zusammen mit zwei Bahnangestellten aus dem Geldtransport London – Paris Gold im Wert von 14 000 £ stahlen. Sie wären unerkannt davongekommen, hätte Pierce nicht ein Versprechen gebrochen, woraufhin Agar, der der Urkundenfälschung bezichtigt wurde, als Kronzeuge auspackte.

DER ERSTE KRIMINELLE, DER ANHAND VON DNA-BEWEISEN VERURTEILT WURDE Das erste Mal entschied die DNA im November 1986 ein Gerichtsverfahren, als sie die Unschuld des Engländers Richard Buckland bewies, der das falsche Geständnis abgegeben hatte, ein Mädchen ermordet zu haben. Das erste Mal führten DNA-Beweise im November 1987 zur Verurteilung des Briten Robert Melias wegen Vergewaltigung einer behinderten Frau.

DAS ERSTE ATTENTAT, DAS GEFILMT WURDE Am 9. Oktober 1934 erschoss der bulgarische Revolutionär und vielfache Mörder Wladimir Tschernozemski alias „Vlada, der Chauffeur" in Marseilles König Alexander I. von Jugoslawien. Von einer Polizeikugel getroffen, starb er wenige Stunden später. Nachrichtenteams, die den Staatsbesuch begleiteten, bannten das Attentat auf Film.

DIE ERSTE KRIMINELLE, DIE ANHAND VON FINGER-ABDRÜCKEN VERURTEILT WURDE Im Juni 1892 ermordete die Argentinierin Francisca Rojas ihre beiden Kinder, 4 und 6 Jahre alt. Sie versuchte, die Tat einem Landarbeiter in die Schuhe zu schieben, doch Fingerabdrücke bewiesen, dass sie die Täterin war.

SPORT UND FREIZEIT

WAS STECKT DAHINTER

Sie haben die Songs geschrieben, ihre Reihenfolge festgelegt, und im nächsten Laden gibt es weder Glimmstängel, Alkohol noch Kaffee. Sie hatten den obligatorischen Streit mit Ihrem Produzenten, und jetzt bleibt nur noch eines – dem Album einen Namen zu geben. Die Titel mancher Alben sind wohlüberlegte Formulierungen, andere sind spontan gewählte Sätze, wieder andere reine Zufallstreffer...

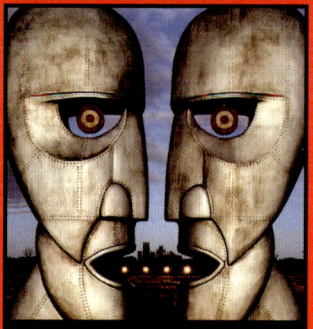

THE DIVISION BELL
PINK FLOYD

Im Album geht es um den Mangel an Kommunikation und die Kluft (division) zwischen den Menschen. Aber der von dem Freund des Gitarristen David Gilmour, Douglas Adams (Autor von *Per Anhalter durch die Galaxis*) vorgeschlagene Titel hat eine weitere Bedeutung. Er bezieht sich auf die „Division Bell", die im britischen Parlament geläutet wird.

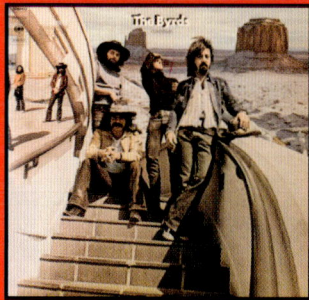

UNTITLED
THE BYRDS

Die Byrds überlegten noch, welchen Titel sie ihrem neunten Album geben sollten, als das Cover vorbereitet wurde, deshalb schrieb der Produzent Terry Melcher in Erwartung der Entscheidung „(untitled)" auf das Bild. Doch irgendwie ging das Cover ohne den eingefügten Titel in Druck, und so lautete der Name des Albums „Untitled".

DE STIJL
THE WHITE STRIPES

Das Rock-Duo Megan und Jack White nannten ihr zweites Album (2000) „De Stijl", nach der holländischen Kunstrichtung, die, wie sie sagen, ihren Musikstil, ihr Image und das Design der Albumcover beeinflusst hat. „De Stijl" betont durch den Einsatz von Rechtecken in starken Farben zusammen mit Schwarz und Weiß typischerweise die Vertikale und Horizontale – Mondrians Werk ist das berühmteste Beispiel. Das Album ist Blind Willie McTell und dem De Stijl-Architekten Gerrit Rietveld gewidmet.

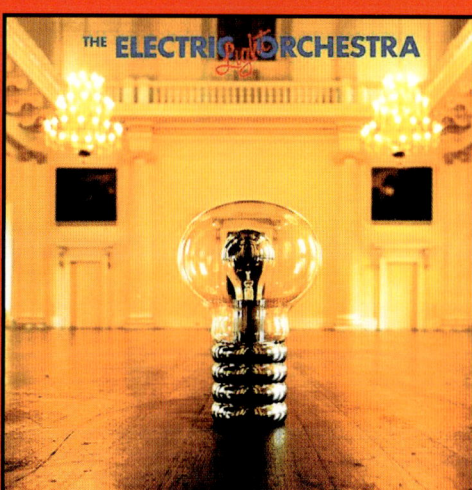

NO ANSWER
ELO

Wie es damals (1972) Mode war, wurde ELOs Debütalbum in Großbritannien unter dem Bandnamen „The Electric Light Orchestra" auf den Markt gebracht. Als eine Sekretärin von ELOs amerikanischer Plattenfirma, United Artists, den Manager Don Arden anrief, um über einen amerikanischen Titel zu sprechen, war Arden nicht da, und die Sekretärin schrieb auf einen Zettel „keine Antwort". Das wurde der amerikanische Titel. Die Geschichte, oft als moderne Sage abgetan, wurde vom Drummer Bev Bevan bestätigt, der versicherte, dass „No Answer" ein absoluter Zufall war, aber er sagte: „Das war trotzdem ein guter Titel, oder?"

ODELAY!
BECK

Der amerikanische Altrocker Beck hatte vor, seinem zweiten Album den Titel Andale! zu geben, spanisch für „leg los!". Doch als jemand das Wort falsch aufschrieb, beschloss er, es so zu lassen.

HISTOIRE DE MELODY NELSON
SERGE GAINSBOURG

Erzählt wird die Geschichte des Teenagers Melody Nelson, die eine Affäre mit einem älteren Mann hat und bei einem Flugzeugabsturz stirbt.

PLEASE
PET SHOP BOYS

Neil Tennant und Chris Lowe sagten, sie hätten den Titel gewählt, damit die Leute höflich nach dem Album fragen: „Kann ich das Pet Shop Boys Album Please haben?"

IT TAKES A NATION OF MILLIONS TO HOLD US BACK
PUBLIC ENEMY

Der Titel fasst das Thema des einflussreichen zweiten Albums der amerikanischen Hip-Hop-Band zusammen: Dass die amerikanische Gesellschaft Schwarze unterdrückt.

AUTOBAHN
KRAFTWERK

Ein passender Titel für ein Album, von dem die deutsche Electro-Pop-Gruppe Kraftwerk sagt, es würde die Eintönigkeit einer langen Autobahnfahrt wiedergeben.

BACK IN BLACK
AC/DC

Es war das erste Album der australischen Rockband nach dem Tod ihres Lead-Sängers Bon Scott. Der Titel weist darauf hin, dass die Band noch immer trauert.

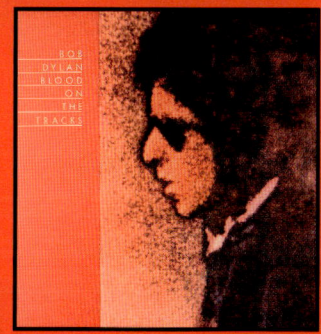

BLOOD ON THE TRACKS
BOB DYLAN

Das hochgelobte Album war ein Bruch mit der Vergangenheit – musikalisch und thematisch. Es waren keine Songs mehr von der ewigen Liebe, dafür vom Schmerz einer Scheidung zu hören. Es geht um die Beziehung von Vergangenheit und Gegenwart, und sein Titel ist ein Hinweis, wie die Vergangenheit Dylans aktuelles Werk beeinflusst – metaphorisches Blut sowohl in den Spuren seines Lebens als auch in den Songs des Albums.

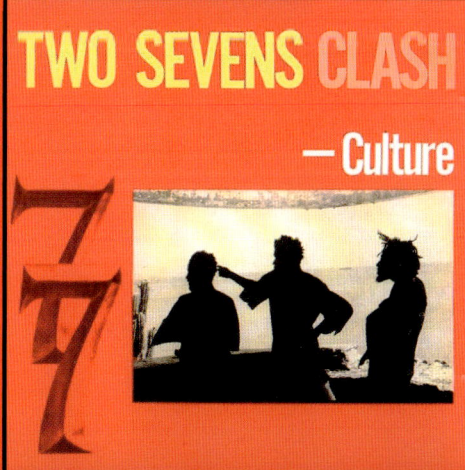

TWO SEVENS CLASH
CULTURE

Joseph Hill, Lead-Sänger der Reggae-Band Culture mit jamaikanischen Wurzeln, hatte eine Vision, der zufolge die Welt am 7.7.77 untergehen würde. Das Datum inspirierte einen Hit und wurde 1977 als Titel für das Debütalbum von Culture genutzt. Im Album wird behauptet, dass am verhängnisvollen Tag der vielen „7" „sich Stille über Kingston legte; viele Leute im Haus blieben, Geschäfte schlossen und eine gespannte Vorahnung und Erwartung über der Stadt lag".

WHEN THE PAWN HITS THE CONFLICTS HE THINKS LIKE A KING WHAT HE KNOWS THROWS THE BLOWS WHEN HE GOES TO THE FIGHT AND HE'LL WIN THE WHOLE THING FORE HE ENTERS THE RING THERE'S NO BODY TO BATTER WHEN YOUR MIND IS YOUR MIGHT SO WHEN YOU GO SOLO, YOU HOLD YOUR OWN HAND AND REMEMBER THAT DEPTH IS THE GREATEST OF HEIGHTS AND IF YOU KNOW WHERE YOU STAND, THEN YOU'LL KNOW WHERE TO LAND AND IF YOU FALL IT WON'T MATTER, CUZ YOU KNOW THAT YOU'RE RIGHT

FIONA APPLE

Das zweite Album der amerikanischen Liedmacherin Fiona Apple McAfee Maggart, besser bekannt als Fiona Apple, hat den längsten Titel der Welt – ein ganzes Gedicht, verfasst als Reaktion auf die Musikzeitschrift Spin, die sie in schlechtem Licht darstellte. Das Album wurde von Kritikern bejubelt, ließ Spin aber offenbar kalt. In der Besprechung zitierte Spin lediglich den Titel, darunter stand: „Huch. Jetzt haben wir keinen Platz mehr für eine Besprechung. Ein Stern."

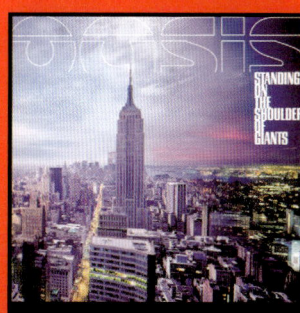

STANDING ON THE SHOULDER OF GIANTS
OASIS

Noel Gallagher saß in einem Pub, als er das Zitat auf dem Rand der britischen Zweipfundmünze sah: „Ich stehe auf den Schultern von Riesen." Er schrieb es ab (aber vergaß das „S" von Shoulders).

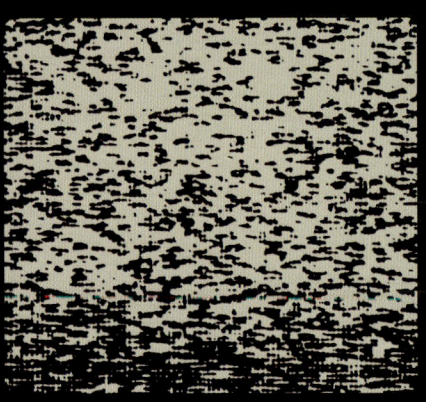

TECHNOLOGIE
BIG BROTHER

Als George Orwell 1948 seinen düsteren Roman 1984 verfasste, schienen seine Ideen abwegig zu sein. Orwell beschrieb „Doppeldenk", eine bewusste Politik, das eine zu sagen und das andere zu meinen, und „der Große Bruder", der allgegenwärtige Staat, der uns auf Schritt und Tritt überwacht. So weit würde es doch gewiss nie kommen? Wachen Sie auf – es ist schon so weit.
BIG BROTHER IS WATCHING YOU.

HANDYS

Handys können sehr leicht angezapft werden, entweder während das Signal durch den Äther reist oder während es sich durch konventionelle Leitungen von Station zu Station bewegt. Telefonaufzeichnungen sind eine der ersten Quellen, die zur Informationsbeschaffung herangezogen werden.

KREDITKARTEN

Ihre Bank weiß sofort, wo Sie sind und was Sie kaufen, was bedeutet, dass das andere auch können, wenn sie wollen. Als Barzahler müssen Sie jedoch viel Geld dabeihaben, wenn Sie nicht zum Bankautomaten gehen wollen, was Ihren Standort sofort verrät.

VIDEO

Überwachungskameras finden so schnell Verbreitung, dass die Menschen sie gar nicht mehr bemerken. Großbritannien hat mehr als 4 Millionen davon – eine für 14 Menschen und damit mehr als irgendwo sonst in Europa oder den USA. Bewohner Londons werden pro Tag ca. 300 Mal aufgenommen.

MEDIZINISCHE DATEN

Die Speicherung medizinischer Daten in Datenbanken machen persönliche Informationen, die sie enthalten, missbrauchsanfällig.

IMPLANTIERTE CHIPS

Haustiere können schon mit einem Mikrochip versehen werden. Wann fängt man wohl bei Menschen damit an? Eine amerikanische Firma entwickelt bereits einen implantierbaren Chip, der es Big Brother erlauben würde, jederzeit Ihren Aufenthaltsort zu bestimmen.

STRICHCODES

Strichcodes sind kein Problem, solange sie nur zur Kontrolle des Lagerbestands dienen. Aber wenn Sie eine Kundenkarte verwenden, werden ihre Einkaufsgewohnheiten aufgenommen und gespeichert, und bald weiß Ihr Supermarkt fast alles über Ihre Gewohnheiten.

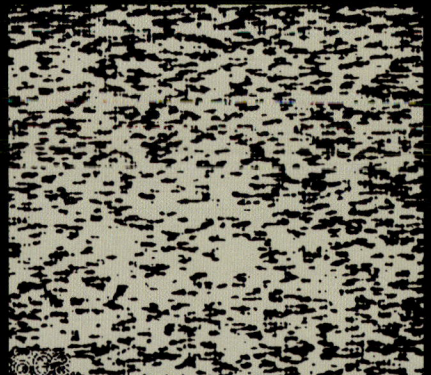

ENTSCHLÜSSELUNG

Informationen, die Sie über das Internet an Ihre Bank oder anderswohin senden, sind nicht wirklich sicher. Jede Verschlüsselung kann mit dem passenden elektronischen Programm entschlüsselt werden, und damit sind alle Ihre Informationen Hackern zugänglich.

BIOMETRISCHE AUSWEISE

Ausweise sind nichts Neues, biometrische sehr wohl – neben digitalen Informationen über den Besitzer können biometrische Ausweise auch biologische Informationen wie Fingerabdrücke, Aufnahmen der Retina oder Iris und Gesichtsaufnahmen enthalten. In vielen Ländern gibt es bereits biometrische Ausweise oder Pässe.

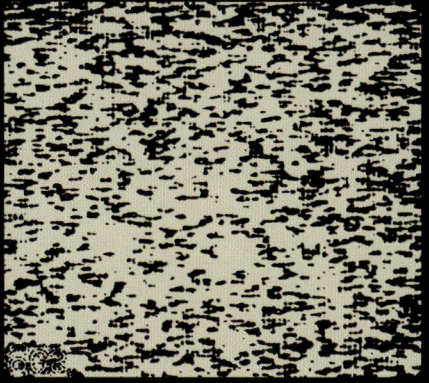

ÜBERWACHUNG IM BÜRO

E-MAIL-KONTROLLE

Nicht nur Sicherheitsdienste, auch Bürochefs überwachen den E-Mail-Verkehr. Sie können herausfinden, von wem eine Mail kommt oder an wen eine gesendet wird, ob sie beruflich oder privat ist und ob es Anhänge gibt.

DNA-DATEN

In vielen Ländern werden Fingerabdrücke und DNA-Spuren von Kriminellen gespeichert, doch in Großbritannien will man die DNA jedes Erwachsenen in einer Staatsdatenbank speichern. Sie enthält bereits Proben von 6 Prozent der Bevölkerung – mehr als in jedem anderen Land.

COMPUTERSPUREN

Noch weiter als die Überwachung von Mails geht die der Computer. Es ist, als würde jemand Ihnen ohne Ihr Wissen bei der Arbeit über die Schulter blicken und beobachten, was Sie eintippen.

ABHÖRGERÄTE

Abhörgeräte, die zurzeit als Spielzeug verkauft werden, nehmen mit einem hochempfindlichen Mikrofon und einer Parabolantenne Geräusche aus über 90 m Entfernung auf.

BABYPHONE

Wenn ein Lauscher keinen Zugang zur Lasertechnik hat, kann er sich dennoch auf die Frequenz Ihres Babyphons einloggen und so mithören.

FINGER-ABDRUCK

Zwar erhöhen Zugänge durch Fingerabdrücke die Sicherheit, indem sie Unbefugten den Zugang erschweren, doch sie bedeuten, dass Arbeitgeber wissen, wo ihre Angestellten wann sind.

DER SPION AM HIMMEL

Viele Fahrzeuge werden von Kameras der Verkehrsüberwachung aufgenommen. Jetzt geht man noch weiter und überlegt, „black boxes" in jedem Auto zur Pflicht zu machen, damit man überwacht und für jeden gefahrenen Kilometer zur Kasse gebeten werden kann.

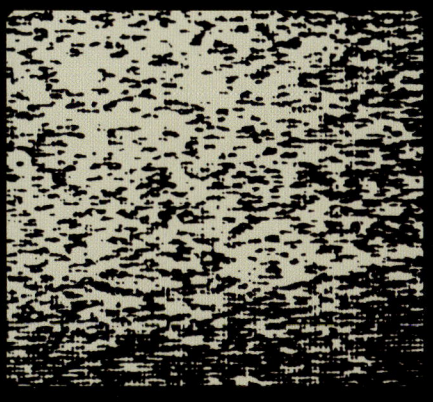

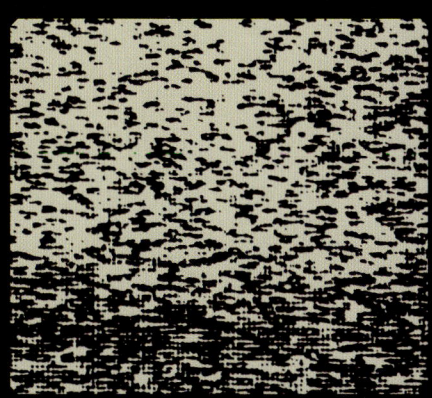

TELEFON ANZAPFEN

Einer der ältesten Überwachungstricks und einer der einfachsten. Noch einfacher ist es Ihre Telefonrechnungen zu prüfen, um zu sehen, mit wem Sie wann wie lange gesprochen haben.

KAPITEL 2

2 Zwei Minuten dauert der menschliche Geschlechtsverkehr im Durchschnitt. ❋ Der römische Gott Janus hatte zwei Gesichter – der Januar ist nach ihm benannt, da er die Pforte zwischen dem alten und dem neuen Jahr bewacht. ❋ Die irische Rockband U2 ist nach einem amerikanischen Spionageflugzeug benannt, der Lockheed U2. ❋ Berühmte Duos sind Laurel & Hardy, Starsky & Hutch, Tom & Jerry, Sherlock Holmes & Dr. Watson, Dr. Jekyll & Mr. Hyde, Romeo & Julia, Lennon & McCartney, Simon & Garfunkel, Adam & Eva, Barbie & Ken, Gin & Tonic, Moët & Chandon, Stars & Stripes, Rolls & Royce, Dolce & Gabbana. ❋ Im Taoismus versinnbildlicht die 2 die Vereinigung zweier Gegensätze und die Möglichkeit ihrer Trennung (als Yin und Yang). ❋ Pythagoras hielt die 2 für eine schlechte Zahl, deshalb gilt der 2. Tag des 2. Monats als Unglückstag und wurde Pluto, dem Gott der Unterwelt, geweiht. ❋ In der chinesischen Kultur gilt die 2 als Glückszahl, weil Gutes immer paarweise auftritt. ❋ Dualismus ist der Glaube, dass die Wirklichkeit aus 2 Elementen besteht, dem Spirituellen und dem Physischen bzw. (wie im Zarathustrismus), dass die Wirklichkeit von 2 Mächten, Gut und Böse, bestimmt ist. ❋ Eine DNA-Helix besteht aus 2 Strängen. ❋ 2 ist die einzige Zahl, die, wenn mit sich selbst addiert, das Gleiche ergibt wie ihre Multiplikation mit sich selbst. ❋ 2 ist die einzige gerade Primzahl. ❋ Der deutsche Mathematiker Gottfried Leibniz, der den binomischen Lehrsatz aufstellte, sagte, es gebe nur 2 unbestreitbare Realitäten: Null und Gott. ❋ Computer arbeiten mit einem Binärcode, Basis 2.

SITTEN UND GEBRÄUCHE
MÄNNER AUS ALLER WELT

Sie sind sich nicht sicher, wo auf der Welt Sie sich befinden? Hinweise gibt es in Ihrer Umgebung reichlich. Aber urteilen Sie nicht nach der Verfügbarkeit gewisser Softdrinks oder dem Vorhandensein bestimmter Hamburger-Lokale, denn die gibt es überall. Sie brauchen nur darauf zu achten, wie die Einheimischen sich kleiden, und mit diesem praktischen Führer wissen Sie genau, in welchem Land Sie sind.

AUSTRALISCHE ABORIGINES
Keine Angst – heutzutage werden Speer, Schild und Kriegsbemalung, an denen man diese alte und edle Volksgruppe erkennt, nur bei zeremoniellen Anlässen getragen.

BANGLADESCH
Zum rockähnlichen Baumwoll *lungi*, mit einem Knoten in der Taille geschlossen, wird meist ein kurzärmliges Baumwollhemd getragen – sehr angenehm bei Hitze.

SCHOTTISCHER GARDIST
Ein Tambourmajor der Schottischen Garde hält seinen Tambourstab und trägt den traditionellen Kilt, den Sporran und die Bärenfellmütze seines Regiments.

USA HOPI KACHINA
Laut Legende der Hopi Indianer ist Kachina ein Leben spendender Geist. Dieser Kachina stellt einen Kolibri dar, der bei den Göttern Fürsprache für die Hopi hält, damit es regnet.

MALLORCA
Gestreifte Hose, Weste und Halstuch sind für Angehörige des starken Geschlechts von dem Moment, ab dem sie laufen können, ein absolutes Muss. (Eyeliner nicht zwingend.)

BRITISCHER BOBBY
Zur Uniform gehörte ursprünglich ein Zylinder, der dem Träger auch als Tritt diente, damit er über Mauern spähen konnte. Später wurde er durch den kuppelförmigen Helm ersetzt.

PELZJÄGER, ALASKA, USA
Die ersten Kleidungsstücke der Menschen bestanden aus Fellen – dieser Pelzjäger trägt Kleidung aus Seehund- und Biberpelz.

UNBEKANNT
Sie werden häufig Gestalten sehen, die wie dieser geheimnisvolle Mann gekleidet sind und in schäbigen Spelunken von Hafenstädten herumhängen.

INUIT, KANADA
Die Kleidung der Eskimos wird meist aus Rentierfell hergestellt, das dank des langen Deckhaars, das die Luft abhält, einen sehr guten Kälteschutz bietet. Und es wird nichts vergeudet – die Felle werden mit den Sehnen des Rentiers zusammengenäht.

PHILIPPINEN
Der *barong tagalog* (wörtlich übersetzt „Kleidung des Tagalog Volks") besteht aus einem kühlenden, knapp hüftlangen weiten Hemd, das über der Hose getragen wird.

SITTEN UND GEBRÄUCHE
FRAUEN AUS ALLER WELT

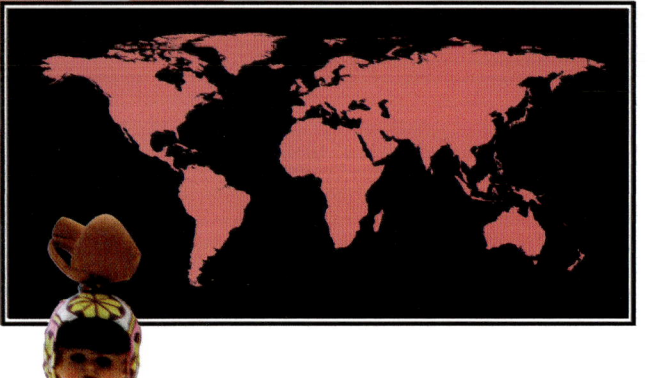

Wie bei den Männern auf den vorherigen Seiten sagt Ihnen die Art und Weise, wie sich die einheimischen Frauen kleiden, sofort, in welchem Land Sie sind. In der modernen Welt ist die Geschlechtertrennung weniger ausgeprägt, deshalb sehen Sie vielleicht Frauen, die Männerkleidung tragen, was Ihnen nicht nur sagt, in welchem Land Sie sich aufhalten, sondern auch, wer die Hosen anhat.

PORTUGAL
Zur Tracht gehört ein wollenes Tuch, *lenço* genannt, das den Kopf der Frauen unter der schweren Last schützt, die sie auf dem Kopf transportieren.

KROATIEN
Einzelheiten variieren, doch die kroatische Tracht ist an Puffärmeln und bestickten Miedern, Manschetten und Röcken zu erkennen – und an jeder Menge Schleifen.

NAMIBIA
Die Frau des Herero-Stamms trägt ein Kleid im viktorianischen Stil, das auf die Kleider zurückgeht, die die Frauen der im 19. Jahrhundert in Namibia tätigen Missionare trugen.

INDONESIEN
Als Mitglied des matrilinearen Minangkabau-Stammes in West-Sumatra, Indonesien, trägt diese Frau eine kunstvolle Kopfbedeckung.

ISRAEL
Eine Israelin in einem traditionellen Kleid mit schmalem Mieder und langem Rock mit einer Kopfbedeckung aus Spitze wacht über ihre Kerzen.

ÖSTERREICH
Ganz gleich, in welcher Region Sie sind, zur österreichischen Tracht gehören Keulenärmel und ein im italienischen Stil geschnittenes Mieder, aber die Rocklänge hängt davon ab, wie bergig die Gegend ist – je steiler die Hänge, desto kürzer die Röcke, aus praktischen Gründen.

INDIEN
Diese Inderin trägt einen *ghagra choli* – eine Kombination aus *ghagra* (ein langer, in Falten gelegter Rock) und einen *choli* (enge Bluse), dazu eine bestickte dupatta, ein langes Stück leichten Stoffs, das man als Schleier oder Überwurf nutzen kann.

MAORI, NEUSEELAND
Der *kahu huruhuru*, d. h. Federmantel der Maori, ist ein kostbares Kleidungsstück, das häufig in der Familie weitervererbt wird. Die begehrtesten Federn sind die des Huias und des Kiwis, insbesondere die weißen Federn des seltenen Albino-Kiwis.

DEUTSCHLAND
Zu den charakteristischen Merkmalen gehören bunte Röcke, ellbogenlange Ärmel, Spitzenschürzen und jede Menge Bänder.

KANADA
Une Canadienne aus der französischsprachigen Provinz Quebec trägt die Tracht mit langem Rock und Spitzenschürze in den kanadischen Nationalfarben.

KENIA
Eine Frau des Samburu-Stamms trägt ein Gewand, kanga genannt, in traditionellem leuchtendem Rot.

PERU
Diese Mutter aus Cuzco trägt einen traditionellen Poncho (der auf das 17. Jahrhundert zurückgeht), und das Kind, das sie in einem Tuch auf dem Rücken trägt, blickt ihr über die Schulter.

MEXIKO
Diese Frau des Huichol-Stammes aus dem Westen Zentralmexikos trägt einen Hut im Sombrerostil.

CHINA
Eine Darstellerin der Peking-Oper trägt eine *pei* Jacke, die zur traditionellen Bekleidung der Kaiserfamilie, des Adels und der hohen Beamten gehörte.

NIEDERLANDE
Eine Frau, die die aus einem bestickten Mieder, einem weiten Rock, Spitzenhaube und Holzpantinen bestehende Tracht trägt – mit dem obligatorischen Korb voller Tulpen.

FRANKREICH
Diese spezielle Haube gehört zur Tracht der Normandie an der Kanalküste Nordfrankreichs – sie geht auf den zuckerhutförmigen *Hennin* zurück, der auf der anderen Kanalseite in England im Mittelalter getragen wurde.

MYTHEN UND LEGENDEN

RIESIGE FEUER-BÄLLE

Kann ein Mensch einfach so, ohne Grund, in Flammen aufgehen? Wissenschaftler bestreiten das, doch es gab einige Fälle, bei denen allem Anschein nach genau dies passierte. Ein gemeinsamer Faktor ist der, dass das starke Feuer im Raum ansonsten wenig zerstört und den Körper des Opfers nur zum Teil verbrennt.

ALKOHOL
ROBERT FRANCIS BAILEY

Am 13. September 1967 wurde die Londoner Feuerwehr um 5:20 Uhr zu einem verfallenen Haus im Süden Londons gerufen. Frauen, die an der Bushaltestelle standen, hatten in einem der oberen Fenster blaue Flammen bemerkt und vermutet, dass Gas brannte. Doch die Wahrheit war noch viel schrecklicher – als die Feuerwehr ins Haus eindrang, stellte sie fest, dass die Flammen vom Körper eines wohnsitzlosen Alkoholikers, Robert Bailey, ausgingen.

Der Feuerwehrkommandant John Stacey sagte später, sie hätten Bailey auf dem Treppenabsatz im ersten Stock gefunden, und blaue Flammen züngelten aus einem 10 cm langen Schnitt in seinem Bauch. Stacey berichtete, dass die Flammen mit einiger Heftigkeit aus Baileys Körper schlugen: „Er brannte buchstäblich von innen heraus." Baileys Kleider und der Rest seines Körpers brannten nicht, aber die Hitze der Flammen hatte bereits begonnen, den Boden um ihn herum zu verkohlen. Nachdem die Flammen gelöscht waren, kam Stacey zu dem Schluss, dass Bailey noch gelebt haben muss, als er zu brennen begann, weil er in seinem Todeskampf die Zähne in den Geländerpfosten gebohrt hatte.

Eine Theorie besagt, dass sich der Alkohol in seinem Blut irgendwie entzündet hat, aber Strom und Gas waren abgeschaltet, und Bailey hatte weder Streichhölzer noch Feuerzeug bei sich. Eine andere Theorie ist die der menschlichen Selbstentzündung (SHC). Wie bei weiteren mutmaßlichen Fällen von SHC war die Hitze groß genug, um den Boden rund um Bailey zu verbrennen, nicht jedoch, anderes brennbares Material in der Nähe zu entzünden.

ENTZÜNDET
DR. JOHN IRVING BENTLEY

Am 5. Dezember 1966 betrat ein Gasableser namens Mr Gosnell Bentleys Haus in Coudersport, Pennsylvania. Weil er Brandgeruch wahrnahm, schaute Gosnell nach und war schockiert, als er im Boden des Badezimmers ein großes Loch entdeckte, neben dem Bentleys rechter Unterschenkel, noch mit dem Hausschuh am Fuß, lag. Freunde hatten sich am Vorabend gegen 21 Uhr von Bentley verabschiedet, und es war offenkundig, dass sich sein Körper irgendwann in der Nacht entzündet hatte. Das Feuer hatte ein etwa 75 x 90 cm großes Loch in den Boden gebrannt, und Bentleys Überreste wurden im Erdgeschoss entdeckt. Doch wie bei anderen mutmaßlichen Fällen von SHC war ein Teil seines Körpers trotz der großen Hitze noch intakt und Handtücher sowie Vorhänge im Bad nicht einmal versengt.

GESCHMOLZENES FETT
ANNA MARTIN

Am 18. März 1957 entdeckte der Feuerwehrmann Samuel Martin die verbrannten Überreste seiner 68 Jahre alten Mutter Anna im Keller ihres Hauses in West Philadelphia, Pennsylvania. Die Überreste schienen in einer Öllache zu liegen, doch es stellte sich heraus, dass es sich um das geschmolzene Fett der Leiche handelte. Der Gerichtsmediziner schätzte, dass die Temperatur 925 bis 1090 °C erreicht haben musste, um die Leiche so zu schmelzen. Dennoch gab es kaum Schäden im Raum, und Zeitungen, die 60 cm entfernt lagen, blieben unversehrt. Doch anders als bei anderen mutmaßlichen Fällen von SHC waren es Annas Extremitäten, nicht ihr Torso, die verbrannt waren. Von ihr blieben nur ein Teil des Torsos und die Füße, noch in den Schuhen, übrig. Und in ihrem Fall gab es eine mögliche Ursache der Entzündung: Sie wurde nahe bei einem Kohleofen gefunden, was zu Spekulationen führte, sie könnte sich selbst entzündet haben, als sie versuchte, den Ofen anzuheizen.

VERSCHLUNGEN
JEANNIE SAFFIN

1982 saß der 80-jährige Jack Saffin in der Küche seines Hauses in Edmonton, Nordlondon. Er drehte sich um, um mit seiner 61 Jahre alten Tochter Jeannie zu sprechen und war entsetzt, als er sah, dass Flammen auf ihrem Gesicht und ihren Händen züngelten. Sofort rief Jack seinen Schwiegersohn, Donald Carroll. Sie zerrten Jeannie zur Spüle, löschten die Flammen und riefen einen Krankenwagen. Leider kam der nicht schnell genug. Jeannie erlitt an Gesicht, Händen und Bauch Verbrennungen 3. Grades. Sie fiel im Krankenhaus ins Koma und starb acht Tage später. Die Ermittler kamen zu dem Schluss, dass die Brandursache unbekannt war, und stellten fest, dass der größte Teil von Jeannies Kleidung und ihr Sessel unbeschädigt waren. Caroll sagte, dass „die Flammen aus ihrem Mund kamen, wie bei einem Drachen, und ein brausendes Geräusch machten."

VERKOHLTE ÜBERRESTE
HENRY THOMAS

1980 bemerkte ein Nachbar des 73 Jahre alten Henry Thomas, dass dicker, übel riechender Rauch aus dem Kamin des Hauses von Thomas in Ebbw Vale, South Wales, quoll. Der Nachbar ging davon aus, dass Thomas Müll verbrannte, bis die Polizei am nächsten Tag die schreckliche Wahrheit herausfand – die verkohlten Überreste von Thomas waren in dessen Wohnzimmer entdeckt worden.

Die Leiche war fast völlig verbrannt, nur der Schädel war noch übrig sowie die Unterschenkel und Füße in unbeschädigten Socken und Hosenbeinen. Das Feuer hatte den Sessel, in dem Thomas saß, sowie eine Lampe und den Fernseher vor ihm zerstört. Doch andere Gegenstände, die näher standen als der Fernseher – darunter ein Haufen Feuerholz, das er für den Kamin vorbereitet hatte –, waren unbeschädigt.

Der erste Polizist am Schauplatz war John E. Heymer, der seitdem Artikel über SHC veröffentlicht hat. In seinen Notizen stand: „Das Wohnzimmer war in einen orangefarbenen Schein gehüllt, der von den Fenstern und einer Glühbirne ausging. Dieses orange Licht war Ergebnis des Tages- und elektrischen Lichts, das durch das verdampfte menschliche Fett gefiltert wurde, welches auf den Oberflächen kondensiert war. Der Rest des Hauses war völlig unbeschädigt."

Die Pathologen testeten später Blutproben, die aus Thomas' Beinen genommen wurden. Sie fanden heraus, dass das Blut große Mengen an Kohlenmonoxid enthielt, woraus sie schlossen, dass Thomas lebte, als er in Brand geriet.

VERBRENNUNG
AGNES PHILLIPS

1998 fuhr Jackie Park zu einem Pflegeheim nach Sydney, Australien, um ihre 82-jährige Mutter, Agnes Phillips, für einen Tagesausflug abzuholen. Etwa eine Stunde später hielt Jackie in Wollongong an, um ein paar Lebensmittel zu kaufen, und ließ Agnes, die eingeschlafen war, im Auto zurück. Doch dann sah Jackie zu ihrem Entsetzen im Auto Rauch aufsteigen. Mithilfe eines Passanten schaffte sie es, Agnes aus dem Auto zu ziehen, die Flammen zu ersticken und einen Krankenwagen zu rufen.

Agnes erlitt schwere Verbrennungen an Brust, Bauch, Hals, Armen und Beinen und starb eine Woche später. Der Gerichtsmediziner erkannte auf ungeklärte Todesursache und schloss SHC trotz der Tatsache, dass es keinen ersichtlichen Grund für die Entzündung gab, ausdrücklich aus. Ein Inspektor der Feuerwehr versicherte, dass der Motor nicht lief, die Kabel in Ordnung waren und es ein kühler Tag gewesen war.

LUMPEN, KNOCHEN & ASCHE
KROOK

In Charles Dickens Roman *Bleak House* von 1852 stirbt Krook, ein widerlicher alkoholkranker Lumpensammler an spontaner Verbrennung. Dickens beschreibt dies als Feuer, „das sich in den verdorbenen Eingeweiden des bösen Körpers von selbst entzündete". Die Kritiker verspotteten Dickens wegen dieses Handlungselements, aber im Vorwort zur zweiten Ausgabe konterte er, dass er Recherchen angestellt habe und viele Fälle von SHC kenne, und er erwähnt den Fall der italienischen Gräfin Cornelia de Bandi Cesenate aus dem 18. Jahrhundert. Die Überreste der 62-jährigen Gräfin wurden von ihrer Zofe gefunden – nur ihr Kopf und die bestrumpften Beine waren noch erhalten.

> „... sich in den verdorbenen Eingeweiden des bösen Körpers von selbst entzündete"

FLORA UND FAUNA

Mensch vs

Wer kann mehr verzehren, eine Raupe oder ein erwachsener Mensch? Wer kann höher bauen, die besten Ingenieure der Welt unter Einsatz der neuesten Technik und Materialien oder Termiten, die Lehm benutzen? Bei objektiver Betrachtung sind es die Insekten, die in jedem Fall gewinnen.

TIER

Manche Raupen verzehren jeden Tag mehr als das 100-Fache ihres eigenen Körpergewichts – das entspräche für eine Person von 70 kg **täglich 31963 Big Macs.** Und Sie würden schnell an Gewicht zunehmen, sodass Sie immer mehr Big Macs essen müssten, um mit der Raupe Schritt zu halten.

Termiten bauen bis zu 9 m hohe Hügel, das ist das 900-Fache ihrer eigenen Größe – dementsprechend würde ein 1,80 m großer Mensch einen Turm von 1 650 m bauen – **das Dreifache des 508 m hohen Wolkenkratzers Taipei 101** in Taiwan.

Der Nashornkäfer kann einen Gegenstand schieben, der das **850-Fache seines eigenen Gewichts** hat – das wäre so, als würde ein Erwachsener einen ausgewachsenen Buckelwal vor sich her schieben. Oder einen der großen Stützpfeiler von Stonehenge.

Ein Floh kann **130-mal** so hoch springen, wie er selbst groß ist, und setzt sich dabei **200 G** aus. Das ist, als würde ein 1,80 m großer Mensch über das höchste Gebäude Großbritanniens springen, den 50-stöckigen Londoner Canary Wharf Tower – mit der **66-fachen** Beschleunigung eines Spaceshuttles beim Start.

Termitenhügel · Taipei 101

Buckelwal

Der Nashornkäfer kann einen Gegenstand schieben, der das 850-Fache seines eigenen Gewichts hat.

130 Mal so hoch, wie die eigene Größe

Canary Wharf Tower

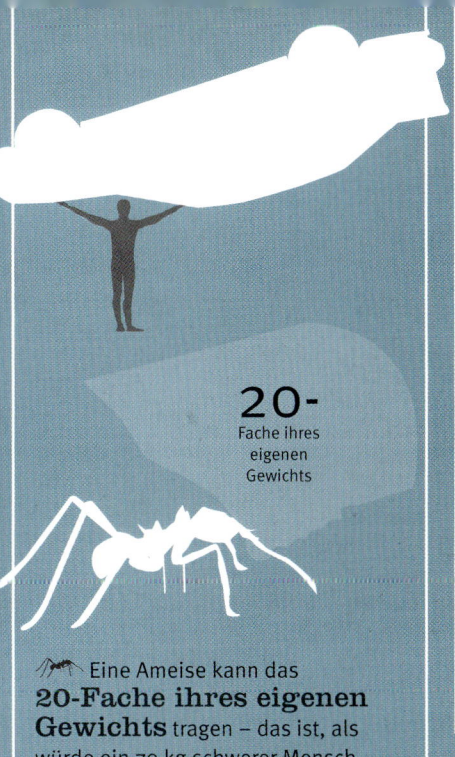

Eine Ameise kann das **20-Fache ihres eigenen Gewichts** tragen – das ist, als würde ein 70 kg schwerer Mensch einen **Mittelklassewagen** über den Kopf stemmen.

Die Kiefergelenke von Schlangen sind nur lose verbunden, sodass sie die Beute im Ganzen verschlingen können. Manche schlucken Beutetiere, die **größer sind als ihr eigener Durchmesser** – als würde ein Mensch seinen Kiefer ausrenken und einen großen Basketball schlucken.

Die Flügelspanne des Albatross ist dreimal so groß wie seine Länge – als hätte ein 1,80 m großer Mensch eine **Armspanne von 4,90 m.**

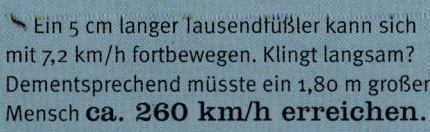

Ein 5 cm langer Tausendfüßler kann sich mit 7,2 km/h fortbewegen. Klingt langsam? Dementsprechend müsste ein 1,80 m großer Mensch **ca. 260 km/h erreichen.**

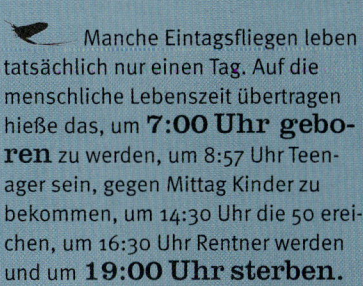

Manche Eintagsfliegen leben tatsächlich nur einen Tag. Auf die menschliche Lebenszeit übertragen hieße das, um **7:00 Uhr geboren** zu werden, um 8:57 Uhr Teenager sein, gegen Mittag Kinder zu bekommen, um 14:30 Uhr die 50 erreichen, um 16:30 Uhr Rentner werden und um **19:00 Uhr sterben.**

Das Säugetier mit den in Relation zur Körpergröße größten Augen ist der Zwergkoboldmaki – das ist, als hätte ein Mensch **Augen so groß wie Grapefruits.**

FLORA UND FAUNA

60 & SEX SYMBOLE

Frieden, Liebe und Harmonie waren die Schlüsselwörter der „Swinging Sixties", aber es war auch die Zeit, als die Frauen selbstbewusst und trotzdem sexy sein konnten, wie Raquel Welch in dem Film *Eine Million Jahre vor unserer Zeit* oder das erste Bond-Girl Ursula Andress in *James Bond jagt Dr. No*. Für die Männer waren Sean Connery's James Bond und Paul Newman's Cool Hand Look (Luke Jackson) aus dem Film *Der Unbeugsame* die großen Helden.

02. **JULIE CHRISTIE**
als Inbegriff des King's Road-Chics
03. **MUHAMMAD ALI**
„Der Größte"
04. **ANITA EKBERG**
als Inbegriff des süßen Lebens in *La Dolce vita*
05. **URSULA ANDRESS**
setzte Standards als das Bond-Girl Honey Ryder in *Dr. No*
06. **SOPHIA LOREN**
zeigte als italienische Schönheit ihre sinnlichen „Kurven"
07. **SEAN CONNERY**
sein Name war Bond, James Bond
08. **LIZ TAYLOR**
die Schöne mit den violettblauen Augen

RAQUEL WELCH
(großes Bild, links) als Loana in dem Fantasyfilm *Eine Million Jahre vor unserer Zeit* von 1966
01. **PAUL NEWMAN**
als *Cool Hand Luke* (1967)

Auch der Geist kann eine erogene Zone sein.

Raquel Welch

GOTTES WERK?

Kein Wunder, dass man in der Antike glaubte, die Götter seien erzürnt, wenn die Natur ihre gefährliche Seite zeigte. Selbst im Zeitalter der Wissenschaft, da wir wissen, wie Erdbeben oder Tsunamis entstehen, fällt es schwer, die Verluste und Zerstörungen, die diese verursachen, zu erleben, ohne sich vorzustellen, dass eine erzürnte höhere Macht am Werk war. Liest man die Opferzahlen – wenn ein Zyklon Hunderttausende töten oder eine Krankheit Millionen dahinraffen kann –, erstaunt es, dass das Problem der Überbevölkerung noch immer besteht.

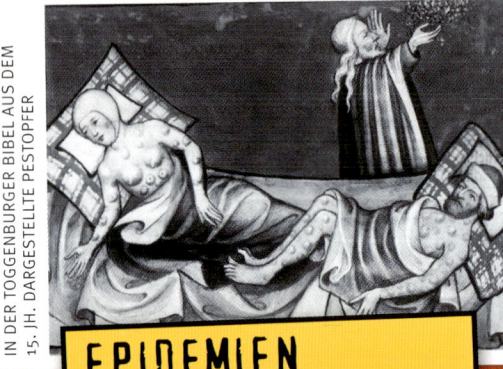

IN DER TOGGENBURGER BIBEL AUS DEM 15. JH. DARGESTELLTE PESTOPFER

EPIDEMIEN

1. CA. 75 MILLIONEN TOTE, PEST, EUROPA UND ASIEN, 14.–18. JAHRHUNDERT
Der Schwarze Tod, häufig auch Beulenpest genannt (obwohl die Bezeichnung als wissenschaftlich nicht stichhaltig betrachtet wird), brach um 1330 in Asien aus. Händler verbreiteten sie entlang der Seidenstraße nach Westen aus, und um 1340 erreichte sie Europa, übertragen durch Flöhe der Ratten, die auf Handelsschiffen lebten. Die Pest raffte in Wellen zwischen dem 14. und 18. Jahrhundert mindestens ein Drittel der europäischen Bevölkerung dahin.

2. 28 MILLIONEN TOTE, TENDENZ STEIGEND, AIDS, WELTWEIT, 20.–21. JAHRHUNDERT
1981 entdeckt, vermutlich jedoch früheren Ursprungs.

3. 21,6 MILLIONEN TOTE, SPANISCHE GRIPPE, WELTWEIT, 1918–1920

TSUNAMIS

1. 287 534 TOTE, INDISCHER OZEAN, 26. DEZEMBER 2004
Um 7:59 Uhr erschütterte ein Erdbeben den Meeresgrund 150 km vor der Küste der indonesischen Insel Sumatra, wodurch Millionen Kubikmeter Wasser mit unheimlicher Geschwindigkeit vom Epizentrum weggedrückt wurden. In den folgenden drei Stunden wälzten sich riesige Wassermassen auf die Küsten des Indischen Ozeans zu und richteten in Indonesien, Malaysia, Thailand, Burma, auf den Andamanen, in Indien, Sri Lanka, auf den Malediven und selbst in Somalia, das 4506 km vom Epizentrum entfernt lag, verheerende Schäden an.

2. 36 380 TOTE, KRAKATAU, INDONESIEN, 27. AUGUST 1883

3. 28 000 TOTE, SANRIKU, JAPAN, 15. JUNI 1896

ERDRUTSCHE

1. 17 500 TOTE, YUNGAY, PERU, 31. MAI 1970
Der zerstörerischste Erdrutsch ereignete sich als Folge des Ancash Erdbebens. Dessen Epizentrum lag im Pazifik vor der peruanischen Küste. Das Erdbeben forderte etwa 50 000 Tote, doch die schlimmste Folge war die Destabilisierung des Mt. Huascarán. Dies führte zu einem 160 km langen Erdrutsch aus Gestein und Eis, der die Stadt Yungay unter sich begrub und bis auf 400 Überlebende sämtliche Bewohner der Stadt tötete. Yungay wurde zum nationalen Friedhof und der 31. Mai zum nationalen Gedenktag erklärt.

2. CA. 12 000 TOTE, KHAIT, TADSCHIKISTAN, 1949

3. 2427 TOTE, CHIAVENNA, ITALIEN, 4. SEPTEMBER 1618

DER GIPFEL DES ÄTNA, SIZILIEN, ITALIEN

VULKANE

1. 92 000 TOTE, MT. TAMBORA, INDONESIEN, 10.–11. APRIL 1815
Den Ausbruch, von dem man annimmt, dass er der stärkste seit 181 n. Chr. war, konnte man noch im mehr als 2000 km entfernten Sumatra zu hören. Die gewaltige Menge vulkanischer Asche, die in die Atmosphäre geschleudert wurde, beeinflusste das Weltklima, und 1816 ist auf der Nordhalbkugel als das Jahr ohne Sommer in Erinnerung. Die Ernte fiel aus und das Vieh verendete, was zu großer Hungersnot führte.

2. 36 380 TOTE, MT. KRAKATAU, INDONESIEN, 26.–27. AUGUST 1883
Zu den Opfern zählen auch jene Menschen, die im folgenden Tsunami umkamen (siehe Tsunamis).

3. 29 000 TOTE, MT. PELÉE, MARTINIQUE, 8. MAI 1902

ZERSTÖRTE SCHNELLSTRASSE IN KOBE, JAPAN, NACH EINEM ERDBEBEN 1995, DAS MIT 7,2 AUF DER RICHTERSKALA GEMESSEN WURDE.

HURRIKAN IVAN, DER 2004 ÜBER DIE SÜDSTAATEN DER USA RASTE

WIRBELSTÜRME

1. 500 000 TOTE, OST-PAKISTAN (HEUTE BANGLADESCH), 13. NOVEMBER 1970
Der Wirbelsturm zog in der Nacht über die Bucht von Bengalen und traf in den frühen Morgenstunden mit Winden von bis zu 185 km/h und Wellen von bis zu 12 m Höhe auf das tief gelegene, dicht bevölkerte Küstengebiet. Die meisten Opfer ertranken in den hereinbrechenden Fluten, zu einer Zeit, als viele Menschen noch schliefen. Die offizielle Zahl der Opfer betrug 500 000 plus 100 000 Vermisste, inoffizielle Schätzungen gehen von 1 Million Toten aus.

2. CA. 300 000 TOTE, CORINGA, INDIEN, 25. NOVEMBER 1839

3. CA. 300 000 TOTE, HAIPHONG, VIETNAM, 8. OKTOBER 1881

EINE LAWINE RAST DURCH EINE SCHLUCHT DES HUNCHULI IM HIMALAYA, NEPAL.

ERDBEBEN

1. 830 000 TOTE, SHAANXI, PROVINZEN SHANXI UND HENAN, CHINA, 23. JANUAR 1556
Das Erdbeben war so stark, dass es ein Gebiet von 1347 km² zerstörte und es mehrere Monate lang Nachbeben gab. Die Opferzahl war besonders hoch, weil die Erschütterungen eine Reihe von Lössklippen zerstörten, wo Millionen von Bauern in Erdhöhlen lebten. Ein chinesischer Historiker schrieb: „Berge und Flüsse wurden versetzt und Straßen zerstört. In manchen Gegenden erhob sich der Boden plötzlich und bildete neue Hügel, oder er sank abrupt ein und es entstanden neue Täler."

2. 287 534 TOTE, INDISCHER OZEAN, 26. DEZEMBER 2004
(siehe Tsunamis)

3. 250 000 TOTE, ANTIOCH, SYRIEN (HEUTE TÜRKEI), 20. MAI 526 N. CHR.

LAWINEN

1. 18 000 TOTE, ITALIENISCHE ALPEN, OKTOBER 218 V. CHR.
Lawinenabgänge sind sehr häufig, nicht jedoch die Anwesenheit vieler Menschen in den Bergen. Der Grund, warum diese Lawine so viele Opfer forderte, mehr als jede andere in 2000 Jahren, war der, dass der Karthager Hannibal mit seiner Armee die Alpen überquerte, um die Römer anzugreifen. Hannibal verlor schätzungsweise 18 000 Männer, 2000 Pferde und viele Elefanten.

2. 10 000 TOTE, ITALIENISCHE ALPEN, 13. DEZEMBER 1916
Mehrere Lawinen gingen gleichzeitig ab.

3. 5000 TOTE, HUARÁS, PERU, 13. DEZEMBER 1941

HEUSCHRECKENPLAGE

Heuschreckenschwärme können bis zu einem Drittel der Ernte eines Landes zerstören und tragen wesentlich zu den Hungersnöten in Afrika bei. Hier beobachtet ein Junge im Oktober 2004 im Dorf Mbour, Nordsenegal, einen Heuschreckenschwarm.

PLANET ERDE

SERIENMÖRDER

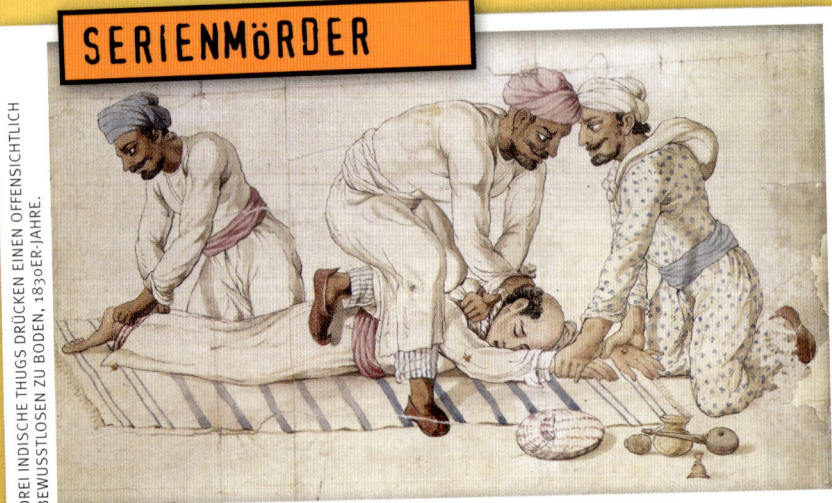

DREI INDISCHE THUGS DRÜCKEN EINEN OFFENSICHTLICH BEWUSSTLOSEN ZU BODEN, 1830ER-JAHRE.

1. 931 TOTE, BEHRAM (ALIAS BUHRAM)
Behram war der Anführer der Thugs, eines im 18. und 19. Jahrhundert operierenden indischen Netzwerks von Kriminellen. Er behauptete, zwischen 1790 und 1830 bei 931 rituellen Erdrosselungen dabei gewesen zu sein, doch die von ihm genannte Zahl ist umstritten.

2. CA. 610 TOTE, GRÄFIN BATHORY
Die als Gräfin Drakula bekannte ungarische Adlige tötete Ende 16. und Anfang 17. Jahrhundert Hunderte Mädchen und trank ihr Blut, um nicht zu altern. Bei ihrer Anklage nannte sie 610 ermordete Mädchen.

3. CA. 300 TOTE, PEDRO LÓPEZ
Das kolumbianische „Monster der Anden" gestand 300 Morde und Vergewaltigungen in Peru, Kolumbien und Ekuador. In 57 Fällen angeklagt, wurde er 1980 zu lebenslanger Haft verurteilt.

KATASTROPHEN UND TOD

Der schottische Dichter Robert Burns schrieb: „Des Menschen Unmenschlichkeit gegen den Menschen bringt viele Tausend zur trauernden Klage." Es gibt viel zu viele Beispiele für die Unmenschlichkeit des Menschen gegen den Menschen, gegen andere Lebewesen und den Planeten selbst, entweder absichtlich oder fahrlässig. Burns hätte nicht übertrieben, hätte er von Abermillionen Trauernden gesprochen.

VERSPRÜHEN VON DISPERGIERMITTEL AUF IXTOC 1

ÖLKATASTROPHEN

1. ÖLPEST IM GOLFKRIEG, PERSISCHER GOLF, 1991. 780 000–1 500 000 TONNEN
Am 23. Januar 1991 öffneten irakische Soldaten die Ventile von Ölplattformen und beladenen Tankern im Persischen Golf und verursachten einen 10 360 km² großen Ölteppich in der Hoffnung, einen Angriff der Koalition durch amphibische Verbände zu verhindern. Die Ölpest zerstörte das Ökosystem, tötete Fische, Korallen und Tausende Kormorane, aber auch die gefährdeten Karettschildkröten und grünen Schildkröten.

2. IXTOC I ÖLPEST, GOLF VON MEXIKO. 1979–80, 454 000–480 000 TONNEN
Die größte unbeabsichtigte Ölpest ereignete sich nach einem Bohrunfall auf Ixtoc, einer Testbohrinsel. Tausende der seltenen Karibischen Bastardschildkröten wurden per Hubschrauber in Sicherheit gebracht und viele Vogelsäuberungsstationen eingerichtet.

3. ATLANTIC EMPRESS UND AEGEAN CAPTAIN, 1979, 287 000 TONNEN
Das größte Tankerunglück ereignete sich, als die beiden Tanker am 19. Juli vor Trinidad zusammenstießen.

FLUGZEUGUNGLÜCKE

1. 583 TOTE, TENERIFFA, KANARISCHE INSELN, 1977
Zwei Boeing 747 von Pan Am und KLM stießen auf der Landebahn des Flughafens Los Rodeos zusammen und gingen in Flammen auf. 61 Menschen überlebten.

2. 520 TOTE, MT. OGURA, JAPAN, 1985
Am 12. August zerschellte eine Boeing 747 von JAL am Berg. Vier Überlebende.

3. 349 TOTE, KEINE ÜBERLEBENDEN, CHARKHI DADRI, INDIEN, 1996
Eine Boeing 747 von Saudi Airlines kollidierte mit einer Frachtmaschine von Kazakhstan Air.

ZIVILE SCHIFFSUNGLÜCKE

1. 4375 TOTE, DOÑA PAZ, 1987
Die Fähre Doña Paz kollidierte nahe Mindoro, Philippinen, mit dem Öltanker MV Vector.

2. 1863 TOTE, MV JOOLA, 2002
Die senegalesische Fähre kenterte am 26. September 2002 vor der Küste von Gambia.

3. CA. 1650 TOTE, MISSISSIPPI, 1865
Der Kessel des Raddampfers Sultana explodierte.

PILZFÖRMIGE WOLKE DER ATOMBOMBE, NAGASAKI, JAPAN, 9. AUGUST 1945

ZUGANGSVERBOTSSCHILDER NAHE TSCHERNOBYL

INDUSTRIE-UNFÄLLE

1. BIS ZU 50 000 GESCHÄTZTE TOTE, TSCHERNOBYL, UKRAINE, 1986
Am 26. April 1986 erschütterte um 01:23 Uhr eine Reihe von Explosionen das sowjetische Atomkraftwerk in Tschernobyl, Ukraine, und setzte eine radioaktive Wolke frei, die mehr als 20 Länder kontaminierte und sogar in Nordamerika gemessen wurde. Flüsse, Seen, Wälder und Ackerland wurden verseucht, also auch Fische, Fleisch und die von Tieren gewonnenen Milchprodukte. Wissenschaftler sagten voraus, dass in den kommenden 70 Jahren 5000 bis 50 000 Menschen an Krebs sterben und es zu einer unvorhersagbaren Zahl an genetisch verursachten Missbildungen kommt.

2. CA. 20 000 TOTE, BHOPAL, INDIEN, 1984
Am 3. Dezember 1984 entwich in Bhopal, Indien, aus der Chemiefabrik von Union Carbide eine tödliche Wolke Methylisocyanat, die ca. 3000 Menschen sofort tötete. Seither sind geschätzt 17 000 Menschen an damit verbundenen Krankheiten gestorben.

3. 1549 TOTE, HONKEIKO, CHINA, 1942
Eine unterirdische Kohlenstaubexplosion in der Mine von Honkeiko, China, am 26. April 1942.

EIN ZUM TEIL IM FLUSS BAGMATI VERSUNKENER ZUG, INDIEN, 1981

ZUGUNGLÜCKE

1. CA. 800 TOTE, BAGMATI-FLUSS, INDIEN, 1981
Als der Zugführer scharf bremste, möglicherweise um eine heilige Kuh nicht zu verletzen, entgleiste der Zug und stürzte von einer Brücke. Die offizielle Zahl der Opfer lag bei 268, aber der Zug war überfüllt.

2. BIS ZU 800 TOTE, TSCHELJABINSK, UdSSR, 1989

3. ÜBER 600 TOTE, GUADALAJARA, MEXIKO, 1915
Der Zug entgleiste an einem steilen Hang.

KRIEGE

1. CA. 55 MILLIONEN TOTE, II. WELTKRIEG, 1939–1945
Mehr als die Hälfte der Todesopfer waren Zivilisten. Am schlimmsten betroffen waren China (8 Mio.), die UdSSR (6,5 Mio.) und Polen (6,3 Mio.). Die größten militärischen Verluste erlitten die UdSSR (etwa 13,6 Mio. Gefallene), gefolgt von Deutschland (etwa 3,3 Mio.) sowie Japan und China (jeweils mehr als 1 Mio.).

2. CA. 15 MILLIONEN TOTE, I. WELTKRIEG, 1914–1918
Die große Zahl der Opfer reichte nicht aus, um den 2. Weltkrieg zu verhindern. Die Opfer waren zumeist Soldaten. Die größten Verluste erlitten die UdSSR (etwa 1,8 Mio.), Deutschland (etwa 1,7 Mio.) und Frankreich (etwa 1,4 Mio.).

3. CA. 10 MILLIONEN TOTE, CHINESISCH-JAPANISCHER KRIEG, 1937–1945
Der Krieg brach aus, als Japan in China einmarschierte, und dauerte bis zum Ende des 2. Weltkriegs.

ESSEN UND TRINKEN

RIESEN-KEKS

SCHWIERIGKEITSGRAD:
›LEICHT ›RECHT EINFACH ›MITTEL ›ANSPRUCHSVOLL

Es gibt normale Kekse von der Größe eines Untersetzers und sogenannte Riesenkekse von der Größe eines Beilagentellers. Aber selbst das Größte und Beste kann noch vergrößert und verbessert werden, deshalb gibt es hier für jene, die sich mit Riesenportionen nicht zufriedengeben, das Rezept für einen Kekskoloss.

ZUTATEN

420 g Kristallzucker
375 g Butter
3 Eier
400 g Schokolade
420 g Weizenmehl
3 Teelöffel Backpulver

ZUBEREITUNG

1 Geben Sie Zucker und Butter in eine Schüssel und rühren Sie die Mischung cremig. Fügen Sie die Eier hinzu und rühren Sie weiter. Hören Sie nicht auf zu rühren, bis wir es Ihnen sagen.

2 Brechen Sie die Schokolade in kleine Stücke, tun Sie etwas für die Dekoration zur Seite und geben Sie den Rest in die Mischung. Mischen Sie Mehl und Backpulver unter und rühren Sie weiter.

3 Wenn Ihnen der Arm vom Rühren wehtut, legen Sie ein Backblech mit Backpapier aus, geben Sie den Teig in Keksform darauf. Verteilen Sie die verbliebenen Schokoladestücke auf dem Teig. Man kann gar nicht zu viel davon haben!

 Schieben Sie das Blech in einen auf 180 °C vorgeheizten Backofen. Backen Sie den Keks 30 bis 40 Minuten, bis er aufgegangen und gebräunt ist. Lassen Sie ihn nicht verbrennen.

 Nehmen Sie den Keks heraus und lassen Sie ihn mehrere Stunden abkühlen. Wir empfehlen dringend, ihn mit mindestens 70 Personen zu teilen!

WIE GESUND?

Geschätzte Kalorien: 8000
Das ist etwa das 3½-Fache Ihres Tagesbedarfs, aber das heißt nicht, dass Sie den Keks über vier Tage verteilt essen sollten. Lassen Sie sich ein paar Wochen Zeit!

Der normale Keks verblasst neben unserem Monsterkeks zur Bedeutungslosigkeit.

TECHNOLOGIE

Menschen auf dem Mond

Haben Sie sich je gefragt, wie lange der Mensch gebraucht hat, bis er auf den Mond kam? Die Antwort ist einfach und lautet, dass es etwa 72 Stunden gedauert hat – Apollo 11 startete am 16. Juli 1969, erreichte den Mond nach drei Tagen und umkreiste ihn vor der Landung im Mare Tranquillitatis mehrmals. Aber wie lange dauerte die Vorbereitung? Nun, es waren etwa 1,8 Millionen Jahre.

START
ZUR REISE DURCH DIE GESCHICHTE

MENSCHEN AUF DEM MOND
Am 21. Juli 1969 betrat Neil Armstrong um 03:45 Uhr MEZ die Mondoberfläche und sprach die unvergesslichen Worte: „Das ist ein kleiner Schritt für einen Mann, aber ein großer Schritt für die Menschheit", und US-Präsident Nixon sagte zu Armstrong und seinem Kollegen Buzz Aldrin: „Durch das, was ihr getan habt, ist der Himmel Teil der menschlichen Welt geworden." Die Mondlandung war sicher ein Riesenschritt, der jedoch ohne langen Anlauf und andere Riesenschritte nicht möglich gewesen wäre.

▶ 1969: DER AMERIKANISCHE ASTRONAUT BUZZ ALDRIN AUF DEM MOND

▲ 1957: DER SOWJETISCHE SATELLIT SPUTNIK I

DER KALTE KRIEG
Der Kalte Krieg zwischen den USA und der UdSSR drohte in den 1950er- und 1960er-Jahren, sich zu einem atomaren Konflikt auszuweiten. Eine Möglichkeit, das technologische Potenzial des anderen auszuloten, bot die Raumfahrt, die ihren Anfang nahm, als die UdSSR 1957 den ersten Satelliten ins All schickte. Am 12. April 1961 brachten die Sowjets mit Juri Gagarin dann den ersten Menschen in die Erdumlaufbahn und US-Präsident Kennedy schwor, dass die USA bis zum Ende des Jahrzehnts einen Mann auf den Mond bringen würden. Sie schafften es fünf Monate vor Ablauf dieser Frist.

V2-RAKETE
Die NASA wäre ohne die Saturn V-Rakete, die Armstrong, Aldrin und Collins zum Mond brachte, nicht in der Lage gewesen, Kennedys Ziel zu erreichen. Sie war von Wernher von Braun entwickelt worden, dem deutschen Wissenschaftler, der im 2. Weltkrieg die V2-Rakete für Hitler baute. Zum Glück kam die V2 kaum zum Einsatz. Als Deutschland besiegt war, ergaben sich Braun und sein Ingenieursteam der US-Armee. Von Braun wurde amerikanischer Staatsbürger und Direktor der ersten Ballistic Missile Agency und später des Marshal Space Flight Centers, wo er die Saturn V-Rakete entwickelte.

▲ 1946: EINE V-2 RAKETE VOR DEM START

◂ 1642–1727: SIR ISAAC NEWTON

DIE NEWTONSCHE PHYSIK

Der Erfindungsreichtum während der Industriellen Revolution wurde durch die Aufklärung des 18. Jahrhunderts unterstützt. Inspiriert von der Art und Weise, wie der Physiker Isaac Newton physikalische Erklärungen für Naturphänomene abgab, lehrten die Denker der Aufklärung die Menschen, rational zu denken. Newtons größte Tat war die Formulierung der Gesetze der Bewegung, insbesondere das 3. Gesetz – dass es für jede Aktion eine entsprechende Gegenreaktion gibt –, das jedem Düsen- und Raketenantrieb zugrunde liegt.

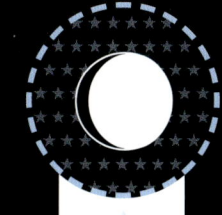

◂ 1815: „PUFFING BILLY"-DAMPFLOKOMOTIVE

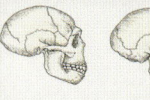 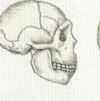 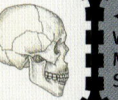

◂ DIE ENTWICKLUNG DES MENSCHLICHEN SCHÄDELS

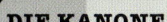

▸ 14. JAHRHUNDERT: KAMPF MIT KANONE

EVOLUTION VOM AFFEN

Warum war der Mensch als einziges Lebewesen imstande, Feuer zu machen? Das kann niemand mit Sicherheit beantworten. Laut Evolutionstheorie stammt der Mensch vom Affen ab und entwickelte sich durch natürliche Auslese vorteilhafter Mutationen. Es gibt verschiedene Theorien, warum sich das menschliche Gehirn so rasch entwickelte, und eine besagt, dass der aufrechte Gang der Auslöser war. Es könnte also sein, dass letztlich die aufrechte Haltung den Menschen auf den Mond brachte.

INDUSTRIELLE REVOLUTION

Ziolkowskys Theorien wären reine Theorie geblieben, hätte es die Industrielle Revolution und die damit einhergehenden technischen Entwicklungen nicht gegeben. Die Industrielle Revolution nahm mit der Erfindung der Dampfmaschine durch James Watt 1781 ihren Anfang. Eine andere entscheidende Erfindung war die Bessemerbirne zur Herstellung von Stahl, der viel fester war als Guss- oder Schmiedeeisen. Die Dampfkraft führte mit Dampfschiffen und Dampfloks auch zur Entwicklung des Transportwesens. Eine der berühmtesten frühen Dampfloks war *Puffing Billy* – ein Vorbote der Zukunft.

DIE KANONE

Bis zum 14. Jahrhundert wurden Kriege mit Pfeil und Bogen ausgetragen. Kriegsherren wünschten sich aber Waffen mit mehr Durchschlagskraft – Katapulte konnten große, schwere Objekte über Burgmauern schleudern, doch als jemand eine Eisenkugel und etwas Schießpulver in eine Eisenröhre tat und das Pulver anzündete, war die Kanone da. Zwar war es keine Raketentechnik, doch die Menschen begannen, sich mit Flugbahnen und der Frage zu beschäftigen, wie weit ein Objekt mit entsprechend viel Pulver geschossen werden kann.

ENTDECKUNG DES FEUERS

Das Wichtigste, was man brauchte, um Erz zu schmelzen, um daraus Eisen zu gewinnen und daraus Werkzeug zu bauen, worauf alles andere folgte, war das Feuer. Die ersten Menschen mussten sich darauf verlassen, dass Feuer auf natürliche Weise ausbrach, und es dann am Brennen zu halten. Die Entdeckung, wie man selbst Feuer macht, war ein Riesenfortschritt. Erst etwa 7000 v. Chr. konnte der jungsteinzeitliche Mensch mithilfe von Flintstein oder durch Reibung zweier Holzstücke Feuer entfachen.

▴ 7000 v. Chr. FLINT UND STEIN ZUM FEUERMACHEN

◂ ca.1900: DER RUSSE KONSTANTIN ZIOLKOWSKY

ZIOLKOWSKY

Ohne die Theorien des russischen Astrophysikers Konstantin Ziolkowsky, dem „Vater der Weltraumtheorie", hätte von Braun die Raketen nicht bauen können. Schon 1895 versicherte Ziolkowsky, dass der Flug ins All möglich sei. 1898 erläuterte er, dass dafür Raketen mit Flüssigantrieb nötig seien, und 1903 gab er Details bekannt, wie solche Raketen funktionieren könnten. Er entwickelte seine Theorien mehrstufiger Raketen und entwarf eine Raumstation, doch der Amerikaner Robert Goddard setzte einige dieser Theorien in die Praxis um und startete 1926 die erste flüssigkeitsgetriebene Rakete.

◂ ca.1000: DAS SCHIESSPULVER WIRD ERFUNDEN.

ERFINDUNG DES SCHIESSPULVERS

Die Kanone hätte ohne Schießpulver natürlich nicht viel genutzt. Manchmal wird dem englischen Wissenschaftler Roger Bacon zugutegehalten, im 13. Jahrhundert das Schießpulver erfunden zu haben, doch in Wahrheit war er nur der erste Europäer, der es, wahrscheinlich in arabischen Schriften, entdeckte. Die Araber nutzten im 12. Jahrhundert Schießpulver, um Pfeile aus primitiven Kanonen abzuschießen, aber auch sie erfanden es nicht, sondern übernahmen es von den Chinesen, die es um 1000 n. Chr. für medizinische Zwecke, Signale und Feuerwerke erfunden hatten.

◂ 3000 v. Chr.: DIE HETHITER GEWINNEN EISEN AUS ERZ.

EISENZEIT

Keine der obigen Erfindungen wäre ohne Eisen möglich gewesen. Etwa 8000 v. Chr. stellten Menschen fest, dass Werkzeug aus erzhaltigem Stein besonders stabil war. Tausende Jahre später fanden sie heraus, dass Erz bei großer Hitze schmilzt und Metall gewonnen werden kann – es begann die Bronzezeit. Um 3500 v. Chr. fingen Menschen im Nahen Osten an, Eisenerz zu schmelzen, um Eisen zu gewinnen und daraus besseres Werkzeug zu machen. Die Idee verbreitete sich langsam, und die Eisenzeit begann etwa 1500 v. Chr.

ESSEN UND TRINKEN
SCHARF AUF SCHARFE DRINKS

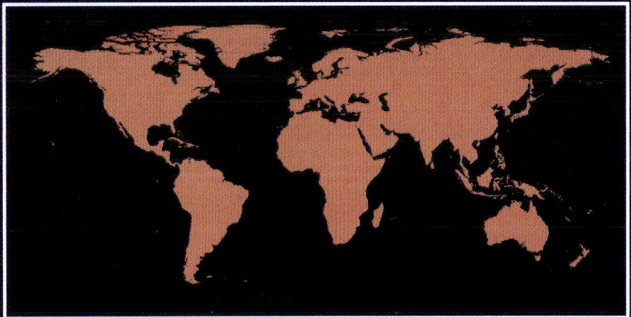

Warum für einen Drink bezahlen, wenn man ihn selbst machen kann? Nun, zum einen, weil professionell hergestellter Schnaps nicht nach Flugbenzin schmeckt. Außerdem macht einen das Zeug, das man in Flaschen kauft, (meist) nicht blind. Doch das hält manche Leute nicht davon ab – überall auf der Welt haben Menschen seit Urzeiten gebraut, fermentiert und/oder destilliert, und jedes Land hat seinen typischen „Fusel".

ARMENIEN
Aragh/Samogon

Dieser wodkaartige Schnaps aus Maulbeeren, Trauben, Kirschen oder Aprikosen ist auf dem Land weitverbreitet. Das Wort aragh bedeutet „Saft" oder „Schweiß", doch Armenier gebrauchen dafür häufig das russische Wort Samogon.

BRASILIEN
Cachaça

Zuckerrohrschnaps, kommerziell hergestellt oder auch schwarzgebrannt. Maria Louca (verrückte Maria) ist eine Gefängnisversion aus Mais oder Reis.

BULGARIEN
Rakia

Der Schnaps aus Trauben, Pflaumen, Himbeeren oder Pfirsichen ist genauso beliebt wie Wein. Zu einem Schopska-Salat zu empfehlen.

KOLUMBIEN
Tapetusa, Chicha, Chirrinche

Der Tepetusa-Schnaps mag schwarzgebrannt sein, aber er ist im Gegensatz zu legalen Alkoholika bezahlbar. Inca chicha wurde traditionell aus Mais gebrannt, der so lange gekaut wurde, bis er weich war, dann in Behälter gespuckt und zum Fermentieren vergraben. Heute wird er aus verschiedenen Getreidearten, Maniokwurzeln oder Früchten hergestellt. Chirrinche wird an der Karibikküste gebrannt.

TSCHECHIEN
Sliwowitz oder Rakia

Traditionell aus Pflaumen hergestellt, aber auch anderes Obst und sogar Gras wurden verwendet. Ob kommerziell erzeugt oder schwarzgebrannt, er fließt bei mährischen Hochzeiten in Strömen.

FINNLAND
Pontikka

Wodkaartiger Schnaps aus Getreide, Zucker, Kartoffeln oder anderen Kohlehydraten. Die Finnen zeigen sich der illegalen Herausforderung des Schwarzbrennens insbesondere in der Stadt Kitee gewachsen, wo man legalen Schnaps namens Kiteen kirkas kaufen kann. In Finnland hat Schnaps viele Bezeichnungen, so pontikka (eine Verfälschung von Pontacq, einer französischen Weinregion), ponu für kurz, kotipolttoinen (schwarz gebrannt), tuliliemi (Feuersoße), und korpikuusen kyyneleet („Fichtentränen"), eine romantische Anspielung auf die tief in den Wäldern gelegenen Brennereien.

GEORGIEN
Chacha

Aus Trauben oder anderem Obst gebrannt. Auch als georgischer Brandy oder georgischer Wodka verkauft; schmeckt wie Grappa.

GUATEMALA
Cusha

Cusha, in ländlichen Gebieten aus verschiedenen fermentierten Früchten hergestellt, spielt bei Maya-Festen eine Rolle und wird bei schamanischen Reinigungsritualen getrunken und ausgespuckt.

UNGARN
Házipálinka

Der Name bedeutet „selbst gebrannter pálinka". Es ist ein Schnaps aus Pflaumen, Äpfeln, Birnen, Aprikosen oder Kirschen.

ISLAND
Landi

Aus Kartoffeln und anderen Kohlehydraten, einschließlich Brot, hergestellt, beliebt bei Jugendlichen und allen, die keine Alkoholsteuern zahlen wollen.

INDIEN
Tharra

Aus Zuckerrohr zu fast 90%-igem Alkohol destilliert. Diverse Zutaten zum Sud wie Batterien und Kupferdrähte verstärken die Häufigkeit und Wirkung von Kupferformaldehydvergiftungen.

IRAN
Aragh-e-sagi

Wodkaartiger Schnaps – der Name bedeutet „Hundeschweiß". Traditionell meist aus Trauben gebrannt, aber auch aus

WELTRAUMBRAUER

Der Astronaut und Hobbybrauer Bill Readdy nahm 1992 250g Hopfen mit an Bord des Space Shuttles Discovery. Später verarbeitete eine Brauerei den weit gereisten Hopfen, der die Erde 128-mal umrundet hatte. Tester sagten, sie seien hin und weg ...

GIFTIGER ALKOHOL

Schnaps zu brennen und zu trinken ist gefährlich. Abgesehen vom Risiko, verhaftet zu werden, und von der Gefahr beim Genuss von Hochprozentigem – es gibt keine Qualitätskontrolle. Beim Brennen entstehen giftige Abfallprodukte wie Methanol, Propanol, Butanol und Amylalkohol. Bei kommerziellen Erzeugnissen werden diese gewöhnlich entfernt, nicht jedoch bei Schwarzgebranntem. Sie können zu Kopfschmerzen, Erbrechen, Koma und im Extremfall zum Tod führen. In Russland gelangte ein mit medizinischem Desinfektionsmittel vermischter Samogon auf den Markt und führte dazu, dass Tausende Menschen gelb wurden – ein sicheres Zeichen einer Leberversagen. Viele starben am „gelben Tod" durch Leberversagen. Auch die Ausrüstung birgt Gefahren – häufig wird improvisiert und ein Autokühler als Kondensator verwendet, wodurch Blei und Frostschutzmittel in den Schnaps gelangen können. Beides schmeckt nicht und ist auch nicht gesund.

> **"TJA, WENN ICH MICH ZWISCHEN SCOTCH UND NICHTS ENTSCHEIDEN MUSS, DANN NEHME ICH WOHL SCOTCH. DER KOMMT EINEM GUTEN SCHWARZGEBRANNTEN AM NÄCHSTEN."** WILLIAM FAULKNER

IRAK
Arak/Araq
Wodkaartiger Schnaps aus fermentiertem Dattelsaft.

IRLAND
Poitin oder Poteen/Potcheen
Der Begriff ist ein Diminutiv für den Topf, der zum Destillieren des auf Getreide oder Kartoffeln basierenden Fusels verwendet wird.

ITALIEN
Grappa
Aus Trauben hergestellt. Es gibt nur noch wenige illegale Brennereien, deshalb findet man kaum schwarzgebrannten Grappa. Sardinischer Grappa wird häufig *filoferru* genannt, wegen der „Eisendrähte", mit welchen die illegalen unterirdischen Brennereien markiert werden.

LAOS
Lao Lao
Aus Reis gebrannt.

LIBANON
Arak/Araq
Wodkaartiger Schnaps aus Trauben, Getreide, Melasse, Pflaumen, Feigen oder Kartoffeln.

MAZEDONIEN
Rakia
Der aus Trester hergestellte Schnaps ist sowohl legal als auch teuer und wird sowohl medizinisch genutzt als auch getrunken.

NORWEGEN
Hjemmebrent/Heimebrent
Aufgrund der hohen Alkoholsteuer ist Schwarzbrennerei sehr verbreitet. Der wortwörtlich „zu Hause gebrannte" Schnaps wird aus Kartoffeln und Zucker destilliert und häufig mit Kaffee zu *karsk* oder *kaffedoktor* gemischt. Da über 60-prozentiger Alkohol als harte Droge eingestuft wird, riskieren die Schwarzbrenner von Hochprozentigem saftige Strafen.

POLEN
Bimber/Samogon & Sliwowica
Bimber ist ein wodkaartiger Schnaps aus Getreide und Obst. Pflaumenschnaps, *Sliwowica* genannt, ist besonders berühmt, und selbst ein großer Umweg in seine Ursprungsregion Südpolen lohnt sich.

RUMÄNIEN
Tzuika/Palinka
Weinbrandähnlicher Pflaumenschnaps. Wie in vielen Ländern drückt man auch hier bei Schwarzbrennerei ein Auge zu.

RUSSLAND
Samogon
Samogon, wörtlich „selbst gebrannt", ist ein zweifach destillierter Schnaps aus Zucker, Rüben, Getreide und sogar Sperrholz. Wer ihn trinkt, muss so süchtig sein, dass er den Gestank ignoriert. Nur einmal gebrannter *samogon* heißt *perwach* („der Erste").

SCHOTTLAND
Peatreek
Aus gemalzter Gerste; der Name bezieht sich auf den Geruch („reek") der Torffeuer, mit deren Hilfe die Gerste getrocknet wird.

SLOWAKEI
Sliwowitz
Weinbrandartiger Pflaumenschnaps. Andere Sorten werden aus Birnen oder aus Kirschen gebrannt, und es gibt auch einen ginartigen Schnaps aus Wacholderbeeren.

SLOWENIEN
Tropinovec/Snopc
Aus fermentiertem Trester destilliert; zu den Aromastoffen, die benötigt werden, um den üblen Geruch zu verschleiern, zählen verschiedene Obstsorten oder, zu medizinischen Zwecken, Kräuter wie Anis. 60–70%-igen *Tropinovec* trinkt man am besten in kleinen Mengen oder verdünnt.

SÜDAFRIKA
Mampoer & Witblits
Mampoer, nach einem Häuptling benannt, wird aus Früchten, meist Pfirsich hergestellt. *Witblits* („Weißer Blitz") wird aus Trauben gebrannt. Zwar ist das illegal, aber beide Sorten sind erhältlich.

SRI LANKA
Kasippu
Todbringender Schnaps aus Palmzucker (unraffiniertem Zucker) und allerlei Zutaten: von Holz und faulem Obst bis hin zu toten Fröschen und Eidechsen. Einheimische Namen lauten *vell beer* („Reisfeldbier") oder *suduwa* („weiße Substanz").

SCHWEDEN
Hembränt
Wörtlich „zu Hause gebrannt", manchmal auch als „Château de Garage" betitelt, wird gewöhnlich aus Kartoffeln und Zucker destilliert.

SCHWEIZ
Absinth
Die Herstellung von Absinth, einem mit Anis aromatisierten Kräuterschnaps, war in der Schweiz von 1910 bis 2005 verboten. Das hielt niemanden davon ab, ihn zu brennen.

THAILAND
Lao khao
Der Name des aus Klebreis hergestellten Brands bedeutet „Reisschnaps".

USA
Moonshine/Hooch
Whiskyartiges Destillat, meist aus Mais und Zucker, mit dem Zusatznutzen, als Autosprit zu dienen.

TOMATENKETCHUP...
...DIENT MIT OBST UND ZUCKER ALS GRUNDLAGE FÜR EINEN GEFÄNGNIS-SCHNAPS NAMENS PRUNO.

MILCH...
...WIRD FÜR DIE ASIATISCHEN GETRÄNKE *KEFIR* (KUH-, ZIEGEN-, SCHAFSMILCH) UND *KUMIS* (STUTENMILCH) FERMENTIERT. AUS KUMIS WIRD DER MILCH-SCHNAPS *ARAKA* DESTILLIERT.

HOLZ...
GELEGENTLICH WIRD SPERRHOLZ ALS BASIS FÜR DEN RUSSISCHEN SCHNAPS, *SAMOGON* GENANNT, VERWENDET. WERMUT IST DIE ZUTAT MIT DER HALLUZINOGENEN WIRKUNG IM *ABSINTH*.

FLORA UND FAUNA
EXPERIMENTE

Die 1960er-Jahre waren ein Jahrzehnt von Love, Peace und Drogenexperimenten. Doch der Schweizer Pharmakologe Dr. Peter Witt muss etwas missverstanden haben – anstatt die Drogen selbst zu nehmen, gab er sie Spinnen. Witt fand heraus, dass die Wirkungen anhaltend und vorhersagbar waren, wie bei den Menschen. Hier sehen wir, was im Gehirn der Spinnen vor sich ging.

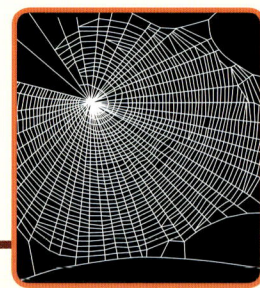

Spinnennetze eignen sich ideal, um zu zeigen, wie Drogen das normale Baugeschick beeinflussen.

Marihuana

Ein kurzer Joint hatte keine große Auswirkung auf die Fähigkeit der Spinne, ein Netz zu bauen, aber sie scheint aufgegeben und sich nicht die Mühe gemacht zu haben, es fertigzustellen. Delta-9 Tetrahydrocannabinol (THC) ist der Wirkstoff im Marihuana, der bei Menschen auf Cannabinoid-Rezeptoren im Gehirn wirkt und Gedächtnis, Konzentration, Wahrnehmung und Motorik beeinflusst. Die Wirkung setzt fast sofort ein und hält mehrere Stunden an.

Benzedrin

Diese Spinne war sehr fleißig, sie versuchte, ihre Aufgabe rasch zu erledigen. Doch bei der Netzmitte ging etwas schief. Sie krabbelte zum Rand. Spann weiter. Auch da ging es schief. Sie regte sich auf. Wie alle Amphetamine stimuliert Benzedrin das Zentralnervensystem des Menschen, erhöht den Pulsschlag und den Blutdruck und verhindert Ermüdung, führt aber auch zu Hyperaktivität, Überspanntheit und Kopfschmerz. Und ließ die Spinne in diesem Fall ziellos weben.

MIT DROGEN

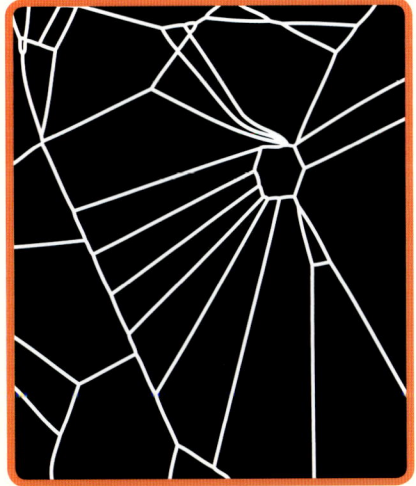

Chlorhydrat (Sedativum)

Du meine Güte! Es ist nicht so schlimm wie bei dem unter Coffeineinfluss gewebten Netz, aber mit den großen Löchern lassen sich noch weniger Fliegen fangen. Es sieht aus, als hätte die Spinne mit den geraden Achsen angefangen und wäre dann … einfach eingeschlafen. Was nur natürlich ist, da Chlorhydrat ein Sedativum ist, das in Schlafmitteln verwendet wird. Bei Menschen setzt die Wirkung meist nach ca. einer Stunde ein, aber bei dieser Spinne scheint es schneller gewirkt zu haben.

LSD

Sehr ordentlich. Dieses Netz ist symmetrisch und vollständig, geradezu „high", aber nicht effizient, um Fliegen zu fangen. Der Grund, wieso sich die Spinne so gut hielt, mag daran liegen, dass LSD (Lysergsäurediethylamid) auf Spinnen nicht die gleiche Wirkung wie auf Menschen hat, weil es eine psychoaktive Droge ist und ihre Wirkung von der Stimmung des Nutzers abhängt. LSD löst beim Menschen Fremdheitsgefühle aus, die zu Halluzinationen („Trips") sowie verstärkten emotionalen Reaktionen führen wie Glücksgefühl oder Angst.

Coffein

Diese Spinne war noch eifriger als die, die auf Benzedrin war (gegenüber). Fleißig, fleißig. Aber das Ergebnis ist ein Chaos. Ein absolutes Durcheinander – schlimmer als bei Benzedrin. Wie kommt das? Nun, Coffein stimuliert ebenfalls das Zentralnervensystem, doch während es die Wachheit verstärkt, reduziert es die Feinmotorik. Die Wirkung setzt nach etwa 15 Minuten ein und hält viele Stunden an, führt auch zu Schlaflosigkeit, Kopfschmerz, Nervosität und Benommenheit.

Autoren und Verleger dieses Buches empfehlen Lesern **NICHT**, Spinnen Drogen zu verabreichen.

NEUE BÄLLE, BITTE

Die Evolutionstheorie der natürlichen Auslese besagt, dass jene Tiere und Pflanzen, die sich am besten an ihre Umgebung anpassen, überleben, während der Rest ausstirbt. Laut dieser Theorie – auch unter „Survival of the fittest" bekannt – entwickelten sich die Spezies und wurden immer spezialisierter. Das Gleiche gilt für die Sportausrüstung. Einst konnte man mit einem Stock einfach einen Kiesel in ein Loch stoßen und es Golf nennen, oder mit einem Auto im Kreis fahren und das als Autorennsport bezeichnen. Doch dann wurde den Menschen klar, dass sie eher gewannen, wenn ihr Kiesel runder und der Stock flacher war, ihr Auto aerodynamischer und die Reifen breiter. Und so geht es weiter: Sportarten entwickeln sich wie Lebewesen, werden schneller, stärker und dabei präziser.

GOLF

SCHLÄGER

17. JAHRHUNDERT
WAMS & STRUMPFHOSE

19./20. JAHRHUNDERT
PLUS-FOURS UND JACKE

21. JAHRHUNDERT
LEICHTE KLEIDUNG FÜR MEHR BEWEGUNG

Die Ursprünge des Golfs sind umstritten, aber die Schotten reklamieren es als ihr Spiel. Angeblich wurde es vor dem 15. Jahrhundert von Schafhirten erfunden, die mit ihrem Stab Kiesel in Löcher stießen. Als das Spiel Verbreitung fand, entwickelten sich die Stöcke zu speziell angefertigten Schlägern. Im 17. Jahrhundert hatten Spieler ein Set von drei Schlägern, alle mit hölzernem Schlägerkopf, mit Schnur an einem Holzschaft befestigt, der manchmal einen Griff aus Schafleder hatte. Im 19. Jahrhundert kamen verschiedene Schläger auf den Markt, einschließlich Drivers, Spoons, Eisen. Den ersten Schläger mit Stahlschaft, der Reichweite und Genauigkeit verbesserte, ließ sich der Amerikaner A. F. Knight 1910 patentieren.

BÄLLE

17.–19. JAHRHUNDERT
FEATHERIE

19. JAHRHUNDERT
VON RIEFEN DURCHZOGEN

20./21. JAHRHUNDERT
MIT KLEINEN DELLEN

Nach den Kieseln kamen Holzkugeln und etwa 1618 Featheries – handgenähte Lederbälle, mit feuchten Gänsefedern gefüllt. Beim Trocknen dehnten sich die Federn aus, und das Leder zog sich zusammen, wodurch ein harter, fester Ball entstand. Nach den Featheries kamen feste Guttapercha Bälle, 1848 vom Schotten Adam Paterson erfunden. Dann gab es Bounding Billy, eine harte Schale, gefüllt mit Gummibändern, die um einen festen Kern gewickelt wurden, 1898 vom Amerikaner C. Haskell patentiert. Das Prinzip gilt auch für moderne Bälle, die aus Silikon und Gummi bestehen. Mitte des 19. Jahrhunderts stellten die Golfer fest, dass reliefierte Bälle genauer waren, deshalb wurden sie zuerst mit Riefen, dann mit Dellen versehen.

FUSSBALL

BÄLLE

Fußball geht auf das chinesische as tsu chu (Ballkicken) zurück. Im Mittelalter wurde eine Schweinsblase als Ball genutzt, später – häufig eiförmig – in Leder eingenäht, damit die Form erhalten blieb. Die Vulkanisierung ermöglichte es H. Lindon 1862, einen Gummikern zu entwickeln. 1872 einigte sich der englische Fußballverband FA auf die runde Form als Standard. Lederbälle wurden schwer, wenn sie nass waren, doch die synthetische Beschichtung machte sie wasserfest. Weiße Bälle wurden 1951 eingeführt (bei Flutlicht leichter zu sehen) und synthetische in den 1960er-Jahren.

FRÜHER FUSSBALL
MIT GENÄHTER LEDERUMHÜLLUNG

OLD BROWN CA. 1910
AUS 18 TEILEN BESTEHEND, MIT SCHNÜRUNG ÜBER DEM VENTIL

STIEFEL

FRÜHES 20. JAHRHUNDERT

LEDERFUSSBALL 1912
BEIM SPIEL WALES – ENGLAND EINGESETZT

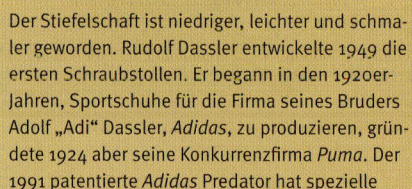
MITTE 20. JAHRHUNDERT

21. JAHRHUNDERT

Der Stiefelschaft ist niedriger, leichter und schmaler geworden. Rudolf Dassler entwickelte 1949 die ersten Schraubstollen. Er begann in den 1920er-Jahren, Sportschuhe für die Firma seines Bruders Adolf „Adi" Dassler, *Adidas*, zu produzieren, gründete 1924 aber seine Konkurrenzfirma *Puma*. Der 1991 patentierte *Adidas Predator* hat spezielle elastomerische Rippen, um den Spann zu verbreitern und so die Ballkontrolle zu erleichtern.

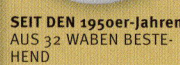
SEIT DEN 1950er-Jahren
AUS 32 WABEN BESTEHEND

FORMEL 1

AUTOS

Als teuerste Sportart der Welt hat die Formel 1 die meisten technologischen Fortschritte gemacht. Die ersten Grand Prix Rennen gab es in den 1920er-Jahren, die erste Weltmeisterschaft wurde 1950 ausgetragen und beschleunigte die Entwicklung: **1950er** Direkteinspritzung, Cooper führt zur besseren Gewichtsverteilung den Heckmotor ein; **1960er** Lotus führt zur besseren Aufhängung und Seitenführung das Monocoque Chassis und Flügel für erhöhte Stabilität und mehr Grip ein; **1970er** Aufgabe der zentralen Luftansaugung, die Keilspitze von Lotus, seitlich angebrachte Kühlerboxen, Spoiler für Abtrieb und besseren Grip; **1980er** Turboladermotoren (in den 1980ern durch Induktionsmotoren ersetzt), Monocoques aus Karbonfasern; **1990er** computergesteuerte aktive Aufhängung und Traktionsregelung, Design mit hoher Nase, Grip-Reifen; **2000er** Hightech-Elektronik.

▲ **1950er: ALFA ROMEO 158** BEKANNT ALS „MOTOR AUF RÄDERN"; ER HATTE EINEN 8-ZYLINDER 1,5 LITER-MOTOR MIT 370 PS – UND KEINEN SICHERHEITSGURT.

▲ **1960er: LOTUS FORD 49** DAS ERSTE FORMEL-1 AUTO, DAS VOM BERÜHMTEN FORD COSWORTH DFV MOTOR ANGETRIEBEN WURDE

▲ **1970er: LOTUS 79** AERODYNAMISCHES DESIGN, UM DEN BODENEFFEKT ZU NUTZEN: LUFT, DIE UNTER DEM AUTO STRÖMT, BEWIRKT ABTRIEB FÜR BESSEREN GRIP.

▲ **1980er: WILLIAMS FORMULA ONE** FRANK WILLIAMS LEITETE DAS ERSTE TEAM, DAS DIE KONSTRUKTEURS- UND DIE FAHRERWERTUNG GEWANN.

▲ **2000er: FERRARI F2004** MIT BEGINN DES 21. JAHRHUNDERTS KAM DIE EINFÜHRUNG DER HIGHTECH-ELEKTRONIK UND DIE DOMINANZ VON MICHAEL SCHUMACHER UND FERRARI.

TENNIS

SCHLÄGER

Das Rasentennis ging aus dem französischen Spiel *jeu de paume* aus dem 11. Jahrhundert hervor. In England entwickelte es sich zum *Real* oder *Royal* Hallentennis – das Wort „Tennis" stammt angeblich von der französischen Gepflogenheit, vor dem Aufschlag „tenez!" (Achtung!) zu rufen. Das 14. Jahrhundert erlebte die Entwicklung langstieliger Holzschläger, mit Darm oder Schnur bespannt, und bis zum 18. Jahrhundert waren diese tränenförmig. 1874 ließ sich W. C. Wingfield eine Freiluftversion patentieren, die er „Sphairistiké bzw. Rasentennis" nannte – letztere Bezeichnung setzte sich durch. Die Schlagflächen der hölzernen Rasentennisschläger waren oval, und erst in den 1960er-Jahren kamen Schläger aus Stahl und in den 1980ern aus Grafit (Karbonfasern und Plastik) in Mode.

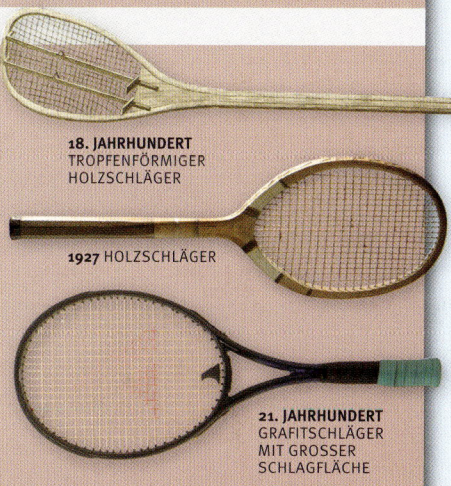

18. JAHRHUNDERT TROPFENFÖRMIGER HOLZSCHLÄGER

1927 HOLZSCHLÄGER

21. JAHRHUNDERT GRAFITSCHLÄGER MIT GROSSER SCHLAGFLÄCHE

BÄLLE

19. JAHRHUNDERT SHEEPSKIN

20. – 21. JAHRHUNDERT LEUCHTENDES GELB

Die Bälle für Real-Tennis waren aus Leder und so fest mit Wolle oder Haar gefüllt, dass sie Menschen verletzen und sogar töten konnten. Bälle für Rasentennis wurden aus Gummi hergestellt, damit sie auf dem Gras sprangen, und wurden seither verbessert, indem der hohle Kern mit Überdruck gefüllt und mit Stoffen bezogen wurde, die von gesteppten Schaffell über Flanell bis zu einer speziellen Filzschicht mit vulkanisierten Gumminähten reichte. In den 1970er-Jahren wurde den Fernsehzuschauern zuliebe statt des weißen der gut sichtbare gelbe Filz eingeführt.

MYTHEN UND LEGENDEN

VERSCHWÖRUNGS-THEORIEN

Wir haben uns zwar bemüht, bei der Auswahl der am besten untermauerten Berichte unvoreingenommen und wohlüberlegt vorzugehen, aber das will nicht etwa heißen, dass Sie eine der [anderen] Theorien (oder die „Fakten", die wir in unserer Darstellung erwähnen) ernst nehmen dürfen.

Alle Menschen lieben gute Verschwörungstheorien, ganz gleich, ob sie sie glauben oder nur wettern möchten, wie aberwitzig sie seien. Einige Theorien sind abwegig, aber laut Verschwörungstheoretikern gehört das dazu – schließlich schrieb Hitler: „Je größer die Lüge, desto mehr Menschen folgen ihr."

DAS PHILADELPHIA EXPERIMENT

Verschwörungstheoretiker versichern, dass die US-Marine 1943 versuchte, im Philadelphia Naval Yard ein Schiff für Mensch und Radar unsichtbar zu machen. Doch statt einfach nur unsichtbar zu werden, wurde die USS Eldridge angeblich mehr als 483 km nach Norfolk teleportiert, bevor sie zurückkehrte, aber einige Mitglieder der Mannschaft waren verschwunden, andere verstört oder ihre Körper mit dem Schiffsrumpf verschmolzen. Wiederholtes Leugnen durch das Office of Naval Research wird als Teil der Verschwörung betrachtet.

GEFÄLSCHTE MONDLANDUNGEN

Im Juli 1969 sah ein Fünftel der Weltbevölkerung zu, wie Neil Armstrong als erster Mensch den Mond betrat. Tat er das wirklich? Nur zwei Jahre später war im James Bond Film *Diamantenfieber* eine gefälschte Mondlandung zu sehen, und 1976 erschien Bill Kaysings Buch *We Never Went to the Moon: America's Thirty Billion Dollar Swindle!* Kaysing versicherte, dass die NASA nicht die Technologie besessen habe, um den Mond zu erreichen, dass die Saturn V-Raketen, deren Start die Zuschauer sahen, leer gewesen und dass die Flüge und Mondlandungen in Area 51, einer geheimen amerikanischen Militärbasis in Nevada, gefilmt worden seien. Zu den vermeintlichen Beweisen einer Verschwörung zählt die Tatsache, dass auf den Mondfotos keine Sterne zu sehen sind; dass auf den Fotos Schatten nicht parallel verlaufen; dass das Landegerät keinen Krater hinterließ und beim Start keine Flammen ausstieß; dass die amerikanische Fahne flatterte, als herrsche Wind, und dass die Astronauten bei der Durchquerung des Van-Allen-Strahlungsgürtels tödlicher Radioaktivität ausgesetzt gewesen wären. Die NASA kontert, dass auf den Fotos keine Sterne zu sehen sind, weil hellere Objekte den Kameras näher waren; dass die Weitwinkelobjektive die Schatten verzerrten; dass das Landegerät einen Krater hinterließ, aber einen kleinen, und dass der Treibstoff farblos brannte; dass die Fahne wehte, weil sie in die Mondoberfläche gestoßen wurde; und dass die Hülle der Apollokapsel die Astronauten vor Strahlung schützte. Natürlich gelten die Antworten der NASA als Teil der Verschwörung. Objektiv betrachtet wäre es viel schwieriger, das ganze Apolloprogramm zu fälschen und dies dann geheim zu halten, als zum Mond zu fliegen.

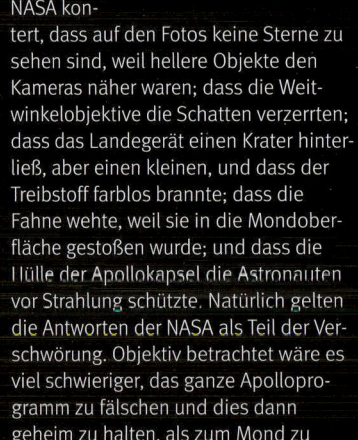

PEARL HARBOR

Japan machte am 7. Dezember 1941 ohne formelle Kriegserklärung einen Überraschungsangriff auf den US-Marinestützpunkt Pearl Harbor, Hawaii. Verschwörungstheoretiker behaupten, dass Roosevelt von dem Angriff wusste, ihn aber geschehen ließ, um einen Grund für den Eintritt der USA in den 2. Weltkrieg zu haben. Die Verschwörung begann nach dieser Theorie im US-Kriegsministerium, das nicht ganz unwissend war: Der Geheimdienst hatte japanische Nachrichten entschlüsselt, die auf einen bevorstehenden Angriff hinwiesen, und am 27. November und 6. Dezember wurden Angriffswarnungen herausgegeben, jedoch nicht nach Hawaii weitergeleitet. In seinem Buch *Day of Deceit* legt Robert B. Stinnet weitere Beweise einer Verschwörung vor: ein offizielles Dokument, auf dem eine Reihe provokanter politischer Aktionen gegen Japan aufgelistet ist und auf dem steht: „Die USA wünschen, dass Japan den ersten kriegerischen Akt unternimmt." Doch selbst wenn Roosevelt den Kongress nicht zum Kriegseintritt überreden und die USA als Opfer, nicht als Aggressor, darstellen wollte, wäre es taktisch unklug gewesen, am ersten Tag so viele Opfer in Kauf zu nehmen. Eine plausiblere Erklärung ist, dass der Geheimdienst zwar Hinweise auf einen Angriff gab, aber nicht, wo und wann er erfolgen würde.

ROSWELL UFO

Am 8. Juli 1947 meldete ein Presseoffizier des US-Luftwaffenstützpunkts Roswell in New Mexiko die Entdeckung von Trümmern eines Raumfahrzeugs Außerirdischer, die zwei Verschwörungstheorien auslöste. Die erste kursierte nur kurz: Viele Leute taten die UFO-Geschichte als Verschleierung eines Unfalls bei Atom- oder Waffentests ab. Aber als die Meldung am folgenden Tag zurückgezogen und durch die Behauptung ersetzt wurde, die Trümmer stammten von einem Wetterballon, gewann die UFO-Story wieder an Glaubwürdigkeit. Doch erst in den 1970er-Jahren gruben Ufologen die Story wieder aus und beriefen sich auf „Sachverständige". Ein Nachrichtenoffizier von Roswell behauptete, Material Außerirdischer entdeckt zu haben, das durch Teile eines Wetterballons ersetzt worden sei. Ein örtlicher Bestatter sagte, Techniker der Air Force hätten ihn gefragt, wie der Verfall von Körpergewebe zu verhindern sei (was impliziert, dass Aliens entdeckt wurden). Und ein angeblicher Wissenschaftler vom MIT behauptete, angestellt worden zu sein, um Alien-Raumfahrzeuge, auch jenes von Roswell, rückzuentwickeln. Obwohl offenkundig ein Schwindel, brachte ein Film von 1995, in dem die angebliche Autopsie der Roswell-Aliens gezeigt wurde, die Story einer größeren Öffentlichkeit nahe, was noch verrücktere Theorien auslöste, darunter die, dass entführte Menschen gegen extraterrestrische Technologie ausgetauscht worden seien. Der amerikanische Verteidigungsminister stellt 2002 fest: „Ich denke, ich kann mit Fug und Recht sagen, dass wir kein Geheimprogramm haben, das auf Aliens baut." Verschwörungstheoretiker werden sein „Ich denke ..." auf ihre Weise deuten.

DIE ERMORDUNG KENNEDYS

Die einzig unbestrittenen Fakten der Ermordung des John F. Kennedys sind die, dass ihm am 22. Nov. 1963 um 12:30 Uhr in den Kopf geschossen wurde, als seine Autokolonne durch Dallas fuhr. Alles andere ist umstritten. Die offizielle Story lautet, dass Kennedy von einem Einzeltäter erschossen wurde, von Lee Harvey Oswald. Doch Oswald wurde zwei Tage später, bevor er ins Gefängnis gebracht werden konnte, vom Nachtklubbesitzer Jack Ruby erschossen. Für Verschwörungstheoretiker war dies der Beweis, dass Oswald nicht auf eigene Faust handelte und zum Schweigen gebracht wurde, bevor er andere verraten konnte. Für die Öffentlichkeit, die nicht glauben wollte, dass ein junger, beliebter Präsident auf offener Straße erschossen werden konnte, war eine solche Verschwörung beruhigender als die offizielle Story. Laut einer Umfrage 40 Jahre später glauben 17 Prozent der Amerikaner, dass Oswald Einzeltäter war – 83 Prozent an eine Verschwörung. Alle Zutaten sind vorhanden: Keine Augenzeugen für den abgefeuerten Schuss; eine angebliche Mordwaffe, mit der man von der Stelle, von der angeblich geschossen wurde, gar nicht genau zielen konnte; Versäumnisse der Polizei; widersprüchliche rechtsmedizinische Befunde über Zahl und Richtung der Schüsse; Inkompetenz der Polizei oder Verdunkelung, weil sie zuließ, dass Oswald ermordet wurde; gefälschte Fotos von Oswald mit einer Waffe; und ein Bericht (Warren Commission), der mehr Fragen aufwirft als er beantwortet.

AIDS, SARS und EBOLA

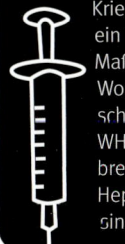

Ist AIDS eine vom Menschen gemachte Krankheit? Verschwörungstheoretiker glauben das, und zur Untermauerung ihrer Theorie verweisen sie darauf, dass der Ursprung des AIDS-Virus HIV unbekannt ist (allerdings geht man davon aus, dass er von Affen auf Menschen übertragen wurde); dass AIDS nach der Entdeckung 1982 ungewöhnlich rasch zur globalen Epidemie wurde; und dass es vor allem zwei besondere Gruppen trifft – Schwule und Schwarzafrikaner. Laut Theorie wurde AIDS als biologische Waffe entwickelt und bewusst oder versehentlich freigesetzt. Diese Auffassung bekam durch einen amerikanischen Spezialisten für biologische Kriegsführung Glaubwürdigkeit, der 1969 im Senat sagte, dass es möglich sein sollte, ein Virus zu erzeugen, „das resistent ist gegen immunologische und therapeutische Maßnahmen [die nötig sind], um infektiöse Krankheiten zu verhindern", mit anderen Worten, ein Virus, das das Immunsystem zerstört, genau was HIV/AIDS bewirkt. Verschwörungstheoretiker behaupten, die Krankheit sei durch die Pockenimpfung der WHO in Afrika verbreitet worden, um das Bevölkerungswachstum der Dritten Welt zu bremsen, und unter schwulen Amerikanern als eugenische Maßnahme über die Hepatitis B-Impfung. Weitere neue Krankheiten, die unter ähnlichem Verdacht stehen, sind Ebola (aufgetaucht im Kongo) und SARS.

HEILUNG VON KREBS

Der US-Präsident Nixon erklärte 1971 dem Krebs den Krieg. Seither wurden Milliarden Dollar für die Krebsforschung ausgegeben – aber es wurde kein Präventions- oder Heilmittel gefunden. Verschwörungstheoretiker sagen, dass die Entdeckung eines Heilmittels die Pharmaindustrie um die Gewinne aus existierenden Behandlungen bringen würde, was zu zwei Theorien führt: Eine besagt, dass Heilmittel gefunden wurden, die von der Pharmaindustrie aus Profitgier zurückgehalten werden; die andere, dass Mediziner unorthodoxe Methoden, die wirksam sein könnten, abtun, um sich nicht zu blamieren.

FLORA UND FAUNA

ungebetene gäste

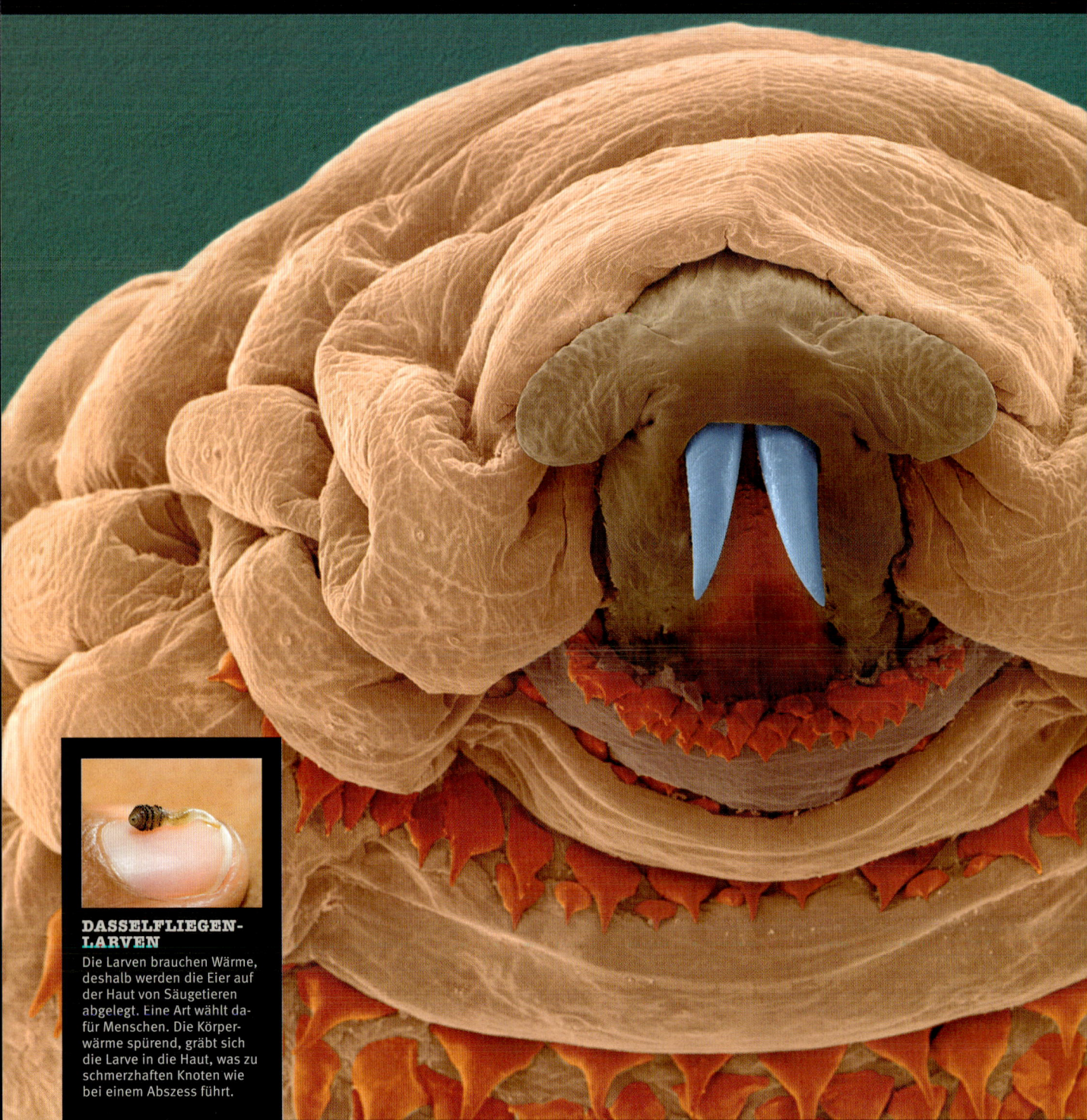

DASSELFLIEGEN-LARVEN
Die Larven brauchen Wärme, deshalb werden die Eier auf der Haut von Säugetieren abgelegt. Eine Art wählt dafür Menschen. Die Körperwärme spürend, gräbt sich die Larve in die Haut, was zu schmerzhaften Knoten wie bei einem Abszess führt.

Nirgends ist es so schön wie zu Hause. Da ist es warm, sicher, gemütlich, und es gibt viel Nahrung. Für Tausende von Parasitenarten ist das der menschliche Körper, der eine gute Zentralheizung hat und endlos Nahrung liefert. Das Problem ist, dass die Nahrung entweder aus dem besteht, wovon die Menschen leben sollten, oder vom Menschen selbst.

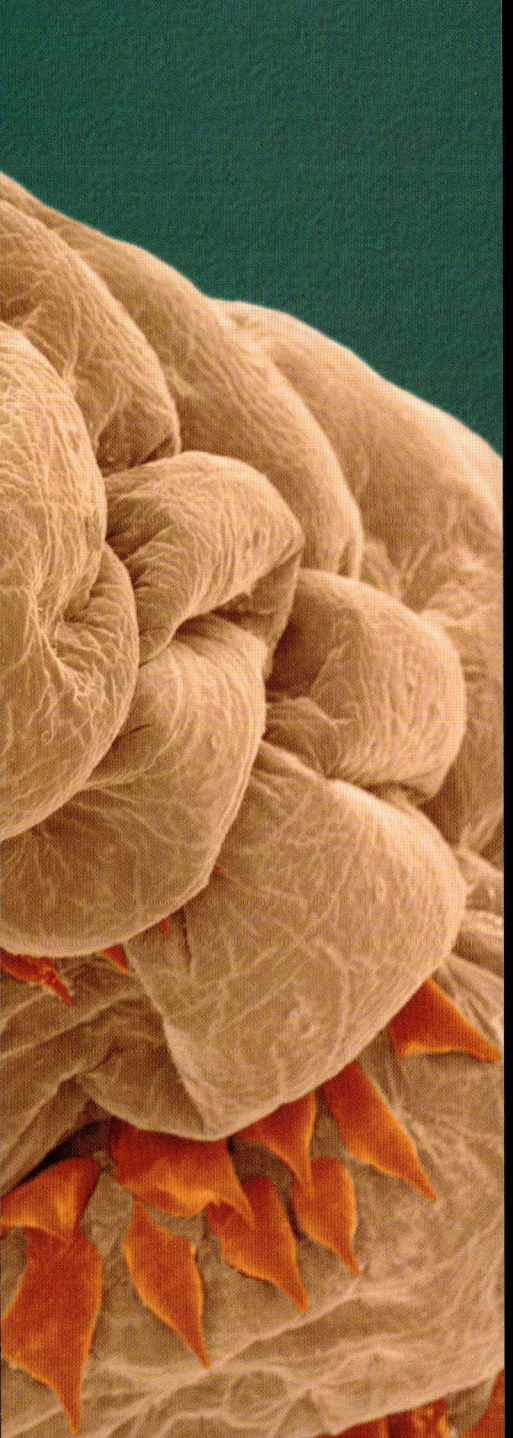

HAARBALGMILBEN
Fast alle Menschen sind von diesen winzigen wurmartigen Milben besiedelt, die in den Poren und Haarfollikeln leben. Oft finden sie sich in den Augenbrauen- und Wimpernwurzeln, daher der andere Name Wimpernmilbe.

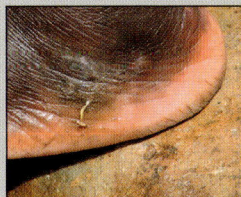

GUINEAWURM
Er dringt als Larve durch mit Wasserflöhen kontaminiertes Trinkwasser in den Körper ein. Das Weibchen wird bis zu 1 m lang. Die einzige Möglichkeit, den Wurm zu entfernen, ist eine Operation. Das Zerreißen des Wurms kann aber zu einem anaphylaktischen Schock führen.

MADENWÜRMER
Sie dringen als Eier oder Larven über verseuchtes Essen in den Körper ein. Die Weibchen kriechen, während man schläft, aus dem Anus und legen jede Nacht 20 000 Eier. Das juckt, was zum Kratzen führt, wodurch die Eier unter die Fingernägel gelangen und der Kreislauf fortbesteht.

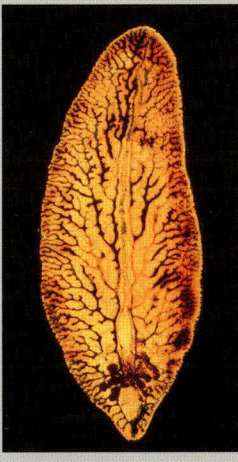

LEBEREGEL
Er dringt als Zyste durch Verzehr von kontaminiertem Fisch oder Pflanzen in den Körper ein. Die Zysten geben unreife Egel frei, die ihren Weg zur Leber und Gallenblase finden, wo sie sich von Gallensäure ernähren und bis zu 7,5 cm lang werden. Sie vermehren sich rasch und blockieren unter Umständen die Gallengänge, was tödlich ausgehen kann.

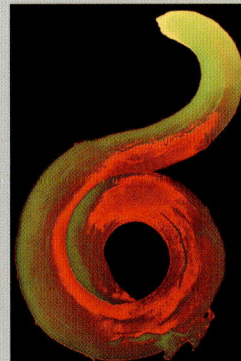

SPULWURM
Spulwurmeier dringen durch kontaminierte Lebensmittel in den Körper ein. Ausgewachsen vermehren sie sich im Dünndarm, wo ein einziges Weibchen täglich 20 000 Eier legen kann. Spulwürmer können bis zu 37,5 cm lang werden und zu Blinddarm- und Bauchfellentzündungen, Leberabszessen, Verstopfung und Darmblutungen führen.

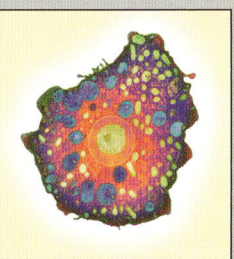

NAEGLERIA FOWLERI
Dieses Geißeltier besiedelt nach Möglichkeit das menschliche Gehirn, indem es über die Nase eindringt und sich vermehrt, bis man an Amöben-Meningoenzephalitis stirbt. Man verliert den Geruchs- und Geschmackssinn, dann erbricht man, fällt ins Koma und stirbt.

BANDWURM
Bandwürmer dringen über verseuchtes Essen in den Körper ein. Der Scolex (oben) setzt sich an der Darmwand fest, und der Bandwurm absorbiert verdaute Nahrung. Fischbandwürmer werden bis zu 10,5 m lang. Bandwürmer können täglich bis zu einer Million Eier legen.

VAMPIRFISCH
Eingeborene fürchten diesen Parasiten des Amazonas mehr als Piranhas. Angelockt durch Urin, kann er einem Urinstrahl folgen bis zu seiner Quelle folgen, in die menschliche Harnröhre eindringen, sich dort festsetzen und von Blut ernähren.

Essens PREMIERE

Alle Menschen wissen, dass Neil Armstrong der erste Mensch auf dem Mond war. Aber wer hat den ersten Kartoffelchip, das erste Eis am Stiel hergestellt oder das erste Restaurant eröffnet? Crum, Epperson und Boulanger – die Namen mögen nicht so bekannt sein, doch ihre Pioniertaten haben sich für die Menschheit dennoch gelohnt.

Erster LÖSLICHER INSTANTKAFFEE
1938

Fehlschläge mit flüssigen Kaffee-Essenzen und pulverisierten Bohnen einmal beiseite gelassen – das erste Instantkaffeepulver wurde vom Schweizer Max Morgenthaler entwickelt und 1938 von Nestlé als Nescafé eingeführt.

Erster STRICHCODE

1974 OHIO

Der erste Gegenstand, der mit einem Strichcode verkauft wurde, war ein Päckchen von Wrigley's Kaugummi, verkauft am 26. Juni 1974 im Marsh Supermarkt in Troy, Ohio.

Erste CHIPS
1853

Die Wut des Chefs **schlägt fehl**

Die ersten Kartoffelchips wurden 1853 im Moon Lake House Hotel in Saratoga Springs, New York, serviert, wo sich der Bankier Cornelius Vanderbilt beschwert hatte, die Bratkartoffeln seien zu dick. Über die Kritik verärgert und um Vanderbilt eine Lektion zu erteilen, schnitt der Chefkoch George Crum die Kartoffeln so dünn, wie er nur konnte, und briet sie, bis sie knusprig waren – doch sie trafen auf Zustimmung.

Esrtes RESTAURANT

Das erste Esslokal, das sich Restaurant nennen durfte, war das Champ d'Oiseau in Paris, gegründet 1765 von einem Monsieur Boulanger. Ein in Latein geschriebenes Schild lud die Leute ein: *venite ad me, omnes qui stomacho laboratis, et ego restaurabo vos*, was bedeutet „kommt alle zu mir, wenn der Magen knurrt, ich werde euch wiederherstellen" – deshalb wird ein Restaurantbesitzer auch Restaurateur (Wiederhersteller) genannt.

1765 PARIS

Venite ad me, omnes qui stomacho laboratis, et ego restaurabo vos

1923 Eis am Stiel

Erstes EIS AM STIEL

Das erste Eis am Stiel wurde 1923 vom amerikanischen Limonadenverkäufer Frank Epperson zufällig entdeckt. Er ließ über Nacht ein Glas Limonade mit einem Löffel darin auf dem Fenstersims stehen. Am Morgen war die Limonade gefroren, und als er versuchte, den Löffel herauszuziehen, hatte er das erste Eis am Stiel in der Hand. Er nannte es Epsicle, wurde später aber unter Popsicle vermarktet.

Erstes MÜSLI
Shredded Wheat

1893

Das erste Müsli hieß Shredded Wheat und wurde 1893 von dem magenkranken amerikanischen Anwalt Henry D. Perky in Denver, Colorado, als Verdauungshilfe hergestellt. Das erste Müsli mit Cornflakes hieß Granose Flakes und wurde zwei Jahre später von dem Amerikaner John Harvey Kellogg in seinem Sanatorium in Battle Creek, Michigan, produziert.

Fleisch wurde schon im 19. Jahrhundert zum Transport gefroren, und Anfang des 20. Jahrhunderts wurden oft gefrorene Früchte zusammen mit Eiskrem verkauft. Doch das erste einzeln abgepackte gefrorene Lebensmittel waren 0,45 kg-Packungen gefrorenen Schellfischs, die als „Fresh Ice Fillets" 1929 in Toronto verkauft wurden. Im Jahr darauf brachte Clarence Birdseye seine Tiefkühlkost auf den Markt.

1929 TORONTO

Kapitän Iglo war nicht der Erste

Fresh Ice Fillets

Erste MARGARINE

Am 15. Juli 1869 meldete der Franzose Hippolyte Mège-Mouriés das Patent für eine Mischung aus Talg, entrahmter Milch, Fleischabfall sowie Sodabikarbonat an. Er nannte das Produkt aufgrund seiner perlweißen Farbe Margarine – *maragaron* ist das griechische Wort für Perle.

1869 FRANKREICH

Erfunden, um für die französische Armee Napoleons III.

„billige Butter"
in großer Menge zu liefern.

1929

Die ersten gefrorenen „Fish sticks" wurden 1953 von der amerikanischen Firma Gorton's hergestellt. Die allererste Radioreklame in Großbritannien bewarb 1973 Fischstäbchen.

1 Million *Fischstäbchen werden* **täglich** *in Großbritannien verzehrt.*

Erste FISCHSTÄBCHEN

Die Idee, Lebensmittel in Dosen zu konservieren, wurde 1810 in Großbritannien patentiert und die erste Konservenfabrik 1812 gebaut. Die erste Dose Baked Beans wurde 1875 von Burnham & Morrill in Portland, Maine, hergestellt.

200 *Milliarden Konservendosen werden jährlich weltweit produziert.*

1812

Erste BAKED BEANS

FLORA UND FAUNA

BIENENKÖNIGIN

Da kann man allergisch reagieren. Dieser Mann setzt Insektenpheromone ein, um eine Bienenkönigin nachzuahmen und alle Arbeiterinnen anzulocken, sodass sie sich auf ihm versammeln und ihn beschützen.

ZAUBERTRICKS

Menschen prahlen gerne, vor allem nach einem Drink. Je nach Gesellschaft, in der Sie sich befinden, garantieren diese bewährten Bar-Tricks, a) dass Sie Ihre Mitzecher die ganze Nacht amüsieren, sich die Bewunderung aller sichern und jede Menge Drinks spendiert bekommen, oder b) sich alle so sehr langweilen, dass Sie sämtliche Freunde verlieren und Ihnen am Ende die spendierten Drinks über den Kopf geschüttet werden.

FLASCHENBANK

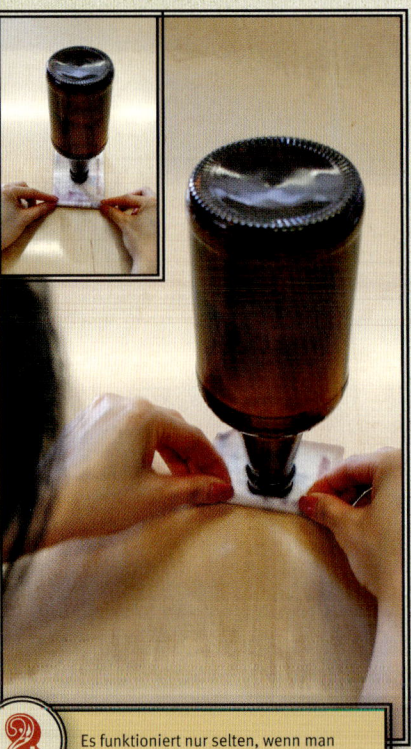

1 Stellen Sie eine Flasche (zuvor leeren!) kopfüber auf einen Geldschein. Fordern Sie Ihre Freunde auf, den Schein wegzuziehen, ohne die Flasche zu berühren oder umzuwerfen.

2 Es funktioniert nur selten, wenn man den Schein schnell herauszieht. Der Trick besteht darin, den Schein vorsichtig aufzurollen und ihn dabei an den Enden zu halten.

3 Der aufgerollte Geldschein ist erstaunlich fest, und Sie können ihn nutzen, um die Flasche wegzuschieben. Wenn Sie den Schein ganz aufgerollt haben, Simsalabim!, steht die Flasche noch sicher auf dem Tisch.

GLAS UNTER'M HUT

1 Stülpen Sie einen Hut über Ihr Glas. Wetten Sie mit jemandem um den Drink, dass Sie ihn austrinken können, ohne den Hut zu berühren.

2 Ducken Sie sich unter den Tisch, tauchen Sie wieder auf und sagen Sie Ihrem Herausforderer, dass Sie das Glas durch den Tisch geleert haben.

3 Das „Opfer" wird so verdutzt sein, dass er oder sie den Hut anheben wird, um nachzusehen. Jetzt können Sie Ihren Drink leeren, ohne den Hut berührt zu haben, und Ihren Gewinn einstreichen.

MÜNZE IM GLAS

1 Legen Sie einen Bierdeckel auf ein Weinglas. Stellen Sie eine Zigarette auf den Bierdeckel und legen Sie eine Münze auf die Zigarette. Fordern Sie jemanden auf, die Münze ohne Berührung ins Glas zu bekommen.

2 Der Trick ist, unter die Kante des Bierdeckels zu pusten – der Bierdeckel hebt ab und kippt die Zigarette herunter.

3 Voilà! Das Gewicht der Münze sorgt dafür, dass sie direkt ins Glas fällt.

WEG VON MEINEM BIER

1 Stellen Sie einen Bierkrug (mit Henkel) neben ein Glas auf den Tisch. Fordern Sie jemanden auf, das kleine Glas durch den Henkel des großen zu schieben, ohne die Gläser zu berühren.

2 Es funktioniert damit, dass man einen Strohhalm, eine Zigarette, ein Streichholz oder sonst etwas durch den Henkel des großen Glases steckt und das kleine schiebt.

3 Sie haben genau das getan, was Sie vorhergesagt haben: das kleine Glas durch den Henkel des großen geschoben, ohne eines der Gläser zu berühren. Clever oder blöd?

FLORA UND FAUNA

HAUSTIER-PROJEKTE

DIE ERSTEN TIERE IM ALL

47 Stunden im All

Im Juli 1946 wurden einige Fruchtfliegen an Bord einer amerikanischen V2-Rakete ins All geschickt, um die Auswirkung der Weltraumstrahlung zu testen. Das erste Säugetier im All war ein Affe namens Albert II., der am 14. Juni 1949 ebenfalls mit einer V2 abhob. Nach 47 Stunden im All starb er bei der Landung, weil sich der Fallschirm der Kapsel nicht öffnete. (Albert I. war bei einer früheren Mission umgekommen, ohne bis ins All gelangt zu sein.)

Menschen streben danach, die Ersten zu sein, weil sie sich herausgefordert fühlen und/oder berühmt werden wollen. Bei Tieren ist das anders – das erste Tier, das mit einem Fluggerät flog, am Fallschirm hing, im All war oder die Niagarafälle hinuntertrieb, hatte keine Wahl. Aber manche genießen den Nervenkitzel: Besitzer von Hunden, die Fallschirm springen, behaupten, dass ihr Tier ganz aufgeregt wird, wenn es die Ausrüstung sieht.

HUND VOLLSTRECKT GESETZ

Der Steuereintreiber Malcolm Gillespie kaufte sich 1816 einen Bullterrier, damit dieser ihm beim Aufspüren von Schmugglern helfe. Er richtete den Hund ab, die Pferde der Schmuggler bei den Nüstern zu fassen, wodurch sich die Pferde aufbäumten und die Schmuggelware abwarfen. Der erste Hund, der zur Gesetzesvollstreckung abgerichtet wurde, erfüllte seine Pflicht ein Jahr, bis er von Schmugglern erschossen wurde.

GEKLONTE TIERE

Zwei genetisch identische Lämmer, Morag und Megan, wurden 1995 im schottischen Roslin Institute geklont, indem die DNA von einer Embryozelle zur anderen übertragen wurde. Im folgenden Jahr erschuf das Institut Dolly, das erste aus einer Erwachsenenzelle geklonte Tier. Lamm 6LL3, auch Dolly genannt, wurde am 5. Juli 1996 geboren.

Megan
Morag

TIERE IN DER LUFT

Viele Menschen denken, dass die Geschichte der Fliegerei mit den Gebrüdern Wright begann, doch in Wahrheit nahm sie 120 Jahre früher in Frankreich mit den Gebrüdern Montgolfier ihren Anfang. Ein Mensch schwebte zum ersten Mal am 15. Oktober 1783 in einer Montgolfiere durch die Luft, doch wie beim Raumflug wurde das Ganze zuerst mit Tieren getestet. Einen Monat zuvor, am 19. September, demonstrierten die Montgolfiers ihren Heißluftballon vor dem Schloss Versailles, indem sie ein Schaf, einen Hahn und eine Ente aufsteigen ließen. Die Tiere erreichten eine Höhe von 520 m und fuhren 8 Minuten.

Ein Schaf, ein Hahn und eine Ente

GACCTCCAGGTA

Ein Abschnitt einer sequenzierten DNA: Die Buchstaben G, A, C und T stellen vier verschiedene Basiskomponenten dar, die bei Klonen die gleiche Abfolge haben.

DIE RACHE DES HUNDES

1901 versuchte die Kanadierin Maude Willard, in einem versiegelten Fass die Whirlpool Rapids unterhalb der Niagarafälle zu durchqueren. Sie nahm ihren Hund mit, der sich dadurch rächte, dass er die Nase an das einzige Luftloch drückte und sein Frauchen ersticken ließ.

IN DER UMLAUFBAHN

Das erste Tier, das die Erde umkreiste, war eine sowjetische Hündin namens Laika, russisch für „Kläffer". Sie wurde am 3. November 1957 im „Sputnik II" ins All geschickt. Das Messsystem von Sputnik versagte schon kurz nach dem Start, deshalb weiß niemand, ob Laika starb, als der Sauerstoff ausging, als die Temperaturregelung ausfiel oder nachdem sie vergiftetes Fleisch aus dem Futterautomaten an Bord gefressen hatte. Sicher ist, dass sie nicht überlebt hat – die Kapsel verglühte im April 1958 beim Wiedereintritt in die Erdatmosphäre.

DIE ERSTE BLUTTRANSFUSION

255 Gramm Blut

Wie immer wurde die Idee zuerst an Tieren getestet. Die erste Bluttransfusion am Menschen fand von Tier zu Mensch statt. 1667 betreute der französische Arzt Jean-Baptiste Denys einen 15-jährigen Jungen, der 20-mal zur Ader gelassen worden war, um seine Körpertemperatur zu senken. Der Blutverlust war lebensbedrohlich, deshalb verabreichte ihm Denys 255 g Blut, das er aus der Halsschlagader eines Lamms zapfte. Der Junge erholte sich, doch als später einer von Denys' Patienten starb, wurden Transfusionen mit Tierblut aufgegeben.

ERSTER HUND AM FALLSCHIRM

Bei zahlreichen Einsätzen unternahmen Militärhunde Fallschirmmissionen, doch der erste zivile Hund, der Fallschirm sprang, war ein britischer Jack Russell Terrier namens Katie. Im Oktober 1987 sprang Katie mit ihrem Besitzer aus 3658 m Höhe ab – britischer Rekord. Den Weltrekord hält ein amerikanischer Dackel namens Brutus.

HAI LÖST MORDERMITTLUNG AUS

1935 spuckte der erste Hai, der je eine Mordermittlung anstieß, im Coogee Beach Aquarium in Sydney einen menschlichen Arm aus. Der Arm war nicht abgebissen worden – er wurde nach dem Tod seines Besitzers mit einem Messer abgetrennt. Der Polizei gelang es, das Opfer zu identifizieren, nicht aber den Mörder.

SPORT UND FREIZEIT

SPORT IST MORD

ANGELN
Das Angeln, der tödlichste Sport in England und Wales, fordert jährlich etwa sechs Tote. Durch Ertrinken? Nein. Meist durch Stromschlag, weil zu dicht unterhalb von Starkstromkabeln geangelt wurde.

CHEERLEADING
Die gefährlichsten Übungen sind die Pyramide (Foto) und der *basket toss*, bei dem ein Mitglied der Gruppe immerhin 6 m hochgeworfen wird.

DRACHENSTEIGEN
Vom Drachensteigen ist man im Punjab besessen, wo manche Lenker bei Wettbewerben scharfe Metallschnüre verwenden. In einem Jahr kamen zwei Lenker um, als ihre Schnüre in Stromleitungen gerieten. Auch einige Zuschauer starben, als sie versuchten, herrenlose Drachen zu fangen, und zweien wurde die Kehle von den messerscharfen Schnüren durchschnitten.

Höhlenklettern ist nicht so gefährlich wie Segeln. Tauchen ist sicherer als Tischtennis. Fallschirmspringen führt zu weniger Verletzungen als Fußball. Wie kann das sein? Zum Teil, weil sich hinter „weniger Verletzungen" die Tatsache verbirgt, dass weniger Menschen Fallschirm springen als Fußball spielen. Zum Teil, weil Statistiken nicht zwischen einem verstauchten Knöchel und einem gebrochenen Genick unterscheiden. Sie sind absolut irreführend, weil ein Sport, den fünf Leute ausüben, die sich alle verletzen, eine Verletzungsrate von 100 % hat. Doch fünf Verletzte fallen bei über 500 000 Fußballverletzungen nicht ins Gewicht. Extremsportarten führen also vielleicht zu weniger Verletzungen, aber lassen Sie sich nicht täuschen – es geht um alles oder nichts. Im Falle eines Falles ist das Risiko, dabei ums Leben zu kommen, groß.

VIEL ADRENALIN →

← SEHR GEFÄHRLICH

HÜTEN SIE SICH VOR RÄDERN: FAST DIE HÄLFTE DER IN DER FREIZEIT ERLITTENEN KOPFVERLETZUNGEN VON KINDERN PASSIEREN BEIM SKATEBOARD-, FAHRRAD- ODER INLINESKATEFAHREN.

BASE JUMPING
Freifallsprünge ohne Sicherheitsschirm sind gefährlich. Beim BASE – Gebäude, Antennen, Brücken, Erde (gemeint Klippen) – Jumping kommen jährlich bis zu 15 Menschen ums Leben. Zu den Gefahren gehören: kein Reserveschirm (keine Zeit, ihn zu öffnen); ans BASE zurückgeweht zu werden oder kleine Landefläche.

FREEDIVING
Haben Sie Lust, den Atem anzuhalten und so tief zu tauchen, wie Sie können? Es ist kein Spaß, wenn Sie in 10 m Tiefe Luft holen müssen – der Rekord der Männer liegt bei 111 m, der Frauen bei 86 m. Die Gefahr besteht, dass Sie Wasser einatmen oder durch Sauerstoffmangel bewusstlos werden

RAFTING

Sich in bekannten Gewässern zu bewegen ist schon gefährlich genug – Sie können gegen Felsen oder umgefallene Bäume prallen, aus dem Boot fallen und sich Knochen brechen oder ertrinken. Aber echte Adrenalin-Junkies suchen unbekannte Gewässer, ohne zu wissen, wo mörderische Strömungen, unsichtbare Felsen oder hohe Wasserfälle lauern.

KLETTERN

Dank Seilen und Sicherung kommt es relativ selten zu Todesfällen, aber es bleibt die ständige Gefahr, sich Gelenke zu verrenken, Knochen zu brechen, Muskeln zu zerren, sich eine Gehirnerschütterung zuzuziehen. Außerdem ist da noch das Wetter – Sonnenhitze oder Kälte können tödlich sein.

FREESTYLE BMX

BMX-Cross hat sich von Fahrten über unebenes Gelände zu städtischen Stunts weiterentwickelt – Freestyle BMX genannt. Die Gefahren sind klar: Wenn Sie versuchen, mit einem Haufen Metall über hartem Beton in der Luft akrobatische Übungen zu machen, ist das Risiko groß, dass Sie sich die Knochen zertrümmern.

BIG-WAVE-SURFING

Surfen ist das eine. Surfen in großen Wellen etwas anderes. Toll, wenn Sie auf einer 30 m hohen Welle reiten, aber ziemlich gefährlich, wenn Sie stürzen und darunter landen. Falls Sie nicht bewusstlos werden, weil sie auf ein Riff, einen Felsen oder Ihr Board knallen, könnten Sie auftauchen und Luft holen, bevor die nächste Welle Sie überrollt.

BULLENREITEN
Nur etwas für echt Verrückte. Es ist jedoch ganz einfach. Steigen Sie auf, halten Sie sich mit einer Hand fest und bleiben Sie acht Sekunden oben. Falls Sie loslassen, werden Sie wahrscheinlich niedergetrampelt.

MYTHEN &

CHARLES PONZI

Der gebürtige Italiener Charles Ponzi ersann das Schneeballsystem, das noch heute in Varianten praktiziert wird – im Grunde ein betrügerisches Investment, das den Investoren hohe Gewinne ausschüttet, die von nachfolgenden Investoren bezahlt und nicht durch reale Geschäfte erwirtschaftet wurden. Das System scheitert zwangsläufig, doch wenn der Täter aussteigt, bevor das System zusammenbricht, kann er oder sie ordentlich Gewinn machen.

Ponzi, 1882 in Italien geboren, wanderte in den frühen 1900er-Jahren nach Amerika aus. Im August 1919 fand er heraus, dass nach einem internationalen Abkommen Postämter in einem Land Coupons für Briefmarken eines anderen herausgeben konnten. Der Preis für den Couponhandel war vor dem 1. Weltkrieg ausgehandelt worden, doch die Wirtschaftskrise nach dem Krieg in Europa hatte zur Folge, dass die zum festen Preis in Europa gekauften Coupons in den USA jetzt sechsmal so viel wert waren. Ponzi wurde klar, dass er, wenn es ihm gelang, genügend Coupons in Europa zu kaufen und in US Dollars umzutauschen, astronomische Gewinne einstreichen konnte.

Im Dezember 1919 gründete er zu diesem Zweck die Securities Exchange Company. Mit dem Versprechen riesiger Dividenden köderte er Tausende Investoren. Doch anstatt Geld zu verdienen, um die Dividenden auszahlen zu können, bezahlte er sie aus nachfolgenden Investments. Die Menschen gierten nach den Profiten, und innerhalb weniger Monate investierten etwa 40 000 Menschen geschätzte 15 Millionen $ (entspricht heute ca. 140 Millionen $). Doch Ponzi zog sich nicht schnell genug zurück und wurde im August 1920 wegen 86 Fällen von Betrug verhaftet. Nach 3 ½ Jahren Haft wurde er nach Italien abgeschoben und starb in Armut.

GREGOR MacGREGOR

MacGregor war ein schottischer Abenteurer, der sich als Cazique (Fürst) von Poyais ausgab, einem fiktiven mittelamerikanischen Land, dessen Existenz er sich ausdachte, um Investoren anzulocken. Nach der Eroberung eines Teils von Florida durch die Spanier kehrte MacGregor 1819 nach London zurück, wo er sich von der feinen Gesellschaft feiern ließ. Er behauptete, ein Häuptling habe ihn zum Fürsten von Poyais ernannt und suche jetzt nach Investoren. Um den Plan glaubwürdiger zu machen, veröffentlichte er unter dem Pseudonym Thomas Strangeways sogar einen Reiseführer mit dem Titel *Sketch of the Mosquito Shore*, zu der das Territorium von Poyais gehöre. Darin beschrieb er Poyais als fruchtbares Land mit einer blühenden Hauptstadt namens Saint Joseph.

Die Londoner Kaufleute investierten mit Begeisterung, und MacGregor verkaufte an schottische Arbeiter Landrechte, durch die er 200 000 £ einnahm. Zwei Schiffe verließen 1822 und 1823 London und Edinburgh mit 270 Möchtegernsiedlern, die feststellen mussten, dass es Poyais gar nicht gab. Viele kamen ums Leben, doch einige kehrten zurück und erzählten die Geschichte. Aber MacGregor war bereits nach Frankreich geflohen. Dort versuchte er es mit dem gleichen Schwindel, doch die Behörden hielten das Siedlerschiff in Le Havre zurück. MacGregor wurde freigesprochen, nachdem er die Schuld geschickt einem seiner französischen Komplizen zugeschoben hatte, und versuchte es mit weniger ambitionierten Versionen dieses Schwindels.

FRANK ABAGNALE

Dank Steven Spielbergs Film von 2002 *Catch me if you can* ist Frank Abagnale nun einer der weltweit bekanntesten Betrüger. Abagnale begann im Alter von 16 mit Kleindelikten, bei denen er die Kreditkarte seines Vaters nutzte, dann ging er dazu über, Banken zu betrügen, indem er mehrere Identitäten annahm, Schecks fälschte und seine eigene Kontonummer auf Einzahlungsbelege druckte, sodass das Geld anderer Kunden auf sein Konto floss.

Dann begann er ein Leben als Serienbetrüger, er erschwindelte sich Freiflüge, indem er sich als Pan Am-Pilot ausgab (samt Uniform und gefälschtem Ausweis). Nach zweijährigem kostenlosem Reisen beschloss er, sich zu verstecken, mietete sich ein Apartment in Georgia und erzählte den Nachbarn, er sei Arzt. Nachdem er einen echten Arzt kennengelernt hatte, arbeitete Abagnale elf Monate als Krankenhausleiter, führte kleinere medizinische Eingriffe selbst durch und delegierte die schwierigeren. Außerdem nutzte er ein gefälschtes Diplom, um als Universitätsdozent zu arbeiten und gab sich als Harvardabsolvent aus, um Rechtsanwalt zu werden.

Im Alter von 21 hatte Abagnale unter acht Identitäten in 26 Ländern ca. 2,5 Millionen $ erschwindelt. Schließlich wurde er in Frankreich verhaftet und saß in mehreren europäischen Ländern Haftstrafen ab, bevor er in die USA ausgeliefert wurde, wo er fünf Jahre seiner 12-jährigen Haftstrafe verbüßte. Nach seiner Freilassung begann er, Banken zu beraten, wie sie Betrüger entlarven.

WIE MAN ZU

Alle Menschen möchten Geld haben. Einige arbeiten hart dafür, andere stehlen es, wieder andere erben. Und manche tüfteln komplizierte Tricks aus, um anderen Leuten Geld abzu-

LEGENDEN

SÜDSEEBLASE

Die Südseeblase war eine Wirtschaftsblase, die im September 1720 platzte und Tausende Investoren ruinierte. Die folgende Untersuchung brachte Korruption im britischen Establishment ans Licht, in die sogar Minister verwickelt waren. Die Sache begann, als die vom Schatzkanzler Robert Harley gegründete South Sea Company 1711 versuchte, die durch Englands Eingreifen in den Spanischen Erbfolgekrieg verursachten Staatsschulden abzubauen. Im Gegenzug für das Handelsmonopol mit Südamerika und einer jährlichen Zahlung übernahm die Company viele Millionen Pfund Staatsschulden. Theoretisch nutzte das beiden Parteien: Die Regierung war die Schulden los, während die Company regelmäßige Zahlungen und große Gewinnaussichten erhielt.

Als die Company 1719 noch mehr Schulden übernahm und mehr Aktien zu überhöhtem Kurs ausgab, baute sich die Blase auf. Tausende Menschen wollten investieren, was die Aktienpreise zwischen Januar und August 1720 auf über 1000 Prozent hochschießen ließ. Im September platzte die Blase. Jene, die beim Höchststand verkauften, lösten Panikverkäufe aus, und der Aktienkurs fiel ins Bodenlose. Der Markt kollabierte, wodurch sowohl die Investoren als auch jene Banken ruiniert wurden, die das Geld für die Aktien verliehen hatten. Schatzkanzler Robert Walpole führte schließlich eine Lösung herbei, indem ein Teil der wertlosen Aktien von der Bank of England und der East India Company aufgekauft wurde, um die Verluste zu streuen.

VICTOR LUSTIG

Lustig, der als *der Mann, der den Eiffelturm verkaufte*, berühmt wurde, kam 1890 in Böhmen (heute Tschechien) zur Welt. Nach dem 1. Weltkrieg verbrachte er ein paar Jahre in den USA, wo er sich als enteigneter österreichischer Graf ausgab und windige Investmentgeschäfte betrieb. Dann zog er nach Paris, wo er im Frühjahr 1925 einen Zeitungsartikel las, in dem stand, dass die Stadt sich den Erhalt des Eiffelturms nicht mehr leisten könne. Dieser Artikel brachte Lustig auf eine tolle Idee.

Auf Briefpapier mit gefälschtem Regierungssiegel lud er mehrere Altmetallhändler zu einem vertraulichen Treffen ins noble Hotel de Crillon ein. Er gab sich als stellvertretender Generaldirektor des Ministeriums für Post und Telegraphie aus und sagte, die Stadt könne sich den Unterhalt des Eiffelturms nicht mehr leisten und wolle ihn verschrotten. Er behauptete, versiegelte Angebote für das berühmte Wahrzeichen entgegenzunehmen, und warnte die Händler, die Sache sei ein Staatsgeheimnis, um öffentliche Empörung zu verhindern.

Doch Lustig hatte bereits beschlossen, nicht auf das höchste Angebot zu warten, sondern das des wehrlosesten Opfers, André Poisson, anzunehmen, der sich bemühte, in der Stadt zu höherem Ansehen zu gelangen. Als Poisson bezahlte, floh Lustig aus der Stadt. Doch Poisson war die Sache zu peinlich, um Anzeige zu erstatten, deshalb kehrte Lustig nach Paris zurück und versuchte den gleichen Schwindel mit einer anderen Gruppe von Schrotthändlern.

419-INTERNETBETRUG

Dieser Internetbetrug aus den 1990er- und 2000er-Jahren ist eine elektronische Variante des uralten Schwindels „unsichtbare Falle". Ihn gibt es schon seit dem 16. Jahrhundert, wobei der Betrüger Briefe verschickt, in welchen er behauptet, ein reicher Gefangener in einem spanischen Gefängnis zu sein. Der Gauner bittet um Geld, um die Wachen bestechen zu können, und verspricht dem Opfer nach der Freilassung eine hohe Belohnung.

Der Schwindel wurde in den 1990er-Jahren in Nigeria wieder aufgegriffen und als nigerianischer Briefbetrug bzw. 419-Schwindel bekannt, nach dem nigerianischen Gesetz, gegen das er verstieß. Organisierte Banden verschickten Briefe oder Faxe an Firmenchefs, in welchen sie vorgaben, unterdrückte Nigerianer zu sein oder zu kennen, die Geld geerbt hätten und dieses heimlich ins Ausland transferieren wollten; so wollten sie verhindern, dass es in korrupte Hände fiel. Sie behaupteten, ein Konto zu brauchen, auf welches das Geld eingezahlt werden könne, und boten bis zu 40 Prozent Anteil, falls das Opfer gestattete, dass das Geld über sein oder ihr Konto flösse.

Seit es das Internet und die Möglichkeit gibt, Leute mit Spam-Mails zuzuschütten, erreichten diese Betrüger eine viel größere Zahl potenzieller Opfer, von denen viele bereit waren zu helfen. Daraufhin behaupten die Betrüger, dass Bankangestellte bestochen werden müssten – ob das Opfer dafür Geld schicken könne? Es klingt unglaublich, dass Menschen darauf hereinfallen, aber der 419-Betrug, der sich inzwischen auf andere afrikanische Länder ausgedehnt hat, hat geschätzt Hunderte Millionen Dollar eingebracht. Es gibt sogar Berichte, dass Opfer nach Afrika gereist sind, um ihr Geld zurückzuholen, und dort entführt oder ermordet wurden.

GELD KOMMT

luchsen. „Betrug" ist fantasielos, aber „Gaunereien" sind einfallsreich und fordern für ihre Umsetzung Elan – auch wenn sie genauso verboten sind und den Opfern genauso schaden.

KAPITEL

3 Etwa 3 Sekunden verweilen Besucher von Kunstgalerien im Durchschnitt vor jedem Gemälde. ❊ Triceratops bedeutet „Dreihorngesicht". ❊ 3 Tore sind ein Hattrick. ❊ Ein Triathlon besteht aus Schwimmen, Laufen und Radfahren. ❊ Jede Nationalflagge, die aus 3 Farbstreifen besteht, ist eine Trikolore; gewöhnlich denkt man dabei an die französische Flagge. ❊ Die 3 Musketiere im Roman von Alexandre Dumas sind Athos, Porthos und Aramis. ❊ Dantes *Göttliche Komödie* ist um die 3 konstruiert, Anspielung an die Dreifaltigkeit. Das Buch besteht aus 3 Teilen – Inferno, Purgatorio und Paradiso –, jeweils in 33 Gesänge in Terzinen (3-zeilige Verse) unterteilt. ❊ In der griechischen Mythologie bestimmten die 3 Schicksalsgöttinnen Geburt, Leben und Tod; die 3 Furien beschützten die sittliche Weltordnung; die 3 Grazien verliehen Schönheit und Anmut. ❊ Die alten Ägypter, Babylonier, Griechen und Römer hatten alle ein göttliches Dreigestirn. Das römische (griechische) bestand aus Jupiter (Zeus), Neptun (Poseidon) und Pluto (Hades). Das Symbol Jupiters ist der 3-zackige Blitz, Neptuns der Dreizack und Plutos ein 3-köpfiger Hund. ❊ Die Hindus verehren die Dreiheit von Brahma, dem Schöpfer; Vishnu, dem Erhalter, und Shiva, dem Zerstörer. ❊ Im Christentum stellt Christus $1/3$ der Dreifaltigkeit dar (Vater, Sohn und Hl. Geist); nach seiner Geburt wurde er von 3 Weisen besucht; 33 Jahre später wurde er um 3 Uhr gekreuzigt, nachdem Judas ihn für 30 Silberlinge verraten und Petrus ihn 3 Mal verleugnet hatte, und nach 3 Tagen stand er von den Toten auf. ❊ Die Zeit besteht aus 3 Kategorien: Vergangenheit, Gegenwart und Zukunft. ❊ Pythagoras nannte 3 die perfekte Zahl, die Anfang, Mitte und Ende markiert. ❊ Eine Zahl ist durch 3 teilbar, wenn die Summe ihrer Ziffern durch 3 teilbar ist (z. B. $21:2 + 1 = 3$; $720:7 + 2 = 9$). ❊ Die stärkste geometrische Figur ist das Dreieck. ❊ Die Aggregatszustände der Materie sind fest, flüssig und gasförmig. ❊ Die Erde ist der 3. Planet von der Sonne aus gesehen. ❊ Weißes Licht besteht aus 3 Primärfarben: Rot, Blau und Grün. ❊ Die 3 Primärfarben von Pigmenten sind Rot, Gelb und Blau, die zusammen Schwarz ergeben.

SITTEN UND GEBRÄUCHE
ARBEIT UND KONSUM

Es gibt viele Möglichkeiten, die Lebenshaltungskosten in den großen Städten zu vergleichen. Letzten Endes läuft es aber darauf hinaus, wie viel man arbeiten muss, um sich Essen, Kleidung oder Ähnliches kaufen zu können. Die unten abgebildete Mahlzeit entspricht einem dreigängigen Menü in einem mittleren Restaurant und die Uhren symbolisieren die Arbeitszeit, die man 2006 aufwenden musste, um es zu bezahlen.

70. AMSTERDAM
66,15 MINUTEN

60. JOHANNESBURG
88,99 MINUTEN

50. PRAG
110,07 MINUTEN

40. LJUBLJANA
144,59 MINUTEN

ARBEITSZEIT ZUM KAUF VON...

Die Zahlen geben die mittleren Kosten für bestimmte Waren und Dienstleistungen in einer Auswahl von 70 Städten wieder und beziehen sich auf die durchschnittlichen Einkünfte und Arbeitszeiten von 13 Berufen, ausgeübt in diesen Städten.

MÄNNERKLEIDUNG Komplette Garderobe einschließlich Anzug, Jackett, Hemd, Jeans, Socken und Schuhe.

1. KOPENHAGEN
1392 Minuten
2. CHICAGO
1662,6
3. GENF
1684,2
4. LUXEMBURG
1708,2
5. TORONTO
1790,4
66. SOFIA
8280
67. BEIJING
9762,6
68. BANGKOK
10 558,2
69. NEW DELHI
12 295,8
70. JAKARTA
12 296,4

FRAUENKLEIDUNG Komplette Garderobe einschließlich Kostüm, Blazer, Bluse, Unterwäsche und Schuhe.

1. OSLO
1327,8 Minuten
2. ZÜRICH
1378,2
3. MÜNCHEN
1378,8
4. GENF
1409,4
5. TORONTO
1410,6
66. BOGOTA
5590,8
67. BEIJING
6567,6
68. KIEW
6977,4
69. NEW DELHI
7266
70. JAKARTA
8197,8

BUS-TICKETS Bus-, Trambahn- oder U-Bahn-Ticket für eine Fahrt von 10 km oder 10 Haltestellen.

1. MANAMA
1,84 Minuten
2. MOSKAU
2,31
3. BUENOS AIRES
2,41
4. ATHEN
3,35
5. BUKAREST
3,39
66. NAIROBI
8,83
67. JAKARTA
9,46
68. BANGKOK
9,60
69. STOCKHOLM
11,68
70. TALLIN
11,97

DIE TEUERSTEN STÄDTE SIND OSLO, LONDON UND KOPENHAGEN. DOCH GUTE EINKOMMEN SORGEN FÜR EINE HOHE KAUFKRAFT DER EINWOHNER.

30. TAIPEH
199,52 MINUTEN

20. SANTIAGO DE CHILE 275,29 MINUTEN

10. JAKARTA
378,35 MINUTEN

1. KIEW
627,95 MINUTEN

BAHN-TICKETS Einfaches Bahn-Ticket (2. Klasse) für eine Fahrt von 200 km.	**TAXI** Taxifahrt von 5 km innerhalb der Stadtgrenze einschließlich der Serviceaufschläge.	**BROT** Arbeitszeit zum Kauf eines Brotlaibs von 1 kg.	**REIS** Arbeitszeit zum Kauf von 1 kg Reis
1. MOSKAU 23,92 Minuten	**1. SEOUL** 9,56 Minuten	**1. LONDON** 5 Minuten	**1. AUCKLAND** 5 Minuten
2. SEOUL 2628	**2. LIMA** 11,24	**2. DUBLIN** 7	**1. LONDON** 5
3. HONG KONG 41,56	**3. HELSINKI** 15,36	**3. FRANKFURT** 9	**1. SYDNEY** 5
4. JOHANNESBURG 44,50	**4. ATHEN** 15,80	**3. NIKOSIA** 9	**1. ZÜRICH** 5
5. BRÜSSEL 51,20	**5. KUALA LUMPUR** 16,54	**5. AMSTERDAM** 10	**5. KOPENHAGEN** 6
66. NEW DELHI 159,29	**66. BUDAPEST** 69,44	**66. BANGKOK** 49	**66. MUMBAI** 32
67. LIMA 160,75	**67. CARACAS** 69,97	**67. MEXICO CITY** 53	**67. NAIROBI** 33
68. LONDON 222,90	**68. KIEW** 93,03	**68. BOGOTA** 59	**70. JAKARTA** 36
69. JAKARTA 249,08	**69. NAIROBI** 9893	**69. MANILA** 64	**70. ISTANBUL** 36
70. NAIROBI 249,09	**70. HONGKONG** 123,91	**70. CARACAS** 76	**70. NEW DELHI** 36

SPORT UND FREIZEIT

AMERIKAS SPORTART NR. 1

Baseball ist mehr als nur ein Sport; es ist Teil der amerikanischen Seele, und seine Ursprünge sind heftig umstritten. Manche behaupten, es habe sich aus dem englischen Spiel Rounders entwickelt, während andere, wen wundert's, versichern, es sei ein rein amerikanisches Spiel. Mit Sicherheit kann man sagen, dass „der Vater des modernen Baseball" der Amerikaner Alexander Cartwright jr. ist, der 1845 das erste offizielle Regelwerk schrieb. Diese Regeln sind die Grundlage des Spiels, wie wir es heute kennen – das heißt, ein Spiel mit Schläger und Ball, das zwischen zwei Neun-Mann-Teams ausgetragen wird. Der Werfer des einen Teams wirft den Ball dem Schlagmann des gegnerischen Teams zu, der versucht, den Ball so weit zu schlagen, dass er und seine Teammitglieder *runs* erzielen, indem sie die vier *bases* des Spielfelds erreichen, bevor die Mannschaftsspieler des Werfers den Ball unter Kontrolle bringen.

DER SPIELER

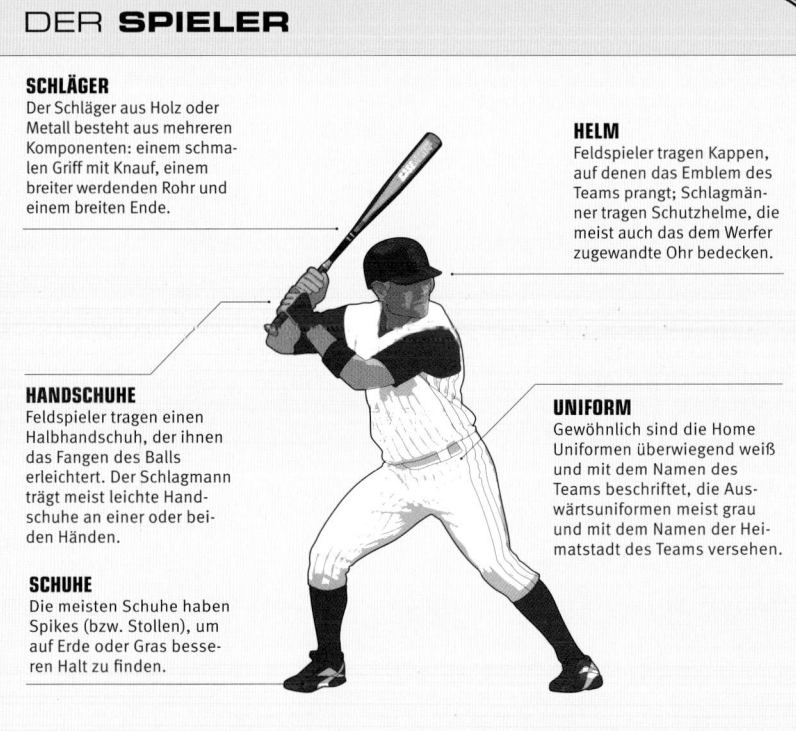

SCHLÄGER
Der Schläger aus Holz oder Metall besteht aus mehreren Komponenten: einem schmalen Griff mit Knauf, einem breiter werdenden Rohr und einem breiten Ende.

HELM
Feldspieler tragen Kappen, auf denen das Emblem des Teams prangt; Schlagmänner tragen Schutzhelme, die meist auch das dem Werfer zugewandte Ohr bedecken.

HANDSCHUHE
Feldspieler tragen einen Halbhandschuh, der ihnen das Fangen des Balls erleichtert. Der Schlagmann trägt meist leichte Handschuhe an einer oder beiden Händen.

UNIFORM
Gewöhnlich sind die Home Uniformen überwiegend weiß und mit dem Namen des Teams beschriftet, die Auswärtsuniformen meist grau und mit dem Namen der Heimatstadt des Teams versehen.

SCHUHE
Die meisten Schuhe haben Spikes (bzw. Stollen), um auf Erde oder Gras besseren Halt zu finden.

CHRONOLOGIE

1846 Am 19. Juni findet das erste offiziell erfasste Baseballspiel in Hobocken, New Jersey, statt. Die New York Nine schlagen den Knickerbocker Club mit 23:1 in vier Innings.

1857 Die Dauer eines Spiels wird auf neun Innings festgelegt.

1869 Die Cincinnati Red Stockings beschließen, allen Spielern ein Gehalt zu zahlen, und werden somit zum ersten Profi-Baseballteam.

1876 Die National League wird als erste Spitzenliga gegründet.

1884 Bobby Lowe (USA) ist der erste Spieler, der in einem Spiel vier Home runs erzielt. Die Regeln werden geändert und gestatten nun Würfe mit gestrecktem Arm.

1900 Die American League wird als zweite Spitzenliga gegründet.

1903 Erste World Series: Die Gewinner der beiden Spitzenligen tragen sieben Spiele aus, um den Champion zu bestimmen – die Boston Red Sox (AL) schlagen die Pittsburgh Pirates (NL).

1927 Babe Ruth ist der erste Spieler, der in einer Saison 60 Home runs erzielt – vor der „Babe Ruth Ära" erzielte kein Spieler in einer Saison mehr als 24.

1938 Der erste Baseball-Weltcup findet in London zwischen den USA und Großbritannien statt: Großbritannien gewinnt das Turnier.

> **WER VERSTEHEN WILL, WIE AMERIKA DENKT UND FÜHLT, SOLLTE SICH MIT BASEBALL VERTRAUT MACHEN.**
>
> Jacques Barzun, Philosoph und Kritiker

DAS SPIELFELD

- 1 BATTER
- 2 CATCHER
- 3 INFIELDERS
- 4 OUTFIELDERS
- 5 PITCHER
- 6 UMPIRES
- A HOME PLATE
- B SHORTSTOP
- C FIRST BASE
- D SECOND BASE
- E THIRD BASE
- F COACH'S BOX
- G FOUL LINE
- H FOUL POLE

DIE STATISTIK

92 706 Die höchste Zuschauerzahl bei einem amerikanischen Spiel wurde am 6. Oktober 1959 beim Spiel der LA Dodgers gegen die Chicago White Sox erreicht.

162 Die Zahl der Spiele, die jedes Team der Major League pro Saison absolviert, die von April bis Oktober andauert.

59 Das Alter des ältesten Profis aller Zeiten, Satchel Paige, der am 25. September 1969 sein letztes Spiel bestritt.

114 000 Die höchste Zuschauerzahl bei einem Baseballspiel – einem Schaukampf zwischen Australien und einem amerikanischen Armeeteam bei der Olympiade 1956.

3562 Der Rekord an absolvierten Spielen in einer Profi-Karriere. Pete Rose, der 24 Jahre spielte, hält den Rekord.

73 Der Rekord an Home runs, den ein einzelner Spieler während einer MLB Saison erzielte. Barry Bonds ist der Rekordhalter.

2 700 000 Der Preis in US-Dollars für das teuerste Baseball-Erinnerungsstück – für den Ball, den Mark McGwire 1998 vor seinem Rekord-run Nummer 70 traf. Der kanadische Komikzeichner und Baseballfan Todd McFarlane erstand den Ball 1999 bei einer Auktion.

26 So oft haben die New York Yankees die World Series gewonnen.

1953 Die New York Yankees sind das erste Team, das fünfmal in Folge den World-Series-Titel gewinnt.

1956 Beim ersten perfekten Spiel (keine Treffer, keine runs) in einer World Series pitcht Don Larsen (für die New York Yankees gegen die Brooklyn Dodgers).

1962 Während des Kalten Krieges erscheint im sowjetischen Magazin *Nedelja* ein Artikel, in dem die absurde Behauptung aufgestellt wird, „Beizbol" sei ein altes, in Russland erfundenes Spiel!

1991 Nolan Ryan (Houston Astros) ist der erste Werfer, dem in der Spitzenliga sieben Spiele ohne Treffer gelingen (nachdem er 1981 mit fünf der erste und 1990 mit sechs der erste war).

1992 Die Toronto Blue Jays (Kanada) sind das erste nicht-US-amerikanische Team, das die World Series gewinnt, nachdem es die Atlanta Braves mit 4:2 schlägt.

2005 Kuba gewinnt den Baseball-Weltcup zum 24. Mal in seiner 67-jährigen Geschichte – häufiger als jede andere Nation.

KOMMUNIKATION

Einen Partner finden

Wie finden Sie heraus, ob Sie diesem tollen Menschen gegenüber gefallen oder nicht? Aber viel wichtiger noch, wie lassen Sie ihn wissen, dass er Ihnen gefällt, ohne es direkt zu sagen? Die Körpersprache verrät es. Und auch Sie senden etliche unterschwellige Signale aus. Sie wissen nicht, wie das geht? Dann lesen Sie weiter.

Augenbrauen heben

Viele Elemente der Körpersprache variieren von Kultur zu Kultur, doch dieses ist universell – wenn ein Mensch einen anderen sieht, den er mag, heben und senken sich seine Augenbrauen; und wenn es dem anderen auch so ergeht, tut er es ebenfalls. Aber Sie müssen genau hinsehen, weil das nur etwa eine Fünftelsekunde dauert. Sie können versuchen, dies bewusst zu machen, um Ihre Sympathie zu bekunden, aber das wird eher plump wirken, weil Sie es nicht schnell genug hinkriegen.

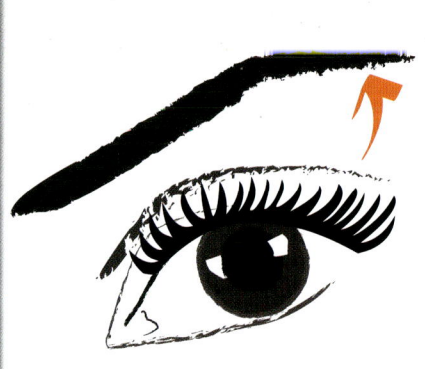

Distanz

Es gibt keine feste Regel, wie nahe man sitzt oder steht, aber Sie müssen sich bewusst sein, was Sie tun. Sind Sie zu weit weg, wird der andere vermuten, dass Sie nicht interessiert sind; sind Sie zu nahe, wirken Sie übereifrig, aufdringlich oder schlichtweg unhöflich: Sie brauchen nicht die ganze Zeit die gleiche Distanz einzuhalten. Finden Sie den richtigen Moment, sich kurz vorzuneigen oder näher heranzurücken und dort zu bleiben.

Richtung

Sie haben also ein Gespräch begonnen und testen die Techniken. Ihr Gegenüber hat Ihnen das Gesicht zugewandt, aber wohin zeigt sein Körper? Zeigt sein Körper noch immer in Richtung seiner Freunde und wendet er Ihnen nur den Kopf zu, dann müssen Sie sich noch mehr anstrengen. Es muss nicht der ganze Körper sein: Falls er dasitzt und Hände und Füße zu Ihnen zeigen, ist das ein guter Anfang, zeigen Arme und Beine zu Ihnen, ist es noch besser. Und Sie können es ebenso halten.

Flirt-Dreieck

Achten Sie darauf, wohin der andere schaut. Wenn Menschen Fremde treffen, neigen sie dazu, sich auf die Augen zu konzentrieren, ihr Fokus springt häufig im Zickzack von einem Auge zum anderen. Sind sich Menschen vertrauter, wird aus dem Zickzack ein Dreieck, das Nase und Mund einbezieht. Wenn Sie flirten, erwecken Sie also durch Einsatz des Dreiecks einen freundlicheren Eindruck. Achten Sie darauf, ob der andere es auch tut. Schauen Sie nicht nur auf die Augen, denken Sie auch an den Mund – wie wäre es, ihn zu küssen?

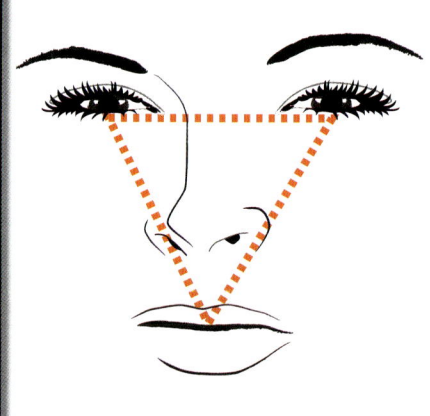

Blickkontakt

Übertreiben Sie es aber nicht mit dem Starren auf den Mund – auch Augenkontakt ist wichtig. Wenn Sie ständig über die Schulter Ihrer Auserkorenen auf andere schauen oder Vorbeigehende mustern, werden Sie keinen Erfolg haben. Genauso wenig, wenn Sie wegen eines bestimmten Teils ihrer Anatomie ins Schwärmen geraten. Die Augen sind das Fenster zur Seele, deshalb blicken Sie in den Menschen. Aber auch hier: Übertreiben Sie es nicht – wenn Sie ihm zu tief in die Augen blicken, wirken Sie zu angestrengt (oder nur seltsam).

Spiegeln

Es mag eine Selbstverständlichkeit sein, aber niemand wird anfangen, Sie zu kopieren, wenn er Sie nicht mag. Wir alle mögen Menschen, die ein wenig sind wie wir, und das Spiegeln ist eine unterschwellige Möglichkeit zu sagen: „Ich möchte sein wie du." Es kann unbewusst oder absichtlich erfolgen, und Sie können jemandem schmeicheln, indem Sie ihn subtil kopieren – aber kopieren Sie nicht sofort jede Bewegung, sonst sieht es aus, als wollten Sie ihn veräppeln. Warten Sie kurz und tun Sie dann etwas Ähnliches, sei es, dass Sie an Ihrem Drink nippen, in Ihr Haar fassen oder dergleichen.

Lidschlag

Prüfen Sie, während Sie in diese wunderschönen Augen schauen (nicht starren), wie oft der andere blinzelt. Flattern die Wimpern auf und nieder, dann hat er entweder Staub unter den Kontaktlinsen oder Sie haben es geschafft. Geweitete Pupillen und ein erhöhter Lidschlag sind sichere Zeichen für Anziehung. Doch geweitete Pupillen sind auch Zeichen von Trunkenheit oder Drogenmissbrauch, also verlassen Sie sich nicht nur auf diesen Indikator. Natürlich können Sie selbst Ihren Lidschlag erhöhen, um kund zu tun, wie Sie fühlen, und vielleicht passt Ihr Gegenüber den seinen unbewusst an.

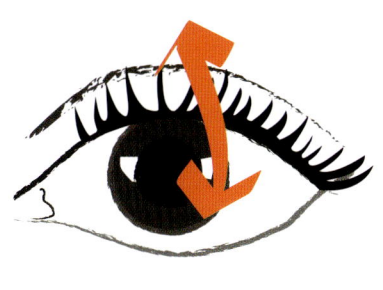

SEETEUFEL
Ein Seeteufelmännchen hat keine Verdauungsorgane und muss eine Partnerin finden, um überleben zu können. Gelingt ihm das, beißt er sie in die Seite und sondert ein Enzym ab, durch das sie miteinander verschmelzen. Ihr Kreislauf verbindet sich, und er wird direkt durch ihr Blut versorgt. Klingt schaurig? Es wird noch schlimmer – das Männchen beginnt sich aufzulösen und verkümmert, bis nur noch seine Keimdrüsen übrig sind. Diese bleiben am Weibchen haften, bereit, bei Bedarf Spermien abzugeben. Seeteufel sind einander zwangsläufig lebenslang treu.

ADELIEPINGUIN
Wenn ein Männchen eine Partnerin gewählt hat, holt er einen Stein und rollt ihn vor die Füße seiner Auserkorenen. Nimmt sie sein großzügiges Geschenk an, stellen sie sich mit zurück gestrecktem Kopf und ausgestreckten Flossen Bauch an Bauch und stimmen einen Paarungsgesang an. Dann ziehen sie sich zurück, doch nach dem ganzen Vorspiel dauert der Geschlechtsakt nur drei Minuten. Und das war alles – bis zum nächsten Jahr.

FLORA UND FAUNA
Tierischer *Sex*

"Wie hat ein Stachelschwein bloß Sex?" Antwort: „Sehr vorsichtig!" Das ist ein altbekannter Witz, doch die Wirklichkeit in der Tierwelt ist noch seltsamer. Meine Damen, fressen oder gefressen werden, es ist also besser, eine Gottesanbeterin als ein Flusspferd oder eine Sumpfbandnatter zu sein. Meine Herren, wenn Sie gefragt werden, ob Sie lieber ein Rankenfußkrebs oder ein Seeteufel sein wollen, entscheiden Sie sich für den Rankenfußkrebs!

SEEHASE (MEERESSCHNECKE)
Seehasen haben einen Penis auf dem Kopf und eine Vagina in der Muschel. Diese Anordnung hat zur Folge, dass ein einzelnes Seehasenpaar nicht zugleich als Männchen und Weibchen fungieren kann, deshalb paaren sie sich oft in Reihen, der vorderste fungiert als Weibchen, der am Ende als Männchen und die dazwischen als beides.

GEWÖHNLICHE STRUMPFBANDNATTER
Eindeutig einem Partner nicht lebenslang treu. Diese Schlangen betreiben zu mehreren Tausend Gruppensex, häufig mit bis zu 100 Männchen, die um ein Weibchen kämpfen. Das Schlangenknäuel kann bis zu 60 cm dick sein. Manchmal werden Schlangen durch das Gewicht des Knäuels erdrückt – das kümmert die Männchen aber nicht, die weitermachen, egal ob ihre Partnerin tot oder lebendig ist.

AUSTRALISCHE SCHUPPENGRILLE
Bis 2004 galten Löwen und Tiger als die Sexmaschinen der Natur, die sich bis zu eine Woche lang an die 50-mal pro Tag paaren. Jetzt fand man heraus, dass sich die Australische Schuppengrille in nur vier Stunden mehr als 50-mal mit dem gleichen Weibchen paart.

RANKENFUSSKREBS
Als ortsfeste Zwitter setzen sie für die Paarung auf einen Riesenpenis – ihr Glied kann sich bis auf 5 cm ausdehnen. Das ist das 20-Fache ihrer Körpergröße, damit haben Rankenfußkrebse proportional die größten Penisse des Tierreichs.

GOTTESANBETERIN
Sie steht im Ruf, ihrem Partner nach dem Sex den Kopf abzubeißen, allerdings sagen Naturforscher, dass dies in Gefangenschaft häufiger vorkommt als in freier Natur, weil Männchen in einem Käfig weniger Fluchtmöglichkeiten haben. Das Männchen, das kleiner ist als das Weibchen, besteigt es zur Begattung von hinten. Manchmal verschlingt das Weibchen seinen Kopf, bevor er fertig ist, aber Reflexe lassen ihn weitermachen. Dieses besitzergreifende Verhalten hat offenkundig nichts mit der Paarung zu tun – es stellt nur sicher, dass er seine Gene nicht anderweitig verbreitet.

FLUSSPFERD
Wie viele andere Tiere locken Flusspferde Partner durch den Geruch an. Doch im Gegensatz zu anderen wirbeln Flusspferde mit dem Schwanz und versprühen dabei eine Mischung aus Urin und Kot. Sobald ein Weibchen auf diese romantische Ouvertüre reagiert, läuft das Paar ins Wasser und beginnt sich zu paaren, was für das Weibchen, das unten ist und zu kämpfen hat, den Kopf über Wasser zu halten, eine anstrengende Sache ist.

SCHWARZE WITWE
Diese Spinne wird so genannt, weil das Weibchen angeblich ihren Partner direkt nach der Paarung auffrisst, doch in Wahrheit kommt ein solcher sexueller Kannibalismus bei den meisten Spezies der Schwarzen Witwe selten vor.

STACHELSCHWEIN
Werbung und Paarung sind dramatisch und schwierig. Es beginnt romantisch, indem das Männchen seine Auserkorene ansingt. Doch wenn er glaubt, dass sie zur Paarung bereit ist, stellt er sich auf die Hinterbeine und uriniert auf sie. Läuft sie weg, stößt oder beißt ihn, ist das ein glattes Nein. Steht sie endlich still, dann ist sie zur Paarung bereit, die nicht so gefährlich ist, wie Sie vielleicht denken. Die Stacheln beider Partner sind entspannt und liegen flach, sodass das Männchen sie von hinten besteigen kann. Das geht so lange, bis das Männchen erschöpft ist.

GANS
Gänse praktizieren eine der aufgeklärtesten Formen der Homosexualität in der Natur. Häufig tut sich ein Männchenpaar zusammen, das kein Interesse an Weibchen hat. Doch falls ein unerschrockenes Weibchen sich ihnen zu einem Dreier anschließt, befruchten sie es und ziehen die Jungen zu dritt groß.

FLORA UND FAUNA

KATZENKUNST

Wenn es um die Lieblingstiere der Menschen geht, rangieren Katzen direkt nach Hunden, und in einigen Ländern übertrumpfen Katzen die Hunde an Beliebtheit. Doch die hier gezeigten Katzen sind vielleicht nicht mehr der beste Freund ihres Besitzers, sobald sie in den Spiegel blicken und sehen, was passierte, während sie schliefen.

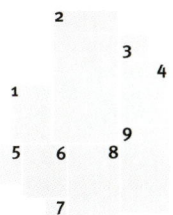

KATZENFISCH (großes Bild) Fell oder Flosse?
01. SKELETTKATZE
für Halloween
02. EULENKATZE
Diese elegante Katze sieht weise aus.
03. ZWEIFARBIG
Ein verblüffender Effekt durch fluoreszierendes Pink, über Blau gesprüht.
04. KATZENFRAU
Verführerisches Luder im Bikini mit Kopftuch
05. CLOWNSGESICHT
Profi-Clownkatze, beliebt bei Kinderpartys
06. SAMTPFOTEN-ZEBRA
Schwarz-weißes Paar zum Streicheln
07. BRILLENGESICHT
Miss Chartreuse gewann in Kalifornien den 1. Preis bei einer Katzenkunstshow.
08. CHARLIE CHAPLIN
Rückansicht, die mehr als 5000 $ kostete.
09. TASTATUR
Ein Cornish Rex trifft die richtige Note.

Verleger und Autoren empfehlen den Lesern NICHT, ihre Katzen anzumalen.

Patentierter Unsinn

Not macht erfinderisch, heißt es, doch in den folgenden Fällen scheint eher Verrücktheit im Spiel gewesen zu sein. Auf jede erfolgreiche Erfindung kommen Hunderte fehlgeschlagene. Manche misslingen, weil der Erfinder die richtige Idee zur falschen Zeit hat. Andere schlagen fehl, weil noch einfallsreichere Tüftler Wege finden, das Patent zu umgehen. Und wieder andere scheitern grandios, weil es einfach … lächerliche Ideen sind.

Patent No. GB 229
Verbesserungen eines Apparates, um über Wasser zu gehen

Marout Yegwartian. Eingereicht: 5. 1. 1914
Es war von Yegwartian verwegen, das Patent zur Verbesserung einer Idee anzumelden, die Leonardo da Vinci 400 Jahre früher hatte, aber das Prinzip funktioniert – 1988 verwendete der Franzose Remy Bricka einen ähnlichen Apparat, um 5636 km von den Kanaren nach Trinidad über den Atlantik zu „laufen".

Patent No. US 1 187 218
Gewehr

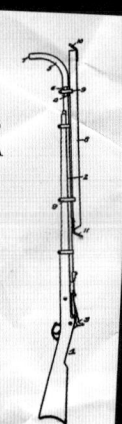

Jones Wister. Eingereicht: 15. 3. 1916
Wister, der den Eintritt der USA in den 1. Weltkrieg vielleicht vorhersah, erfand ein Gewehr für den Einsatz in Schützengräben – komplett mit Sehrohr. Er hatte sein Patent wohl nicht getestet, denn wie sollte hier der gebogene Lauf „das Projektil in einem Winkel zur Längsachse der Waffe umlenken".

Patent No. US 4 428 085
Selbstreinigendes Haus

Frances Bateson (alias Gabe). Eingereicht: 1980
Frances Gabe hasste Hausarbeit und reichte innerhalb von 30 Jahren 36 Patente für ein selbstreinigendes Haus ein. In einem 45-minütigen Waschgang säubern an den Decken angebrachte Sprinkler sämtliche Wände, Möbel und Einrichtungsgegenstände, bevor Heißluftdüsen alles trocknen. Ihr eigenes Haus in Oregon wurde umgebaut, um ihre Erfindung zu demonstrieren, doch erstaunlicherweise hat sie nicht viele dieser Anlagen verkauft.

Patent No. US 3 589 009
Spaghettigabel

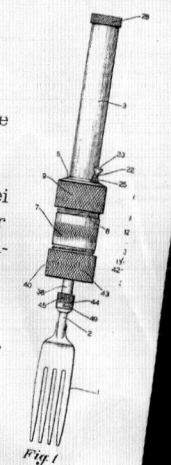

William J. Miscavich u. a. Eingereicht: 9. 1. 1969
Nur für den Fall, dass die Leute nicht sicher waren, was damit anzufangen sei, erklärten der Erfinder und seine Freunde: „Bei Verwendung des Geräts wird der Griff in einer Hand zwischen Fingern und Daumen gehalten, und wenn die Zinken (1) in eine Portion Spaghetti oder dergleichen gedrückt sind, betätigt der Nutzer den Knopf (22) … Sobald die gewünschte Menge Spaghetti um die Zinken gewickelt ist, wird der Knopf (22) losgelassen."

Patent No. US 3 552 388
Babytätschelmaschine

Thomas V. Zelenka. Eingereicht: 7. 11. 1968
In Zelenkas Patentanmeldung heißt es: „... manchmal hat das Kind Schwierigkeiten einzuschlafen, und der Mutter bleibt nichts anderes übrig, als das Baby durch wiederholtes Klopfen auf das Hinterteil in den Schlaf zu tätscheln... Die vorliegende Erfindung ... wird ein Baby in den Schlaf tätscheln und der Mutter die Mühe ersparen, dies längere Zeit von Hand zu tun."

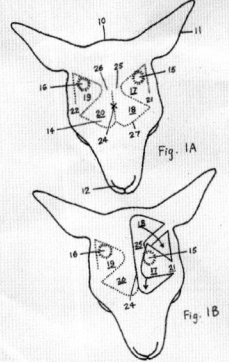

Patent No. US 4 429 685
Patent zur Züchtung von Einhörnern

Timothy G. Zell. Bewilligt: 7. 2. 1984

Zells Patent zielt auf eine chirurgische Maßnahme ab, um durch Transplantation der Hornknospen von neugeborenen Rindern, Antilopen, Schafen oder Ziegen in die Stirnmitte Einhörner züchten. Im Patent heißt es: „Danach wachsen die Hörner als eines heraus und verbinden sich mit der Schädelfront direkt über der Zirbeldrüse, was ein Einhorn von höherer Intelligenz und besseren physischen Merkmalen hervorbringt."

Patent No. GB 2 272 154
Spinnenleiter samt Befestigung an Badezimmereinrichtung

Edward Doughney. Eingereicht: 12. 8. 1993

Der Spinnenfreund Doughney erfand diese Latexleiter samt Saugnapf zur Befestigung an der Badewanne. Im Patent wird hilfreich hervorgehoben: „Gefangene Spinnen, die nach einer Fluchtmöglichkeit suchen, werden über (2) und (3), das heißt über die inneren und äußeren Stufen die Spinnenleiter hinaufklettern."

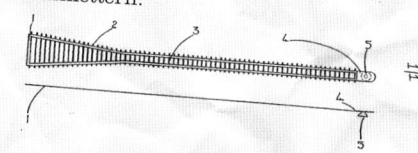

Patent No. US 4 608 967
Schulterklopfapparat

Ralph R. Piro. Eingereicht: 31. 5. 1981

Piro, als Kind möglicherweise von Zelenkas Babytätschelmaschine traumatisiert (unten links), erfand diesen Apparat, „um sich selbst auf die Schulter zu klopfen ... Solch ein Gerät kann den notwendigen psychischen Auftrieb geben, damit ein Mensch so manches emotionale ‚Tal' des Lebens in einer hoch technisierten Gesellschaft überwindet".

Patent No. US 221 855
Notausgang

Benjamin Oppenheimer. Eingereicht: 26. 3. 1879

Oppenheimer behauptete: „Ein Mensch kann problemlos von jedweder Höhe aus dem Fenster eines brennenden Gebäudes springen und unverletzt und ohne den geringsten Schaden davonzutragen, auf dem Boden landen." Aber das stimmt nicht ganz – selbst mit Gummisohlen, die Ihre Landung abfedern, ist es keine so gute Idee, einen Fallschirm mit einem Kinnriemen zu befestigen.

Patent No. GB 2 060 081
Pferdegetriebener Minibus

P.A. Barnes. Bewilligt: 29. 4. 1981

Erfindern wird oft vorgeworfen, dass sie den Karren vors Pferd spannen, aber Barnes ging noch einen Schritt weiter – er steckte das Pferd in den Karren. Sein Minibus wird von einem Pferd angetrieben, das im Fahrzeug auf einem wie eine Tretmühle funktionierenden Laufband trabt und die Räder über eine Kette, eine Kupplung und ein regelbares Getriebe antreibt.

Barnes behauptete: „Es hat mehrere Vorteile, das Pferd als Fahrzeugantrieb von der Straße zu holen. Der offensichtlichste ist die Geschwindigkeitsregelung ... [im] niedrigsten Gang bewegt sich das Fahrzeug langsamer vorwärts als im Schritttempo des Pferdes; das hilft ihm, eine Last einen Hügel hinaufbewegen. [Im] höchsten Gang bewegt sich das Fahrzeug schneller ... und verkürzt die Fahrzeit." Barnes schlug sogar Anzeigen im Armaturenbrett mit „Pferdetemperatur und Zugkraft" vor, und im Patent hieß es: „Behältnisse für Pferdeäpfel sind vorhanden ..."

EINFACH VERRÜCKT

Der britische Erfinder Arthur Paul Pedrick war der König der verrückten Patente. Pedrick, ehemals Prüfer am britischen Patentamt, reichte eine Unzahl an Patenten ein, von denen sich viele über die Gesetze der Physik hinwegsetzten. Dazu gehörten ein Golfball mit aerodynamischen Klappen zur Kontrolle der Drehung; ein radioaktiver Golfball, der, falls er verloren ging, mithilfe eines Geigerzählers aufgespürt werden konnte (unten); ein Vorschlag zur Bekämpfung des Welthungers, nämlich Schneebälle von der Antarktis zur Bewässerung in die australischen Wüsten zu pumpen. Während des Kalten Krieges ließ er die Idee patentieren, zur Abschreckung in geostationären Umlaufbahnen über Washington, Moskau und Peking Atomsprengköpfe zu stationieren.

FIG. 6.

1998 GRAND PRIX VON BELGIEN

Beim größten Crash der Grand Prix-Geschichte verlor David Coulthard die Kontrolle über sein Auto, fuhr gegen eine Wand, wurde auf die Strecke zurückgeschleudert und löste eine Karambolage von 12 weiteren Boliden aus: Rubens Barrichello und Jos Verstappen (Stewart), Pedro Diniz und Mika Salo (Arrows), Johnny Herbert (Sauber), Eddie Irvine (Ferrari), Shinji Nakano (Minardi), Olivier Panis und Jarno Trulli (Prost), Ricardo Rosset und Toranosuke Takagi (Tyrrell), Alexander Wurz (Benetton).

CLINT MALARCHUK

1988 schlitzte eine Schlittschuhkufe dem Eishockeytorhüter Clint Malarchuk die Halsschlagader auf. Zwei Teamkollegen erbrachen sich aufs Eis, sieben Zuschauer fielen in Ohnmacht und zwei erlitten Herzinfarkte. Clint wurde durch den Mannschaftsarzt gerettet, der die Arterie zudrückte, bis die Sanitäter kamen.

DERRICK CRASS

Bei den Olympischen Spielen 1984 in Los Angeles verlor der 24 Jahre alte Gewichtheber Derrick Crass beim Versuch, 130 kg zu stemmen, die Kontrolle über die Gewichte, kugelte sich den Ellbogen aus und verrenkte sich das rechte Knie.

SPORT UND FREIZEIT
HALS- UND BEINBRUCH!

Sport ist wie Theater: Er kennt Höhen und Tiefen, Helden, Schurken und allerlei Dramen. Und oft geht etwas spektakulär schief, was zu Peinlichkeit oder Schmerz oder beidem führt. Hier ist eine Auswahl von schmerzlichen Momenten im Sport, von ausgekugelten Gelenken und gebrochenen Knochen bis zu gefährlichen Kollisionen mit Motorrädern und Schlittschuhkufen.

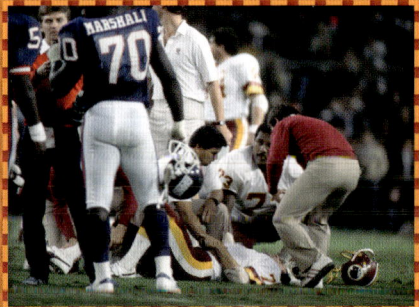

▲ JOE THEISMANN

Die Karriere des Quarterback Joe Theismann von den Washington Redskins endete 1985, als der Linebacker der New York Giants, Lawrence Taylor, auf Joes Bein landete und ihm so schlimm Schien- und Wadenbein brach, dass die Knochen die Haut durchbohrten.

▲ EVEL KNIEVEL

Am 31. Mai 1975 versuchte der amerikanische Stunt-Motorradfahrer Robert „Evel" Knievel im Wembley Stadion, London, einen Weltrekordsprung über 13 Doppeldeckerbusse. Etwa 90 000 Zuschauer sahen, wie ihm der Sprung gelang, er bei der Landung aber stürzte und sich das Becken brach. Danach machte Knievel die erste seiner vielen Rücktrittsankündigungen, sprang aber bald wieder.

VINKO BOGATAJ

Der slowenische Skispringer Vinko Bogataj stürzte 1970 bei der Skiflugweltmeisterschaft spektakulär. Bei der Anfahrt zu seinem dritten Sprung wurde Bogataj klar, dass der immer schwerere Schnee den Anlauf zu schnell gemacht hatte. Als er zu bremsen versuchte, verlor er das Gleichgewicht und schoss völlig unkontrolliert über den Schanzentisch hinaus. Erstaunlicherweise erlitt er nur eine leichte Gehirnerschütterung.

2002 DAYTONA 500

Daytona 500 ist das allerwichtigste Rennen des American National Association for Stock Car Auto Racing (NASCAR) Cups. 2002 drängten sich die Führenden, Jeff Gordon und Kevin Harvick, in Runde 194 von 200 gegenseitig von der Strecke. Gordon drehte sich und löste einen Massencrash mit 18 Autos aus. Nachdem Gordon und Harvick Strafabzüge erhielten, wurde Ward Burton nach einem Sprint über die letzten drei Runden Überraschungssieger.

NIKI LAUDA

Beim Großen Preis von Deutschland geriet Laudas Ferrari außer Kontrolle und fing nach dem Zusammenstoß mit einem anderen Wagen Feuer. Kollegen retteten ihm das Leben, indem sie ihn aus dem Auto zogen. Er erhielt zwar die letzte Ölung, doch nach sechs Wochen fuhr er schon wieder.

2001 GRAND NATIONAL

Schweres Geläuf führte 2001 bei diesem Langstrecken-Hindernisrennen zu einem absoluten Chaos. Acht Pferde gingen beim dritten Hindernis zu Boden, neun beim Canal Turn und vier beim berüchtigten Chair, damit waren nur noch acht Pferde im Rennen. Sechs weitere stürzten, doch zwei Jockeys stiegen wieder auf. Hier trennt sich Jockey Tom Doyle beim 11. Hindernis von „Esprit de Cotte".

DESTRY WHITE

Im Juli 2000 brach sich Destry White von den Pittsburgh Steelers das rechte Bein und renkte sich den rechten Knöchel aus. Sein rechter Unterschenkel drehte sich um 180 Grad, sodass die Zehen nach hinten wiesen.

DAVE BUSST

Die Karriere des Fußballers Dave Busst aus Coventry endete nach diesem Zusammenprall, bei dem ihm Schien- und Wadenbein so schlimm gebrochen wurden, dass sein Unterschenkel fast hätte amputiert werden müssen.

SITTEN UND GEBRÄUCHE

DATING-REGELN

Es gibt nicht viel, was allen Menschen gemeinsam ist, aber die Partnersuche gehört dazu, sei es für die Liebe, den Sex oder die Fortpflanzung oder alles zusammen. Doch wie finden Menschen einen Partner? Ein wesentlicher, aber häufig falsch verstandener Teil des Werbungsrituals ist das „Dating" – Ausgehen – um einander besser Kennenzulernen. Hier sind einige der Regeln.

TUN UND LASSEN BEI DATINGS

TUN:
♥ Strengen Sie sich an: Achten Sie auf gute Kleidung und guten Geruch.
♥ Seien Sie pünktlich.
♥ Nutzen Sie Blickkontakt – vermitteln Sie Ihrem Gegenüber das Gefühl, der oder die Einzige im Raum zu sein.
♥ Zeigen Sie Offenheit gegenüber den Interessen des anderen (vielleicht haben Sie gemeinsame).
♥ Stellen Sie Fragen, die das Gespräch in Gang bringen und nicht nur mit „ja" oder „nein" zu beantworten sind.
♥ Falls alles gut zu gehen scheint, beugen Sie sich zu ihrem Gegenüber vor.
♥ Machen Sie Komplimente über sein oder ihr Aussehen/Haar/Outfit/Ohrringe/Aftershave/Parfum – Schmeichelei kommt an, solange sie nicht offenkundig unaufrichtig ist.
♥ Wenn es gut gelaufen ist, sagen Sie, dass Sie sich gern wieder treffen würden. Fragen Sie, ob Sie nicht Telefonnummern oder E-Mail-Adressen austauschen könnten.

LASSEN:
♥ Jemanden versetzen. Niemals.
♥ Wörter wie „Baby", „cool" oder „geil" gebrauchen.
♥ Vulgäre Sätze wie in Chats benutzen. Ihr Gegenüber ist kein unentdecktes Model oder ein Engel, also seien Sie Sie selbst.
♥ Mit dem Körper Ihres Gegenübers reden; konzentrieren Sie sich auf das Gesicht.
♥ Ihren Sinn für Humor vergessen.
♥ Sich zu wichtig machen oder damit prahlen, wie viele Liebhaber/Geliebte Sie hatten.
♥ Ihre Lebensgeschichte ausbreiten: Ihr Gegenüber soll noch ein bisschen mehr über Sie wissen wollen; bleiben Sie geheimnisvoll.
♥ Mit dem Kellner/Taxifahrer/sonst jemandem, der Sie ärgert, herumstreiten.
♥ Sich genötigt sehen, jemandem Ihre Nummer zu geben, den Sie nicht mögen oder unheimlich finden.
♥ Versuchen, Ihr Date bei der ersten Gelegenheit ins Bett zu kriegen. Sex sollte nicht auf dem Plan stehen. Falls Sie beim ersten Date miteinander schlafen, besteht die Gefahr, dass die Romanze vorbei ist, bevor sie beginnt.

WER BEZAHLT?

♥ Dating-Regeln besagen, dass Männer beim ersten und zweiten Rendezvous bezahlen und Frauen beim dritten Date anbieten zu zahlen – falls es dazu kommt.
♥ Manche Männer lassen eine Frau nie bezahlen, so sehr sie auch darauf besteht, während manche Frauen wünschen, die Rechnung zu teilen.
♥ Falls es darüber zum Streit zu kommen droht, regeln Sie das mit der Bezahlung diskret. Kehren Sie zum Tisch zurück und sagen leichthin: „Alles in Ordnung – ist schon erledigt."

GEEIGNETE ORTE

CAFÉ
Ein ungezwungenes Rendezvous am Tag kann den „Leistungsdruck" mindern. Sie können in einem Café plaudern, dann durch ein Museum oder einen Park schlendern. Was Sie sehen – sei es Kunst oder Blumenbeete –, regt zu unverfänglicher Unterhaltung an, die Sie immer noch auf Persönlicheres lenken können. Mit Verabredungen bei Tage vermeidet man auch peinliche Momente wie „Möchten Sie noch auf eine Tasse Kaffee mit rauf kommen?".

ESSEN IM RESTAURANT
Eine bewährte Möglichkeit, weil ein klassisches Essen bei Kerzenschein sehr romantisch sein kann. Ziehen Sie sich schick an, essen, reden und trinken Sie – aber betrinken Sie sich nicht.

KINO UND POPCORN
Ein Kinoabend ist eine weitere beliebte Option, aber was soll man sich anschauen? Romantische Komödien sind die sicherste Variante. Actionthriller gehen wohl auch. Horrorschocker sind erst etwas nach dem dritten Date. Tun Sie sich nicht gleich die letzte Reihe an, solange Sie sich einander nicht näher kenengelernt haben.

ABENDSPAZIERGANG
Dies ist perfekt für „nachdenkliche" oder „kreative" Typen. Ein Spaziergang unterm Sternenhimmel an einem Strand oder Fluss, durch die Straßen der Stadt oder das Lieblingsviertel, dabei den neuesten Hit summen, ist bei richtiger Kulisse und Stimmung ein todsicherer Treffer. Meiden Sie leere Parkplätze, Sackgassen, Klärwerke, Recyclinghöfe und Orte, wo es mehr Überwachungskameras als Menschen gibt. Sie haben ein romantisches Rendezvous und sind nicht auf Stadterkundung, deshalb wird es ein Spaziergang zur Tankstelle nicht bringen.

ENG TANZEN
Ob im Ballsaal, in der Disko, auf der Tenne oder zu Hause, das enge Tanzen mit einem neuen Partner wird entweder die Leidenschaft wecken oder sie im Keim ersticken. Das Date könnte lustig sein und das Eis brechen.

DIE STATISTIK

♥ Gruppen bieten Sicherheit. In einigen Ländern (wie Kenia, Südkorea und Jamaika) geht man gewöhnlich in Gruppen von zwei, drei oder vier Paaren aus.

♥ In England und Frankreich fangen Teenager schon mit 12 oder 13 mit dem Daten an. In Schweden liegt das Durchschnittsalter bei 15. Ein jamaikanischer Teenager wartet gewöhnlich bis zum 16. oder 17. Lebensjahr.

♥ Weltweit haben australische Frauen statistisch gesehen beim ersten Date am ehesten Sex.

♥ It's raining men: Auf 100 Single-Frauen in den 20ern kommen in den USA 119 gleichaltrige Single-Männer (ledig, verwitwet oder geschieden). Bei den 65-Jährigen dreht sich das Verhältnis dramatisch um: auf 100 Frauen kommen nur 34 Single-Männer.

ONLINE DATING

♥ Wie in aller Welt trifft man bei über 90 Millionen Menschen, die online sind, und bei einer rapide wachsenden Zahl an Dating-Börsen für die wachsende Single-Bevölkerung die Wahl? 2005 klickten in einer Woche knapp 19 Millionen Nutzer die fünf beliebtesten Single-Börsen an, etwas mehr Männer als Frauen ...

DENKEN SIE AN IHRE SICHERHEIT

♥ Schützen Sie Ihre Identität – geben Sie keine persönlichen Details wie Telefonnummern preis, bis Sie so etwas wie Vertrauen aufgebaut haben.

♥ Nutzen Sie Ihr Bauchgefühl und Ihren Verstand; hören Sie, was gesagt wird, nicht, was Sie hören wollen.

♥ Nutzen Sie eine anonyme E-Mail-Adresse.

♥ Setzen Sie nicht alles auf eine Karte – nutzen Sie beim Online-Dating all Ihre Chancen, damit Sie vergleichen können.

♥ Treffen Sie sich im wahren Leben, sobald Sie sicher sind, aber vereinbaren Sie stets einen öffentlichen Treffpunkt.

♥ Sagen Sie mindestens einem Freund, mit wem Sie sich verabreden, wo Sie hingehen und wann Sie zurück sein wollen. Lassen Sie Ihr Date wissen, dass das Treffen kein Geheimnis ist.

♥ Gehen Sie nicht ohne Handy aus dem Haus.

♥ Zögern Sie nicht, ein Treffen abrupt zu beenden, falls es nicht funktioniert.

SPEED DATING

Hier gelten die gleichen Dating-Regeln ... nur geht es hektischer zu. Sie haben nur ein paar Minuten, um mit jedem Kandidaten zu reden und festzustellen, ob sie ihn mögen oder nicht, bevor Sie zum nächsten wechseln. Es kann eine tolle Art sein, Singles kennenzulernen, aber rechnen Sie nach dem Abend nicht mit vielen Verabredungen.

TUN:

♥ Achten Sie auf gute Kleidung – zum Speed-Dating finden sich meist gepflegte und modebewusste Singles ein.

♥ Flirten Sie ein bisschen – falls Sie an jemandem interessiert sind, lassen Sie ihn oder sie das wissen. Blickkontakt, gelegentliches Berühren und häufige Nennung des Namens sind hilfreich, aber übertreiben Sie es nicht.

♥ Legen Sie sich ein paar Fragen zurecht. Fünf Minuten mögen kurz erscheinen, aber es gibt nichts Schlimmeres, als wenn einem nichts mehr einfällt.

♥ Nutzen Sie die Pause und die Zeit danach, um mit den anderen zu plaudern. Falls Sie es während der fünf Minuten vermasselt haben, zögern Sie nicht, einen zweiten Versuch zu starten.

♥ Seien Sie vorsichtig, was Sie essen, vor allem, wenn es während der Dating-Zeit serviert wird. Ihrem Gegenüber wird es wohl nicht gefallen, Ihnen beim Nudelschlürfen zuzusehen.

LASSEN:

♥ Lügen. Falls Sie kein Unternehmer/Delfintrainer/Bungee-Lehrer sind, geben Sie nicht vor, einer zu sein.

♥ Vergessen, nach jedem Wechsel die Speed-Dating-Karte auszufüllen. Es gibt nichts Schlimmeres, als am Ende des Abends von der besonderen Person mit den wunderbaren Augen zu schwärmen und sich zu fragen: „Wie hieß sie/er noch mal?"

♥ Fluchen. Das ist für beide Geschlechter meist ein Stimmungskiller.

♥ Über den/die Ex, Politik oder Religion reden.

♥ Gleich Ihre persönlichen Kontaktdaten preiszugeben – die E-Mail-Adresse sollte reichen.

HAIANGRIFF

❏ **SCHWIMMEN SIE** nicht allein, in der Dämmerung oder mit blutenden Wunden.

❏ **TRAGEN SIE** keinen funkelnden Schmuck oder sehr kontrastreiche Farben.

❏ **VERLASSEN SIE** das Wasser, falls Delfine, Fische oder andere Meerestiere nervös wirken.

❏ **FALLS EIN HAI** angreift, wehren Sie sich – Haie setzen einen Angriff nur fort, wenn sie sicher sind, dass sie die Oberhand behalten.

❏ **ZIELEN SIE** auf seine Augen oder Kiemen, die am empfindlichsten sind. Schlagen, treten oder stoßen Sie mit irgendetwas nach ihm.

❏ **ZIELEN SIE** nur dann auf die Nase, wenn Sie nicht an die Augen oder Kiemen herankommen.

TREIBSAND

❏ **FALLS GEFAHR BESTEHT**, in Treibsand zu geraten, nehmen Sie einen stabilen Stock mit.

❏ **FALLS SIE IN TREIBSAND** einsinken, legen Sie Ihren Rucksack und alle schwere Ausrüstung ab.

❏ **LEGEN SIE IHREN STOCK** hinter sich auf den Sand; lehnen Sie sich auf den Stock zurück, ziehen Sie ein Bein nach dem anderen heraus und rollen sich auf festen Boden.

❏ **KEIN STOCK?** Lehnen Sie sich trotzdem nach hinten, um das Gewicht zu verteilen, und versuchen Sie, es wie oben zu machen.

❏ **WENN IHRE BEINE** feststecken, winden Sie sie langsam heraus. Sie werden nicht tiefer einsinken, sondern sich so befreien können.

KROKODILANGRIFF

❏ **RENNEN SIE SCHNELL** davon; Krokodile und Alligatoren können über kurze Distanzen schnell laufen, ermüden aber rasch.

❏ **BEI EINEM ANGRIFF** schlagen Sie dem Tier wiederholt auf die Schnauze oder stechen ihm in die Augen.

❏ **FALLS DAS TIER SIE ZU FASSEN BEKOMMT**, stellen Sie sich tot – wenn Sie Glück haben, hört es auf, Sie zu schütteln, und legt Sie zur Seite, um Sie später zu verspeisen.

PLANET ERDE
ICH ÜBERLEBE... TEIL I

ÜBERLEBEN AM POL

❏ **REISEN SIE NUR**, wenn nötig – falls Rettung möglich ist, bauen Sie sich einen Unterschlupf nahe ihres Flug- oder Fahrzeugs und bleiben Sie dort. Halten Sie sich nicht in der Nähe von Binnengewässern auf, weil sich dort Stechmücken und andere Quälgeister tummeln.

❏ **VERSUCHEN SIE**, sich warm und trocken zu halten. Tragen Sie eine eng anliegende Pelzmütze; das Fell verhindert, dass der Atem auf Ihrem Gesicht gefriert. Aber schließen Sie nichts so fest, dass die Luftzirkulation verhindert wird. Halten Sie die Kleidung sauber; so bleibt sie luftdurchlässiger und hält Sie wärmer und trockener.

❏ **FALLS SIE** über keine Spezialkleidung verfügen, tragen Sie besser Woll-, und keine Baumwollsachen – Wolle nimmt Feuchtigkeit weniger auf und bleibt warm, auch wenn sie feucht ist.

❏ **BEWEGEN SIE SICH**, um warm zu bleiben, aber schwitzen Sie nicht.

❏ **TRINKEN SIE**, aber essen Sie weder Schnee noch Eis. Beides senkt Ihre Körpertemperatur.

❏ **ZU ERFRIERUNGEN** kommt es zuerst an den Extremitäten. Achten Sie auf Anzeichen: ein prickelndes Gefühl, dann wird die Haut weiß und wächsern, schließlich rot, dann schwarzblau. Bewegen Sie die betroffenen Glieder – beugen Sie Finger und Zehen. Falls Sie eine Wärmequelle haben, wärmen Sie den Körperteil langsam auf.

BÄRENANGRIFF

❏ **MACHEN SIE LAUTE GERÄUSCHE**, damit Sie keinen Bären überraschen (manche Wanderer nehmen „Bärenglocken" mit).

❏ **STEHT IHNEN EIN BÄR GEGENÜBER**, schreien Sie nicht. Strecken Sie die Arme über den Kopf, um größer zu wirken, sprechen Sie mit normaler Stimme und gehen Sie langsam rückwärts – drehen Sie dem Bären nicht den Rücken zu.

❏ **WENN DER BÄR ANGREIFT**, bleiben Sie stehen. Häufig täuschen Bären einen Angriff nur vor. Versuchen Sie nicht, vor einem Bären wegzurennen.

❏ **WERDEN SIE ANGEGRIFFEN**, nehmen Sie Embryonalhaltung ein, schützen Sie den Kopf mit den Händen und stellen sich tot – falls der Bär Sie für keine Gefahr hält, lässt er vielleicht ab.

IN DER WÜSTE

❏ **AUSTROCKNUNG** und extreme Hitze sind die größten Gefahren, nutzen Sie also, wenn möglich, den Schatten und bedecken Sie die Haut – das reduziert Austrocknung durch Schweißverdunstung und schützt vor Sonnenbrand und Insektenstichen. Tragen Sie keine beengende Kleidung und halten Sie Kopf und Füße bedeckt.

❏ **SUCHEN SIE NICHT** in einem Fahr- oder Flugzeug Schutz, das sich aufheizt. Bauen Sie stattdessen, falls möglich, in dessen Schatten mit Stoffbahnen einen Unterstand.

❏ **SPAREN SIE WASSER**, aber übertreiben Sie es nicht – nippen Sie regelmäßig daran. Falls Sie nach Wasser suchen, folgen Sie Tierspuren oder Vogelschwärmen. Graben Sie am Rand eines trockenen Flussbetts, aber geraten Sie nicht ins Schwitzen. Falls Sie eine Plastikplane haben, sammeln Sie über Nacht Kondenswasser.

❏ **ESSEN SIE NICHT MEHR** als nötig. Die Verdauung absorbiert Wasser, und Proteine erhöhen den Stoffwechsel und verstärken den Wasserverlust. Versuchen Sie Lebensmittel, die Wasser enthalten, zu essen, wie Obst oder Gemüse.

❏ **BEWEGEN SIE SICH NICHT** in der Tageshitze fort. Beschränken Sie das auf die Dämmerung oder die Nacht. Sitzen und schlafen Sie nicht direkt auf dem Boden, da er Hitze speichert: Suchen Sie sich etwas, worauf Sie sitzen und liegen können.

IN EIS EINGEBROCHEN

❏ **DREHEN SIE SICH** in die Richtung, aus der Sie gekommen sind.

❏ **STRECKEN SIE DIE ARME** über den Eisrand aus – oder besser, hacken Sie mit einem Eispickel weiter hinten ins Eis, falls Sie einen haben.

❏ **STEMMEN SIE SICH** auf die intakte Eisschicht, indem Sie mit den Füßen kicken.

❏ **FALLS DAS EIS BRICHT,** wiederholen Sie den Vorgang, bis Sie dickeres Eis erreichen.

❏ **WENN SIE AUF DEM EIS** liegen, stehen Sie nicht auf – rollen Sie sich vom Loch weg, um Ihr Gewicht auf eine größere Fläche zu verteilen.

SCHLANGEN

❏ **ZIEHEN SIE SICH LANGSAM,** ohne hektische Bewegungen, zurück.

❏ **FALLS SIE GEBISSEN WERDEN,** schneiden Sie die Wunde nicht aus oder saugen daran.

❏ **BLEIBEN SIE SO REGLOS** wie möglich, um zu verhindern, dass sich das Gift ausbreitet. Pressen Sie auf die Wunde. Halten Sie die Bissstelle unter der Höhe Ihres Herzens.

❏ **ESSEN** und trinken Sie nicht.

❏ **KÜHLEN SIE** die Bissstelle wenn möglich mit Eis.

BLITZE

❏ **MEIDEN SIE HÜGEL,** hohe Bäume und frei stehende Erhebungen. Ist das nicht möglich, setzen Sie sich auf Isoliermaterial und berühren Sie den Boden weder mit Beinen noch Armen.

❏ **VERSUCHEN SIE,** niedriges, ebenes Gelände zu finden und legen sich flach hin.

❏ **HALTEN SIE** keine Metallobjekte in der Hand.

Der Dichter Alexander Pope warnte, dass „Halbwissen gefährlich ist". Aber völliges Unwissen ist noch gefährlicher. Lesen Sie diese Informationen und denken Sie daran, wann immer Sie sich aus der Stadt wagen – Sie wissen nie, wann Sie in einen Waldbrand geraten oder von einem Hai angegriffen werden. Halten Sie sich an das Pfadfindermotto: Allzeit bereit.

IM DSCHUNGEL

❏ **GANZ WICHTIG:** Lassen Sie Ihre Kleider an, ganz gleich, wie erhitzt und verschwitzt Sie sind – sie schützen Sie vor Stichen, Bissen und Kratzern, die gefährlich sein und in der Feuchtigkeit eitern können.

❏ **WENN SIE SCHUTZ SUCHEN,** halten Sie sich und die Ausrüstung vom Boden fern und suchen Sie morgens alles nach Spinnen, Schlangen und Skorpionen ab. Machen Sie Feuer zum Kochen und um Insekten zu vertreiben.

❏ **AN WASSER** wird es nicht mangeln, und Sie können Früchte, Wurzeln, Blätter, Insekten und – falls Sie welche fangen können – Säugetiere, Reptilien, Vögel und Fische essen.

❏ **HÜTEN SIE SICH DAVOR,** in Insektennester zu stoßen, und nutzen Sie ein Netz oder Stoff, um sich vor Stechmücken zu schützen.

❏ **WENN SIE AN IHRER HAUT** einen Blutegel entdecken, reißen Sie ihn nicht ab, sonst bleibt sein Saugkopf vielleicht stecken. Entfernen Sie ihn entweder mit Feuer (einer Zigarette oder glühender Kohle) oder lassen Sie ihn in Ruhe – er fällt ab, sobald er genug Blut aufgenommen hat.

❏ **SCHÜTZEN SIE** Ihre Füße und Beine: Wickeln Sie etwas um die Stiefelränder, damit keine Insekten eindringen, und lüften Sie die Füße so oft wie möglich.

WALDBRÄNDE

❏ **LAUFEN SIE NICHT** kopflos herum; planen Sie Ihre Flucht.

❏ **SUCHEN SIE** nach einer natürlichen Feuerschneise, etwa einen Fluss oder eine breite Lichtung; oder suchen Sie in einer Schlucht Zuflucht. Steuern Sie keine Erhebung an; Feuer breitet sich bergauf schneller aus.

❏ **FALLS DAS FEUER** sich langsam ausbreitet, können Sie vielleicht Ihre eigene Feuerschneise schaffen, indem Sie ein zweites Feuer vor dem ersten entzünden.

❏ **WENN DAS FEUER** flach brennt, gelingt es Ihnen vielleicht, sich durch die Flammen in Sicherheit zu bringen. Bedecken Sie möglichst viel von Ihrer Haut und halten Sie sich ein feuchtes Tuch vors Gesicht. Falls Ihre Kleider Feuer fangen, legen Sie sich, sobald Sie die Flammen hinter sich haben, hin und rollen Sie sich hin und her, um die Flammen zu ersticken.

SCHIFFSUNGLÜCK

❏ **GEHEN SIE ERST VON BORD,** wenn es unvermeidlich ist. Bereiten Sie sich vor, ziehen Sie warme Kleidung an und nehmen Sie wichtige, leichte Ausrüstung mit.

❏ **SPRINGEN SIE NICHT** vom Schiff auf das Rettungsfloß – Sie könnten es beschädigen. Sind Sie schon im Wasser, klettern Sie von hinten aufs Floß, nicht von der Seite – es könnte kentern.

❏ **ÜBERLADEN SIE** das Rettungsfloß nicht. Falls nötig, können sich ein paar Leute an der Seite festhalten.

❏ **VERGEWISSERN SIE SICH,** dass keine spitzen Objekte ein Loch in ein Schlauchboot bohren. Ist Land in Sicht, steuern Sie darauf zu. Falls nicht, versuchen Sie, das Rettungsfloß nahe der Stelle zu halten, an der Sie von Bord gingen, dann sind Sie leichter aufzufinden.

❏ **SCHÜTZEN SIE ALLE** auf dem Floß vor Sonneneinstrahlung und Wind. Halten Sie sich möglichst trocken und machen Sie leichte Übungen, um warm zu bleiben und die Blutzirkulation aufrechtzuerhalten.

❏ **RATIONIEREN SIE** Essen und Trinken. Sammeln Sie Regenwasser. Trinken Sie kein Salzwasser, es sei denn, das Floß ist mit einer Entsalzungsanlage ausgestattet, und auch dann nur, falls kein Regenwasser zur Verfügung steht.

PLANET ERDE
ICH ÜBERLEBE. TEIL II

Sie werden diese Informationen dann brauchen, wenn Sie es am wenigsten erwarten. Also lesen Sie sie jetzt, merken Sie sich gut und machen Sie die Übungen so oft wie möglich – oder nehmen Sie dieses Buch mit, wann immer Sie sich in den Großstadtdschungel wagen. Es kann Ihnen das Leben retten, wenn Sie sich plötzlich in einem Minenfeld wiederfinden oder auf dem Weg zur Arbeit entführt werden. Und denken Sie daran: Wer wagt, gewinnt.

IM VERSINKENDEN AUTO

❏ **VERSUCHEN SIE**, die Autotür zu öffnen, sobald Sie aufs Wasser treffen.

❏ **ÖFFNEN ODER ZERSCHLAGEN** Sie das Fenster (falls Sie die Tür nicht aufbekommen), damit Wasser eindringt und der Druck ausgeglichen wird, sodass Sie die Tür öffnen und entkommen können.

❏ **WENN DAS AUTO SINKT** und Sie weder Tür noch Fenster aufbekommen, warten Sie, bis das Auto sich mit Wasser füllt. Im letzten Moment holen Sie tief Luft und halten den Atem an; wenn das Auto vollgelaufen ist, sollten Sie die Tür öffnen und an die Oberfläche schwimmen können.

ENTFÜHRUNG

❏ **BLEIBEN SIE RUHIG** und vernünftig – dann reizen Sie Ihre Entführer weniger, Ihnen wehzutun. Ruhig zu bleiben erhöht Ihre Chance, klar zu denken und Fluchtmöglichkeiten zu nutzen.

❏ **FÜGEN SIE SICH** den Forderungen Ihrer Entführer und beklagen Sie sich nicht. Leisten Sie keinen Widerstand und machen Sie keine abrupten Bewegungen.

❏ **VERSUCHEN SIE**, mit Ihren Entführern zu sprechen und eine Beziehung herzustellen, ohne viel von sich preiszugeben. Lassen Sie sich nicht anmerken, dass Sie sie belauschen und versuchen, ihnen Informationen zu entlocken.

❏ **BITTEN SIE ZUERST** um Lebenswichtiges – Annehmlichkeiten können warten. Fordern Sie nicht – lassen Sie Ihre Bitten so vernünftig wie möglich klingen.

❏ **SORGEN SIE** für einen festen Tagesablauf und versuchen Sie, positiv zu denken. Stellen Sie sich mental auf eine lange Tortur ein.

❏ **PLANEN SIE** mögliche Fluchtversuche genau und wagen Sie sie erst, wenn Sie sicher sind, Erfolg zu haben.

❏ **DER GEFÄHRLICHSTE MOMENT** ist der während eines Befreiungsversuchs. Bleiben Sie ruhig und legen sich flach auf den Boden.

DURCH EIN MINENFELD

❏ **GUERILLAKÄMPFER** legen nachts Minen, versuchen Sie also, wenn Sie mit dem Auto unterwegs sind, morgens nicht der Erste auf der Straße zu sein. Folgen Sie, falls möglich, einem schweren Lastwagen, aber halten Sie Abstand.

❏ **FAHREN SIE** mit offenen Fenstern, um die Druckwelle zu mindern, falls Sie auf eine Mine geraten.

❏ **FALLS SIE ZU FUSS GEHEN**, vermeiden Sie, der Vorderste zu sein. Folgen Sie Ihrem Vordermann mit mindestens 30 m Abstand und treten Sie in seine Fußspuren.

❏ **TRAGEN SIE**, wenn Sie laufen, Ihre Splitterschutzweste.

❏ **VERLASSEN SIE** die Straße nicht, wenn nicht unbedingt nötig. Falls doch, können Sie den Boden mit einem Messer oder Stock auf Minen testen; die meisten brauchen Druck nach unten, um zu explodieren. Markieren Sie entdeckte Minen, womit auch immer.

❏ **HEBEN SIE NIE ETWAS AUF**, von dem Sie nicht wissen, wer es abgelegt hat. Es könnte eine Sprengfalle sein.

VERFOLGER ABSCHÜTTELN

❏ **FALLS SIE DEN VERDACHT HABEN**, dass Ihr Auto verfolgt wird, nehmen Sie plötzliche und unerwartete Richtungsänderungen vor und fahren Sie in letzter Minute über Kreuzungen. Wenn Ihr Verfolger nicht entdeckt werden will, werden Sie ihn/sie schnell abhängen.

❏ **FALLS IHR VERFOLGER** an Ihnen dran bleibt, fahren Sie durch eine belebte Gegend und steuern Sie eine Polizeiwache an.

❏ **WERDEN SIE ZU FUSS VERFOLGT**, nehmen Sie plötzliche Richtungsänderungen vor und überqueren Sie Straßen im letzten Moment oder besteigen/verlassen in letzter Minute einen Bus oder Zug, wodurch Ihr Verfolger seine Deckung aufgeben müsste.

❏ **BLEIBT IHR VERFOLGER** an Ihnen dran, betreten Sie ein Geschäft, Restaurant oder eine Bar durch einen Eingang und verlassen es sogleich durch einen anderen, im Idealfall durch den Hinterausgang. Ersatzweise betreten Sie ein Kino oder Theater und verlassen es durch den Notausgang.

ERDBEBEN

❑ **BLEIBEN SIE IM HAUS** und halten sich von Spiegeln und Fenstern fern.

❑ **GEHEN SIE,** falls möglich, in den Keller (falls es da mehrere Ausgänge gibt) oder ins Erdgeschoss.

❑ **STELLEN SIE SICH** in eine Ecke oder unter einen Türsturz oder kauern Sie sich unter ein stabiles Möbelstück.

ÜBERFÄLLE

❑ **HÄNDIGEN SIE AUS,** was immer die haben wollen – es ist weniger wert als Ihr Leben.

❑ **FALLS DIE SIE ANGREIFEN,** nachdem Sie Ihr Hab und Gut ausgehändigt haben, und Sie sich verteidigen müssen, fangen Sie keinen Boxkampf an. Denken Sie an die empfindlichen Stellen: Zielen Sie auf die Augen, geben Sie einen Karatehieb an den Hals, stoßen Sie mit dem Ellbogen in Bauch oder Rippen.

UNRUHEN

❑ **WENN SIE** in ein unsicheres Land reisen, schauen Sie nach der Ankunft bei Ihrer Botschaft vorbei und planen Sie Ihren Rückweg: Erkundigen Sie sich, wo Flughafen und Bahnhof sind und wann Maschinen oder Züge abgehen.

❑ **MEIDEN SIE** große Plätze, Durchgangsstraßen und Amtsgebäude – dort geht es meist los.

❑ **FALLS ES ZU UNRUHEN KOMMT,** bleiben Sie in Ihrem Hotel und kontaktieren Sie Ihre Botschaft, um sie wissen zu lassen, wo Sie sind, entweder per Telefon oder über einen Boten – gehen Sie nicht selbst.

❑ **BEOBACHTEN SIE** die Freignisse nicht durchs Fenster. Bleiben Sie im Zimmer im Obergeschoss.

❑ **VERSUCHEN SIE** jemanden zu finden, der Ihnen die lokalen Radionachrichten übersetzt.

❑ **FALLS DIE MÖGLICHKEIT** besteht, dass ein Umsturz im Gange ist, vertrauen Sie weder Armee noch Polizei. Die könnten entweder in Panik oder am Umsturz beteiligt sein.

IN DER GEWALT VON ALIENS

❑ **GERATEN SIE** nicht in Panik – vielleicht können Aliens wie wilde Tiere Angst riechen.

❑ **DENKEN SIE POSITIV** – für den Fall, dass Sie telepathische Fähigkeiten haben, stellen Sie sich eine Schutzbarriere aus Licht um sich vor.

❑ **SPRECHEN SIE LEISE** und bestimmt. Wie bei Bären wird Ihr Tonfall die Botschaft vermitteln, auch wenn die Sie nicht verstehen. Und falls es die Botschaft nicht vermittelt, fühlen Sie sich zumindest ein bisschen besser.

❑ **FALLS DIE HARTNÄCKIG BLEIBEN,** teilen Sie aus, so gut Sie können. Schlagen Sie wie bei Haien mit Fäusten, Füßen oder irgendeinem Gegenstand nach ihnen, zielen Sie auf die Augen (falls sie welche haben), das Gesicht (falls sie eines haben) und die Geschlechtsorgane (falls Sie herausfinden, wo sie sind).

AUTO AM KLIPPENRAND

❑ **BLEIBEN SIE** absolut reglos, während Sie die Lage einschätzen. Falls das Auto auf der Kante schwankt, müssen Sie schnell handeln. Steht es still, planen Sie sorgfältiger und bewegen sich langsamer und nicht ruckartig.

❑ **FALLS DER VORDERE TEIL** des Autos über die Kante ragt und Menschen hinten sitzen, müssen die dort bleiben, während Sie von vorn nach hinten kriechen (oder umgekehrt).

❑ **FALLS ES MÖGLICH IST,** die Türen zu öffnen, ohne dass das Auto näher an den Abgrund rutscht, tun Sie es und steigen Sie langsam aus.

❑ **FALLS ES NICHT MÖGLICH IST,** die Türen zu öffnen, müssen Sie die Rückscheibe (oder die Frontscheibe, falls das Heck überhängt) zertrümmern und so hinausklettern.

EINE TÜR AUFBRECHEN

❑ **STOSSEN SIE NICHT** mit der Schulter dagegen: Die Wucht ist nicht konzentriert, und der Stoß wird zu hoch sitzen.

❑ **TRETEN SIE DIREKT** über Klinke und Schloss ordentlich dagegen.

❑ **ALTERNATIV** stemmen Sie sie mit einem Brecheisen auf, das Sie beim Schloss ansetzen.

ÜBERFLUTUNG DES HAUSES

❑ **STELLEN SIE** Strom und Gas ab.

❑ **GEHEN SIE** in ein oberes Stockwerk, nehmen Sie Lebensmittel, Getränke, warme Kleidung und Signalinstrumente mit (z. B. Taschenlampe, Trillerpfeife, bunten Stoff oder einen Spiegel).

❑ **STEIGEN SIE,** falls nötig, aufs Dach. Binden Sie, wenn möglich, alle Betroffenen am Gebäude fest, etwa an den Schornstein, damit niemand fortgerissen wird.

FEUER IM HOTEL

❑ **FASSEN SIE** an Ihre Tür: Ist sie kühl, verlassen Sie das Zimmer und nutzen die Notausgänge. Nehmen Sie ein feuchtes Handtuch mit, um im Fall von Rauch und Hitze Ihren Kopf zu bedecken. Falls Sie in dichten Rauch geraten, ducken Sie sich tief.

❑ **IST DIE TÜR HEISS,** bleiben Sie im Zimmer und dichten den Spalt unten mit einem feuchten Handtuch ab.

❑ **SCHALTEN SIE** die Klimaanlage aus, damit kein Rauch ins Zimmer geblasen wird.

❑ **RUFEN SIE** die Rezeption an, um herauszufinden, ob das Feuer über oder unter Ihnen ist – ist es unter Ihnen, öffnen Sie das Fenster nicht zu weit, sonst könnte aufsteigender Rauch eindringen. Ist das Feuer weiter oben, öffnen Sie das Fenster und hängen ein Laken hinaus, um der Feuerwehr anzuzeigen, wo Sie sind.

❑ **HÄNGEN SIE** ein weiteres feuchtes Laken oder Handtuch über die Vorhangstange und stellen Sie sich ans Fenster, damit Sie frische Luft bekommen.

❑ **ALS LETZTE RETTUNG** versuchen Sie, die Wand zum Nachbarzimmer einzutreten – Gipskartonwände sind relativ leicht zu durchbrechen.

FLORA UND FAUNA

70 & Stars

Die 1970er-Jahre waren das Jahrzehnt eigenwilliger Modetrends, wie der Neoprenanzug von Farrah Fawcett oder der Schnauzbart von Burt Reynolds beweisen. Aber es gab noch andere Stars zu bestaunen. John Travolta unterlief die Modewelt der 70er-Jahre in dem Film *Saturday Nigth Fever*, jedoch in *Grease* sah er wieder cool aus. Und Bo Derek schaffte es trotz der Mühen ihrer Kostümdesigner in dem Film *Zehn – Die Traumfrau* mit wenig Textil bis ganz an die Spitze.

01. **JOHN TRAVOLTA** als ungestümer Dany Zuko in *Grease* (1978)
02. **DEBBIE HARRY** die Front-Frau der Band *Blondie*
03. **ROBERT REDFORD** mit umwerfender Wirkung
04. **FARRAH FAWCETT** posiert auf einem berühmten Poster
05. **BRITT EKLAND** setzte die Reihe der Bond-Schönheiten fort
06. **MARSHA HUNT** Sängerin, Schauspielerin und Autorin
07. **BURT REYNOLDS** sexy – mit Ausnahme der Oberlippe

BO DEREK (großes Bild, links) als Jenny Hanley in dem Film *Zehn – Die Traumfrau* (1979), von der ihr Filmpartner George Webber schwärmte

Gott gab den Frauen Intuition und Weiblichkeit. – Farrah Fawcett

Es ist noch immer VERBOTEN...

Jedes Land hat seine skurrilen Gesetze. Manche sind Überbleibsel aus der Vergangenheit und wurden nie außer Kraft gesetzt. Andere sind das Ergebnis zeitbezogener Politik – in Alabama wurde ein 13-Jähriger mit einem Kamm erstochen, deshalb wurde dort das Mitführen von Kämmen verboten. Wieder andere sind einfach nur bizarr...

... in Frankreich, einem **SCHWEIN** den Namen **NAPOLEON** zu geben.

... in Schweden, ohne Erlaubnis ein Haus **NEU ZU STREICHEN**.

... in Kalifornien, einen **MONARCHFALTER** zu töten oder zu bedrohen.

... in der französischen Eisenbahn **ZU KÜSSEN**.

... in der Schweiz, am Sonntag das Auto zu waschen, **WÄSCHE IM FREIEN AUFZUHÄNGEN** oder den Rasen zu mähen.

... in Israel, einen **BÄREN MIT ZUM STRAND** zu nehmen.

... im australischen Staat Victoria, dass jemand anderes als ein ausgebildeter Elektriker **EINE GLÜHBIRNE WECHSELT**.

... in Quebec, Kanada, dass **MARGARINE DIE GLEICHE FARBE** wie Butter hat.

... in einem deutschen Büro, **KEINE FENSTER** zu haben.

... in Schweizer Wohnblocks, dass Männer **NACH 22 UHR** im Stehen **URINIEREN** und dass die Spülung betätigt wird.

... in Norwegen eine Hündin oder **KATZE ZU STERILISIEREN**; Männchen dürfen kastriert werden.

... in dänischen Restaurants, **GELD FÜR WASSER** zu verlangen, es sei denn, es wird mit Eis, Limone oder einer sonstigen Zutat serviert.

... in Florida, eine **SEXUELLE BEZIEHUNG** mit einem Stachelschwein zu unterhalten.

... in Südafrika, dass junge Leute in **BADEKLEIDUNG NÄHER ALS 60 CM** nebeneinander sitzen.

... in Italien, dass ein **MANN** einen **ROCK** trägt.

... in Michigan, einen **ALLIGATOR** an einem Hydranten festzubinden.

… in Schottland, sich **ALS BESITZER EINER KUH** zu betrinken.

… in Schweden, dass **ELTERN** ihre Kinder **BELEIDIGEN**.

… in Oklahoma (einem Binnenstaat), **WALE ZU JAGEN.**

… in Fairbanks, Alaska, dass **ELCHE DEN GEHWEG** benutzen.

… in Arizona, **KAMELE ZU JAGEN.**

… in Singapur, in der Öffentlichkeit **KAUGUMMI** zu kauen.

… in Las Vegas, **DAS GEBISS** zu verpfänden.

… in Australien, dass **EIN MODEM** beim ersten Anruf die Verbindung herstellt.

… auf der Kanalinsel Jersey, dass ein Mann sich während der Fischsaison seinem **STRICKZEUG** widmet.

… in London, auf einem **ABGESTELLTEN MOTORRAD** Sex zu haben.

… in Schottland, **AM SONNTAG** Meerforellen oder Lachs zu angeln.

… in Newcastle, Wyoming, **SEX IM KÜHLRAUM** einer Metzgerei zu haben.

… in Kanada, **EINE SCHULD** von mehr als 25 Cents in Pennys zu begleichen.

… in Australien, sich als **BATMAN** zu verkleiden.

… in Schottland, jemandem den Zutritt ins Haus zu verwehren, wenn er **DIE TOILETTE** benutzen möchte.

… in den USA, **BRILLEN ZU RECYCELN.**

… in Alabama, einen **KAMM** mit sich zu führen.

… in Großbritannien, **EIN BETT** aus dem Fenster zu hängen.

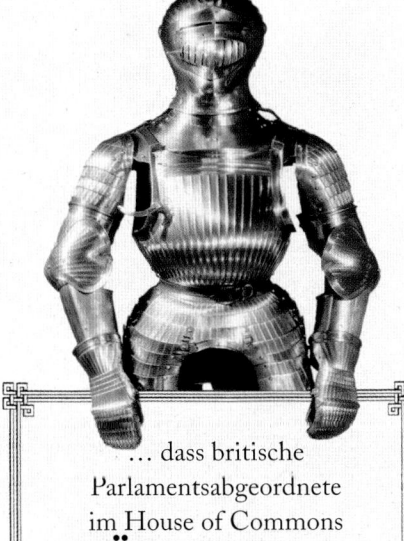

… dass britische Parlamentsabgeordnete im House of Commons **RÜSTUNG** tragen.

… in Atlanta, eine **GIRAFFE** an einen Telefonmasten oder eine Straßenlaterne zu binden.

… in **BRITISCHEN** Transportmitteln, dass Frauen **PRALINEN ESSEN.**

… in **KENTUCKY,** nicht wenigstens einmal pro Jahr **EIN BAD ZU NEHMEN.**

FLORA UND FAUNA

DRINGENDES BEDÜRFNIS

Während der echte Darth Vader irgendwo im Universum für Chaos und Verwüstung sorgte, nahm sich dieser *Star Wars*-Fan in Köln ein paar Minuten der drei Jahre, die der Durchschnittsmensch im Laufe seines Lebens auf der Toilette verbringt.

Origami

Origami ist die uralte japanische Kunst des Papierfaltens – das Wort kommt, wen wundert's, aus dem Japanischen für „falten" und „Papier". Die Legende will, dass ein Mensch, der 1000 Papierkraniche faltet, einen Wunsch frei hat. Also machen Sie sich an die Arbeit – dann können Sie sich jede Menge Geld wünschen, um Dollarhemden zu falten. Üben Sie schon mal mit einer Wasserbombe und einem Boot.

WASSERBOMBE

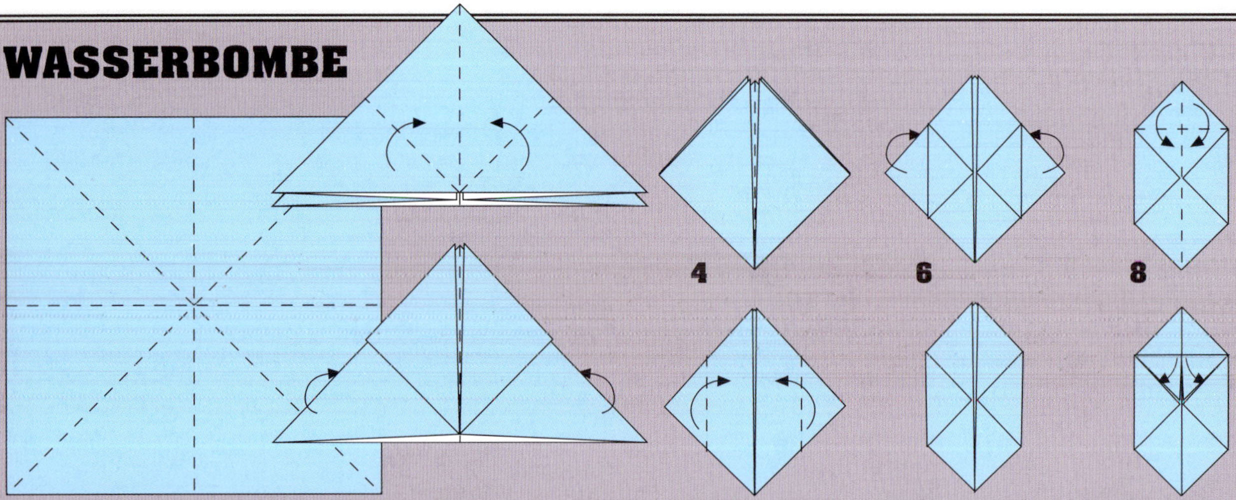

1 Nehmen Sie ein quadratisches Blatt Papier, das wasserfest ist. Knicken Sie die angegebenen Linien vor.

2 Klappen Sie die beiden Seiten der horizontalen Linie zur zentralen vertikalen Linie. Das ergibt zwei Dreiecke übereinander.

3 Greifen Sie die zwei vorderen Ecken und falten Sie zwei Dreiecke nach oben zum Zentrum. Drehen Sie das Ganze und wiederholen es auf der Rückseite.

4, 5 Jetzt haben Sie eine Rautenform aus acht Papierschichten. Machen Sie einen Knick und falten Sie zwei Dreiecke zur Mittellinie.

6, 7 Drehen Sie das Ganze um und wiederholen es auf der Rückseite. Jetzt haben Sie zwei lose Dreieckklappen auf beiden Seiten des Modells.

8, 9 Stecken Sie die Dreieckklappen in die Dreiecktaschen, damit das Modell dreidimensional wird. Wiederholen Sie es auf der Rückseite.

BOOT

1 Falten Sie ein DIN-A4-Blatt zur Hälfte.

Das Boot wird in ruhigem Wasser treiben, aber am Ende sinken.

2 Falten Sie zwei Dreiecke zur Mitte hin, so dass unten ein Streifen bleibt.

3 Falten Sie eine Streifenlage nach oben.

4 Knicken Sie die Eckdreiecke um.

5 Drehen Sie das Ganze und falten Sie den unteren Streifen nach oben.

6 Klappen Sie das Ganze zur Mitte um, sodass es eine Rautenform erhält.

7, 8 Falten Sie auf beiden Seiten des Modells ein Dreieck nach oben.

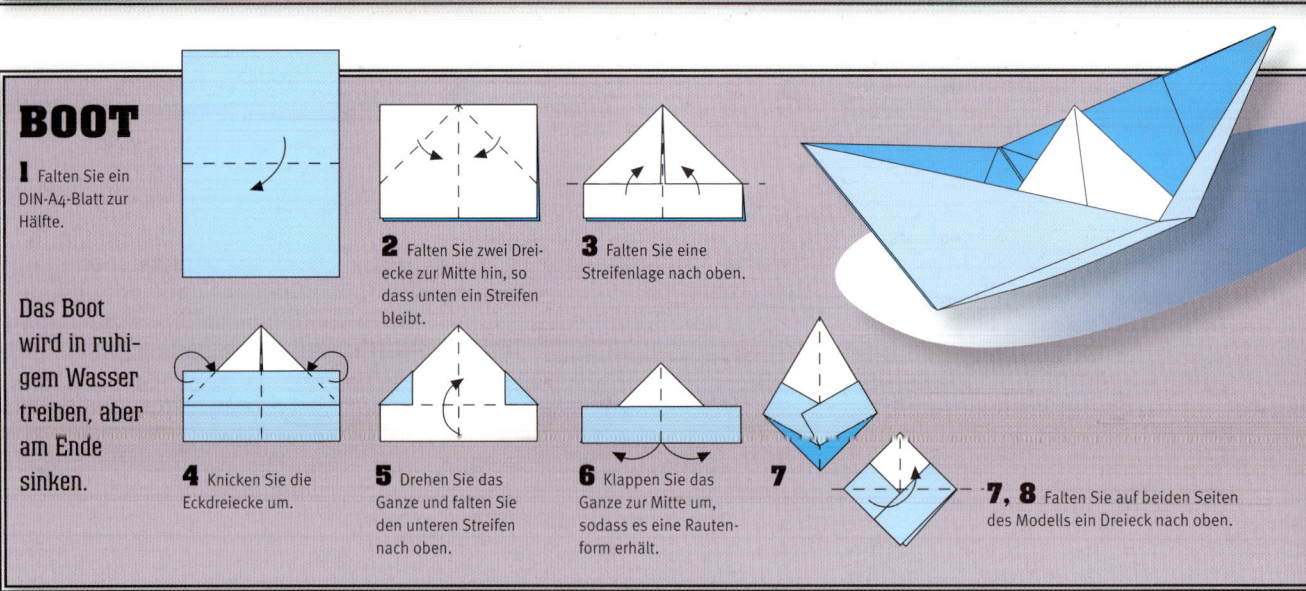

Füllen Sie Wasser hinein, werfen Sie und sehen Sie zu, wie sie platzt – mit Wasserbomben können Sie Kinder stundenlang beschäftigen.

10 Blasen Sie kräftig in das Loch und schieben Sie die Unterseite mit dem Finger nach oben, damit sie flach wird. Knicken Sie die Kanten.

9, 10 Jetzt haben Sie ein Dreieck. Ziehen Sie die Ecken heraus, damit eine Pyramide mit vier Seiten entsteht.

11 Ziehen Sie die oberen Ecken seitwärts, um das fertige Boot aufzuklappen.

DOLLARHEMD

Leihen Sie sich von einem Freund einen Geldschein und versprechen Sie ihm im Gegenzug ein Hemd.

1 Knicken Sie den Schein längs zur Hälfte. Falten Sie diese Hälften nochmals. Klappen Sie den Schein wieder auf. Falten Sie an der Breitseite einen 1 cm breiten Streifen.

2 Drehen Sie den Schein um und falten ihn wieder zur Mitte. Bei zweifarbigem Papier wird die Kontrastfarbe auf der anderen Seite zu sehen sein.

3 Falten Sie den 1 cm-Streifen noch einmal und verdoppeln damit seine Stärke. Das wird später der Hemdkragen.

4 Falten Sie die Ecken rechts wie dargestellt zur Mittellinie, sodass der Kragen entsteht. Falten Sie am linken Rand Klappen nach außen – das werden die Ärmel.

5 Falls Sie Aufschläge haben wollen, falten Sie die Ärmelklappen auf und falzen einen konisch zulaufenden Rand.

6 Falten Sie die Ärmelklappen wieder entlang der vorhandenen Linien. Falten Sie den unteren Teil des Hemdes bis zum Kragen hoch.

7 Jetzt ist Ihr Hemd fertig – einfach, aber eindrucksvoll. Damit es flott geht, üben Sie mit einem zweifarbigen Papier, bevor Sie es mit echtem Geld versuchen.

RICHTIG

EIN HERABFALLENDER EISZAPFEN KANN TÖDLICH SEIN

Die hübschen Zapfen aus Eis, die sich bilden, wenn fast gefrorenes Wasser von einem Gegenstand tropft und dann wieder gefriert, mögen schön aussehen, sind aber unter Umständen tödlich. Für jeden, der den Gedanken, von einem fallenden Eiszapfen erschlagen zu werden, als Mythos abtut, gibt es schlechte Nachrichten: Es ist möglich. Adam und Jamie fanden heraus, dass ein 45 cm langer Eiszapfen, der aus nur 4,50 m Höhe fällt, ein Stück Rindfleisch komplett durchbohrte, was bedeutet, dass er genauso leicht in Ihr Fleisch eindringt, und Sie, falls er Sie an einer verletzlichen Stelle trifft, töten könnte.

ELEKTROGERÄTE IM BAD KÖNNEN TÖDLICH SEIN

Wir haben es viele Male im Kino gesehen: Der Schurke trifft den Guten im Bad an und droht, ein griffbereites Heizgerät oder einen Föhn ins Wasser zu werfen, falls der Gute ihm nicht sagt, was er hören will. Aber würde der Gute sterben? Ja. Der Stromschlag würde auf dem Weg zur Erdung durch ihn hindurchfließen und je weiter er von der Erdung entfernt ist, desto schlimmer wäre die Wirkung.

TELEFONIEREN WÄHREND EINES GEWITTERS KANN TÖDLICH SEIN

Jeder weiß, dass man bei einem Gewitter nicht mit einem Metallstift auf dem Kopf herumlaufen soll. Aber das Telefon im Haus benutzen? Adam und Jamie brachten einen Dummy in eine Hütte, banden ihn auf einen Stuhl und klebten ihm einen Telefonhörer ans Ohr. Dann feuerten sie 200 000 Volt auf die Hütte. Ein elektrischer Schlag schoss aus der Sprechmuschel in den Mund des Dummys – und es konnte nicht gemessen werden, wie schlimm es den Dummy erwischt hatte, weil der Spannungsmesser durchbrannte. Also seien Sie gewarnt: Sorgloses Plaudern kann Ihr Leben kosten.

HOHE TÖNE KÖNNEN EIN WEINGLAS ZERSPRINGEN LASSEN

Wir haben es im Fernsehen beobachtet, aber meist in Cartoons oder der Werbung – jemand singt anhaltend einen hohen Ton, und Gläser bekommen einen Sprung. Aber ist das möglich? Ja: Bleihaltige Kristallgläser schwingen bei einer bestimmten Frequenz mit – stellen Sie die Frequenz her, drehen Sie die Lautstärke auf, und das Glas wird schwingen und bersten. Den gleichen Effekt erreicht man auch mit einer nicht verstärkten Stimme.

MÖGLICH

MIT PFLANZEN REDEN, STÄRKT IHR WACHSTUM

Die Mythbusters pflanzten Erbsensetzlinge in sieben Gewächshäuser. Eine Lautsprecheranlage beschallte zwei Treibhäuser mit nettem Reden (mit männlicher und weiblicher Stimme), zwei mit wütendem Reden, eines mit klassischer Musik und eines mit Death-Metal-Musik. Zur Kontrolle herrschte im siebten Stille. Nach 27 Tagen waren die Pflanzen in den Treibhäusern, in denen gesprochen wurde, alle besser gewachsen als die Kontrollpflanzen. Die klassische Musik war sogar noch hilfreicher als die Sprache, doch erstaunlicherweise erzielte Death-Metal die beste Wirkung.

ABTAUCHEN UNTER WASSER KANN GESCHOSSE AUFHALTEN

Wieder etwas aus Hollywood – der Gute taucht ab, und das Wasser verhindert, dass er von Kugeln erwischt wird. Aber gibt es das im echten Leben? Ja und nein. Es hängt vom Kaliber, der Art der Waffe ab, aus der geschossen wird, und in welchem Winkel die Kugel ins Wasser trifft. Jamie und Adam fanden heraus, dass mit Überschallgeschwindigkeit senkrecht abgeschossene Projektile (bis Kaliber 12,7 mm) sich in weniger als 90 cm Wassertiefe zerlegten, aber es brauchte bis zu 2,40 m, um langsamere Geschosse abzubremsen.

EIN GROSSER WEISSER HAI KANN EIN LOCH IN EIN BOOT RAMMEN

Um das zu testen, wurde ein „Hai-Rammbock" aus einem 1360 kg schweren Rohr (so viel wiegt ein großer Hai) mit einem Haikopf aus Gummi gebaut. Der Rammbock wurde mit 40 km/h in die Seite eines Holzbootes gestoßen: mit der Geschwindigkeit eines Weißen Hais. Das Boot wurde beschädigt, und die Mythbusters folgerten, dass ein großer Weißer Hai unter bestimmten Umständen ein Loch in ein Boot rammen kann. Aber seien Sie unbesorgt: Es ist noch kein solcher Fall bekanntgeworden.

Abdruck mit freundlicher Genehmigung von Mythbusters, für den Discovery Channel produziert von Beyond Entertainment Limited

MYTHEN UND LEGENDEN

Fakt oder FIKTION

Wenn man den „Fakten" Glauben schenken darf, schweben Menschen ständig in Todesgefahr durch herabstürzende Eiszapfen, von Wolkenkratzern geworfene Münzen und durch Telefonate während eines Gewitters. Aber bestehen diese Gefahren wirklich? Die Experten für Spezialeffekte, Adam Savage und Jamie Hyneman, haben im Discovery Channel eine ganze Serie der wissenschaftlichen Demonstration dessen gewidmet, was echt und was Fiktion ist. Sie sind die Mythbusters.

WIDERLEGT

EINE VON EINEM WOLKENKRATZER GEWORFENE MÜNZE KANN TÖDLICH SEIN

Schwer zu testen, denn man kann schlecht auf das Empire State Building steigen, jemandem einen Penny auf den Kopf fallen lassen und sehen, was passiert. Deshalb errechneten Adam und Jamie, dass die Endgeschwindigkeit eines Pennys bei 56 bis 105 km/h liegt. Sie funktionierten ein Druckluft-Klammergerät so um, dass es Pennys mit 103,5 km/h abschoss. Nachdem sie es an einem Dummy getestet hatten, schossen sie den Penny einander gegen die Hand. Es tat zwar weh, führte aber nicht einmal zu Hautverletzungen.

AUF EINE STROMSCHIENE URINIEREN KANN TÖDLICH SEIN

Bei den meisten modernen Zügen wird der Strom über eine dritte Schiene neben den beiden Gleisen, auf denen der Zug rollt, geführt, und der Mythos, dass es tödlich sein kann, darauf zu urinieren, hält sich hartnäckig. Nachdem Adam und Jamie ausgerechnet hatten, dass Urin 65 Milliampere leiten kann (genug, dass Sie einen Herzstillstand erleiden), fanden sie heraus, dass ein Urinstrahl in Tröpfchen zerfällt, bevor er auf die Schiene trifft, und deshalb keinen Strom leitet – wenn Sie allerdings aus nur 15 cm Entfernung auf die Schiene pinkeln, könnte der Urin Strom leiten. Die Annahme wurde zwar widerlegt, aber es ist definitiv nichts, was Sie das nächste Mal, wenn Ihr Zug Verspätung hat, ausprobieren sollten.

AUS EINEM ABSTÜRZENDEN LIFT SPRINGEN, KANN DAS ÜBERLEBEN SICHERN

Wenn der Lift bis zur obersten Etage eines Hochhauses hinauffährt, denken Sie an den tiefen Schacht unter sich. Plötzlich gibt es einen Ruck, und Sie stürzen den Schacht hinab. Was ist zu tun? Retten Sie sich, wenn Sie unmittelbar, bevor der Lift auf dem Boden aufschlägt, abspringen? Leider nicht. Wenn Sie springen, bewegen Sie sich im Verhältnis zum Lift aufwärts, aber im Verhältnis zur Außenwelt noch immer abwärts – und zwar sehr schnell. Als die Mythbusters das mit einem Roboter in einem leer stehenden Hotel testeten, gingen sowohl Roboter als auch Lift zu Bruch.

MIT EINEM REGENSCHIRM ALS FALLSCHIRM VON EINEM GEBÄUDE SPRINGEN

Wenn Sie das Experiment mit dem abstürzenden Lift (oben) verfolgt haben und in keinen Aufzug mehr steigen wollen, ist es dann sicherer, von einem hohen Gebäude zu springen und den Fall mit dem Regenschirm abzubremsen? Nun, die einfachsten physikalischen Gesetze besagen, dass der Regenschirm Ihren Fall verlangsamen wird, aber, wie Jamie und Adam herausfanden, nicht genug, um Sie vor dem Tod zu bewahren. Auch richtige Fallschirme entfalten sich häufig nicht ganz, wenn sie in geringen Höhen eingesetzt werden. Falls Sie den Lift nicht benutzen wollen, werden Sie also wohl oder übel die Treppe nehmen müssen.

FLORA UND FAUNA

GESTÖRTE ORDNUNG

So sehr der Mensch auch dazu geschaffen sein mag, sich anzupassen, es gibt immer einen, der aus der Reihe tanzt. Hier zeigt ein Mitglied der Argyll and Sutherland Highlanders in Edinburgh, wie anstrengend die Proben für ein Foto mit Königin Elizabeth II. sein kann.

WELT-KARAOKE

Die Menschen in aller Welt haben verschiedene Gebräuche und Traditionen. Zwei universelle Formen der Geselligkeit sind Trinken und Musik – häufig gleichzeitig, wobei eine zunehmende Menge des Ersteren zu einer abnehmenden Qualität des Letzteren führt. Hier sind die Texte einiger Lieder zum Mitsingen, denen Sie rund um den Globus in Bars begegnen könnten.

ENGLAND

(Jerusalem/W. Blake, 1804)

And did those feet in ancient time
Walk upon England's mountains green?
And was the holy Lamb of God
On England's pleasant pastures seen?
And did the countenance divine
Shine forth upon our clouded hills?
And was Jerusalem builded here
Among these dark Satanic mills?

Bring me my bow of burning gold
Bring me my arrows of desire
Bring me my spear; Oh, clouds unfold!
Bring me my chariot of fire
I will not cease from mental fight
Nor shall my sword sleep in my hand
Til we have built Jerusalem
In England's green and pleasant land.

FRANKREICH

(La Marseillaise/C-J. Rouget de Lisle, 1792) „Kriegslied für die Rheinarmee"

Allons enfants de la Patrie
Le jour de gloire est arrivé
Contre nous de la tyrannie
L'étendard sanglant est levé.
Entendez-vous dans les campagnes
Mugir ces féroces soldats?
Ils viennent jusque dans vos bras
Égorger vos fils, vos compagnes!

Aux armes, citoyens!
Formez vos bataillons!
Marchons, marchons!
Qu'un sang impur
Abreuve nos sillons!

SÜDAFRIKA

(Nkosi Sikelel' iAfrika/E. Sontonga, 1897) „Gott schütze Afrika"

Nkosi sikelel' iAfrika
Maluphakanyisw' uphondo lwayo
Yizwa imithandazo yethu
Nkosi sikelela,
Thina lusapho lwayo.

UNGARN

(Himnusz/F. Kolcsey, 1844) „Nationalhymne"

Isten, áldd meg a magyart
Jó kedvvel, boséggel,
Nyújts feléje védo kart,
Ha küzd ellenséggel;
Balsors akit régen tép,
Hozz rá víg esztendot,
Megbunhodte már e nép
A múltat s jövendot.

IRLAND

(Danny Boy/F. Weatherly, 1913)

Oh Danny Boy, the pipes,
 the pipes are calling
From glen to glen, and down
 the mountain side
The summer's gone, and all the
 flowers are dying
'Tis you, 'tis you must go and
 I must bide
But come ye back when
 summer's in the meadow
Or when the valley's hushed and
 white with snow
'Tis I'll be there in sunshine or
 in shadow
Oh Danny Boy, oh Danny Boy,
 I love you so.

INDIEN

(Vande Mataram/B.C. Chatterjee, 1882) „Sei mir gegrüßt, Mutter"

Vande Mataram!
Sujalam, suphalam,
malayajashootalam,
Sasyashyamalam mataram,
Shubhra jyotsna
pulakitayaminim,
Phulla kusumita
drumadalashobhinim,
Suhasinim sumadhura
bhashinim,
Sukhadam varadam,
Mataram.

DEUTSCHLAND

(Das Lied der Deutschen/H. von Fallersleben, 1841) „Nationalhymne"

Einigkeit und Recht und Freiheit
für das deutsche Vaterland!
Danach lasst uns alle streben
brüderlich mit Herz und Hand!
Einigkeit und Recht und Freiheit
sind des Glückes Unterpfand;
Blüh im Glanze dieses Glückes,
blühe, deutsches Vaterland.

USA

(The Star-Spangled Banner/F.S. Key, 1814)

O say, can you see, by the dawn's
 early light,
What so proudly we hailed at the
 twilight's last gleaming,
Whose broad stripes and bright
 stars, through the perilous fight,
O'er the ramparts we watched,
 were so gallantly streaming?
And the rockets' red glare, the
 bombs bursting in air,
Gave proof through the night that
 our flag was still there;
O say, does that star-spangled
 banner yet wave
O'er the land of the free and the
 home of the brave?

KANADA

(O Canada/Sir A. B. Routhier, 1880)

O Canada! Our home and native land!
True patriot love in all thy sons command.
With glowing hearts we see thee rise,
The true North strong and free!
From far and wide, O Canada,
We stand on guard for thee.
God keep our land glorious and free!
O Canada, we stand on guard for thee.
O Canada, we stand on guard for thee.

AUSTRALIEN

(Waltzing Matilda/A. Paterson, 1895)

Once a jolly swagman camped by a billabong,
Under the shade of a coolibah tree,
And he sang as he watched and waited 'til his billy boiled
„Who'll come a-Waltzing Matilda, with me?
Waltzing Matilda,
Waltzing Matilda
Who'll come a-waltzing Matilda with me"
And he sang as he watched and waited 'til his billy boiled
„Who'll come a-waltzing Matilda, with me?"

NORWEGEN

(Ja vi elsker dette landet/B. Bjornson, 1860)
„Ja, wir lieben dieses Land"

Ja, vi elsker dette landet som det stiger frem,
Furet, værbitt over vannet, med de tusen hjem.
Elsker, elsker det og tenker på vår far og mor,
Og den saganatt som senker, drømme på vår jord.
Og den saganatt som senker, drømme på vår jord.

NEUSEELAND

(Ka Mate/Te Rauparaha, 1810)
"We're going to die!" [nach einem traditionellen Maori-Tanz, auch als haka bekannt]

Ka Mate! Ka Mate!
Ka Ora! Ka Ora!
Ka Mate! Ka Mate!
Ka Ora! Ka Ora!
Tenei te tangata puhuruhuru
Nana nei i tiki mai
Whakawhiti te ra
A upane ka upane!
A upane kaupane whiti te ra!
Hi!

ITALIEN (NEAPEL)

(O sole mio/G. Capurro, 1898)
„Meine Sonne"

Che bella cosa', na jurnata 'e sole,
N'aria serena doppo' na tempesta
Pe' ll'aria fresca pare gia' na festa...
Che bella cosa na jurnata 'e sole
Ma n'atu solecchiu' bello, oi ne
'O sole mio sta nfronte a te!
'O sole, 'o sole mio
Sta 'nfronte a te!
Sta 'nfronte a te!

MEXIKO

(La Cucaracha/traditionell, 15. Jahrhundert) „Die Kakerlake"

Cuando uno quiere a una,
Y esta una no lo quiere,
Es lo mismo como si un calvo,
En calle encuetre un peine.

La cucaracha, la cucaracha,
Ya no quieres caminar,
Porque no tiene,
Porque le falta,
Marihuana que fumar.

ISRAEL

(Hatikvah/N. Herz Imber, 1886)
„Die Hoffnung"

Kol ode balevav P'nimah,
Nefesh Yehudi homiyah,
Ulfa'atey mizrach kadimah
Ayin l'tzion tzofiyah.
Ode lo avdah tikvatenu,
Hatikvah bat shnot alpayim:
L'hiyot am chofsi b'artzenu
Eretz Tzion v'Yerushalayim.

KUBA

Guantanamera/J. Marti, 1880er)
„Mädchen aus Guantanamo"

Yo soy un hombre sincero
De donde crecen las palmas
Yo soy un hombre sincero
De donde crecen las palmas
Y antes de morirme quiero
Echar mis versos del alma

Guantanamera
Guajira Guantanamera
Guantanamera
Guajira Guantanamera

PLANET ERDE
KÜNSTLICHE EILANDE

Früher machten sich Entdecker auf den Weg, um unbekannte Inseln zu finden. Heute schaffen sich die Menschen ihre Inseln selbst. Künstliche Inseln dienen als Forts, Flughäfen, Wohnanlagen oder sogar als „Mikronationen". Fort Roughs wurde 1967 von Paddy Bates besetzt, der behauptete, dass „Sealand" ein unabhängiger Staat sei, da Fort Roughs in internationalen Gewässern läge. Obwohl von der UNO nie anerkannt, hat die Insel eine eigene Flagge, Nationalhymne, Währung und Briefmarken.

	1	4
2	3	
5	6	
7		

SPITBANK FORT, ENGLAND (großes Bild, links) 1861–1878 vor Portsmouth errichtet.
01. PALM ISLAND, DUBAI entsteht derzeit im Persischen Golf.
02. STAR ISLAND, USA 1922 in Biscayne Bay, Florida, fertiggestellt
03. PRINCIPALITY OF SEALAND, ENGLAND erbaut 1942 als HM Fort Roughs vor der Küste von Suffolk

04. TREASURE ISLAND, USA 1939 in der San Francisco Bay für die Golden Gate International Exposition aufgeschüttet
05. BARRO COLORADO ISLANDS, PANAMA ist eine künstliche Insel im Gatúnsee, einem Teil des Panamakanals.
06. DURRAT AL BAHRAIN ist eine vor der Küste Bahrains gelegene Luxussiedlung.
07. ÎLE NOTRE-DAME, CANADA entstand im Rahmen der Expo 67 in Montreal und wurde mit Felsmaterial aufgeschüttet, das beim Bau der Metro von Montreal anfiel.

SITTEN UND GEBRÄUCHE

MILLIONEN-DOLLAR-MENSCHEN

Es begann damit, dass der Stummfilmstar Ben Turpin, berühmt für seinen Silberblick, eine Versicherung gegen den Verlust dieses Blicks abschloss. Seither versichern viele Prominente Körperteile. In Brasilien sind Versicherungen des Popos so verbreitet, dass sie als bum-bum-Policen bekannt sind – ein brasilianisches Model handelte sogar eine Police von 2 Millionen $ für die Nutzung seines Fotos auf den Werbeplakaten der Versicherung aus.

Legendäre 600 000 $-Brüste

Beckhams 190 Mio. $-Körper

• Der amerikanische Schauspieler **Jimmy Durante** hatte den Spitznamen „Schnozzola" wegen seiner großen Nase, die er für **50 000 $** versicherte.

• Stones-Gitarrist **Keith Richards** versicherte seinen Zeigefinger für **1,6 Mio. $**.

• Für **190 Mio. $** versicherte der Fußballer **David Beckham** 2006 seinen Körper.

• Die amerikanische Contry-Sängerin **Dolly Parton** versicherte ihre legendären Brüste für **600 000 $**.

• Die Schauspielerin **Bette Davis** schloss eine Versicherung über **28 000 $** gegen Gewichtszunahme ab.

• Der Filmstar **Marlene Dietrich** versicherte ihre Stimme für **1 Mio. $**.

• Die Oben-Ohne-Tänzerin **Carol Doda** versicherte ihre Brüste für **1,5 Mio. $**.

• US-Rockstar **Bruce Springsteen** versicherte seine Stimme mit **6 Mio. $**.

• 1964 wurden die **Beatles** für **1 Mio. $** auf ihrer ersten US-Tour versichert.

• Der rechte Arm des Pitchers der LA Dodgers **Kevin Brown** wurde für **67,5 Mio. $** versichert.

• In den 1990ern wurden die Hände des Pianisten **Richard Clayderman** für **1,9 Mio. $** versichert.

• Als der 13-jährige **Harvey Lowe** 1932 die erste Yo-yo-WM gewann, versicherte die Cheerio Yo-yo Company seine Hände für **150 000 $**.

150 000 $ für die Hände

• Der amerikanische Stummfilmstar **Ben Turpin** versicherte seinen Silberblick mit **20 000 $**.

• Der Restaurantkritiker **Egon Ronay** versicherte seinen Gaumen mit **400 000 $**.

• Der australische Kirkspieler **Merv Hughes** versicherte seinen Bart für **38 000 $**.

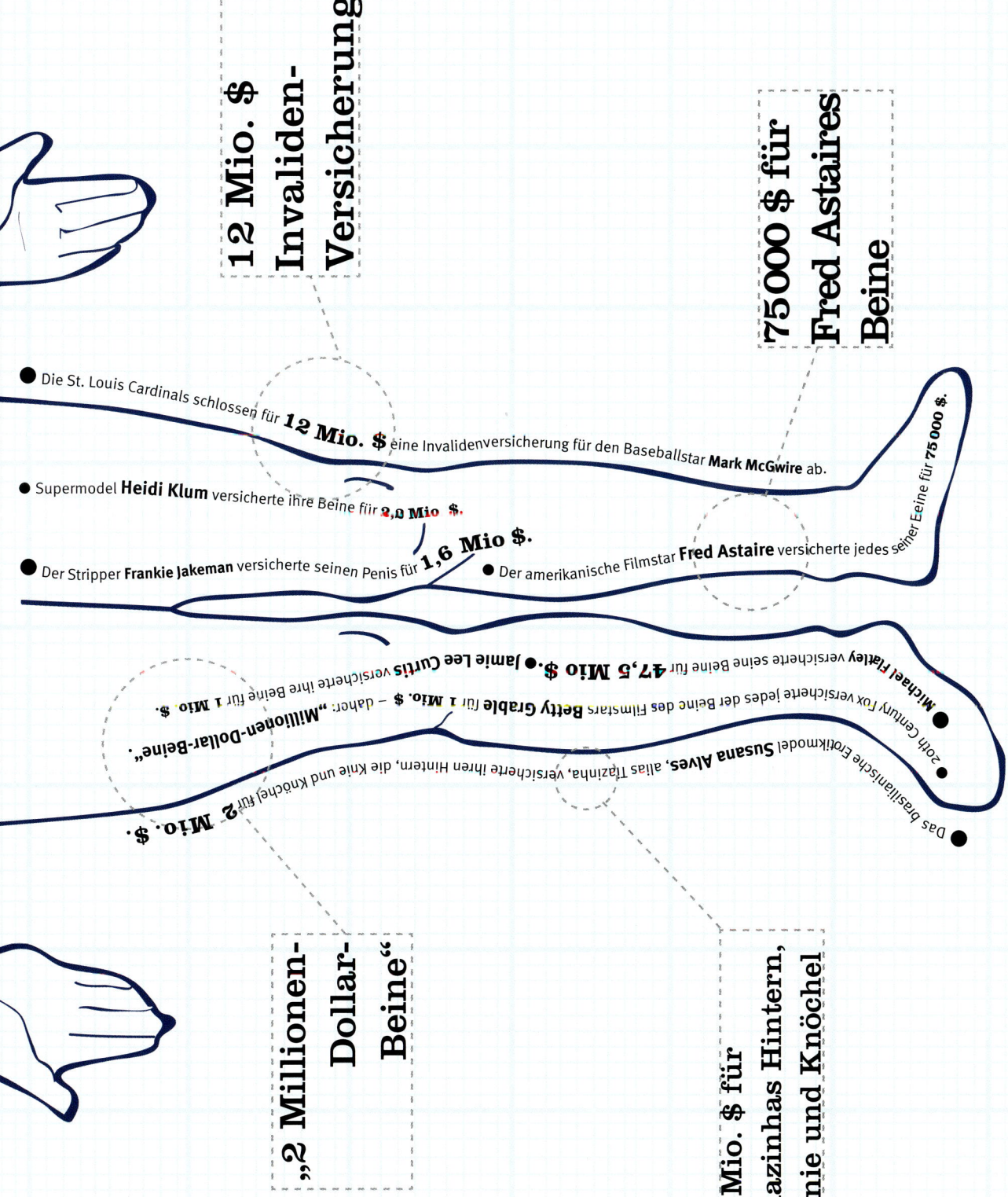

SITTEN UND GEBRÄUCHE

SO WERTVOLL WIE GOLD

Für die Menschen war Gold schon immer kostbar und wird es wahrscheinlich immer bleiben, deshalb wird es als Maßstab für den Wert anderer Güter herangezogen. Doch der Preis anderer Dinge schwankt je nach Angebot und Nachfrage, was im Laufe der Geschichte zur Folge hatte, dass einige Dinge, die heute spottbillig sind, früher in Gold aufgewogen wurden.

Als der Tee nach Europa kam, ließ die Nachfrage die Händlergewinne um 1000 % steigen. Im Jahr 1700 entsprach der Preis in London oder Paris mehreren Hundert englischen Pfund, und Tee wurde in abschließbaren Dosen aufbewahrt.

TEE

Pfeffer regt den Appetit an und fördert die Verdauung. Wie das Salz galt er einst als Handelswährung. Am wertvollsten war er zur Römerzeit, und die Westgoten forderten als Gegenleistung für ihren Abzug aus Rom u. a. Pfeffer.

PFEFFERKÖRNER

Schokolade, abgeleitet vom aztekischen Wort *xocolatl*, „bitteres Wasser", kam 1528 als Getränk nach Europa. Die erste Tafel Schokolade wurde erst 1819 produziert.

SCHOKOLADE

Nylon wurde 1935 als Seidenersatz entwickelt. Eines der ersten Produkte waren Damenstrümpfe, doch als im 2. WK Nylon nur für militärische Zwecke produziert wurde, wurden Strümpfe zu kostbarer Schwarzmarktware.

NYLONSTRÜMPFE

In Holland grassierte 1633 das Tulpenfieber. Eine Zwiebel kostete den Gegenwert von über 40 000 $. Ein Händler soll für eine einzige Zwiebel mit 455 kg Käse, 12 Schafen, einem Bett und einem Anzug bezahlt haben.

TULPEN

WER HAT ANGST VOR…

Vom amerikanischen Präsidenten Roosevelt stammt der berühmte Satz: „Das Einzige, vor dem wir Angst haben müssen, ist die Angst selbst." Aber wie bei vielem, was Politiker sagen, ist das nur die halbe Wahrheit – so es ist sehr vernünftig, Angst vor Wasser zu haben, wenn man nicht schwimmen kann. Oder vor giftigen Spinnen, wenn kein Gegengift da ist. Andererseits sind manche Phobien schlicht lächerlich, dies umso mehr, wenn sie durch die Berühmtheit der Betroffenen aufgebauscht werden.

FÜR DUMM GEHALTEN ZU WERDEN UND KAKERLAKEN

Der Megastar **Madonna**, die angeblich einen geniegleichen IQ von 140 hat, soll sich davor fürchten, für dumm gehalten zu werden. Und sie hat eine verständlichere Angst vor Kakerlaken. Sie gestand: „Wann immer ich eine gesehen habe … bin ich schreiend davongerannt."

ÖFFENTLICHE UND FREIE PLÄTZE

Im Gegensatz zu Drew Barrymore leidet der Hollywoodstar **Macaulay Culkin** (*Kevin allein zu Haus*) an Agoraphobie – der Angst, sich auf freien oder **öffentlichen Plätzen** aufzuhalten.

GESCHLOSSENE RÄUME

Drew Barrymore (*Poison Ivy – die Tödliche Umarmung*), die als Schauspielerin eine lange Familientradition fortsetzt, leidet an Klaustrophobie, der Angst vor **geschlossenen Räumen**.

HAIE, SCHLANGEN UND SPINNEN

Der amerikanische Sänger und Schauspieler **Justin Timberlake** leidet an Galeophobie, Ophidiophobie und Arachnophobie – das ist Angst vor **Haien**, **Schlangen** und **Spinnen**.

SPINNEN

Auch der amerikanische Tennisstar **André Agassi** fürchtet sich vor **Spinnen**.

CLOWNS

Der Schauspieler **Johnny Depp** leidet an Clourophobie, der Angst vor **Clowns**. Depp, der häufig sehr befremdliche Rollen spielt, sagte: „[Da war] etwas an dem bemalten Gesicht, dem falschen Lächeln. Es schien etwas Düsteres unter der Oberfläche zu lauern, ein Potential für echt Böses."

ELEKTRIZITÄT

Regisseur **John Waters** fürchtet sich vor **Elektrizität** – vielleicht durch den Horrorfilm *Schrei, wenn der Tingler kommt*, für den die Kinosessel mit elektrischen Summern versehen wurden.

SCHWEINE

Der britische Schauspieler **Orlando Bloom** (*Herr der Ringe*) verletzte sich schwer, als er von der Dachterrasse eines dreistöckigen Hauses stürzte, aber er hat keine Höhenangst – er fürchtet sich vor **Schweinen**.

FLUGZEUGE UND DONNER

Der ehemalige Boxweltmeister **Muhammad Ali** sagte, er würde „wie ein Schmetterling schweben und wie eine Biene zustechen", mochte aber weder **Flugzeuge** noch **Donner**.

SONNENUNTERGÄNGE

Der Schriftsteller **Marcel Proust** sagte einmal: „Ich habe schreckliche Angst vor **Sonnenuntergängen**, sie sind so romantisch, so opernhaft."

KAUGUMMI

Der Architekt **Frank Lloyd Wright** beschrieb das Fernsehen als „Kaugummi für die Augen". Welche Ironie, dass die Talkmasterin **Oprah Winfrey** Angst vor **Kaugummi** hat.

HÖHENANGST

Glauben Sie, dass der Schauspieler **Tobey Maguire**, der *Spiderman* spielte, **Höhenangst** hat? (Es hätte noch schlimmer kommen können – er könnte sich ja vor Spinnen fürchten.)

UNORDNUNG

Der britische Fußballspieler **David Beckham** leidet unter einer Zwangsstörung, die als Ataxophobie bezeichnet wird – Angst vor **Unordnung**.

GEISTER UND ZIMMERPFLANZEN

Die Hollywoodschauspielerin **Christina Ricci**, die neben **Johnny Depp** in *Sleepy Hollow* die Hauptrolle spielte, hat mit ihm eine Angst gemein: vor **Geistern**. Außerdem leidet sie an Botanophobie – Angst vor **Zimmerpflanzen**.

KNAST UND LESBEN

Die in Ungarn geborene Schauspielerin **Zsa Zsa Gábor** soll Angst vor dem **Gefängnis** (1989 saß sie drei Tage, weil sie einen Polizisten geohrfeigt hatte) und **Lesben** haben.

WASSER

Die Hollywoodschauspielerin **Natalie Wood**, die mit **James Dean** in *Denn sie wissen nicht, was sie tun* spielte und unter anderen mit **Elvis Presley** liiert war, hatte ihr Leben lang Angst vor **Wasser** – wohl aus gutem Grund: 1981 ertrank sie mit nur 43.

KRANKENHÄUSER

Der Popkünstler **Andy Warhol** fürchtete sich vor **Krankenhäusern**: nachvollziehbar, da er, nachdem er 1968 angeschossen wurde, eine Behandlung am offenen Herzen brauchte.

FLUGANGST

Die Souldiva **Aretha Franklin** wurde einmal auf Vertragsbruch verklagt, weil sie wegen ihrer **Flugangst** nicht in einem Broadway Musical auftreten konnte.

SCHMETTERLINGE

Nachdem **Nicole Kidman** in *Todesstille* von einem Psychopathen angegriffen wurde, mit **Tom Cruise** verheiratet war und in *Moulin Rouge* an TB starb, wäre es nur verständlich, wenn sie Angst vor Jachten, kleinen Männern und Windmühlen hätte. Das hat sie nicht – sie fürchtet sich vor **Schmetterlingen**.

BERÜHREN DER ZEHEN

Die amerikanische Fernsehschauspielerin **Roseanne Barr** hat Angst davor, dass etwas – Menschen oder Objekte – ihre **Zehen** berührt.

TOP 10-PHOBIEN

Prominente haben Zugang zu vielen Dingen, die für Normalsterbliche unerreichbar sind, aber eine Phobie ist etwas, das jeder haben kann. Laut www.phobia-fear.release.com sind dies die 10 häufigsten Phobien:

1. **Arachnophobie:** Angst vor Spinnen.
2. **Soziale Phobie:** Angst, in Gesellschaft negativ beurteilt zu werden.
3. **Aerophobie:** Flugangst.
4. **Agoraphobie:** Die allgemeine Angst, das Zuhause oder einen vertrauten „sicheren" Bereich zu verlassen, und vor möglichen darauf folgenden Panikattacken.
5. **Klaustrophobie:** Angst, in geschlossenen Räumen gefangen zu sein.
6. **Acrophobie:** Höhenangst.
7. **Emetophobie:** Angst vor dem Erbrechen.
8. **Carcinophobie:** Angst vor Krebs.
9. **Brontophobie:** Angst vor Gewittern.
10. **Nekrophobie:** Angst vor dem Tod und vor Toten.

WAFFEN

Der britische Schauspieler **Roger Moore** hatte in seiner Rolle als *James Bond* die Lizenz zu töten – aber er hat Angst vor **Waffen**.

EIER

Der britische Thrillerregisseur **Alfred „Psycho" Hitchcock**, der u. a. *Die Vögel* drehte, fürchtete sich vor ... Eiern. Seine Tochter erzählte der *Chicago Tribune*: „Er sagte, dass sie so schrecklich aussehen – dass das ganze gelbe Zeug herausläuft, wenn man sie anschneidet. Er fand das absolut ekelhaft."

SPORT UND FREIZEIT

RADKÜNSTLER

Der Amerikaner Travis Pastrana vollführt beim Freestyle-Moto-X-Finale der Gravity Games 2002 vor der Skyline von Cleveland einen Rückwärtssalto.

SICHERHEIT IM HAUS

Home sweet home? Von wegen – das Zuhause ist durch all die Gefahren, die dort unerwartet lauern, einer der gefährlichsten Orte, den die Menschheit kennt. Manche Menschen sind unfallgefährdeter als andere, oder sie landen schneller im Krankenhaus. Hier sind einige der Objekte, die in Großbritannien jedes Jahr zu Krankenhauseinweisungen führen.

IM BETT ZU RAUCHEN IST SICHERER ALS GARTENARBEIT. KONTAKT MIT **STACHELIGEN** PFLANZEN VERURSACHT **10 MAL** MEHR UNFÄLLE ALS DAS „ANZÜNDEN UND VERSENGEN VON PYJAMAS".

SITZSÄCKE: SIE SIND NICHT SCHARF GENUG, UM DAMIT FLEISCH ZU ZERKLEINERN, ABER SIE FÜHREN ZU MEHR UNFÄLLEN ALS **METZGERBEILE.**

SEIEN SIE AUF DER HUT, WENN SIE IHRE KLEIDER ANZIEHEN, DENN ETWA **16 000** MENSCHEN VERLETZEN SICH BEIM ANZIEHEN VON **SOCKEN, HOSEN UND STRUMPFHOSEN.**

FALLS SIE IM GARTEN ARBEITEN, MACHEN SIE BLOSS KEINE KAFFEEPAUSE: **HEISSE GETRÄNKE** FÜHREN ZU DREIMAL MEHR UNFÄLLEN ALS **RASENMÄHER.**

TEEWÄRMER MÖGEN SO HARMLOS AUSSEHEN WIE PUDELMÜTZEN, ABER VORSICHT – SIE VERURSACHEN JÄHRLICH CA. **40 UNFÄLLE.**

FALLS SIE SICH GEFÄHRDET FÜHLEN, SETZEN SIE SICH AUF DEN BODEN – CA. **7000** MENSCHEN WERDEN NACH DEM **STURZ VON EINEM STUHL** ÄRZTLICH BEHANDELT.

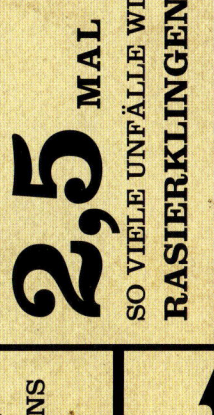

BEIM RASIEREN VERLETZT? NEHMEN SIE KEIN WATTESTÄBCHEN. SIE BEWIRKEN **2,5 MAL** SO VIELE UNFÄLLE WIE **RASIERKLINGEN**.

DER PERFEKTE GRUND, IHRE KLEIDER AUF DEM BODEN LIEGEN ZU LASSEN: JÄHRLICH WERDEN ÜBER **3000** MENSCHEN INS KRANKENHAUS EINGELIEFERT, DIE ÜBER IHRE **WÄSCHEKÖRBE** GEFALLEN SIND. ABER SIE WERDEN VIELLEICHT ETLICHE ANNEHMLICHKEITEN AUFGEBEN MÜSSEN – FAST EBENSO VIELE LEUTE KOMMEN NACH UNFÄLLEN MIT **KONSERVENDOSEN** INS KRANKENHAUS.

ES IST SICHERER, SICH DAS ESSEN BRINGEN ZU LASSEN. BEIM KOCHEN VERLETZEN SICH ÜBER **60 000** MENSCHEN PRO JAHR. ABER ZIEHEN SIE **GEFRIERKOST** GAR NICHT ERST IN BETRACHT. DENN ETWA **2000** PERSONEN VERLETZEN SICH BEIM VERSUCH, TIEFGEFRORENE TEILE VONEINANDER ZU TRENNEN.

DAS „GALA"-MASSAKER? HOCHGLANZMAGAZINE VERURSACHEN **4** MAL MEHR UNFÄLLE ALS KETTENSÄGEN.

WAS IMMER SIE TUN, SÄUBERN SIE AUF KEINEN FALL IHREN BROTKASTEN – KEHRSCHAUFELN VERURSACHEN **150 UNFÄLLE** IM JAHR UND BROTKÄSTEN ÜBER **100**, DESHALB KÖNNTE DIE KOMBINATION TÖDLICH SEIN.

JEDES JAHR VERSCHLUCKEN **HUNDERTE** MENSCHEN IHRE **DRITTEN ZÄHNE**.

KAPITEL

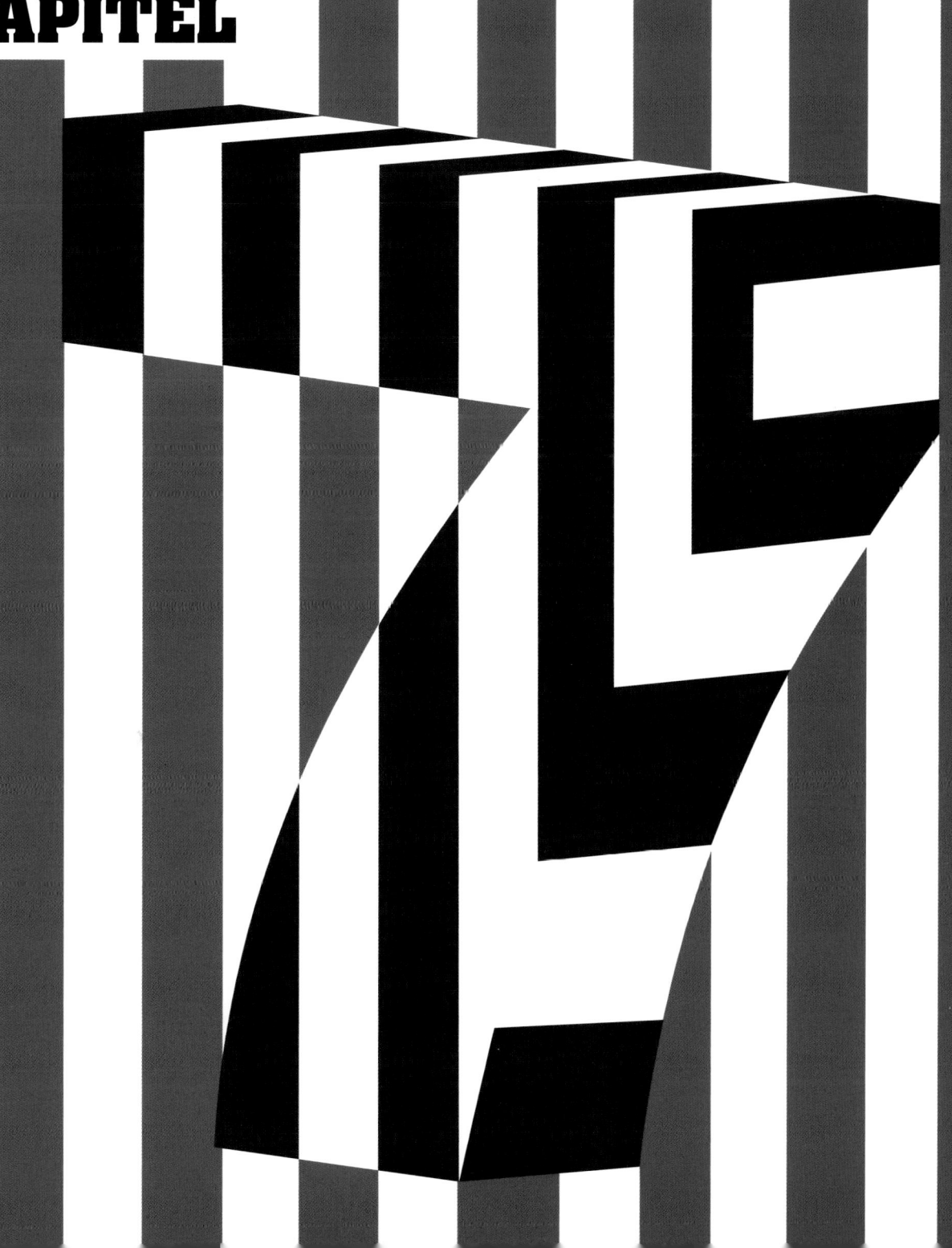

7

Die 7 ist in vielen Kulturen die beliebteste Glückszahl, da sie aus 3 und 4 besteht, weiteren Glückszahlen. ▶ Soll man an eine Zahl zwischen 1 und 10 denken, wählt man häufiger die 7 als eine andere Zahl. ▶ Im Durchschnitt schlafen Menschen binnen 7 Minuten ein. ▶ Die 7 Kontinente sind Afrika, Antarktis, Asien, Australien, Europa, Nord- und Südamerika. ▶ Die 7 Weltmeere sind Nord- und Südpolarmeer, Nord- und Südatlantik, Nord- und Südpazifik und Indischer Ozean. ▶ Der Verhaltenskodex der japanischen Samurai kennt 7 Prinzipien des Kushiro (Weg des Kriegers). ▶ Ein Trident-Sprengkopf ist 7 Mal stärker als die auf Hiroshima abgeworfene Atombombe. ▶ Nach Shakespeares Komödie *Wie es euch gefällt* sind die 7 Alter des Mannes Kind, Knabe, Verliebter, Soldat, Richter, Pantalon, zweite Kindheit. ▶ Die Märchenfigur Schneewittchen versteckt sich hinter den 7 Bergen bei den 7 Zwergen. ▶ In John Sturges' Western *Die glorreichen Sieben*, einem amerikanischen Remake von Akira Kurosawas *Die sieben Samurai*, spielten Yul Brynner, Eli Wallach, Steve McQueen, Charles Bronson, Robert Vaughn, Brad Dexter und James Coburn mit. ▶ Eine westliche Tonleiter hat 7 Töne. ▶ Der Körper hat in der östlichen Medizin 7 Chakras (Energiepunkte). ▶ Die 7 Metalle der Alchemisten sind Gold, Silber, Quecksilber, Kupfer, Eisen, Zinn, Blei. ▶ Das Christentum kennt 7 Todsünden: Stolz, Habgier, Wollust, Neid, Völlerei, Zorn, Faulheit. Die 7 Tugenden sind Glaube, Hoffnung, Liebe, Gerechtigkeit, Tapferkeit, Weisheit, Mäßigung. ▶ Muslimische Pilger umrunden in Mekka 7 Mal die Kaaba. ▶ Der pH-Wert (potentia Hydrogenii, Kraft des Wasserstoffs) gibt die saure oder alkalische Reaktion einer wässrigen Lösung an und reicht von 1 (sauer) bis 14 (alkalisch). Destilliertes Wasser ist neutral (pH7). ▶ Die 7 Farben des Regenbogens sind Rot, Orange, Gelb, Grün, Blau, Indigo und Violett.

KLIMAWANDEL 5 VOR 12 ?

1,5 °C PLUS

Best-Case-Szenario Wenn Verschmutzung, Entwaldung und Umweltzerstörung sofort aufhören, wird die Durchschnittstemperatur um 1,5 °C steigen.

▲ MEERESSPIEGEL
Der Anstieg des Meeresspiegels um rund 10 cm wirkt sich auf globale Wettersysteme aus und führt zur Überflutung der Küsten.

▲ POLKAPPEN
Das Schmelzen der Gletscher und Polkappen um 7,5 Prozent pro Jahrzehnt führt zum Anstieg des Meeresspiegels und höheren Temperaturen.

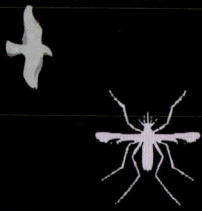

▲ TIERMIGRATION
Veränderungen in Klima und Vegetation lassen tropische Insekten, Vögel und Säugetiere in Richtung der Pole wandern.

3 °C PLUS

Wahrscheinliches Szenario Können wir die Verschmutzung nicht sofort stoppen, wird die globale Durchschnittstemperatur um 3 °C steigen.

▲ MEERESSPIEGEL
Der Anstieg des Meeresspiegels um rund 50 cm führt zu schweren Störungen der Wettersysteme und zur regelmäßigen Überflutung der meisten Küstengebiete.

▲ POLKAPPEN
Die Polkappen schmelzen um 10 Prozent pro Jahrzehnt, was sich nach Abnahme der Masse und des Selbstkühlungseffekts aber dramatisch beschleunigt.

▲ TIERMIGRATION
Säugetiere folgen Insekten und Vögeln zu den Polen auf der Suche nach gemäßigteren Klimaten. Anfällige Arten werden aussterben.

6 °C PLUS

Worst-Case-Szenario Hält die derzeitige Verschmutzungsrate an, wird die Temperatur bis 2100 um 6 °C steigen. Das hätte katastrophale Folgen.

▲ MEERESSPIEGEL
Der Meeresspiegel steigt um rund 90 cm, ein katastrophaler Anstieg, da derzeit im Bereich unter 1 m über dem Meeresspiegel 100 Millionen Menschen leben.

▲ POLKAPPEN
Gletscher und Polkappen schmelzen zunächst um 25 Prozent pro Jahrzehnt und verschwinden dann innerhalb einer Generation völlig.

▲ TIERMIGRATION
Mindestens 30 Prozent aller Tierarten werden durch direkte Wärmeauswirkungen oder die Zerstörung ihrer Ökosysteme aussterben.

Der Klimawandel ist längst im Gang. Die Temperaturen steigen, die Erde verändert sich, und vielleicht ist es zu spät, um das zu verhindern. Wie warm aber wird es werden?

Selbst ein Anstieg um 3 °C ist verheerend. Wir Menschen werden zwar mit Veränderungen um ein paar Grad fertig, doch die Erde nicht, wie diese möglichen Szenarien zeigen.

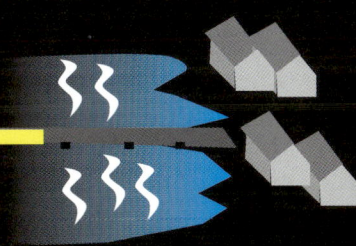

▲ ZAHL DER TODESOPFER
Immer mehr alte wie junge Menschen werden in den Industrieländern wegen der Temperaturextreme sterben, in vielen Entwicklungsländern aufgrund von Dürren und Hungersnöten.

▲ KÜSTENÜBERFLUTUNGEN
Tief liegende Küstengebiete wie die Südseeinseln, Florida, Louisiana, die Niederlande und Ostengland werden überflutet.

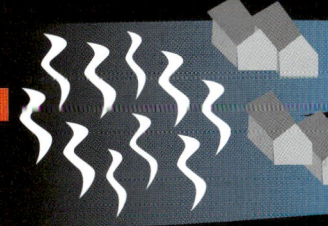

▲ WALDBRÄNDE
Durch Dürren und Brände geht die Waldfläche um 30 Prozent zurück, wodurch noch mehr Treibhausgase in die Atmosphäre freigesetzt werden.

▲ ZAHL DER TODESOPFER
Den regelmäßig hohen Temperaturen fallen ständig Menschen zum Opfer. Verbreitete Dürren und Hungersnöte wirken sich auf die Starken wie die Schwachen aus.

▲ KÜSTENÜBERFLUTUNGEN
Schwere Überschwemmungen verschieben die Küstenlinie um bis zu 50 cm ins Landesinnere.

▲ WALDBRÄNDE
Um 50 Prozent geht die Waldfläche weltweit aufgrund von Dürren und Bränden zurück, was das Artensterben beschleunigt.

▲ ZAHL DER TODESOPFER
Die globale Nahrungsknappheit infolge katastrophaler Dürren führt in den meisten Regionen zu Hungersnöten und damit zu Millionen Todesopfern.

▲ KÜSTENÜBERFLUTUNGEN
Bangladesch und halb Europa unter Wasser; Küstenstädte im Osten der USA versumpft.

SITTEN UND GEBRÄUCHE

DIE REGELN DES TRINKENS

Sie glauben vielleicht, das Trinken mit Menschen sei ein unproblematischer, angenehmer Zeitvertreib. Alle sind entspannt, wer achtet da schon auf Etikette? Falsch. Beim Trinken gibt es lauter komplizierte Regeln – und der freizügige Genuss von Alkohol führt viel eher zu einer Schlägerei, wenn Sie etwas falsch machen. Hier einige Grundregeln.

> „Du bist nicht betrunken, wenn du auf dem Boden liegen kannst, ohne aufzuhören."
> **Dean Martin**

MARTINI-ETIKETTE

1. Der Martini, ein Symbol globaler Raffinesse, ist seit dem späten 19. Jahrhundert der Drink für coole Typen wie James Bond und Engländer im Ausland sowie hippe New Yorker.

2. Die wichtigste Frage beim Martini lautet nicht: geschüttelt oder gerührt, Olive ja oder nein, sondern Gin oder Wodka? Gin und Wermut bilden ein paradiesisches Paar, während Wodka und Wermut von Marketingleuten in den 1950er-Jahren verkuppelt wurden. Wodka ist praktisch geschmacklos, und das Aroma von Wermut durchdringt ihn mühelos. Das ist einer der Gründe, warum Fans von Wodka-tinis sie oft möglichst trocken mögen, eher wie puren Wodka als wie ein Mixgetränk.

3. Der Original-Martini wurde mit süßem italienischem Wermut, Zuckersirup und Bitterorange zubereitet, aber heute kann er auch mit einem trockenen französischen Wermut gemixt werden.

4. Die Zubereitung von Martini mag nicht so wichtig sein wie die Wahl des Sprits, aber die aufmerksamsten Barkeeper sind sich einig, dass James Bond fälschlicherweise geschüttelte Martinis bevorzugte. So entsteht nicht nur ein trüber Drink, sondern er wird auch weniger kalt oder „pur" sein.

WIE MAN EINEN DRY MARTINI MIXT

Ob man Gin oder Wodka mit Wermut im Verhältnis 8:1 oder 4:1 mixt, ist Geschmackssache.

* 60 ml Gin (nur beste Qualität), idealerweise aus dem Eisfach
* 7,5–15 ml Wermut (süß oder trocken)
* Eiswürfel
* Zitronenspirale oder grüne Olive

1. Einen Mixbecher oder Krug mit Eis füllen und Gin und Wermut zugeben. Mehrere Minuten im Uhrzeigersinn (auf der Südhalbkugel gegen den Uhrzeigersinn) umrühren. Das kühlt die Flüssigkeiten und verdünnt sie etwas.

2. Ins Cocktailglas abseihen.

3. Zitronenschale ausdrücken, um die ätherischen Öle freizusetzen, oder Olive zugeben und servieren.

WHISKY-ETIKETTE

1. Japaner trinken Whisky meist im Mizuwari-Stil – mit Eis und Mineralwasser. Teures Gletschereis, das Whisky den köstlichsten Geschmack verleihen soll, ist in Japan in.

2. Ganz wichtig ist der Unterschied zwischen Single Malt und Blended Whisky. Viele Whiskyfreaks haben zu Hause mindestens zwei Flaschen: teuren Single Malt für gute Freunde und Kenner und einen billigeren Blended Whisky für alle anderen Gäste.

BIER-ETIKETTE – EINE RUNDE GEBEN

1. Nehmen Sie von niemandem ein Bier an, wenn Sie sich nicht später mit einer Runde revanchieren wollen.

2. Noch schlimmer ist es, ein Bier anzunehmen und dann nur eins für sich zu bestellen, wenn Sie dran sind. Das fällt später auf Sie zurück, weil Sie als Knicker gelten.

3. Was das Bestellen von Runden betrifft, gibt es keine Hierarchie – in der Kneipengemeinschaft sind alle gleich. Die erste Runde kann jeder geben, aber wenn Sie es tun, sind Sie bei allen gut angeschrieben.

4. Drinks bei einer Runde zu wechseln ist schlechter Stil – bestellen Sie niemals für die anderen eine billige Hausmarke und für sich selbst ein teures Importbier oder einen Single-Malt, wenn ein anderer an der Reihe ist.

5. Wenn Sie eine Pause einlegen wollen – vielleicht um nicht gleich völlig hinüber zu sein –, warten Sie, bis alle eine Runde gegeben haben. Müssen Sie mittendrin passen, bitten Sie um eine Cola oder Limo (die aber teurer sein kann als die harten Sachen). Dann kommt sich auch der Nächste, der eine Runde gibt, nicht wie ein Drückeberger vor.

6. Wenn Sie ein fremdes Glas umstoßen, müssen Sie darauf bestehen, es zu ersetzen – dann kann der Geschädigte wenigstens Ja oder Nein sagen, und es kommt nicht gleich zu einer Schlägerei, wenn das Gelage schon fortgeschritten ist. In manchen Outbackgemeinden in Australien muss sich der, der Bier verschüttet hat, von allen anderen Mittrinkern auf den Arm boxen lassen – und das können über 50 Leute sein!

7. In freundlichen japanischen Bars schenken die Gäste einander Bier oft aus der eigenen Flasche ein, als gesellige Geste. Als Mittrinker sollten Sie diesem Brauch unbedingt folgen. Trinken Sie erst, wenn alle etwas haben. Traditionell werden die Gläser gehoben, und alle rufen Kampai! (Prost!)

8. Kennen Sie Ihre Grenzen – und halten Sie sich daran (wie die besten Stand-up-Komiker). Wenn Sie diese Tipps beachten, mehren Sie ihren Ruf als vernünftiger, aber lustiger Profi.

> „Bier gibt Ihnen einen Eindruck, wie Sie sich ohne Bier fühlen sollten."
> **Henry Lawson**

RESTAURANT-ETIKETTE

1. Alles rechts neben Ihnen trinken Sie. Alles links neben Ihnen essen Sie.

2. Auf dem Tisch stehen nie mehr als vier Gläser – für (von links nach rechts) Champagner, Wasser, Rotwein und Weißwein.

3. Wie Sie ein Stielglas halten: Hat das Getränk Raumtemperatur, etwa Rotwein oder Brandy, halten Sie das Glas an der Schalenbasis oder umschließen es mit einer Hand, um es zu »erwärmen« oder das Bukett herauszuholen. Ein Glas Weißwein oder Cocktails wie einen Martini hält man am Stiel, damit es kalt bleibt.

WODKA-ETIKETTE

1. Zechen gehört zur Geselligkeit, und wenn Sie nicht betrunken werden wollen, wahren Sie das Gesicht, indem Sie sagen, Sie nähmen Antibiotika. Oder Sie kippen den ersten Wodka hinunter, wenn alle Sie beobachten, nippen aber nur bei weiteren Toasts.

2. Zum Glück trinken Russen Wodka nicht ohne *Zakuski* (Snacks) nach jedem Toast oder schnuppern etwas an Schwarzbrot (wirkt überraschend), um den Alkohol aufzunehmen. Zakuski sind meist Mixed Pickles mit Schwarzbrot.

3. Stellen Sie Ihr Glas zum Nachfüllen auf den Tisch – nie der Flasche entgegenhalten.

4. Toasts spielen in Moskau eine große Rolle. Es lohnt sich, sich ein paar Formulierungen einzuprägen (Englisch reicht), falls Sie mit Russen verkehren sollten. Trinken Sie auf die Völkerfreundschaft, den Erfolg ihres Unternehmens oder sonst etwas Herzerwärmendes. Der zweite Toast gilt gewöhnlich *Sa schenschtinij* („den Frauen"). Russen werden über Ihre Bemühungen begeistert sind.

ESSEN UND TRINKEN
LOKALE DELIKATESSEN

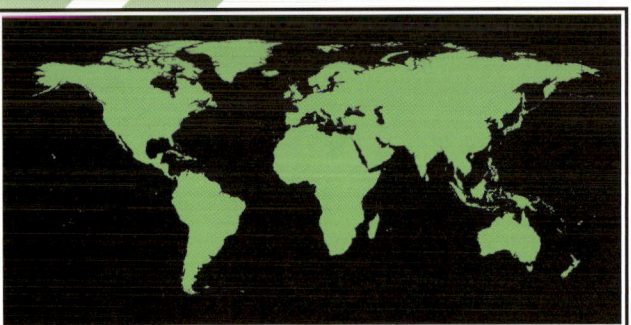

Ein Sprichwort lautet: „In Rom tu' wie Rom tut", aber das schließt hoffentlich das Essen aus – einige dieser Gerichte sollte man lieber den Einheimischen überlassen. Nach einem anderen Sprichwort ist des einen Fleisch dem anderen Gift, und obwohl keine dieser Delikatessen Sie vergiften wird, könnten sie Sie eine Weile davon abhalten, irgendetwas zu essen.

AUSTRALIEN
Australische Delikatessen sind Känguru, Strauß, Krokodil – und Vegemite, das aus Brauhefe und -malz hergestellt wird. Nahrhafte Witchetty-Maden (links) werden als „Buschfutter" gepriesen.

SÜDKOREA
Hund – als Eintopf, Suppe, pfannengerührt, als Kotelett, gegrillt oder süßsauer. Beliebt ist Hund auch in China, Südostasien und Teilen von Mittel- und Südamerika.

USA
Verlangen Sie Bison, Wasserbüffel, Yak, Eichhörnchenhirn und Kalbshoden – auch Prärieaustern, Bergaustern oder „schaukelndes Sirloin" genannt.

SPANIEN & ITALIEN
Kalbshoden heißen in Spanien criadillas, in Italien granelli. Oft werden sie gehäutet und gekocht, bevor man sie brät, grillt oder zu Pasteten verarbeitet.

KAMBODSCHA
Enten- und Hühnerembryos sind ein beliebtes Gericht. Man kocht befruchtete Eier, in denen die Küken bereits heranwachsen. Sie werden auch in China und anderswo in Südostasien gern gegessen.

FRANKREICH
Außer Froschschenkeln und Schnecken essen die Franzosen auch Esel, Maultier und Pferd, die in vielen Rezepten Rind ersetzen können. Eine Delikatesse ist Pferde- oder Eselswurst.

DIE AM ÜBELSTEN RIECHENDE FRUCHT DER WELT IST DIE DURIAN, DIE IN SINGAPUR IN BUSSEN UND BAHNEN VERBOTEN IST.

MEIST VERZEHRTE NAHRUNGSMITTEL
LAUT EINER UN-ERHEBUNG

1. WEIZEN
2. WURZELGEMÜSE
3. REIS
4. FLEISCH
5. ZUCKER
6. MAIS
7. TOMATEN
8. FISCH & MEERESFRÜCHTE
9. ORANGEN & MANDARINEN
10. BANANEN

INDONESIEN

In Indonesien und anderswo in Südostasien isst man Fledermäuse in Suppen, Currys und pfannengerührt. Sie sind auch beliebt auf den Pazifikinseln – die Samoaner backen oder braten sie.

MYANMAR

Ein beliebter Snack in Myanmar und anderen Teilen Südostasiens sind Hähnchenfüße, in einer Suppe oder wie hier im Teigmantel frittiert.

JAPAN

Gekochter Tintenfisch. Sushi und Sashimi sind Häppchen aus rohem Fisch – Sashimi von lebendem Hummer heißt odori-gui, „tanzen" und „essen", da er noch zuckt!

PERU

Gebraten, gegrillt oder geschmort – Meerschweinchen sind eine wichtige und gern gegessene Proteinquelle in Peru. Der Geschmack soll an Huhn erinnern.

GROSBRITANNIEN

Die Briten nutzen fast alles vom Tier: Blut und Fett wandern in Blutwurst, und Innereien wie Kutteln (unten), Herz, Leber, Lunge, Milz und Pankreas werden mit Zwiebeln gebraten. Auch Nieren, Zunge und Kuheuter werden verzehrt.

NORWEGEN

Eine norwegische Spezialität ist *smala hove*, halblerter und gegrillter Schafskopf. Der Schädel fungiert als Kochtopf für das Gehirn, das ausgelöffelt wird. Hirn wird auch ausgebacken und in Klößen gegessen.

REPUBLIK KONGO

Im Kongo werden Affen zum Konservieren über offenen Feuern geräuchert. Besonders hoch geschätzt wird das Fleisch des Mandrill, einer Pavianart (unten).

LAOS

Frittierter, mit Essig gewürzter Skorpion gilt als Delikatesse. Ebenso wie Tarantel, am Spieß überm offenen Feuer gebraten.

VENEZUELA

Taranteln, die hier so groß wie Tennisbälle mit 25 cm langen Beinen werden, bestehen zu 60 Prozent aus Protein. Das Fleisch des Unterleibs soll wie rohe Kartoffel und Kopfsalat schmecken, das der Beine wie Krabben. Die Beißwerkzeuge benutzt man anschließend als Zahnstocher.

CHINA

Chinesische Delikatessen sind Schafskopf, Bullenpenis, Seepferdchensuppe, Bärentatzensuppe, Haifischflossensuppe und Winterwurm, ein parasitärer Pilz (rechts).

DIE 10 LÄNDER EUROPAS, WO ES ZUERST MCDONALD'S GAB

1971 DEUTSCHLAND: MÜNCHEN
1972 NIEDERLANDE: VOORBURG
1973 SCHWEDEN: STOCKHOLM
1974 GB: WOOLWICH, LONDON
1975 SCHWEIZ: GENF
1977 IRLAND: DUBLIN
1977 ÖSTERREICH: WIEN
1978 BELGIEN: BRÜSSEL
1979 FRANKREICH: STRASSBURG
1981 SPANIEN: MADRID

ORTOLAN

In Frankreich ist es zwar gesetzlich verboten, Ortolane (Gartenammern) zu jagen, zu kaufen oder zu essen, doch sie sind eine so geschätzte Delikatesse, dass das Gesetz oft ignoriert wird. Die Vögel werden auf traditionelle Art gemästet, in Cognac mariniert und dann gebraten. Traditionellerweise isst jede Person nur einen Ortolan, doch am 31. Dezember 1995 soll Staatspräsident François Mitterrand in Vorahnung seines baldigen Todes zwei davon gegessen haben.

SPORT UND FREIZEIT
HANDZEICHEN

Alljährlich versammeln sich Tausende von Männern an den Stränden der Welt, um das überragende Geschick der Beach-Volleyballspielerinnen zu bewundern. Bei diesem Spiel – das in den 1920er-Jahren in Kalifornien aufkam – versuchen zwei Zweierteams, den Ball aus der Luft über ein Netz zu schlagen, bis die Gegner einen Fehler machen. Wesentlich für den Erfolg ist das Handzeichen, das der nicht aufschlagende Spieler für die Gegner verdeckt hinterm Rücken seinem Partner vor dem Aufschlag gibt.

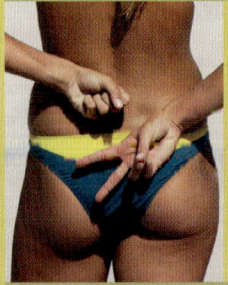

KEIN BLOCK/ CROSS-COURT BLOCK
Die Spielerin links wird den Ball nicht blocken, die Spielerin rechts will ihn cross returnieren.

LINIEN-BLOCK/ CROSS-COURT BLOCK
Die Spielerin links wird den Ball die Linie entlang returnieren, die Spielerin rechts will ihn cross returnieren.

LINIEN-BLOCK
Die Spielerin rechts will den Ball die Linie entlang returnieren.

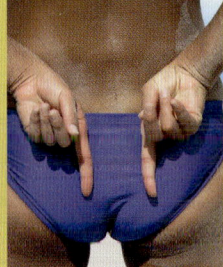

LINIEN-BLOCK
Beide Spielerinnen wollen den Ball die Linie entlang returnieren und dabei den Court crossen.

CROSS-COURT BLOCK
Die Spielerin rechts will den Ball cross returnieren.

LINIEN-BLOCK/ KEIN BLOCK
Die Spielerin links will den Ball entlang der Linie returnieren, die Spielerin rechts will ihn nicht blocken.

LINIEN-BLOCK
Beide Spielerinnen wollen den Ball entlang der Linie returnieren.

Horrorfilme

JAMES BONDS ERZFEIND GOLDFINGER MEINTE: „EINMAL IST GLÜCKSACHE. ZWEIMAL IST ZUFALL. DREIMAL IST FEINDSCHAFT." MAN KÖNNTE AUCH SAGEN: STIRBT EIN SCHAUSPIELER, IST DAS PECH. STERBEN ZWEI SCHAUSPIELER, IST DAS EIN UNGLÜCK. DOCH WENN DREI ODER MEHR STERBEN, LIEGT EIN FLUCH AUF DEM FILM.

DER WEISSE HAI

Als Steven Spielberg 1975 den Film Der weiße Hai drehte, ging so viel schief, dass das Team den Originaltitel Jaws in Flaws (Pannen) umwandelte. Die ersten Produzenten, Richard Zanuck und David Brown, bekamen nicht den gewünschten Regisseur und mussten sich mit dem damals kaum bekannten Spielberg begnügen – das war noch Glück im Unglück. Dann brauchten sie einen neuen Drehbuchautor, da ihnen die drei Fassungen von Peter Benchley, dem Autor der Romanvorlage, nicht gefielen.

Gleich zu Beginn der Dreharbeiten versank einer der mechanischen Haie, da er noch nie in Wasser getestet worden war. Es gab drei Modellhaie (mit dem kollektiven Spitznamen Bruce, nach Spielbergs Anwalt), die alle nicht richtig funktionierten, weil die Steuerhydraulik im Salzwasser korrodierte. Manche Missgeschicke – von Meerwasser durchtränkte Kameras und fremde Boote, die durchs Bild segelten – hätte man bei einem Dreh am Meer erwarten können, doch richtig abergläubisch wurde das Team, als das Haijagdboot Orca mit den Darstellern an Bord zu sinken begann. Natürlich sprengte die Produktion den Finanzrahmen, aber für einen Hollywood-Blockbuster war das eher normal als ein Zeichen dafür, dass der Film verflucht war.

FLUCH DES SUPERMAN

Die Story vom angeblichen „Fluch von Superman" verbreitete sich nach dem tragischen Reitunfall, den der Schauspieler Christopher Reeve erlitt, und an dem er nach jahrelanger Lähmung schließlich starb. Die Anhänger der Fluchtheorie glauben, die Schöpfer der Superman-Comics, Jerry Siegel und Joe Shuster, könnten die Figur wegen der schlechten Honorare verflucht haben. Angebliche Opfer sind die Fleischer-Brüder, deren Firma nach der Produktion des Zeichentrickfilms pleite ging, sodass sie ihre Studios 1941 verkaufen mussten. Schauspieler George Reeeves, der 1951 Superman im Film Superman and the Mole Men spielte, wurde 1959, kurz vor seiner Hochzeit, erschossen aufgefunden. Der offizielle Befund lautete auf Selbstmord, doch Menschen, die Reeves nahestanden, wollten das nicht wahrhaben. Schauspielerin Margot Kidder, die neben Christopher Reeves die Lois Lane spielte, hatte 1996 eine bipolare Psychose. Und bei Schauspieler Lane Smith, der in den 1990er-Jahren in der TV-Serie Lois & Clark Perry White spielte (den Boss von Clark Kent und Lois Lane), wurde im April 2005 die Nervenkrankheit ALS diagnostiziert. Zwei Monate später starb er.

VOM WINDE VERWEHT

Drei Schauspieler brachten sich um, nachdem der Film 1939 in die Kinos gebracht wurde, doch da sie keine Stars waren, wird Vom Winde verweht in den Annalen der verfluchten Filme häufig übersehen. Paul Hurst, der den von Scarlett O'Hara getöteten Yankee-Deserteur spielte, beging am 27. Februar 1953 Selbstmord. Fast genau zwei Jahre später brachte sich Ona Munson, die die Prostituierte Belle Watling spielte, im Alter von 51 Jahren um. In ihrem Abschiedsbrief stand: „Nur so kann ich wieder frei sein … bitte folgt mir nicht." Vier Jahre später starb George Reeves (der auch Superman spielte, siehe oben rechts) kurz vor seiner Hochzeit unter nie ganz geklärten Umständen. Schon vor diesen drei unglücklichen Vorfällen starben zwei weitere Menschen, die mit dem Film zu tun hatten, eines gewaltsamen Todes. Barton Bainbridge, der erste Mann von Evelyn Keyes, die Scarletts jüngere Schwester Suellen O'Hara gespielt hatte, beging 1940 Selbstmord, nachdem er gedroht hatte, Evelyn Keyes zu töten. Und am 16. August 1949 starb schließlich die Schriftstellerin Margaret Mitchell, die die Romanvorlage verfasst hatte, an den Verletzungen, die sie fünf Tage zuvor erlitten hatte, als sie beim Überqueren der Straße von einem Auto erfasst worden war.

MISFITS – NICHT GESELLSCHAFTSFÄHIG

Für die Kritiker war Misfits „eher ein Mausoleum als ein Film", weil er der letzte Film der beiden Stars Marilyn Monroe und Clark Gable war und weil ihr Mitspieler Montgomery Clift nur vier Jahre später starb. Dieser düstere Western stammte vom Dramatiker Arthur Miller, der die Rolle der Roslyn Taber eigens für seine Frau Marilyn Monroe geschrieben hatte, doch Autor und Aktrice stritten sich ständig am Set und waren geschieden, bevor der Film herauskam. Clark Gable bekam drei Tage nach den Dreharbeiten einen Herzinfarkt und starb 11 Tage später am 16. November 1960. Der Film kam im Februar 1961 in die Kinos, und 18 Monate später, am 5. August 1962, wurde die Monroe tot in ihrem Schlafzimmer aufgefunden, neben sich eine leeres Röhrchen Schlaftabletten – und seither kursieren Theorien, sie sei ermordet worden. Montgomery Clift, von dem die Monroe einst sagte, er sei „der einzige Mensch, den ich kenne, dem es noch mieser geht als mir", starb am 23. Juli 1966 – man sprach von Hollywoods längstem Selbstmord, aufgrund seines angeblich selbstzerstörerischen Drogenmissbrauchs. Der Film, zunächst ein Flop, bekam nach Marilyn Monroes Tod Kultstatus.

„DER FILM, DER TÖTET"

Eine Horrortrilogie über Poltergeister eignet sich ideal für Gerüchte um übernatürliche Verwünschungen. Der Umstand, dass vier Mitwirkende kurz nach Fertigstellung der Trilogie starben, einige unter ungewöhnlichen Umständen, nährte diese Gerüchte. *Poltergeist* kam am 4. Juni 1982 heraus, und fünf Monate später wurde die 22-jährige Dominique Dunne von ihrem eifersüchtigen Exfreund erwürgt. Bei den Dreharbeiten zu *Poltergeist II* starb der 60-jährige Julian Beck an Magenkrebs (die Diagnose war vor dem Casting für die Rolle bekannt). Der Film kam 1986 in die Kinos, und im Jahr darauf starb der 53-jährige Will Sampson, der den Medizinmann gespielt hatte, an postoperativem Nierenversagen. Während der Produktion von *Poltergeist III* wurde bei der 12-jährigen Heather O'Rourke, die in allen drei Filmen mitspielte, Morbus Crohn diagnostiziert – am 1. Februar 1988 starb sie nach einer Notoperation. Das Filmende wurde mit einem Körperdouble nachgedreht, und der Film kam im Laufe jenes Jahres heraus.

Mehrere Vorfälle werden dem „Poltergeist-Fluch" zugeschrieben. Auf einem Pressefoto von Zelda Rubenstein, die in *Poltergeist III* mitspielte, war ihr Gesicht unerklärlicherweise von einem hellen Licht überstrahlt; später sagte sie, ihre Mutter sei zu dieser Zeit gestorben. Bei den Dreharbeiten zu *Poltergeist III* fing eine Kulisse Feuer, und mehrere Teammitglieder wurden verletzt. Ein Erdbeben beschädigte 1994 ein Haus, das in *Poltergeist I* Drehort war. Eine mutmaßliche Ursache für den „Poltergeist-Fluch" ist die angebliche Verwendung von Menschenknochen als Requisiten in *Poltergeist I*.

DER FLUCH DER LEES

Der chinesische Schauspieler Bruce Lee hat fast im Alleingang aus dem Außenseitergenre der Martial-Arts-Filme Mainstreamkino gemacht. Lee war in der Stunde des Drachens im Jahr des Drachens geboren, und sein letzter abgeschlossener Film hieß *Enter the Dragon*. Am 20. Juli 1973, einen Monat vor der Premiere, nahm Lee eine Tablette gegen Kopfschmerzen, schlief ein und erwachte nicht mehr. Bei der Autopsie wurde als Todesursache ein Hirnödem aufgrund einer allergischen Reaktion auf die Schmerztablette festgestellt. Aber seither kursieren Verschwörungstheorien – Lee sei von der chinesischen Mafia ermordet worden, weil er kein Schutzgeld zahlen wollte; ein Konkurrent habe ihm *dim mak*, den Hauch des Todes, gegeben; oder er sei das Opfer böser Geister: „der Fluch des Drachens". Sein letzter Film trug den ironischen Titel *Game of Death* und wurde mithilfe von Körperdoubles, die dunkle Brillen trugen, fertiggestellt.

Die Gerüchte um Lees Tod erhielten 1993 neue Nahrung, als auch sein Sohn Brandon starb, bevor er seinen Film, *The Crow*, vollenden konnte. Der Film handelt von einem Mordopfer, das von einer Krähe wiederbelebt wird, um sich an den Mördern zu rächen. Am Abend des 30. März 1993 wurde Brandon von einer Stuntpistole tödlich getroffen, die sein Kollege Michael Massee abgefeuert hatte. Offiziell hieß es, die Spitze einer in einer früheren Szene verwendeten Dummykugel sei in die Kammer der Waffe geraten und von einer Platzpatrone aus dem Lauf gejagt worden. (Für Nahaufnahmen verwendete Dummykugeln sehen wie echte Kugeln aus, Platzpatronen erzeugen nur Lärm und Feuer für Actionschüsse.) Auch Brandon Lees letzter Film wurde mit einem Double fertiggestellt.

ROSEMARYS BABY

Der Fluch von *Rosemarys Baby* hat nichts mit der Produktion des Films zu tun, sondern ist auf unheimliche Weise mit zwei tragischen Ereignissen verbunden. Der Film von Roman Polanski erzählt die Geschichte einer Frau (gespielt von Mia Farrow), die von einer satanischen Sekte missbraucht wird und das Baby des Teufels austragen muss. Am 9. August 1969, ein Jahr nach der Filmpremiere, wurde Polanskis Frau Sharon Tate von Mitgliedern der „Manson Family" ermordet, während Polanski in London an seinem nächsten Film arbeitete. Sharon Tate, die hochschwanger war, flehte um das Leben ihres ungeborenen Kindes, bevor Sektenmitglied Susan Atkins sie mit 16 Stichen umbrachte. Gut ein Jahrzehnt später wurde John Lennon in New York vor dem Dakota Building ermordet, dessen Eingang mehrmals in *Rosemarys Baby* als Eingang zu dem Wohnblock zu sehen ist, in dem der Film spielt. Und: Lennon war ein guter Freund von Mia Farrow. Der Beatles-Song „Dear Prudence" dreht sich um Mias Schwester und erschien auf dem *White Album*, zusammen mit „Helter Skelter" – dem Song, den Charles Manson als Hauptinspirationsquelle für seine Sekte und deren Taten angab.

DENN SIE WISSEN NCHT, WAS SIE TUN

Nicholas Rays Klassiker von 1955 hat Gerüchte über einen Fluch ausgelöst – alle drei Stars starben jung unter tragischen Umständen. James Dean, der Jim Stark spielte, war erst 24, als er bei einem Autounfall umkam, fast genau vier Wochen bevor der Film am 27. Oktober Premiere hatte. Dean verließ Los Angeles wegen eines Rennens auf dem Salinas Airport in Kalifornien. Eigentlich wollte er seinen Porsche Spider zum Rennen transportieren lassen, fuhr dann aber selbst. Außerhalb der Kleinstadt Cholame stieß er frontal mit einem Ford Tudor zusammen, den der Student Donald Turnupseed steuerte, der den schnellen Porsche im Zwielicht übersehen hatte. Turnupseed kam leicht verletzt davon, doch Dean wurde im Krankenhaus für tot erklärt, nachdem er aus seinem Wagen geholt worden war, der laut einem Zeugen „wie ein zerknülltes Zigarettenpäckchen" aussah.

21 Jahre später, am 12. Februar 1976, wurde Deans jüngerer Kollege Sal Mineo im Alter von 37 Jahren ermordet. Bei der Heimkehr von einer Schauspielprobe wurde er erstochen, als er eine Gasse nahe seiner Wohnung in West Hollywood passierte. Die Polizei vermutete anfangs, der Mord sei ein schwulenfeindlicher Angriff auf den Schauspieler gewesen. Aber als Lionel Ray Williams geschnappt und überführt wurde, gestand er, dass er Mineo nur ausrauben wollte und gar nicht wusste, wer das war. Fünf Jahre später, am 29. November 1981, ertrank Natalie Wood im Alter von 43 Jahren, als sie einige Tage mit ihrem Mann Robert Wagner auf ihrer Jacht *Splendor* bei Catalina Island in Kalifornien verbrachte. Sie war betrunken, und der Befund lautete auf Unfall. Aber natürlich kursieren seither gewisse Gerüchte …

PECH UND PANNEN

Als jemand einmal meinte, der Golfer Arnold Palmer habe Glück gehabt, konterte der: „Das ist schon komisch – je mehr ich übe, desto mehr Glück habe ich." Hinter diesem Bonmot steckt mehr, als man meinen möchte. Es besagt nämlich: Wenn man trainiert, kann man aus seinen Chancen das Beste machen. Aber es gibt ja nicht nur Glückspilze, sondern auch Pechvögel ...

▲ DIE VERFLIXTE GABEL
Der französische Radrennfahrer Christophe war 1913 Favorit der Tour de France, nachdem er 1912 Zweiter geworden war. Aber als er in Führung ging, rammte ihn ein Begleitfahrzeug und zerbrach seine Vorderradgabel. Fremde Hilfe war verboten, doch Christophe, ein Schmied, fertigte sich in der nächsten Dorfschmiede eine neue Gabel. 1919 führte er bis zur vorletzten Etappe, als seine Gabel erneut brach; wieder baute er sich eine neue und wurde Dritter. 1922 lag er an dritter Stelle, als die Gabel schon wieder brach – seinen zweiten Platz ein Jahrzehnt zuvor konnte er nie übertreffen.

GLÜCK IM VIERTEN ANLAUF
Anfang 1995 wurde Italiens Radrennstar Pantani von einem Auto angefahren, doch er erholte sich und gewann zwei Bergetappen bei der Tour de France und eine Bronzemedaille bei der Weltmeisterschaft. Im Herbst 1995 fuhr ihn beim Rennen Mailand–Turin ein Jeep an. Dabei brach sein Bein an zwei Stellen. Bis zum Giro d'Italia 1997 war er wieder fit, doch eine schwarze Katze lief vor ihm über die Straße und warf ihn wieder aus dem Rennen. 1998 wendete sich endlich sein Schicksal – im vierten Anlauf gewann er die Tour de France und den Giro d'Italia.

▲ VATER UND SOHN
Im Halbfinale über 400 m bei der Olympiade 1992 in Barcelona riss der britischen Goldmedaillenhoffnung Derek Redmond die Achillessehne. Offiziell hieß es, er habe das Rennen aufgegeben – doch Derek wollte unbedingt zu Ende laufen. Sein Vater Jim eilte herbei, um ihm zu helfen, und unter dem donnernden Applaus der Zuschauer und bewundert von der ganzen Welt trug er Derek halb über die Ziellinie.

◀ RÄTSELHAFTER ZUSAMMENBRUCH

Beim Grand National von 1956 hätte Devon Loch, das Pferd der Königinmutter, siegen können, als seine schärfsten Rivalen am ersten Hindernis stürzten. Pferd und Jockey überwanden die letzte Hürde, doch 50 m vor dem Ziel brach Devon Loch zusammen, erhob sich wieder, kam aber nicht ins Ziel. Wollte das Pferd einem Schatten ausweichen, wurde es von der Menge abgelenkt, oder hatte es einen Krampf? Die Königinmutter kommentierte: „So sind Pferderennen nun mal."

EIN BEIN GESTELLT

Bei der Olympiade 1984 in Los Angeles führte die barfuß laufende Südafrikanerin Budd im 3000-m-Lauf drei Runden vor Schluss, als die amerikanische Favoritin Mary Decker sie überholen wollte. Decker verfing sich in Budds Ferse und stürzte. Die von Deckers Spikes verletzte Budd behielt das Gleichgewicht und wurde Siebte. Decker behauptete, Budd habe ihr absichtlich ein Bein gestellt (was gar nicht so einfach gewesen wäre, da die stürzende Läuferin hinter ihr lief), doch die Aufzeichnung konnte dies nicht belegen. Das Unglück brachte jedenfalls beide Frauen um ihre Medaillenchancen.

◀ PECHZAHL 13

Dan Marino von den Miami Dolphins ist der beste Spieler, der nie die Super Bowl gewann. Er gilt zwar als einer der stärksten Quarterbacks im American Football, aber bei seiner einzigen Super-Bowl-Teilnahme 1985 verlor sein Team gegen die San Francisco 49ers. Sein Trikot trug die Nummer 13.

▲ DIESER KICK

Im Mai 1968 erlebte der britische Rugbyspieler Don Fox ein traumhaftes Cup-Finale. Er wurde „Man of the Match" und wollte das Ganze durch das Siegtor krönen. Kurz vor Schluss lief er für eine simple Erhöhung an, die Wakefield nach einem 10:11- Rückstand ein glorreiches 12:11 gebracht hätte. Doch er rutschte auf dem glitschigen Spielfeld ab und verfehlte das Mal. Vierzig Jahre später ist „dieser Kick" für ihn noch immer ein Albtraum.

▼ MARATHONLEISTUNG

Der Italiener Dorando Pietri war zwar der Erste im Londoner Olympiamarathon von 1908, aber nicht der Sieger. Rund 275 m vor dem Ziel gaben seine Beine nach, und er stürzte auf die Aschenbahn. Er raffte sich auf, fiel aber noch mehrmals, bevor er über die Ziellinie humpelte, gestützt von einem Funktionär und noch fast eine Minute vor dem Zweitplatzierten Johnny Hayes (USA). Hayes focht das Ergebnis an, und Pietri wurde wegen Inanspruchnahme „fremder Hilfe" disqualifiziert. Die öffentliche Anteilnahme war so groß, dass Queen Alexandra tags darauf Pietri einen Goldpokal überreichte, den sie auf eigene Kosten gestiftet hatte.

TOOOORAUUUUUAAAA!

Im Dezember 2004 sprang der schweizerisch-portugiesische Fußballspieler Paulo Diogo auf eine Metallabsperrung, um ein Tor in der 87. Minute für Servette FC gegen Schaffhausen zu feiern. Der Ehering des Frischverheirateten verfing sich in der Absperrung und riss ihm die Fingerspitze ab, als er herabsprang. Ordner suchten nach dem fehlenden Glied – und Diogo bekam Gelb wegen Verzögerung. Die Ärzte konnten das fehlende Fingerglied nicht wieder annähen und amputierten stattdessen den Stumpf.

ABGESCHLAGEN

Bei den Open von 1999 lag der französische Golfer Jean van de Velde am letzten Tee drei Schläge in Führung – und er hoffte, als erster Franzose seit dem Jahr 1907 zu gewinnen –, als er einfach versagte. Sein erster Schlag landete auf dem Fairway, der zweite traf eine Tribüne und ging ins Rough, der dritte landete im knietiefen Wasser von Barry Burn. Er droppte und schlug dann in einen Bunker; der sechste Schlag erreichte das Grün und der siebte das Loch. Trotzdem lag er noch mit zwei anderen Spielern an der Spitze, aber im Play-off um den Titel wurde er nur Dritter.

ESSEN UND TRINKEN

XXL - SCOTCH EGG

SCHWIERIGKEITSGRAD:
›LEICHT ›RECHT EINFACH ›MITTEL ›ANSPRUCHSVOLL

Hart gekochtes Ei in Wurstbrät gehüllt und mit Brotkrumen paniert – eine seltsame Delikatesse. Scotch Eggs, im 19. Jahrhundert in Schottland beliebt (daher der Name), sind kleiner als Tennisbälle, aber viel schmackhafter. Hier eines in Fußballgröße.

ZUTATEN

12 große Eier
1,5 kg Wurstbrät
2 Päckchen Brotkrumen (à 200g)

ZUBEREITUNG

Eiweiß und Eigelb trennen und in separate Schüsseln geben. Anschließend werden Sie beides zu einem Riesensuperei kombinieren.

2 Dieser Teil ist besonders knifflig. Geben Sie nun die Hälfte des Eiweißes in eine größere Schüssel und stellen diese in kochendes Wasser. Drücken Sie mit einer kleineren Schüssel eine Delle ins Eiweiß, während es fest wird. Wiederholen Sie das Ganze, sodass Sie zwei Eiweißhalbkugeln bekommen.

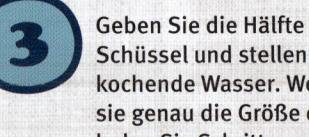
Geben Sie die Hälfte des Eigelbs in die kleinere Schüssel und stellen Sie diese wieder ins kochende Wasser. Wenn das Eigelb fest ist, haben sie genau die Größe der Delle im Eiweiß. Wiederholen Sie Schritt 3, um die andere Hälfte des Mega-Eies fertigzustellen.

Den Backofen auf 220°C (Gas Stufe 7) vorheizen. Das Wurstbrät auf einer flachen Platte ausbreiten und damit das Riesenei umhüllen. Dann mit Brotkrumen panieren.

Das Scotch Egg auf ein Backblech geben und etwa 30 Minuten backen, bis es goldbraun und knusprig ist. Auf eine Servierplatte setzen.

Zum Servieren halbieren – aber NICHT auf einmal essen!

Das XXL-Scotch Egg, im Vergleich zu einer normalen und einer Miniversion.

WIE GESUND?
Geschätzte Kalorien: 5000 Um das zu verbrennen, müssten Sie rund 7 Stunden schnell seilspringen.

MYTHEN UND LEGENDEN

Erste weiße Mittellinie
Als erste Straße der Welt bekam die River Road in Trenton im US-Staat Michigan einen „Mittellinien-Sicherheitsstreifen". Er wurde im Herbst 1911 auf Anregung des Wayne County Road Commissioner Edward Norris Hines aufgebracht.

2 STD. **PARKZEIT 8:30 – 17:30**

Erste Parkuhr
1932 erfand der amerikanische Journalist Carlton Magee die Parkuhr, und am 16. Juli 1935 wurden die ersten 150 Geräte in Oklahoma City aufgestellt. Einen Monat später musste der Prediger Reverend North als Erster ein Bußgeld wegen Überschreitung der Parkzeit bezahlen.

Erster Autounfall
1897 stießen erstmals zwei Autos auf der Charing Cross Road in London zusammen.

Erste Verkehrstote
1896 wurde Mrs Bridget Driscoll auf dem Gelände des Crystal Palace in London von Arthur Edsell überfahren, der 6 km/h schnell fuhr. Als erster Autofahrer kam Henry Lindfield 1898 ums Leben: Er starb am Schock, als er sein Elektroauto auf der Fahrt von London nach Brighton zu Schrott fuhr.

Erste Verurteilung wegen Trunkenheit am Steuer
Am 10. September 1897 krachte George Smith mit seinem Elektrotaxi in ein Haus an der Bond Street in London. Vor Gericht gestand er, „zwei oder drei Glas Bier" getrunken zu haben. Das Bußgeld betrug 20 Shilling.

Erste Ampel
Die allererste Ampel war eine Gaslampe, die 1868 am Parliament Square in London installiert wurde, um den Kutschenverkehr zu regeln. Die erste elektrische Ampel erfand der Amerikaner Garrett Augustus. 1914 wurde sie an der Ecke Euclid Avenue und 105th Street in Cleveland, Ohio, aufgestellt.

STRASSENVERKEHR

Bei Autorennen ist der „Erste" der „Schnellste". Doch auf normalen Straßen ist das „Erste" das „Früheste". Seit immer mehr Menschen auf Achse sind, nimmt die Zahl der Verkehrsvorschriften ständig zu – sie zu ignorieren kann verheerende Folgen haben.

Erste Autobahn

Die erste vierspurige Schnellstraße ausschließlich für Motorfahrzeuge war die Avus in Berlin, eine Stadtautobahn, die am 24. September 1921 eröffnet wurde. Die erste italienische Autostrada zwischen Mailand und Varese wurde am 21. September 1924 für den Verkehr freigegeben.

Erster Temposünder

Am 20. Januar 1896 wurde Walter Arnold aus East Peckham in Kent wegen Überschreitung des Tempolimits von 3 km/h in bebauten Gebieten verhaftet. Er war schätzungsweise 13 km/h schnell gefahren. Ein Polizist stellte ihn nach einer Verfolgungsjagd mit dem Fahrrad.

Erste Autokralle

Autokrallen kamen nach 1900 auf den Markt. Sie funktionierten wie Fahrradschlösser und wurden durch die Speichen geführt. Als sich das Raddesign änderte, verschwanden diese Krallen. Nach dem Zweiten Weltkrieg wurden sie wieder gegen Parksünder eingesetzt.

Erste Tempofalle

Der Rallyefahrer Maurice Gatsonides entwickelte die erste Tempomessung per Kamera in den 1950er Jahren, um seine Leistung zu testen. Nach 1990 lösten Digitalkameras Filmkameras zur Verkehrsüberwachung ab.

Erste zivile Verkehrsstreife

New Yorks Oberbürgermeister Robert Wagner führte im Juni 1960 die ersten zivilen Verkehrsstreifen der Welt ein. Im September jenes Jahres kamen sie auch in London zum Einsatz.

TECHNOLOGIE

HORCH UND GUCK

James Bond, der berühmteste Spion der Welt, verfügt über unglaubliche Gerätschaften – tödliche Aktentaschen, Laseruhren und ferngesteuerte Autos –, aber sie sind natürlich fiktiv und funktionieren durch Filmtricks. Echte Spione benutzen genauso fantastische Apparate, und die funktionieren wirklich.

▶ GEHEIMVERSTECKE

Wer eine Durchsuchung befürchten muss, kann sich verschiedener Geheimverstecke bedienen. Sie reichen von hohlen Möbeln und Koffern mit doppelten Böden bis zu ausgehöhlten Büchern und wiederverschließbaren Behältnissen, die wie normale Markenprodukte aussehen, etwa Konserven, Rasierschaum oder Lackspray.

▲ Versteckte Kamera – Bilder lassen sich seitlich aufnehmen, indem man auf den Einband drückt.

▶ VERSTECKTER UKW-SENDER

Ultrakurzwellensender lassen sich in vielen harmlosen Haushaltsgegenständen verstecken. Spione können damit ihre eigenen Gespräche übertragen oder andere in bis zu 1000 m Entfernung belauschen. Beliebt sind Taschenrechner, Füller, Uhren, Telefon- und Steckdosen, die ungeachtet ihrer verborgenen Extras alle ganz normal funktionieren.

▲ Füller mit eingebautem Sender

▲ Rektalwerkzeugsatz (von links nach rechts): Griff mit Zange und Drahtschneider, Feile, Bohreinsatz, Schleifwerkzeug, Schneidklingen, Sägeblatt und Reibahle

▲ REKTALWERKZEUG

Fluchtwerkzeuge und geniale Verstecke dafür sind immer nützlich. Dieser CIA-Werkzeugsatz wurde im Rektum versteckt. Er enthielt neun einzelne Werkzeuge, von Schneidklingen bis zu Bohreinsätzen.

TELEFONVERZERRER

Moderne Telefonstimmenverzerrer ermöglichen es, Timbre, Ton, Formant (Resonanz von Konsonanten und Vokalen), Hall und Tonhöhe einer Stimme beim Sprechen total zu verändern. Dabei lassen sich sogar die Einstellungen speichern, sodass die gleiche Stimme bei künftigen Anrufen erneut eingesetzt werden kann.

WELLENDETEKTOREN UND FENSTERBOUNCER

Wellendetektoren können durch Wände „sehen". Sie messen die elektromagnetische Strahlung und erkennen, wie Menschen sich in Gebäuden bewegen, ja sogar ihre Atmung und ihren Puls. Fensterbouncer ersparen das Anbringen von Wanzen, um Unterhaltungen zu belauschen: Ein auf ein Fenster gerichteter Laserstrahl nimmt die Schwingungen im Glas wahr und wandelt sie in Schall um.

◄ **SCHIRM MIT GIFTSPITZE**

Am 12. September 1978 stach ein Agent des bulgarischen Geheimdienstes dem Überläufer Georgi Markow mit einem Schirm ins Bein, als er in London auf einen Bus wartete. Die Schirmspitze injizierte ein Metallkügelchen mit Rizin, das Markow drei Tage später tötete.

▲ KGB-Schirm

ÜBERWACHUNGSGERÄTE

GPS, das Global Positioning System, kann über Satelliten Position, Geschwindigkeit und Richtung eines computerisierten Empfängers exakt ermitteln. Ein Tracker enthält einen GPS-Empfänger und einen Sender und lässt sich in Kleidung, persönlichen Gegenständen oder Fahrzeugen verstecken, um eine überwachte Person zu verfolgen.

▲ **GEHEIME RECORDER**

Manchmal kann man nicht aus der Distanz aufnehmen, und der Agent muss nahe an die Zielperson herankommen. Recorder lassen sich in Büchern, Aktenkoffern und Handtaschen verbergen. Die damit verbundenen Mikrofone werden unter anderem in Gürtelschnallen, Knöpfen, Füllern, Anhängern und Broschen versteckt.

◄ Geheime Miniaturkamera mit Befestigungsgurten und Fernsteuerung

► **SCHLOSSKNACKSET**

Es gibt Sets mit bis zu 32 Instrumenten – Experten knacken die meisten Schlösser mit fünf. Zum Set gehören ein Spanner zum Drehen des Bolzens sowie flache Haken mit verschiedenen Spitzen, die ins Schloss eingeführt werden und die Stifte betätigen.

▲ Taschenschlossknackset – mit diesen Haken und Spannern lassen sich die meisten Schließzylinder (die üblichsten Schlösser) auf der Welt öffnen.

MEHRZWECKFÜLLER

Der Füller ist eines der vielseitigsten Geräte, um Waffen oder Überwachungsgeräte zu verbergen, da er in den meisten Situationen keinen Verdacht erregt. Unauffällig lassen sich dort Funksender, Mikrofone, Wanzendetektoren, Kameras, Miniaturteleskope, Giftkügelchen und Elektroschocker einbauen.

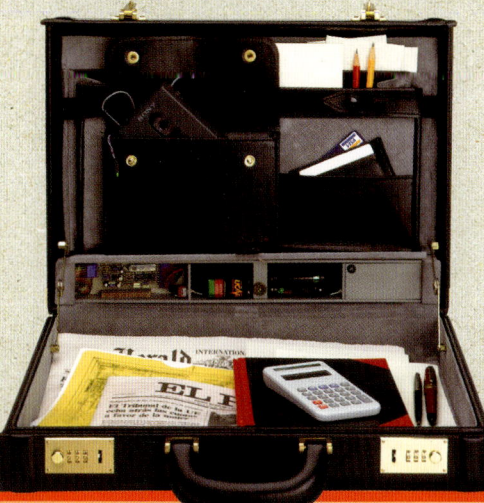

◄ In der Schmalseite des Aktenkoffers versteckter Recorder

◄ **VERSTECKTE KAMERAS**

Überwachungskameras lassen sich in allen Objekten verstecken, die eine gute Sicht auf den zu überwachenden Raum bieten, wie Wanduhren, Einbruchsalarmsensoren oder Rauchmelder. Handbetriebene Foto- oder Videokameras werden in tragbare Objekte eingebaut, wie Handys, Uhren, Aktenkoffer, Handtaschen, Feuerzeuge, Sonnenbrillen und Broschen.

FLORA UND FAUNA

Sturmlocken

Nach dem Matthäus-Evangelium „sind auch eure Haare auf dem Haupt alle gezählt". Nun, hier sind ein paar Frisuren, die besser im Sand vergraben als gezeigt und gezählt werden sollten. Jeder Mensch hat gelegentlich einen „Sturmlocken-Tag", aber es sieht so aus, als wäre bei diesen armen Unglücklichen jeder Tag ein „Sturmlocken-Tag".

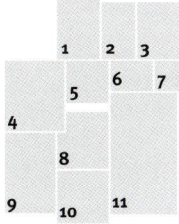

70er AFRO (großes Bild, links) Don Brewer, Drummer der Band Grand Funk Railroad
01. FETTLOCKEN Guy Pearce, Schauspieler
02. 80er VOKUHILA Pat Sharp, TV- und Radiomoderator
03. 1910 WILDE MÄHNE „Prof" W.H. McMillan, Einmannband in Texas
04. 70er-STIL „FLICK" mit passendem Pollunder
05. 80er NEUE ROMANTIK parodiert in einer KFC-Anzeige von 2000
06. LÖCKCHEN Sam Bernard in *The Girl from Kays*
07. BART-OLYMPIADE Österreich, 2005
08. 60er PAGENSCHNITT in einer Anzeige
09. 80er GEBLEICHTE DAUERWELLE mit Ohrring
10. PARTNERPERÜCKEN in einer Anzeige
11. HAAR, SCHNÄUZER, und Brustbehaarung – Douglas Bull, Stuntman

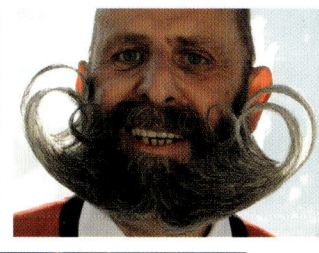

ECHTE NAMEN

Echter Name	Künstlername
David Robert Jones	DAVID BOWIE
David Seth Kotkin	DAVID COPPERFIELD
Dino Crocetti	DEAN MARTIN
Derek van den Bogarde	DIRK BOGARDE
LaDonna Andrea Gaines	DONNA SUMMER
Doris Mary Ann Von Kappelhoff	DORIS DAY
Reginald Kenneth Dwight	ELTON JOHN
Declan Patrick Aloysius McManus	ELVIS COSTELLO
Marshal Mathers III	EMINEM
Arnold Dorsey	ENGELBERT HUMPERDINCK
Eric Clapp	ERIC CLAPTON
Frederick Austerlitz	FRED ASTAIRE
Faroukh Bulsara	FREDDIE MERCURY
Jerome Silberman	GENE WILDER
Götz Schultz	GÖTZ GEORGE
Greta Lovisa Gustafsson	GRETA GARBO
Vincent Damon Furnier	ALICE COOPER
Alicia Augello Cook	ALICIA KEYS
Béla Ferenc Dezső Blaskó	BELA LUGOSI
Krishna Bhanji	BEN KINGSLEY
Eleanora Fagan Gough	BILLIE HOLIDAY
William Michael Albert Broad	BILLY IDOL
Lesley Charles	BILLY OCEAN
Walden Robert Cassotto	BOBBY DARIN
Robert Zimmerman	BOB DYLAN
Leslie Townes Hope	BOB HOPE
Paul Hewson	BONO
William Henry Pratt	BORIS KARLOFF
Archibald Alexander Leach	CARY GRANT
Andreas Frege	CAMPINO
John Charles Carter	CHARLTON HESTON
Cherilyn Sarkisian	CHER

MYTHEN UND LEGENDEN

SECHS GRADE VON PROMINENZ

EINER THEORIE ZUFOLGE IST DIE ERDE SO KLEIN, DASS JEDER MIT JEDEM DURCH EINE KETTE VON NICHT MEHR ALS SECHS VERBINDUNGEN VERKNÜPFT WERDEN KANN. INSPIRIERT DURCH DAS STÜCK SIX „DEGREES OF SEPARATION", ERFANDEN ZWEI AMERIKANISCHE STUDENTEN DAS SPIEL „SIX DEGREES OF KEVIN BACON". DABEI MUSSTE IRGENDEIN HOLLYWOODSTAR IN SECHS SCHRITTEN MIT BACON VERKNÜPFT WERDEN. HIER SIND EIN PAAR VERBINDUNGEN ALS SPIELHILFEN.

LINKSHÄNDER

- ADOLF HITLER
- ALEXANDER DER GROSSE
- BILL CLINTON
- BILL GATES
- BUZZ ALDRIN
- CHARLIE CHAPLIN
- DOUGLAS ADAMS
- FRIEDRICH NIETZSCHE
- GERMAINE GREER
- HENRY FORD
- JAMES BROWN
- JIMI HENDRIX (beidhändig, spielte Gitarre aber meist linkshändig)
- JEANNE D'ARC
- JOHANN SEBASTIAN BACH
- KEANU REEVES
- LEO TOLSTOI
- MARGARET THATCHER
- MARIO ADORF
- NAPOLEON BONAPARTE
- NICOLE KIDMAN
- OSAMA BIN LADEN
- PABLO PICASSO
- PAUL MCCARTNEY
- ROBERT DE NIRO
- SAMUEL BECKETT
- STEVE MCQUEEN
- URI GELLER

ECHTE NAMEN FORTSETZUNG…

Claus Gunther Nakszynski **KLAUS KINSKY**	Sofia Villani Scicolone **SOPHIA LOREN**	
Julius Henry Marx **GROUCHO MARX**	Brian Warner **MARILYN MANSON**	Arthur Jefferson **STAN LAUREL**
Ehrich Weiss **HARRY HOUDINI**	Norma Jean Mortenson **MARILYN MONROE**	Steveland Morris **STEVIE WONDER**
James Newell Osterberg Jr **IGGY POP**	Ramón Estévez **MARTIN SHEEN**	Gordon Sumner **STING**
Henry John Deutschendorf Jr **JOHN DENVER**	Marvin Lee Aday **MEAT LOAF**	Anna Mae Bullock **TINA TURNER**
Marion Michael Morrison **JOHN WAYNE**	Margaret Mary Emily Ann Hyra **MEG RYAN**	Udo Jürgen Bockelmann **ÜDO JÜRGENS**
Roberta Joan Anderson **JONI MITCHELL**	Maurice Micklewhite **MICHAEL CAINE**	Allen Stewart Konigsberg **WOODY ALLEN**
Frances Gumm **JUDY GARLAND**	Gerhard Höllerich **ROY BLACK**	

PILOTEN

JOHN TRAVOLTA
▼
CLINT EASTWOOD
▼
MORGAN FREEMAN
▼
HARRISON FORD
▼
PATRICK SWAYZE
▼
FRANZ JOSEPH STRAUSS
▼
MICHAEL CRAWFORD
▼

VORFAHREN

ABRAHAM LINCOLN * TOM HANKS
EDWARD III. * RICHARD NIXON
HEINRICH I. (MÖGLICH) * CLINT EASTWOOD
JOHANN SEBASTIAN BACH * KYLE MACLACHLAN
LOUIS BLÉRIOT * CATE BLANCHETT
ROBERT I. * BARBARA CARTLAND
WILLIAM WORDSWORTH * MIKE MYERS

SCHWIEGERELTERN

ANDRÉ PREVIN IST WOODY ALLENS SCHWIEGERVATER
CECILLE B. DE MILLE WAR ANTHONY QUINNS SCHWIEGERVATER
DON EVERLY WAR AXL ROSES SCHWIEGERVATER
EUGENE O'NEILL WAR CHARLIE CHAPLINS SCHWIEGERVATER
FRANZ LISZT WAR RICHARD WAGNERS SCHWIEGERVATER
INGRID BERGMAN WAR MARTIN SCORSESES SCHWIEGERMUTTER
RYAN O'NEAL WAR JOHN MCENROES SCHWIEGERVATER
VANESSA REDGRAVE IST LIAM NEESONS SCHWIEGERMUTTER

SARGTRÄGER

1827 FRANZ SCHUBERT FÜR LUDWIG VAN BEETHOVEN **1928** J.M. BARRIE UND GEORGE BERNARD SHAW FÜR THOMAS HARDY **1960** JAMES STEWART UND SPENCER TRACY FÜR CLARK GABLE **1981** ROCK HUDSON, FRANK SINATRA, GREGORY PECK, FRED ASTAIRE, LAURENCE OLIVIER, DAVID NIVEN UND ELIA KAZAN FÜR NATALIE WOOD **1994** EMERSON FITTIPALDI, RUBENS BARRICHELLO, DAMON HILL, DEREK WARWICK, JOHNNY HERBERT, GERHARD BERGER, ALAIN PROST UND JACKIE STEWART FÜR AYRTON SENNA **1994** JOHN MCENROE, JIMMY CONNORS UND BJORN BORG FÜR VITAS GERULAITIS

RIO FERDINAND
▼
DAVID COULTHARD
▼
GARY NUMAN
▼
ANGELINA JOLIE
▼
TOM CRUISE
▼
GEORGE H BUSH
▼
GEORGE W BUSH
▼
KURT RUSSELL
▼
KRIS KRISTOFFERSON

SITTEN UND GEBRÄUCHE
NATIONALE SCHÄTZE

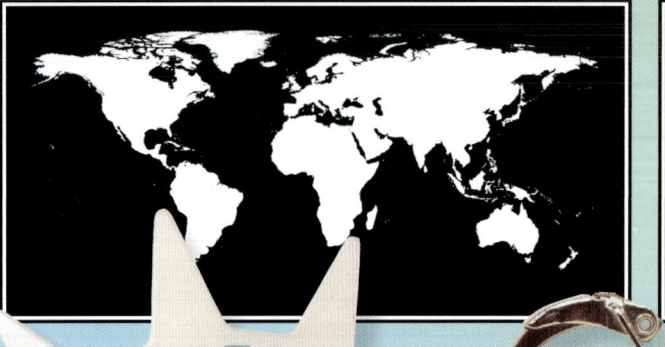

Beliebte Souvenirs sind zweifellos T-Shirts. Sind sie aber nicht Ihr Ding, gibt es jede Menge hübscher kultureller Kleinodien, die Sie an die Höhepunkte Ihres Urlaubs erinnern – oder auch nicht. Wer kauft so was? So viele vernarrte Großeltern und nervende Kinder kann es doch gar nicht geben. Aber es ist ein globales Phänomen, also muss am Urlaub etwas dran sein, das Menschen dazu drängt, lokale Erzeugnisse mit heimzunehmen.

KANADA
Mutige nehmen Ahornsirup mit nach Hause – Sie könnten mit einem Koffer voll klebriger Kleider heimkehren.

USA
Sind Sie zu weit im Norden für einen Stetson, dann ist diese Freiheitsstatuenbrille das perfekte Souvenir für Sie.

HOLLAND
Der Holzschuhanhänger – süß oder kitschig? Geschmackssache. Vielleicht waren gerade die Windmühlen oder Holztulpen ausgegangen.

PERU
Kaufen Sie sich zu Hause eine Panflöten-CD und tun Sie so, als würden Sie sie selbst spielen.

ENGLAND
Eine Schneekugel – das ideale Souvenir aus London, wo das Wetter immer schlecht ist und der Verkehr immer ruht.

KENIA
Haben Wilderer die letzten Elefanten ausgerottet, wird dieses Modell Sie immer daran erinnern, dass es sie einmal gab.

SCHOTTLAND
Der Dudelsack wurde zwar in Griechenland erfunden, doch Kilt und Sporran verhindern, dass Sie Ihre Urlaube verwechseln.

NORWEGEN
Angst vor Trombose? Dann tragen Sie auf dem Heimflug diese hübschen Schühchen aus Rentierfell.

FLORA UND FAUNA

VOGELSCHEUCHE

Eine blank ziehende Vogelscheuche schreckt jeden Vogel ab. Ein Farmer in Kansas erzielte diesen neuartigen Effekt mit zwei Kürbissen.

TEMPELRITTER

Im Jahr 1118 gelobten neun französische Ritter, Pilger auf dem Weg ins Heilige Land zu beschützen, und benannten ihren Orden nach dem Tempel des Salomon in der Nähe ihres Hauptquartiers in Jerusalem. Der Orden wurde rasch größer, mächtiger und reicher, bis Neid zu seiner Unterdrückung und 1312 auf Geheiß von Papst Clemens V. zu seiner Auflösung führte. Die Mär von der angeblichen Verbindung der Templer mit dem Heiligen Gral nährte wilde Spekulationen, dass der Orden noch heute insgeheim existiere und die Weltpolitik über die Kontrolle von Organisationen wie die UNO beeinflusse.

KATHARER

Die Katharer (nach griechisch katharós, „rein") waren eine mittelalterliche Sekte ketzerischer Christen, die glaubten, die Seele sei im Prinzip gut und könnte der Weg zur Erlösung von den Übeln der materiellen Welt sein. Im 14. Jahrhundert wurden die Katharer von der Inquisition der katholischen Kirche unterdrückt. Verschwörungstheoretiker glauben aber, dass sie genau wie die Tempelritter Schätze und mystische Geheimnisse besaßen, dank derer die Sekte im Geheimen überlebte. Für diese Fantasten zählen die Katharer neben den Tempelrittern, Illuminaten und Freimaurern zu den Geheimgesellschaften, die die Weltherrschaft übernehmen wollen.

MYTHEN UND LEGENDEN

WILLKOMMEN IM CLUB

Echte Geheimgesellschaften dürften wir per Definitionem nicht kennen. Doch es gibt viele geheimnistuerische Gesellschaften, reale wie mythische. Geheimniskrämerei macht misstrauisch, und daher ranken sich um viele dieser Gesellschaften Gerüchte und Verschwörungstheorien.

Wir haben uns zwar offen und unvoreingenommen auf die Suche nach den am besten untermauerten Darstellungen begeben, doch das heißt nicht, dass Sie die (anderen) Theorien oder die von uns in diesem Zusammenhang wiedergegebenen „Fakten" unter Umständen nicht in Zweifel ziehen sollten.

ROSENKREUZER

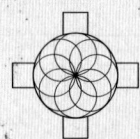

Es gibt mehrere sogenannte Rosenkreuzergesellschaften – sie reichen von astrologischen New-Age-Bünden bis zu philanthropischen Bruderschaften wie den Freimaurern. Alle berufen sich auf die mythische *Fraternatis Rosae Crucius* (Bruderschaft vom roten Kreuz), die erstmals 1614 in einem anonymen Pamphlet dokumentiert wurde. Es schilderte die Gründung der Bruderschaft im Jahr 1407 durch den deutschen Mönch Christian Rosenkreutz, der die geistige und spirituelle Weiterentwicklung fördern wollte. In Umkehrung der üblichen Verschwörungstheorien, nach denen seit langem ausgelöschte Gesellschaften noch existieren, hat diese fiktive Gesellschaft zahlreiche echte hervorgebracht.

FREIMAURER

Die Freimaurer bedienen sich zur spirituellen Weiterentwicklung allegorischer Steinmetzrituale. Da sie sich mit geheimen Gesten und Losungsworten zu erkennen geben, behaupten Verschwörungstheoretiker, sie seien eine auf die Weltherrschaft erpichte Geheimgesellschaft. Für die Freimaurerei gibt es keine historischen Belege vor dem 17. Jahrhundert, und während die meisten Freimaurer ihre Herkunft auf die mittelalterlichen Steinmetzzünfte zurückführen, erblicken Verschwörungstheoretiker in der Freimaurerei eine Fortsetzung des Templerordens. Doch selbst offizielle Ermittlungen ergaben, dass es sich hier nur um eine philanthropische Bruderschaft handelt.

ILLUMINATEN

Der 1776 vom bayerischen Philosophen Adam Weishaupt gegründete Illuminatenorden (auch Perfectibilisten genannt) war eine kleine republikanische Gruppe von Freidenkern, die meist auch Freimaurer waren. Aus Furcht vor ihrem Einfluss verbot der bayerische Kurfürst Karl Theodor 1784 alle Geheimgesellschaften. Doch wie bei den Tempelrittern vermuten Verschwörungstheoretiker ein Weiterleben des Ordens. Seit ihrer offiziellen Auflösung unterstellt man den Illuminaten, sie wollten den Papst verdrängen, die US-Politik kontrollieren, den Weltkommunismus schüren, die CIA leiten und die Weltherrschaft durch Infiltrieren internationaler Organisationen übernehmen.

MAFIA

Mafia bedeutet so viel wie „arrogant" oder „mutig" im Dialekt von Sizilien, wo die ersten Mafia-Familien der organisierten Kriminalität nachgingen. Im 19. Jahrhundert verbreiteten sich Mafia-Gruppen in ganz Italien und dann durch Einwanderung auch in den USA, vor allem in New York und Chicago. Die amerikanische Mafia wurde während der Prohibition so mächtig, dass „Mafia" zum Synonym für jedes organisierte Verbrechenssyndikat wurde. Der Mafia wird die Verwicklung in zahllose interne Morde ebenso wie die Ermordung prominenter Persönlichkeiten wie des Gewerkschaftsführers Jimmy Hoffa, des Filmstars Marilyn Monroe, von Präsident John F. Kennedy und seinem Bruder, Justizminister Robert F. Kennedy, vorgeworfen.

YAKUZA

Die Yakuza, oft als „japanische Mafia" bezeichnet, bilden eines der größten und aktivsten Verbrechenssyndikate der Welt. Sie gehen zurück auf marodierende Banden „herrenloser Samurai", die die Yakuza selbst als Beschützer des Volkes im Stil Robin Hoods, Historiker als rücksichtslose Bürgerwehr bezeichnen. Moderne Yakuza operieren nicht nur in den traditionellen Aktionsfeldern wie Drogen, Glücksspiel, Erpressung und Prostitution, sondern auch im Immobilien-, Banken- und Logistiksektor.

SKULL & BONES

Dieser Studentenverbindung der Yale University wird von Verschwörungstheoretikern vorgeworfen, als „Geheimorganisation" zu „verborgenen Pfaden der Macht" zu führen. Zwar waren die US-Präsidenten Taft, Bush senior und junior ehemalige „Bonesmen", doch die Liste der bekannten Mitglieder stützt keinesfalls die Theorie, die Verbindung sei ein direkter Weg zu Macht und Einfluss.

OPUS DEI

Die internationale katholische Laienorganisation Opus Dei (wörtlich „Werk Gottes") wurde 1928 von Josemaria Escrivá gegründet, der 1975 starb und 2002 heiliggesprochen wurde. Das erklärte Ziel von Opus Dei ist es, den Menschen zu helfen, mit ihrer Arbeit und ihren Alltagstätigkeiten Gott näher zu kommen, anderen zu dienen und die Gesellschaft zu verbessern. Aber viele Menschen misstrauen den „kultartigen Techniken" und der wachsenden Macht der Organisation und behaupten, Opus-Dei-Mitglieder hätten Verbindungen zu Francos Faschisten gehabt, würden unangemessenen politischen Einfluss in Italien und Lateinamerika ausüben und wollten die US-Politik steuern. Ein führender spanischer Theologe bezeichnete Opus Dei als „heilige Mafia".

BILDERBERG-GRUPPE

Die Bilderberg-Gruppe, die erstmals 1954 im niederländischen Hotel Bilderberg zusammenkam, ist eine inoffizielle internationale Vereinigung hochrangiger Persönlichkeiten aus Wirtschaft, Finanzwelt, Medien und Militär, Spitzenpolitikern und Angehörigen verschiedener Königshäuser. Ursprüngliches Ziel der alljährlich tagenden Gruppe war die Förderung internationaler Beziehungen. Doch da die Konferenzen an geheimen Orten unter Ausschluss der Medien abgehalten und nichtöffentlich protokolliert werden, überrascht es nicht, dass man der Gruppe alles Mögliche vorwirft, von der unzulässigen Beeinflussung von US-Präsidentschaftswahlen bis hin zur Anzettelung von Kriegen und der Steuerung der Weltpolitik und -finanzen.

FLORA UND FAUNA

Bei Frauen kamen die „Kurven" und Dekolletés der 50er Jahre endgültig aus der Mode, lange Beine wie die von Jamie Lee Curtis, Brooke Shields und Elle McPherson waren hingegen in (lange Beine sind es bis heute, Stulpen und Strumpfhosen glücklicherweise aber nicht). Und für Männer war offenbar der Militärstil *The Right Stuff* (obwohl Mel Gibson einen robusten zivilen Look zu bevorzugen schien).

80s
IKONEN

MADONNA (großes Bild, links) als *Material Girl* nach dem gleichnamigen Song
01. JAMIE LEE CURTIS die „Scream Queen" zeigt ihre wohlgeformten langen Beine
02. TOM CRUISE sah als Maverick in *Top Gun* (1986) immer gut aus
03. KIM BASINGER schmollt als Elizabeth in *9 1/2 Wochen* (1986)
04. MEL GIBSON als blauäugiger Charmeur
05. WHITNEY HOUSTON Model, Schauspielerin und eine der erfolgreichsten Pop-Diven überhaupt
06. BROOKE SHIELDS mit schönen Beinen, aber grässlichen Ringelstrümpfen
07. ELLE MACPHERSON Supermodel, genannt „The Body"
08. RICHARD GERE in Militäruniform als Zack Mayo in dem Film *Ein Offizier und Gentlemen* (1982)

Ich bin gern eine Frau, sogar in der Männerwelt. Männer können keine Kleider tragen, wir aber Hosen. – Whitney Houston

NORDPOLMARATHON

Der von Richard Donovan 2003 mitbegründete Nordpolmarathon ist das einzige derartige Event, das nur auf dem Wasser ausgetragen wird – dem gefrorenen Nordpolarmeer. Nachdem Donovan den ersten Antarktismarathon im Januar 2002 gewonnen hatte (siehe gegenüber unten), lief er gleich im April noch einen Solomarathon am Nordpol – als erster Mensch, der einen Marathon an beiden Polen gelaufen war.

VENDÉE GLOBE

Die vom Franzosen Philippe Jeantot 1989 gegründete Vendée Globe ist die einzige Nonstop-Regatta für Einhandsegler um die Welt. Sie startet und endet im Küstenstädtchen Les Sables-d'Olonne im westfranzösischen Departement Vendée. 2001/02 wurde die 24-jährige englische Seglerin Ellen MacArthur als bislang jüngste Teilnehmerin Zweite in 94 Tagen und 4,5 Stunden – der Rekordzeit für Frauen.

BEAST OF THE EAST

Der Sechs-Tage-Triathlon Beast of the East (Eigenwerbung: „Amerikas härtestes Abenteuerrennen") geht über 480 km gebirgiges Terrain und umfasst Wildwasserkanufahren, Mountainbiking und Klettern. Im Unterschied zu vielen anderen extrem langen Ausdauerevents gibt es beim „53 Deg North Beast" keine Pflichtpausen – die Teilnehmer müssen also ganz allein entscheiden, wann sie rasten, essen und schlafen wollen.

WESTERN STATES TRAIL RIDE

Dieses 100-Meilen-Ausdauerpferderennen in Kalifornien, auch Tevis Cup genannt, wurde erstmals 1955 von Wendell Robie absolviert. Es startet um 5:15 Uhr bei Truckee, geht über die Sierra Nevada und endet 24 Stunden später in Auburn. Tierärzte untersuchen die Pferde nach 30 und nach 70 Meilen. Den Pokal bekommt der Schnellste – falls das Pferd als „fit zum Weiterreiten" erklärt wird.

SELF-TRANSCENDENCE-3100-MILE RACE

Der 1997 von dem indischen Guru Sri Chinmoy begründete 5000-km-Ultramarathon ist das längste Rennen der Welt. Es findet alljährlich im US-Staat New York statt. Die Teilnehmer sollen 5649 Runden auf einem 883-Meter-Rundkurs in nicht mehr als 51 Tagen laufen. Weltrekordinhaber ist der Deutsche Wolfgang Schwerk mit 42 Tagen und 13:24:03 Stunden.

LA RUTA DE LOS CONQUISTADORS

Costa Ricas La Ruta – „das härteste Mountainbikerennen auf dem Planeten" – ist ein Dreitagerennen von Küste zu Küste, in tropischem Klima und durch mörderisches Terrain, das am Vulkan Irazú bis zu einer Höhe von 3432 m ansteigt.

◀ IDATROD-HUNDE-SCHLITTENRENNEN

Dieses seit 1973 alljährlich ausgetragene Alaskarennen entlang dem historischen Iditarod-Trail geht über rund 1850 km in acht bis fünfzehn Tagen, bei Temperaturen weit unter Null. Eisige Blizzards können den Windchill bis auf -75 °C absenken.

BADWATER-ULTRAMARATHON

Bei diesem 135-Meilen-Lauf (217 km) herrschen Temperaturen von bis zu 55 °C. Er startet auf 85 m unter dem Meeresspiegel in Badwater im kalifornischen Death Valley und endet in 2533 m Höhe auf dem Mount Whitney.

SPORT UND FREIZEIT

EXTREME AUSDAUER

Ausdauerrennen erfordern nicht nur Tempo, Kraft sowie Geschick, sondern geht es dabei auch um Mut, Entschlossenheit und zuweilen ums nackte Überleben. Sie stellen den menschlichen Geist auf die Probe, denn wer so verrückt ist, daran teilzunehmen, kämpft nicht nur gegen andere, sondern auch mit sich selbst. Hier eine Auswahl von 14 ultimativen Rennen der Welt.

DURCHSCHWIMMEN DES ÄRMELKANALS

Bevor der englische Kapitän Matthew Webb 1875 den Ärmelkanal durchschwamm, hielt man dies für unmöglich – und 36 Jahre lang vermochte niemand, diese Leistung zu wiederholen. Dann hieß es, für Frauen sei dies unmöglich, bis die Amerikanerin Gertrude Ederle es 1926 nach fünf Männern schaffte. Seither ist rund 800 Menschen „das Unmögliche" gelungen.

TOUR DE FRANCE

Das weltberühmteste Radrennen, die Tour de France, ist ein dreiwöchiges Etappenrennen durch Frankreich und zuweilen auch durch Nachbarländer. Es wurde 1903 von Henri Desgrange, dem Chefredakteur der Sportzeitung *L'Auto* begründet, der 1919 das berühmte gelbe Trikot einführte, um den Führenden zu kennzeichnen und weil die Seiten von *L'Auto* gelb waren. 2005 gewann der Amerikaner Lance Armstrong die Tour zum siebenten Mal in Folge – ein Rekord.

EVEREST MARATHON

Der seit 1987 zum Gedenken an Tenzing und Hillary stattfindende Everest Marathon gilt als höchster Marathon der Welt. Die Startlinie in Solu Khumbu, dem Everest-Basislager in Nepal, liegt auf 5356 m Höhe. Das Ziel nach 42,2 km auf holprigen Gebirgspfaden befindet sich in Namche Bazar auf 3446 m Höhe.

ANTARKTIS-EIS-MARATHON

Der südlichste Marathon der Welt, auch Südpolmarathon genannt, wird am Fuß der Ellsworth Mountains in 80° südlicher Breite im Inneren der Antarktis ausgetragen. Die Strecke verläuft über ewigem Schnee und Eis bei Durchschnittstemperaturen von -20 °C. Es gibt auch einen Antarktis-Halbmarathon und für die Harten das Antarctic Ultra Race über 100 km.

▲ IRONMAN AUSTRALIA

Der Ironman Australia findet seit 1985 alljährlich in Port Macquarie an der Ostküste Australiens statt und umfasst 3,86 km Schwimmen in tiefem Wasser, ein Radrennen über 180,2 km und einen abschließenden Marathonlauf (42,2 km).

◀ MARATHON DES SABLES

Der 1986 von dem Franzosen Patrick Bauer gegründete Marathon des Sables („Sandmarathon") gilt als härtester Lauf der Welt. Er geht über sechs Etappen von insgesamt 230 km in sieben Tagen durch die marokkanische Sahara, eine der lebensfeindlichsten Wüsten der Welt. Das Startgeld umfasst auch eine Gebühr für „Leichenrückführung".

SPORT UND FREIZEIT

VEREINT IM FREIEN FALL

Am 8. Februar 2006 stellten Fallschirmspringer aus 31 Ländern über Nordostthailand einen Weltrekord im Freifallformationsspringen auf. 400 Personen bildeten in luftiger Höhe eine Schneeflocke.

TECHNOLOGIE
MILLIARDEN FÜR DAS MILITÄR

Wenn es um die Streitkräfte geht, zählt meist die Größe. Die unten abgebildeten Soldaten mit den verschieden großen Gewehren repräsentieren die Höhe der Militärausgaben ihrer Länder pro Kopf der Bevölkerung im Jahr 2005 nach Angaben der CIA. Man kann es aber auch noch anderes verdeutlichen: So gibt etwa Eritrea (Platz 96 auf unserer Liste) mehr des BIP für die Armee aus als jedes andere Land der Erde.

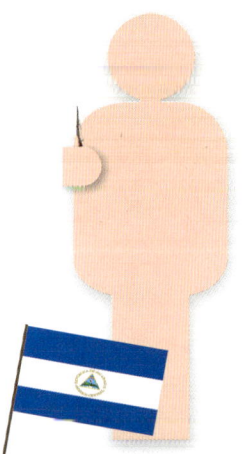

140. NICARAGUA
4,76 $ PRO PERSON

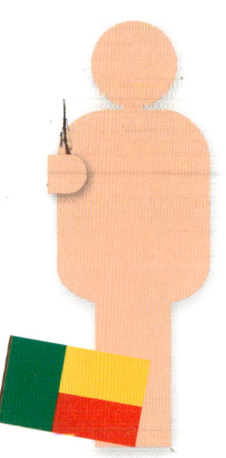

120. BENIN
10,56 $ PRO PERSON

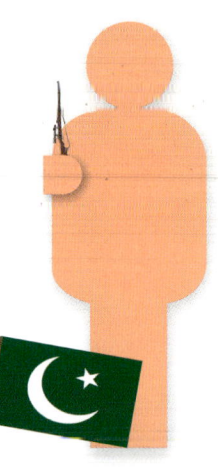

100. PAKISTAN
18,25 $ PRO PERSON

80. MAROKKO
42,78 $ PER PERSON

TOP 50 DER MILITÄRAUSGABEN PRO PERSON
2005

1. ISRAEL 1429,03 $ pro Person
2. SINGAPUR 1009,94 $ pro Person
3. USA 935,64 $ pro Person
4. NEUKALEDONIEN 888,25 $ pro Person
5. BRUNEI 885,43 $ pro Person
6. KUWAIT 842,17 $ pro Person
7. KATAR 837,73 $ pro Person
8. OMAN 807,46 $ pro Person
9. FRANKREICH 766,62 $ pro Person
10. BAHRAIN 764,44 $ pro Person

11. SAUDI ARABIEN 692,71 $ pro Person
12. NORWEGEN 677,77 $ pro Person
13. ARABISCHE EMIRATE (VAR) 624,27 $ pro Person
14. GRIECHENLAND 573,68 $ pro Person
15. AUSTRALIEN 566,95 $ pro Person
16. GROSSBRITANNIEN 524,48 $ pro Person
17. ZYPERN 492,22 $ pro Person
18. SCHWEDEN 488,23 $ pro Person
19. DEUTSCHLAND 470,70 $ pro Person
20. DÄNEMARK 454,71 $ pro Person

21. NIEDERLANDE 396,17 $ pro Person
22. ITALIEN 347,66 $ pro Person
23. FINNLAND 344,63 $ pro Person
24. SCHWEIZ 340,23 $ pro Person
25. TAIWAN 330,83 $ pro Person
26. LUXEMBURG 315,43 $ pro Person
27. JAPAN 310,16 $ pro Person
28. BELGIEN 296,89 $ pro Person
29. SÜDKOREA 269,20 $ pro Person
30. KANADA 239,63 $ pro Person

DIE WELTWEITEN MILITÄRAUSGABEN BELIEFEN SICH 2005 AUF ÜBER 1 BILLION $ – DAS SIND MEHR ALS 160 $ PRO PERSON DER WELTBEVÖLKERUNG.

60. MALAYSIA
70,55 $ PRO PERSON

40. NEUSEELAND
150,11 $ PRO PERSON

20. DÄNEMARK
454,71 $ PRO PERSON

1. ISRAEL
1429,03 $ PRO PERSON

---

31. NORDKOREA
227,72 $ pro Person

32. LYBIEN
225,46 $ pro Person

33. SPANIEN
213,18 $ pro Person

34. SLOWENIEN
183,99 $ pro Person

35. ÖSTERREICH
182,90 $ pro Person

36. IRLAND
174,30 $ pro Person

37. SEYCHELLEN
157,66 $ pro Person

38. CHILE
156,44 $ pro Person

39. MALTA
150,55 $ pro Person

40. NEUSEELAND
150,11 $ pro Person

41. IRAN
142,61 $ pro Person

42. LIBANON
141,40 $ pro Person

43. JORDANIEN
131,51 $ pro Person

44. BOTSWANA
126,40 $ pro Person

45. PORTUGAL
121,71 $ pro Person

46. ESTLAND
116,28 $ pro Person

47. TÜRKEI
116,28 $ pro Person

48. TSCHECHIEN
116,22 $ pro Person

49. KROATIEN
115,66 $ pro Person

50. ARGENTINIEN
108,76 $ pro Person

WUSSTEN SIE?

Island war 2005 das Land mit den geringsten Militärausgaben. Es gab keine! Das Land verfügt über keine regulären Streitkräfte und wurde bis von den USA verteidigt. Als die amerikanische Icelandic Defense Force (IDF) abzog, wurde eine eigene Krisenreaktionseinheit geschaffen: die Icelandic Response Crisis Unit.

SITTEN UND GEBRÄUCHE
NATIONALE GESUNDHEIT

Auf der vorigen Seite gab es einen Überblick über die Rüstungsausgaben. Hier folgt nun der Gegenpart: die Ausgaben für das Gesundheitswesen. Die stilisierten Ärzte mit den verschieden großen Stethoskopen veranschaulichen den Umfang der Gesundheitsausgaben ihrer Regierungen pro Jahr und Kopf der Bevölkerung. In den USA ist im Vergleich dazu der private Anteil an den Gesundheitskosten am höchsten.

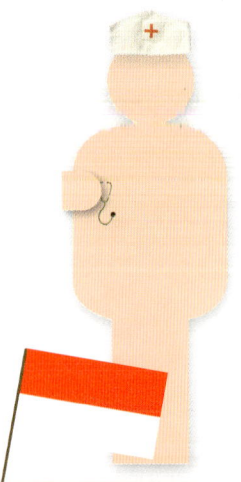

140. INDONESIEN
40 $ PRO PERSON

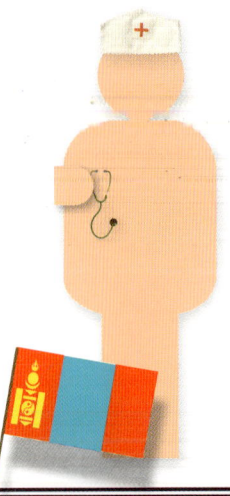

120. MONGOLEI
90 $ PRO PERSON

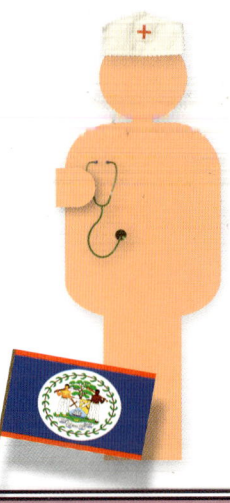

100. BELIZE
142 $ PRO PERSON

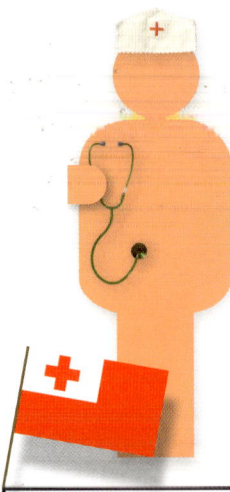

80. TONGA
214 $ PRO PERSON

TOP 50 DER GESUNDHEITSVORSORGE

DIE WELTGESUNDHEITSORGANISATION (WHO) NANNTE FÜR 2002 FOLGENDE ZAHLEN FÜR DIE STAATLICHEN GESUNDHEITSAUSGABEN, ZU DENEN NOCH PRIVATE AUFWENDUNGEN KAMEN.

1. MONACO 3388 $ pro Person	**11. KANADA** 2048 $ pro Person	**21. FINNLAND** 1470 $ pro Person
2. NORWEGEN 2845 $ pro Person	**12. SCHWEIZ** 1995 $ pro Person	**22. NEUSEELAND** 1447 $ pro Person
3. LUXEMBURG 2620 $ pro Person	**13. AUSTRALIEN** 1832 $ pro Person	**23. ANDORRA** 1345 $ pro Person
4. SAN MARINO 2449 $ pro Person	**14. GROSSBRITANNIEN** 1801 $ pro Person	**24. ISRAEL** 1242 $ pro Person
5. USA 2368 $ pro Person	**15. BELGIEN** 1790 $ pro Person	**25. PORTUGAL** 1201 $ pro Person
6. ISLAND 2353 $ pro Person	**16. IRLAND** 1779 $ pro Person	**26. NAURU** 1184 $ pro Person
7. DEUTSCHLAND 2212 $ pro Person	**17. JAPAN** 1742 $ pro Person	**27. SPANIEN** 1170 $ pro Person
8. SCHWEDEN 2144 $ pro Person	**18. NIEDERLANDE** 1683 $ pro Person	**28. SLOWENIEN** 1158 $ pro Person
9. DÄNEMARK 2142 $ pro Person	**19. ITALIEN** 1639 $ pro Person	**29. TSCHECHIEN** 1022 $ pro Person
10. FRANKREICH 2080 $ pro Person	**20. ÖSTERREICH** 1551 $ pro Person	**30. GRIECHENLAND** 960 $ pro Person

DIE WELTWEITEN AUSGABEN FÜR DAS GESUNDHEITSWESEN BELIEFEN SICH 2003 AUF MEHR ALS 3,5 BILLIONEN $. DAS WAREN PRO KOPF DER WELTBEVÖLKERUNG ÜBER 500 $. FAST DIE HÄLFTE WURDE IN DEN USA AUSGEGEBEN.

60. RUMÄNIEN
309 $ PRO PERSON

40. BAHAMAS
522 $ PRO PERSON

20. ÖSTERREICH
1551 $ PRO PERSON

1. MONACO
$3,388 PER PERSON

31. UNGARN
757 $ pro Person

32. KATAR
700 $ pro Person

33. BARBADOS
696 $ pro Person

34. MALTA
691 $ pro Person

35. PALAU
664 $ pro Person

36. COOKINSELN
648 $ pro Person

37. SLOWAKEI
646 $ pro Person

38. BAHRAIN
570 $ pro Person

39. ARABISCHE EMIRATE (VAR)
551 $ pro Person

40. BAHAMAS
522 $ pro Person

41. SÜD KOREA
519 $ pro Person

42. KROATIEN
513 $ pro Person

43. COSTA RICA
486 $ pro Person

44. ARGENTINIEN
480 $ pro Person

45. POLEN
476 $ pro Person

46. ESTLAND
461 $ pro Person

47. KOLUMBIEN
444 $ pro Person

48. WEISSRUSSLAND
430 $ pro Person

49. KUWAIT
415 $ pro Person

50. ST. KITTS UND NEVIS
414 $ pro Person

Unter jenen Ländern, bei denen sowohl die Militär- als auch die Gesundheitsausgaben bekannt sind, hatte Island die größte Differenz zwischen beiden. Es folgte San Marino, das einhundert Mal so viel für das Gesundheitswesen als für das Militär ausgab. Im Gegensatz dazu wendete der Irak sieben Mal soviel für die Rüstung als für die Gesundheit auf.

TSCHECHIEN WENDETE IM VERGLEICH ZU DEN PRIVATEN AUSGABEN DEN HÖCHSTEN ANTEIL AN ÖFFENTLICHEN GELDERN (91,4%) FÜR DAS GESUNDHEITSWESEN AUF.

AM LEBEN BLEIBEN

MYTHEN UND LEGENDEN

Überleben wollen ist einer der Urinstinkte des Menschen. Darum sind Menschen fasziniert von Geschichten über Menschen, die extreme Situationen überlebt haben. Außerdem sind solche Überlebensgeschichten wie Hollywoodfilme gebaut: Am Anfang geht etwas schrecklich schief, dann gibt es einen Cocktail aus Abenteuer, Spannung, Einfallsreichtum und Entschlossenheit und schließlich ein Happy End.

HUGH GLASS

Im Jahr 1823 stieß Trapper Glass auf einer Expedition am oberen Missouri River plötzlich auf eine Grizzlybärin und ihre zwei Jungen. Die Bärin griff an, und Glass stach auf sie mit seinem Jagdmesser ein, während sie ihn mit ihren Krallen traktierte. Schließlich erschossen zwei seiner Jagdgefährten die Bärin, doch Glass war so schwer verletzt, dass der Expeditionsleiter nicht glaubte, dass er den Tag überleben würde. Er fragte, ob jemand bereit sei, bei Glass zu bleiben, bis er starb, und ihn dann zu begraben. Die beiden Männer, die die Bärin erschossen hatten, erboten sich dazu, verließen Glass aber, bevor er verschied, nahmen sein Gewehr und sein Jagdmesser an sich und behaupteten später, Arikaree-Indianer hätten sie angegriffen.

Glass hatte ein gebrochenes Bein, so tiefe Wunden, dass die Knochen freilagen, und keine Ausrüstung mehr. Entschlossen zu überleben, schiente er sein Bein, tat Maden in seine eiternden Wunden, um einen Brand zu verhindern, und begann die 322 km zur nächsten Siedlung, Fort Kiowa, zurückzukriechen. Er hatte von den Pawnee-Indianern gelernt, in der Wildnis zu überleben, und ernährte sich von wilden Beeren, Wurzeln und den Überresten eines von Wölfen geschlagenen Bisons. Als er den Cheyenne River erreichte, baute er sich ein Floß, ließ sich flussabwärts treiben und traf ein halbes Jahr, nachdem er verlassen worden war, in Fort Kiowa ein.

Glass arbeitete wieder als Trapper und schwor, sich an den Männern zu rächen, die ihn im Stich gelassen hatten. Doch als er sie ausfindig gemacht hatte, ließ er den einen leben, weil er so jung war, und den anderen, weil der nun bei der Armee war – und auf die Ermordung eines Soldaten stand die Todesstrafe.

CHRIS RYAN

Im Januar 1991 wurde Chris Ryan (nicht sein richtiger Name) im Irakkrieg hinter den feindlichen Linien abgesetzt. Als Elitesoldat des britischen Special Air Service gehörte Ryan einem Acht-Mann-Spähtrupp mit dem Codenamen Bravo Two Zero an. Sie sollten die Abschussrampen der Scud-Raketen ausfindig machen, mit denen Iraks Diktator Saddam Hussein Israel angriff und zu einem Vergeltungsschlag provozieren wollte, der die Allianz gegen den Irak destabilisieren würde. Zu jeder noch so gut geplanten militärischen Operation gehört auch ein Quäntchen Glück. Aber das Glück war gegen Bravo Two Zero – sie wurden von einem jungen Schäfer entdeckt und mussten nach Saudi-Arabien fliehen.

Nach mehreren Feuergefechten teilte sich die Patrouille in zwei Gruppen, die beide ein katastrophales Schicksal erlitten. Vier Männer wurden gefangen und gefoltert, zwei wurden getötet, nur Ryan und ein Kamerad konnten sich in den Bergen verstecken. Dem Verhungern nahe verließ Ryans Kamerad ihr Versteck, um einen Schäfer um Nahrung zu bitten. Er kehrte nicht zurück, und als Ryan zwei irakische Fahrzeuge entdeckte, wusste er, dass sein Kamerad sein Versteck unter der Folter verraten haben musste. Da die Fahrzeuge schon zu nahe waren, jagte er sie mit einer Panzerfaust in die Luft und entkam. Und dann begann ein siebentägiger Überlebensmarsch durch die Wüste bei extremer Hitze und Kälte.

Nach etlichen Tagen geriet Ryan in ein überwachtes Gelände und löste eine Suche aus. Zwei Wachen entdeckten ihn, aber er erstach sie lautlos und ohne Aufsehen zu erregen und entkam erneut. Ein paar Tage später gelangte er endlich nach Saudi-Arabien. 1993 verließ Ryan den SAS und wurde ein prominenter Autor, TV-Moderator und Überlebensexperte.

OLD CHRISTIANS

Am Freitag, dem 13. Oktober 1972, stürzte ein Flugzeug der uruguayischen Luftwaffe mit dem Rugbyteam der Old Christians samt dessen Freunden und Angehörigen an Bord beim Flug nach Chile in den argentinischen Anden ab. Zwölf der 45 Passagiere und Crewmitglieder starben sofort, sechs weitere an ihren Verletzungen und an Unterkühlung in den nächsten Tagen, während sie auf Rettung warteten. Aber die Rettung blieb aus. Der Pilot war vom Kurs abgewichen, und die Retter durchsuchten das falsche Gebiet.

Nach zehn Tagen drohten die Überlebenden zu verhungern und versuchten Lederstreifen zu essen, die sie vom Gepäck abrissen. Dann schlug der Medizinstudent Robert Canessa das Undenkbare vor: die Leichen ihrer toten Kameraden zu essen, die die Kälte konserviert hatte. Widerwillig ernährten sie sich von den Leichen und konnten so überleben. Doch sechs Tage später kam es zu einer weiteren Katastrophe: Eine Lawine traf den Flugzeugrumpf, der ihnen Unterschlupf bot, und tötete acht Menschen.

Am 60. Tag sahen Canessa und Nando Parrado ihre einzige Rettungschance darin, dass sie beide den langwierigen Abstieg aus dem Gebirge versuchten. Nach neun Tagen konnten sie sich endlich bemerkbar machen, und am 22. Dezember, 72 Tage nach dem Absturz, erreichten Retter das Flugzeug. Im Jahr 2002 konnten die 16 Überlebenden, mittlerweile um die 50, endlich das Spiel austragen, zu dem sie damals fliegen wollten. Sie gewannen 28:11.

MAURO PROSPERI

Beim Marathon des Sables von 1994 durch die marokkanische Sahara trennte ein Sandsturm den italienischen Polizisten Mauro Prosperi von den anderen Läufern. Desorientiert begann er nicht nach Osten, sondern nach Süden zu laufen – vor ihm lagen 1600 km leere Wüste. Am zweiten Tag überflog ein Rettungshubschrauber Prosperi, ohne ihn zu sichten. „Da", sagte er später, „wurde mir klar, dass ich sterben könnte."

Am vierten Tag konnte Prosperi nur noch Urin trinken, den er in einer Flasche gesammelt hatte. Sein Lebensmut erwachte, als er jemanden am Horizont zu sehen glaubte – aber das war nur ein steinerner Schrein. Prosperi schlief darin und wurde tags darauf vom Lärm eines Flugzeugs geweckt. Fieberhaft zündete er seinen Rucksack an, aber der Pilot übersah dieses Signalfeuer. Prosperi war so verzweifelt, dass er sich mit seinem Taschenmesser die Pulsadern aufschnitt, doch sein Blut war infolge der Dehydrierung so dick, dass es nicht mehr floss. Statt zu sterben, erwachte er am Morgen darauf mit neuem Überlebenswillen.

Zunächst benötigte er Nahrung, die er beim Herumsuchen in seinem Unterschlupf fand: „Ich sah diese kleinen Fledermäuse in einer Ecke des Turms und packte sie mit bloßen Händen. Ich zerdrückte sie und begann sie zu essen." Am nächsten Tag wagte sich Prosperi wieder in die Wüste, eingedenk des Rates der Tuareg: „Geh zu den Wolken hin. So findest du leichter Wasser und Leben." Prosperi, der nur morgens und spätnachmittags marschierte, überlebte, weil er Eidechsen und Schlangen aß. Am siebten Tag entdeckte er einen Tümpel mit schlammigem Wasser, von dem Fußspuren wegführten. Er war versucht, beim Wasser zu bleiben, wusste aber, dass er den finden musste, von dem die Fußabdrücke stammten. So folgte er weiter den Wolken, bis er auf eine junge Schäferin stieß, die Alarm schlug. Daheim in Italien nannte die Presse ihn den „Robinson Crusoe der Sahara".

EDDIE RICKENBACKER

Im Ersten Weltkrieg wurde der amerikanische Rennfahrer Eddie Rickenbacker Jagdflieger, schoss 26 feindliche Flugzeuge ab und wurde mit der Ehrenmedaille des Kongresses ausgezeichnet. Rickenbacker kämpfte zwar nicht im Zweiten Weltkrieg, arbeitete aber unermüdlich als Militärberater. Am 21. Oktober 1942, als er amerikanische Luftwaffenstützpunkte im Südpazifik besichtigen und General MacArthur eine Geheimbotschaft überbringen sollte, musste der B-17-Bomber, der ihn beförderte, nahe einem von Japanern besetzten Gebiet im Pazifik notlanden.

Rickenbacker trieb mit seinem Geschäftspartner und den sechs Besatzungsmitgliedern in drei Rettungsflößen und mit knappen Vorräten auf dem Ozean. Er übernahm die Rolle des Führers, band die Flöße zusammen und streckte ihren Wasservorrat mit Regenwasser. Nach drei Tagen gingen zwar die Lebensmittel aus, doch am achten Tag, nach fünf Tagen unter sengender Sonne ohne Nahrung und bei wenig Wasser, landete eine Möwe auf Rickenbackers Kopf. Er packte sie, drehte ihr den Hals um und teilte sie gerecht auf, wobei er die Innereien als Fischköder aufhob.

Am 13. Tag starb ein Mann an Unterkühlung, und eine Woche später beschloss Eddie Rickenbacker, die Flöße zu teilen, um die Rettungschancen zu erhöhen. Sein verzweifelter Plan funktionierte – vier Tage danach entdeckte ein Suchflugzeug der US-Navy eines der ausgesetzten Flöße, das die Retter zu den anderen führte. Am 13. November, nach 24 Tagen auf See, wurde Rickenbacker gefunden. Er konnte seinen Auftrag erledigen und General MacArthur die Botschaft überbringen.

ERNEST SHACKLETON

Im August 1914 begab sich der irische Forscher Ernest Shackleton zur Antarktis, wo er als erster Mensch mit einer Expedition den Kontinent zu Fuß durchqueren wollte. Aber der Traum zerschlug sich, bevor Shackleton überhaupt den gewählten Ausgangspunkt erreicht hatte. Sein Schiff *Endurance* steckte im Packeis fest, „wie eine Mandel in einem Bonbon", wie es der Proviantmeister formulierte. Shackleton wusste, dass zwei Dinge geschehen könnten – entweder würde im Frühling das Eis tauen und das Schiff freigeben, oder der Druck des Eises würde es wie eine Eierschale zermalmen. Leider geschah Letzteres.

Der Expeditionsfotograf Frank Hurley schrieb: „Der Druck entwickelt eine unwiderstehliche Energie. Das Schiff stöhnt und bebt, Fenster zerspringen, während die Decksplanken aufklaffen und sich verdrehen." Shackleton gab den Befehl, das Schiff zu verlassen. Mit seiner Mannschaft errichtete er ein Lager auf dem Eis und musste zusehen, wie die *Endurance* zerbrach. Ein halbes Jahr später taute das Eis, und sie konnten drei Rettungsboote zu Wasser lassen, die sie noch geborgen hatten. Sieben Tage und Nächte ruderten sie durch die eisigen Gewässer des Südpolarmeers und erreichten schließlich das unbewohnte Elephant Island.

Shackleton sah nur eine Chance, seine Mannschaft zu retten: Er musste mit dem größten Rettungsboot 1287 km über den Südatlantik bis zu den Walfangstationen von South Georgia segeln. Wie durch ein Wunder fand er diesen Flecken Land in den Weiten des Ozeans. Fünf Monate nach Shackletons Aufbruch wollte die Mannschaft ein anderes Boot losschicken, als ein Schiff gesichtet wurde. Es war Shackleton bei seinem vierten Versuch, nach Elephant Island zurückzukehren – das Packeis hatte seine früheren Versuche vereitelt. Shackletons Steuermann schrieb: „Opferbereit warf er sein eigenes Leben in die Waagschale und rettete jeden seiner Männer."

JOE SIMPSON

Im Jahr 1985 verwirklichten der britische Bergsteiger Joe Simpson und sein Partner Simon Yates einen Traum, als sie als erste Menschen den Gipfel des Siula Grande in der peruanischen Anden erreichten. Doch der Abstieg wurde zum Albtraum – Simpson rutschte eine Eiswand hinab, brach sich den Knöchel und rammte sich das Schienbein durchs Kniegelenk. Es gab nur eine Möglichkeit, das 900 m tiefere Basislager zu erreichen: Yates musste Simpson an einem 90 m langen Seil etappenweise die Bergflanke hinablassen.

Dann gab es eine neue Katastrophe. Yates seilte Simpson über eine 30 m überhängende Wand über einer Gletscherspalte ab. Simpson baumelte in der Luft, während Yates sich mit seinem ganzen Gewicht in sein Schneeloch stemmte, das nachzugeben begann. Yates hielt eineinhalb Stunden lang durch, doch er wusste, wenn Simpsons Gewicht ihn aus dem Loch zog, würden sie beide in den sicheren Tod stürzen. Er stand vor einer grausigen Entscheidung – und kappte das Seil.

Überzeugt, dass Simpson tot war, stieg Yates allein zum Basislager ab. Aber Simpson war nicht tot – eine Eisbrücke in der Spalte hatte seinen Sturz aufgehalten. Da er nicht nach oben klettern konnte, seilte er sich mit dem gekappten Ende tiefer in die Spalte ab. Es hätte eine verhängnisvolle Entscheidung sein können, doch zum Glück erreichte er den Boden, bevor das Seil endete, und schaffte es, aus dem Eis durch eine seitliche Öffnung zu kriechen.

Da er nicht gehen konnte, kroch er unter unerträglichen Schmerzen vier Tage lang bis zum Basislager und ernährte sich nur von schmelzendem Eis. Er traf im Lager am selben Abend ein, an dem Yates es verlassen wollte – ein paar Stunden später wäre er wirklich gestorben.

TECHNOLOGIE

Menschliche Ersatzteile

Der erste Bericht über ein künstliches Glied handelt von einem altgriechischen Verbrecher namens Hegesistratos. Er wurde 484 v. Chr. zum Tod verurteilt, schnitt sich den Fuß ab, um seinen Ketten zu entkommen, und fertigte sich einen Holzfuß. (Vergebens, denn er wurde wieder eingefangen und hingerichtet.) Seither hat sich die Prothetik weiterentwickelt – die neuesten myoelektrischen Prothesen sind mit Nervenenden im Stumpf verbunden und lassen sich nur durch Gedanken steuern.

Legende

01 **SCHÄDELIMPLANTAT** Repariert Schädel und schützt das Gehirn
02 **KOPFKLAMMER** Stabilisiert Kopf und korrigiert Haltung
03 **KÜNSTLICHE AUGEN** Der französische Chirurg Ambroise Paré fertigte die ersten im 16. Jahrhundert
04 **KÜNSTLICHE NASE AUS METALL** Verbreitet im 17. Jh., als viele Menschen ihre Nase infolge von Syphilis verloren
05 **ZAHNPROTHESE** Erstmals im 15. Jh. aus Knochen gefertigt
06 **PROTHETISCHE HAKENHAND**
07 **KÜNSTLICHER ELEKTRONISCHER ARM**
08 **MYOELEKTRISCHE HAND** Reagiert auf elektrische Hirnimpulse
09 **KÜNSTLICHER EISENARM** Für einen Ritter im 16. Jh. gefertigt
10 **KOLOSTOMIEBEUTEL** Sammelt Kot direkt aus dem Dickdarm

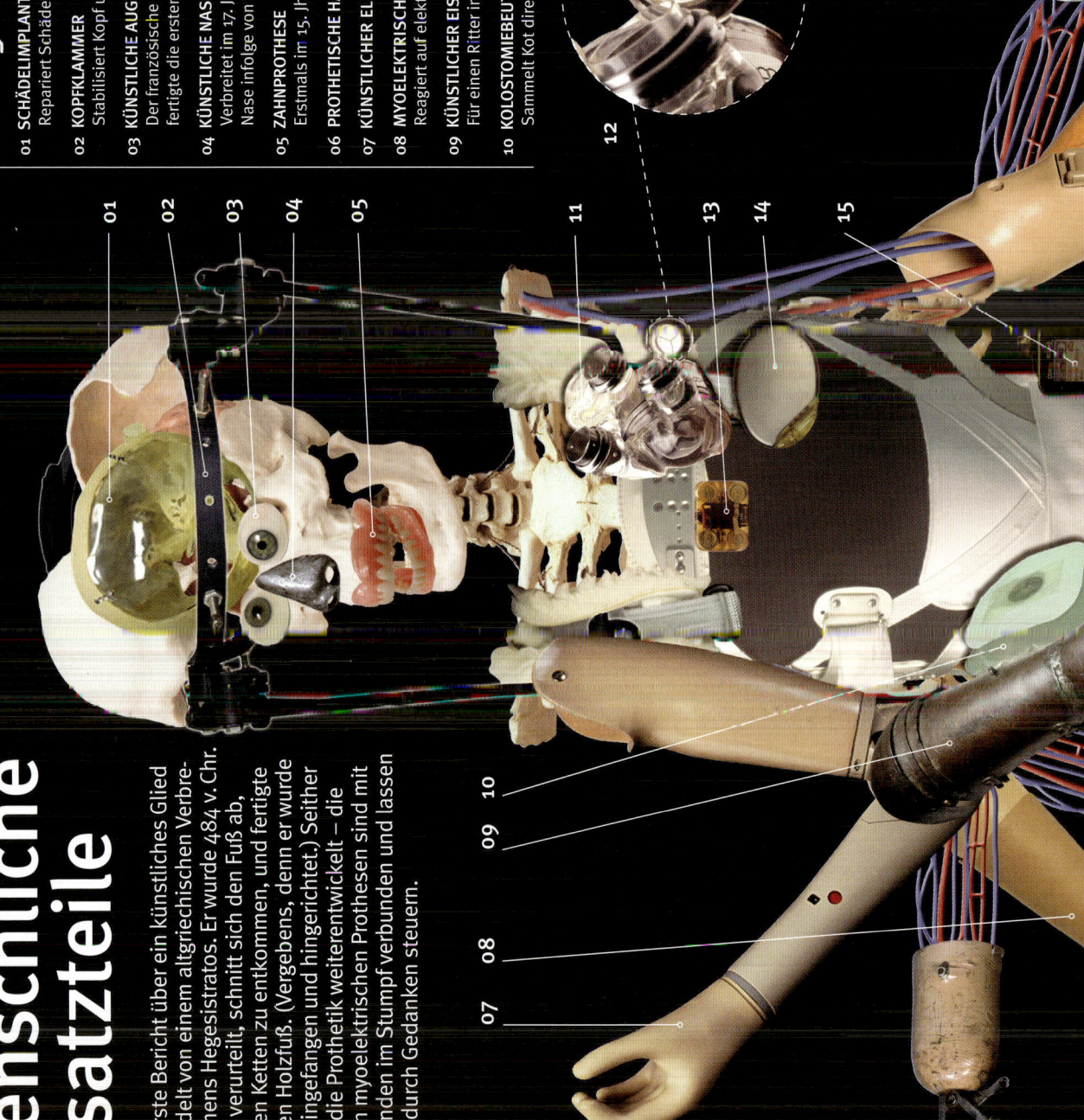

203

Legende

11 KÜNSTLICHES HERZ
Entwickelt von dem US-Arzt Robert Jarvik; erste Transplantation 1982

12 KÜNSTLICHE HERZKLAPPE

13 IMPLANTIERBARER SCHRITTMACHER
Erfunden von US-Arzt Wilson Greatbatch; erste Klappe ohne externe Batterien 1960 implantiert

14 EXTERNER SCHRITTMACHER UM 1950
Die ersten unförmigen Schrittmacher sandten elektrische Signale durch die Haut

15 INSULINPUMPE
Gibt bei Diabetikern die korrekte Insulinmenge ab

16 HANDPROTHESE

17 HANDPROTHESE

18 „BIONISCHER" ARM
Vom Gehirn gesteuert; künstlicher Tastsinn bald möglich

19 PLATINE FÜR „BIONISCHEN" ARM

20 KÜNSTLICHE HÜFTE
Vom englischen Professor John Charnley 1962 entwickelt

21 RÖMISCHE BEINPROTHESE
Das früheste künstliche Bein ist aus Holz und Kupfer, um 300 v. Chr.

22 BEINPROTHESE

23 KÜNSTLICHER JAIPUR-FUSS
Erfunden 1968 vom Inder Ram Chandra Sharma

24 BEINPROTHESE

25 HÜFTE UND BEINPROTHESE

26 HANDPROTHESE

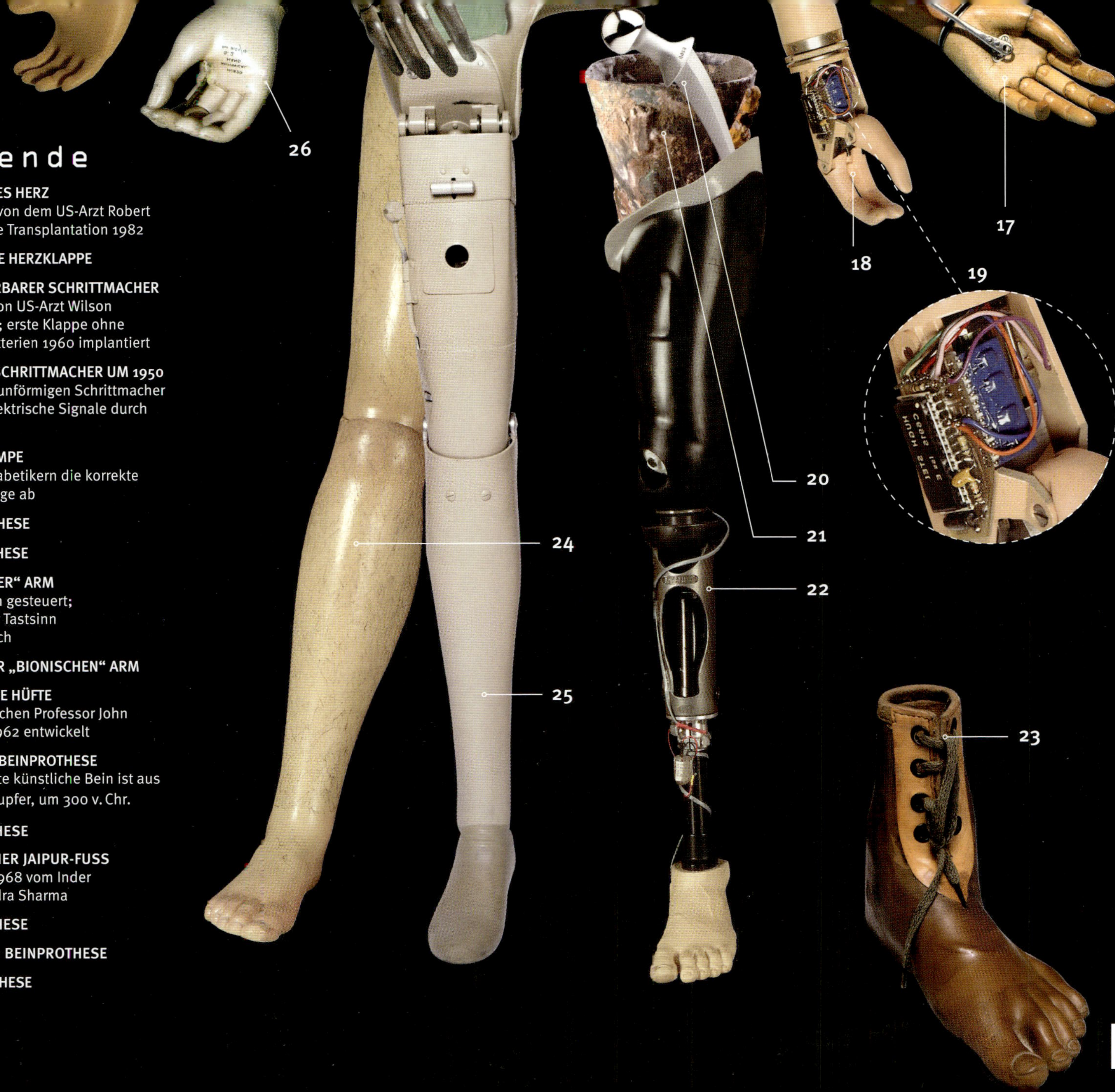

KOMMUNIKATION
LIEBESGEFLÜSTER

Liebe macht blind. Und sie kann einen zu jeder Zeit und überall treffen. Aus diesem Grund sollte man gut darauf vorbereitet sein. Deshalb hier einige kleine Hilfestellungen, um die passenden Worte zu finden, wenn Sie plötzlich irgendwo auf der Welt über den oder die Richtige stolpern. Nichts ist romantischer als diese Worte in einer fremden Sprache mit belegter Stimme in einem gebrochenen Akzent zärtlich ins Ohr geflüstert zu bekommen.

- Ek het jou lief — **AFRIKAANS**
- Te dua — **ALBANISCH**
- I luv ya — **AMERIKAN. ENGLISCH**
- Sheth shen zhon — **APACHE (INDIANER)**
- Ohhe-buk — **ARABISCH**
- Yes kez si'rumem — **ARMENISCH**
- Nere maitea — **BASKISCH**
- Aami tomake valobashi — **BENGALI**
- Chit pa de — **BIRMANISCH**
- Volim te — **BOSNISCH**
- Obicham te — **BULGARISCH**
- Aya gugoyu'li nhi — **CHEROKEE (INDIANER)**
- Ne mohotatse — **CHEYENNE (INDIANER)**
- Jeg elsker dig — **DÄNISCH**
- Ich liebe Dich — **DEUTSCH**
- I love you — **ENGLISCH**
- Mi amas vin — **ESPERANTO**
- Ma armastan sind — **ESTNISCH**
- Eg elski teg — **FÄRÖRISCH**
- Tora dost daram — **FARSI (PERSISCH)**
- Minä rakastan sinua — **FINNISCH**
- Je t'aime — **FRANZÖSISCH**
- Tá grá agam ort — **GÄLISCH (IRLAND)**
- Tha gaol agam ort — **GÄLISCH (SCHOTTL.)**
- Mikvarhar — **GEORGISCH**
- S'agapo — **GRIECHISCH**
- Hon tane pyar karochhoon — **GUJARATI**
- Anee ohev otakh (zu Frauen) — **HEBRÄISCH**
- Aloha wau ia o'e — **HAWAIIANISCH**
- Mai tumase pyar karata hun — **HINDI**
- Nu' umi unangwa'ta — **HOPI (INDIANER)**
- Saya cinta padamu — **INDONESISCH**
- Negligivget — **INUKTITUT**
- Eg elska thig — **ISLÄNDISCH**
- Ti amo — **ITALIENISCH**
- Aishite masu — **JAPANISCH**
- Ikh hob dikh lib — **JIDDISCH**
- Kh nhaum soro lahn nhee ah — **KAMBODSCHANISCH**
- Ngo oi ney / Wo oi ney — **KANTONESISCH**
- T'estimo — **KATALANISCH**
- Mi aime jou — **KREOLISCH**

Norul sarang hae **KOREANISCH**	Ayor anosh'ni **NAVAHO (INDIANER)**	Volim te **SERBISCH**	Ua here vau la oe **TAHITIANISCH**
Volim te **KROATISCH**	Ik hou van je **NIEDERLÄNDISCH**	Ka a mo rata **SESOTHO**	Nan unnai kathalikaaen **TAMIL**
Ezte hezdikhem **KURDISCH**	Jeg elsker deg **NORWEGISCH**	Ke a go rata **SETSWANA**	Nenu ninnu premistunnanu **TELUGU**
Te amo **LATEINISCH**	Mujhe tumse mohabbat hai **PAKISTAN (URDU)**	Ndinokuda **SHONA**	Khao raak thoe **THAI**
Es tevi miilu **LETTISCH**	Mi ta stimabo **PAPIAMENTO (ARUBA)**	Maa tokhe pyar kendo ahyan **SINDHI (PAKISTAN)**	Miluji te **TSCHECHISCH**
Bahibak **LIBANESISCH**	Man tora dust daram **PERSISCH (FARSI)**	Mama oyata arderyi **SINGHALESISCH**	Ha eh bak **TUNESISCH**
Tave myliu **LITAUISCH**	Mahal kita **PHILIPPINEN**	Techihhila **SIOUX (INDIANER)**	Sizi seviyorum **TÜRKISCH**
Ech hun dech gär **LUXEMBURGISCH**	Kocham cie **POLNISCH**	Lu`bim ta **SLOWAKISCH**	Ja tebe kokhaju **UKRAINISCH**
Te sakam **MAZEDONISCH**	Eu te amo **PORTUGISISCH**	Ljubim te **SLOWENISCH**	Szeretlek **UNGARISCH**
Saya cintakan kamu **MALAIISCH**	Main tainu pyar karna **PUNJABI**	Waan ku gealahay **SOMALI**	Main tumse muhabbat karta hoon **URDU**
Njyaan ninne' preetikyunnu **MALAYALAM**	Te iubesc **RUMÄNISCH**	Te amo **SPANISCH**	Anh ye^u em (zu Frauen) **VIETNAMESISCH**
Jien inhobbok **MALTESISCH**	Ja tebja ljublju **RUSSISCH**	Ninikupenda wewe **SWAHILI**	'Rwy'n dy garu di **WALISISCH**
Wo ai ni **MANDARIN**	Ou te alofa outou **SAMOAN**	Mi lobi joe **SURINAME**	Ja tebe kahaju **WEISSRUSSISCH**
Me tuj hashi (zu Frauen) **MARATHI**	Jag älskar dig **SCHWEDISCH**	Mahal kita **TAGALOG**	Ngiya kuthanda **ZULU**
Ni mitz tia-zo-tia **NAHUATL**	I chaa di gärn **SCHWEIZER DEUTSCH**	Goa aili **TAWANISCH**	

KAPITEL

9 Die 9 Rentiere von Santa Claus heißen Dasher, Dancer, Prancer, Vixen, Comet, Cupid, Donner, Blitzen und Rudolph. ◆ Die 9 im Tarot ist der Eremit. ◆ Katzen sollen 9 Leben haben. Das glaubte man schon im alten Ägypten, wo Katzen als Gottheiten verehrt wurden. ◆ Einige Sekten im alten Ägypten ebenso wie Kulturen wie Baha'l und manche Kelten und alte Griechen beteten eine Gruppe von 9 Göttern an, die sogenannte Enneade. Ihr Symbol ist ein 9-zackiger Stern. ◆ 9 gilt in vielen Religionen als mystische Zahl, als Dreifaltigkeit von Dreifaltigkeiten. ◆ In der altgriechischen Mythologie war die Hydra eine 9-köpfige Wasserschlange. ◆ Das magische Quadrat ist ein Raster von 9 Quadraten, in denen die Zahlen 1 bis 9 so angeordnet sind, dass alle Horizontalen, Vertikalen und Diagonalen 15 ergeben. Dieses Quadrat gilt als heilig in den islamischen, tibetischen, buddhistischen, keltischen, indischen und jüdischen Glaubenslehren. ◆ Im Judentum symbolisiert 9 Intelligenz und Wahrheit. Ein Chanukkija ist ein an Chanukka entzündeter 9-köpfiger Kerzenhalter. ◆ Manche buddhistischen Orden kennen 9 Himmel, da die 9 spirituelle Kraft haben soll; viele buddhis-

tische Rituale benötigen 9 Mönche. ◆ Vor der Einführung von Mannschaftsnummern war 9 die Nummer des Mittelstürmers im Fußball, des Hooker im Rugby League und des Scrum-half im Rugby Union. ◆ Beethoven, Schubert, Bruckner und Mahler hatten jeweils 9 Symphonien komponiert. ◆ 9 Knoten in schwarzer Wolle gelten als Heilzauber bei verstauchten Knöcheln. ◆ Die 9 bringt Glück in China, da sie gleich lautet wie „langwährend" auf Chinesisch. ◆ Die 9 bringt Unglück in Japan, da sie gleich lautet wie das Wort für „Schmerz". ◆ Um zu testen, ob eine Zahl durch 9 teilbar ist, zählt man die einzelnen Ziffern zusammen; ergibt dies eine mehrstellige Zahl, zählt man diese Ziffern wieder zusammen, bis sie eine einstellige Zahl ergeben. Ist dies die 9, ist die ursprüngliche Zahl durch 9 teilbar. Beispiel: 228 114. 2+2+8+1+1+4 = 18, 1+8 = 9. ◆ Eine menschliche Schwangerschaft dauert 9 Monate. ◆ Bis 2006 hatte das Sonnensystem 9 Planeten: Merkur, Venus, Erde, Mars, Jupiter, Saturn, Uranus, Neptun und Pluto. Seither definiert die Internationale Astronomische Union Pluto als „Zwergplaneten". ◆ Im Durchschnitt leben Rechtshänder 9 Jahre länger als Linkshänder.

TECHNOLOGIE

ROBOTER-CHIRURG

Französische Chirurgen operierten 2001 von New York aus einen Patienten in Frankreich mit einem Roboter. Raffiniert, doch das funktionierte nur dank Computern, Kameras, Asepsis, Anästhesie und einem grundlegenden Verständnis von Anatomie. Es dauerte also etwa 2600 Jahre, bis die Menschen die nötigen Fachkenntnisse besaßen, um diese bahnbrechende transatlantische Operation durchzuführen.

▸ DA VINCI SURGICAL ROBOT SYSTEM IN AKTION

COMPUTERASSISTIERTE CHIRURGIE

Professor Marescaux erklärte, die Lindbergh-Operation „leitet die dritte Revolution auf dem Gebiet der Chirurgie seit zehn Jahren ein". Die zweite Revolution, die die Lindbergh-Operation erst ermöglichte, war die Entwicklung der computerassistierten Chirurgie Ende der 1990er-Jahre. Sie verbesserte die Bewegungssicherheit und führte das Konzept der räumlichen Distanz zwischen Chirurg und Patient ein. Laut Marescaux war es „eine natürliche Extrapolation, sich vorzustellen, dass diese Entfernung – [damals] mehrere Meter im Operationssaal – potenziell ... mehrere Tausend Kilometer betragen könnte".

START
ZUR REISE DURCH DIE GESCHICHTE

SCHLÜSSELLOCH-CHIRURGIE

Die erste Revolution, die Professor Marescaux im Sinn hatte, war in den 1980er-Jahren die Einführung einer Miniaturkamera in den Körper durch einen kleinen Schnitt. Nun konnten Chirurgen die Minimalinvasive Chirurgie (MIS, auch Schlüssellochchirurgie genannt) durchführen, ohne Bauch und Brustraum öffnen zu müssen. Das hatte viele Vorteile: kürzerer Aufenthalt im OP für Patient und Chirurgenteam; klare Sicht für den Chirurgen auf den Operationsbereich; weniger Schmerzen und Blutverlust; geringeres Infektionsrisiko und kürzere Genesungszeiten.

LINDBERGH-OPERATION

Am 7. September 2001 schrieb ein französisches Chirurgenteam in New York Geschichte, als es bei einem Patienten im 4830 km entfernten Straßburg erfolgreich die Gallenblase entfernte. Diese Operation wurde nach dem ersten Menschen benannt, der allein über den Atlantik flog. Eine Hochgeschwindigkeitsverbindung der France Telecom garantierte, dass es keine Verzögerung gab, als Professor Jacques Marescaux das ZEUS Robotic Surgical System in New York steuerte und zusah, wie ein Roboter in Straßburg jede Bewegung während der 54-minütigen Operation imitierte.

▲ ENTFERNUNG EINER GALLENBLASE DURCH ROBOTERCHIRURGIE

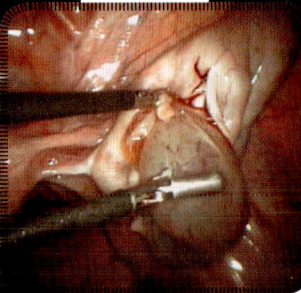

▲ ENTFERNUNG EINER EIERSTOCKZYSTE DURCH MIS

ASEPSIS

Sterilisierte Instrumente verhindern Infektionen. Einst behandelten Ärzte und Chirurgen Patienten sogar, ohne sich die Hände zu waschen – zuweilen nach Autopsien. 1847 führte der ungarische Arzt Ignaz Semmelweis Antiseptika in Krankenhäusern ein, nachdem ein Kollege an einem infizierten Schnitt gestorben war. Man machte sich zwar über seine Ideen lustig, doch er regte den englischen Chirurgen Joseph Lister dann an, 1865 chirurgische Eingriffe durch Besprühen mit Karbol keimfrei zu machen.

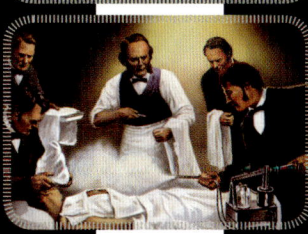

▲ LISTER OPERIERT IN EINEM KARBOLNEBEL (1865)

OPTISCHE INSTRUMENTE

Die moderne Schlüssellochchirurgie arbeitet mit einem Endoskop – einer Videokamera, die mit Glasfaserkabel verbunden ist und Laparoskop oder Thorakoskop heißt und der Bauch- oder Brustspiegelung dient. Primitive Endoskope arbeiteten noch mit Röhren und Linsen. 1901 setzte der deutsche Arzt Georg Kelling Endoskope erfolgreich bei Hunden ein. 1910 führte der schwedische Chirurg Hans Christian Jacobaeus die diagnostische Laparoskopie beim Menschen ein.

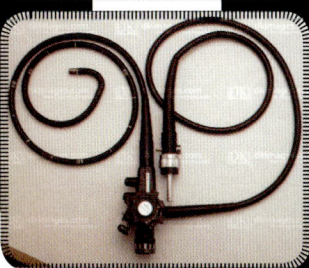

▲ MODERNES FLEXIBLES ENDOSKOP MIT GLASFASERKABEL

ANÄSTHESIE

Frühe schmerzstillende Maßnahmen setzten auf Hypnose, Opium und Stickoxid („Lachgas"). Das erste echte Anästhetikum war Äther, den Dr. Crawford Long 1842 in den USA benutzte. Long operierte zehnmal mit Äther, gab dies aber auf, als die Einheimischen ihn wegen Hexerei zu lynchen drohten. Vier Jahre später wurde am General Hospital in Massachusetts die erste öffentliche Operation mit Anästhesie unter Äther vorgenommen. „Der Patient erklärte, keine Schmerzen zu haben ... Das Wissen um diese Entdeckung verbreitete sich in der zivilisierten Welt, und eine neue Ära der Chirurgie begann."

▶ DOKTOR CRAWFORD LONG (1815–1878)

AMBROISE PARÉ

Ambroise Paré arbeitete fast zwanzig Jahre lang als Militärarzt, bevor er 1552 königlicher Leibarzt wurde. Man nennt ihn oft den „Vater der modernen Chirurgie" wegen seiner neuen Methoden, insbesondere der Einführung von Ligaturen nach Amputationen statt der Kauterisierung mit siedendem Öl oder rot glühenden Eisen. Er war auch ein Pionier der Geburtshilfe und verwendete als erster Arzt Prothesen (siehe Seite 202). So fertigte er Hände mit gelenkigen Fingern und künstliche Beine mit beweglichen Knöchel- und Kniegelenken. Sein Wahlspruch lautete: „Heile zuweilen, lindere oft, tröste immer."

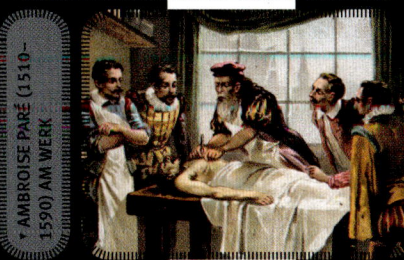

▼ AMBROISE PARÉ (1510–1590) AM WERK

ANDREAS VESALIUS

Die Chirurgie setzte das Verständnis der Anatomie voraus, und der belgische Arzt Andreas Vesalius (1514–1564) gilt als Vater der modernen Anatomie. Als Professor für Chirurgie an der Universität Padua sezierte Vesalius als einer der Ersten menschliche Leichen, sodass er herkömmliche anatomische Vorstellungen infrage stellen und zu einem genaueren Verständnis gelangen konnte. 1543 veröffentlichte er sein bahnbrechendes Werk *Über den Bau des menschlichen Körpers*. Daraufhin wurde er zum Leibarzt zweier Kaiser berufen.

SUSHRUTA

Der indische Arzt Sushruta, der im 6. Jahrhundert v. Chr. in Nordindien wirkte, ist der früheste bekannte Chirurg. Er veröffentlichte seine bahnbrechenden Techniken in dem Buch *Sushruta Samhita* (Sushrutas Kompendium), das Beschreibungen von über 100 chirurgischen Instrumenten und 300 Verfahren enthält. Dazu gehört auch die plastische Chirurgie, die Sushruta sich selbst beibrachte, während er das Gesicht von Menschen wiederherstellte, denen zur Strafe die Nase abgehackt worden war. Die modernen rhinoplastischen Techniken gleichen im Prinzip denen, die Sushruta vor 2600 Jahren einführte.

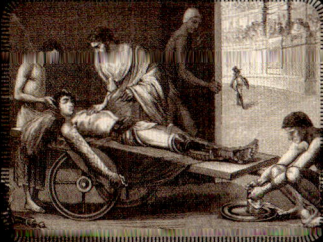

◀ GALEN VERARZTET EINEN VERLETZTEN GLADIATOR

GALEN

Das allgemein akzeptierte Verständnis der menschlichen Anatomie war über 1300 Jahre vor Vesalius von dem griechischen Arzt Galenos von Pergamon (129–216) formuliert worden. Galen erlernte seine Fähigkeiten als Arzt der Gladiatoren und erklärte, Kampfwunden seien „Fenster in den Körper". Später wurde er Leibarzt mehrerer römischer Kaiser und gab zahlreiche medizinische und philosophische Werke heraus. Er führte viele Operationen an Menschen durch, die erst rund 2000 Jahre später wiederholt wurden, etwa die Beseitigung von Grauem Star.

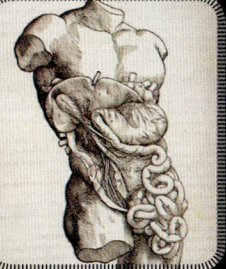

◀ ILLUSTRATION DER INNEREN ORGANE DES MANNES

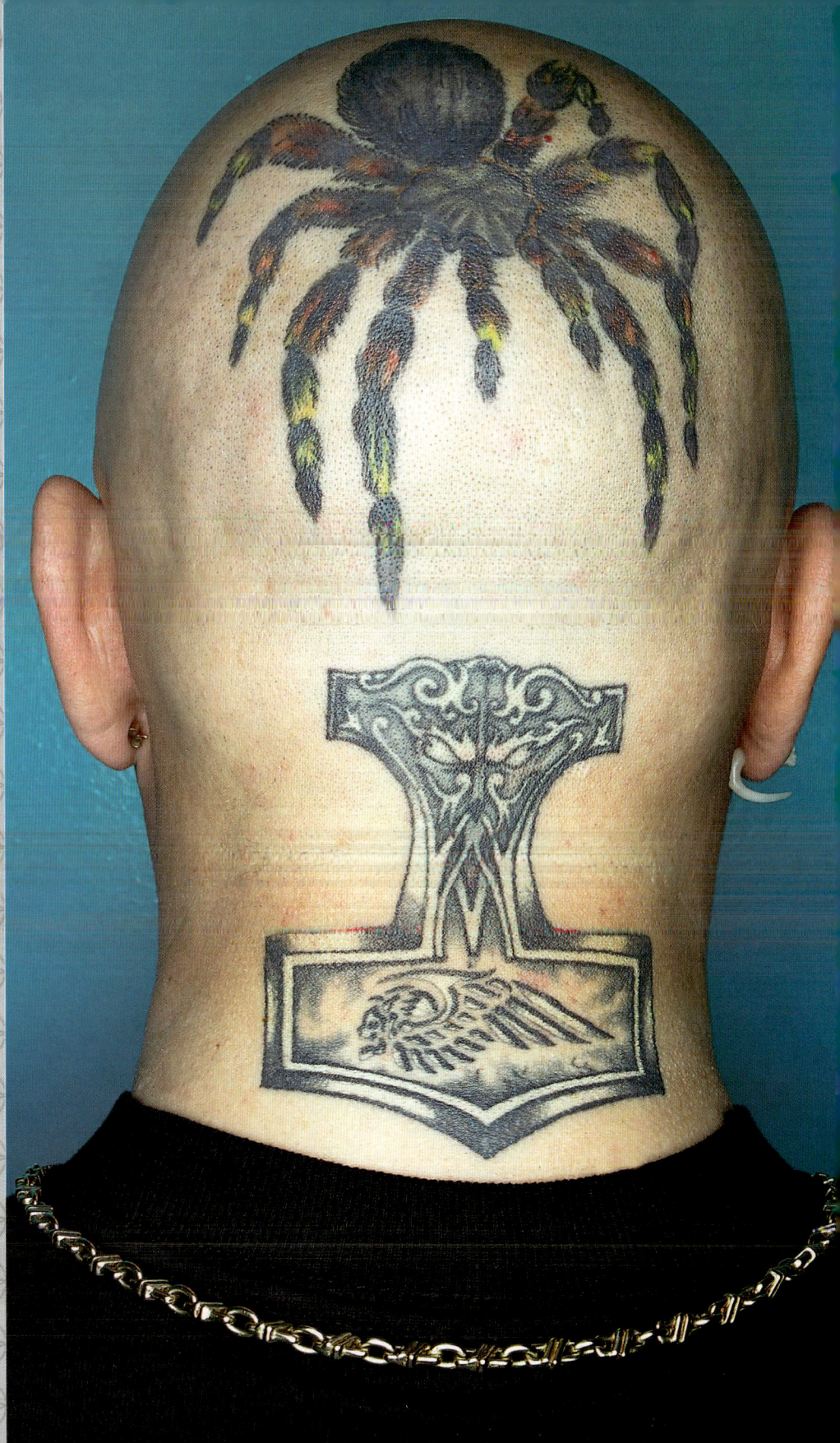

FLORA UND FAUNA
KÖRPER-SCHMUCK

Die Menschen tätowieren sich schon seit der Steinzeit – und nicht nur um den Körper zu schmücken. Tatoos wurden in der Vergangenheit sowohl als Statussymbole oder Stammesmarkierungen getragen, wurden aber auch genutzt, um Außenseiter, Sklaven oder Sträflinge zu kennzeichnen. Im 21. Jahrhundert wurden Tatoos sehr beliebt, sei es um die Zugehörigkeit zu einer Gang zu zeigen oder einfach nur, um modisch aktuell zu sein.

SPINNEN-TATOO (großes Bild, links) auf dem kahl geschorenen Hinterkopf eines jungen Mannes
01. **DRACHE, 1882**
Tatoo des Duke of York (späterer König George V.)
02. **FRANKREICH, 19. JH.**
Figürliche Tätowierung auf Menschenhaut
03. **EISZEIT-MUMIE**
Tätowierung auf der Hand einer 5200 Jahre alten Mumie
04. **HENNA-TATOO**
Stammeszeichen der Melindi
05. **MYANMAR**
Angehörige eines chinesischen Stammes mit Gesichts-Tatoo
06. **SAMOA**
Traditionelles Körper-Tatoo.
07. **BLACK LIGHT-TINTE**
Das „Lets Rock"-Tatoo ist nur bei Schwarzlicht zu erkennen
08. **BAUCH-TATOO**
Schwangere mit Tatoo auf dem Bauch und auf den Händen
09. **YAKUZA**
Japanisches Gangster-Tatoo; heute in Mode, um Leute zu schockieren

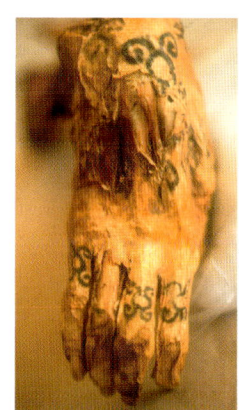

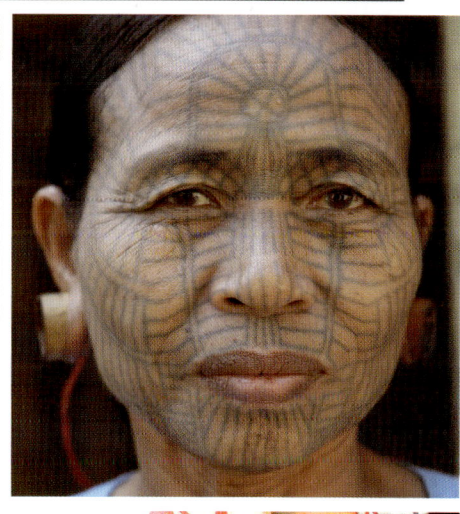
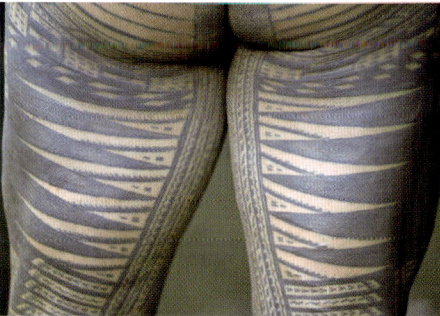
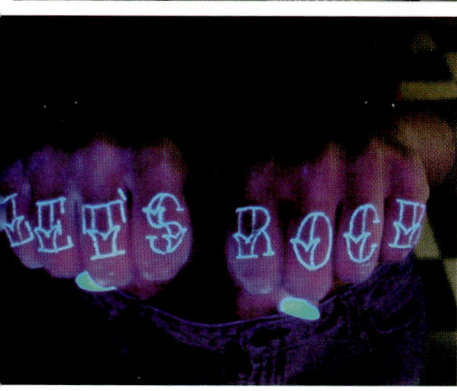
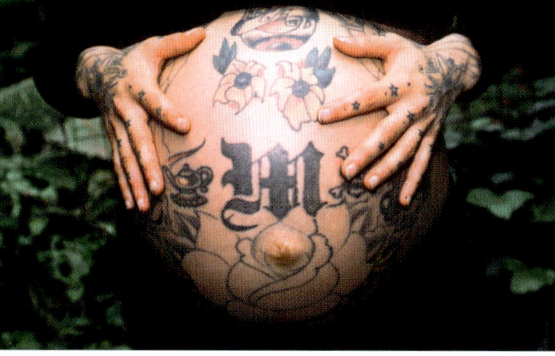

Bemalte Frau

Die aus London stammende Isobel Vatley ist stolz darauf, die am stärksten tätowierte ältere Frau auf der Welt zu sein. Sie ließ sich ihr erstes Tatoo – einen kleinen Vogel auf der Schulter – 1986 im Alter von 49 Jahren stechen. Im Jahr 2000 war sie von den Handgelenken, Knöcheln und dem Hals ab völlig mit Tatoos bedeckt. Danach kamen Tatoos an den Händen, den Füßen und im Gesicht hinzu. Das Ganze hat sie nach eigenen Aussagen über 40 000 US-Dollar und jede Menge Schmerzen gekostet. Isobel Vatley hat außerdem noch 16 Genital-Piercings.

SPORT UND ABERGLAUBEN

Was den Sport so großartig macht, ist ein Quäntchen Glück neben den erforderlichen Fähigkeiten. Und wo Glück ist, da herrscht auch Aberglaube. So glauben manche Menschen, sie könnten ihr Glück durch gewisse Rituale beeinflussen, und Sportstars bilden da keine Ausnahme – ja, nach einigen ihrer Rituale zu urteilen sind sie sehr viel abergläubischer als alle anderen Menschen.

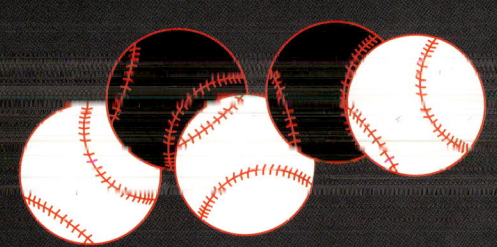

Pitcher Mark „The Bird" Fidrych von den Detroit Tigers wurde in Amerika berühmt wegen seines seltsamen Verhaltens auf dem Platz. So sprach er mit sich selbst und mit dem Ball, zielte mit dem Ball, als wäre er ein Dartpfeil, stolzierte um das Wurfmal wie ein Vogel und präparierte das Wurfmal so sorgfältig, dass sein Ritual als „Maniküre des Mals" bezeichnet wurde.

Einer der größten Eishockeytorhüter, der Kanadier Patrick Roy, sprach im Spiel mit seinen Torpfosten und erklärte: „Sie sind meine Freunde." Er achtete darauf, nie auf die roten und blauen Linien zu treten, und vor einem Spiel fuhr er zur blauen Linie und starrte das Netz an, wobei er sich vorstellte, wie es schrumpfte.

Afrikanische Fußballmannschaften lassen angeblich ihr Glück von Marabuts (Medizinmännern) beeinflussen. Dazu der afrikanische Fußballverband: „Wir wollen genauso wenig Medizinmänner am Spielfeld sehen wie Kannibalen an den Imbissständen." Im Jahr 2000 drohte Senegal, Nigeria zu schlagen, bis man einen „Zauber" hinterm Netz der Senegalesen entfernte. Dann traf Nigeria zweimal und gewann. Zwei Jahre später soll ein Marabut Zaubersalbe auf die Torpfosten Senegals geschmiert haben.

Wade Boggs von den Boston Red Sox war für seinen Aberglauben genauso berühmt wie für seine Schlagsicherheit. Jeden Tag übte er auf die gleiche Weise, schlug gleich viele Bälle und schrieb vor dem Schlagen stets das hebräische Wort chai (Hebräisch für „Leben") in die Erde.

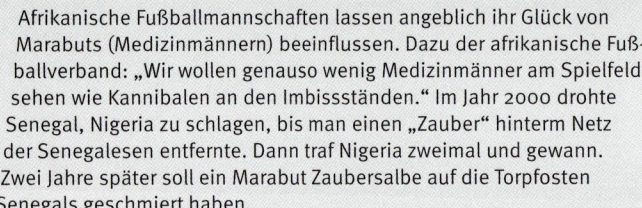

Steven „Turk" Wendell, früherer Pitcher der Atlanta Braves, Chicago Cubs, NY Mets und Philadelphia Phillies, sprang stets über die Baseline, bevor er den Platz betrat oder verließ. Zwischen den Innings putzte er sich die Zähne und kaute Lakritz, und zu Beginn eines Innings ritzte er drei Kreuze in die Erde.

Der ehemalige Torwart von Schweden und der Philadelphia Flyers, Pelle Lindbergh, trug stets dasselbe schwedische orangefarbene T-Shirt unterm Trikot und trank ein schwedisches Getränk namens Pripps nur in der Halbzeit – und auch dann nur, wenn zwei Eiswürfel im Becher waren.

Vor jeder Halbzeit absolviert Torhüter Jason Brown von den Blackburn Rovers das gleiche Ritual. Er lehnt den Kopf zuerst an den einen, dann an den anderen Torpfosten, hält die Augen geschlossen und legt die Hände zusammen, als würde er beten.

Besonders abergläubisch ist der kroatische Tennisspieler Goran Ivanišević, der einst sagte: „Mein Problem ist es, dass ich immer fünf Gegner habe: den Schiedsrichter, die Zuschauer, die Balljungen, den Platz und mich selbst." Er steht immer erst nach seinem Gegner auf, tritt nie auf die Linien, und wenn er gewinnt, wiederholt er am nächsten Tag die Ereignisse des Vortags so genau wie möglich.

Die serbischstämmige Tennisspielerin Jelena Dokic tritt nie auf die weißen Linien, lässt den Ball beim ersten Aufschlag fünfmal und beim zweiten zweimal aufspringen, bläst in die rechte Hand, während sie den Aufschlag der Gegnerin erwartet, und lässt sich von den Balljungen und -mädchen den Ball an den Unterarm werfen.

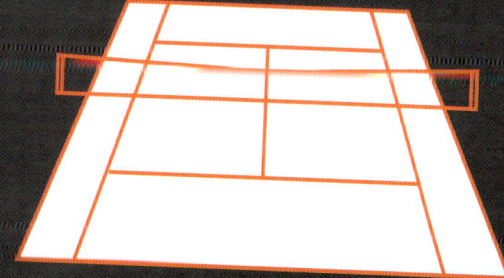

Michael „Air" Jordan, einer der größten Basketballer aller Zeiten, absolvierte die High School in North Carolina. Um Glück zu haben, trug er immer seine blauen North-Carolina-Shorts unter seinem Chicago-Bulls-Dress.

Leigh Richmond Rose, ehemaliger Torwart von Wales und Gewinner von 24 Caps zwischen 1900 und 1911, soll unter seinem Dress ein Glückshemd (seines ersten Clubs) getragen haben, das angeblich nie gewaschen wurde. Die Presse vermerkte: „Offenbar ist er etwas abergläubisch in puncto Fußballkleidung, denn er scheint nur selten die Waschfrau damit zu behelligen."

Anthony „Nomar" Garciaparra, Shortstop der LA Dodgers, ist berühmt für sein Handschuhzupfen und seine Fußtapser vorm Schlagen. Weniger auffällig ist, dass er an jedem Matchtag exakt gleich gekleidet ist und jede Stufe vor der Spielerbank mit beiden Füßen betritt.

FLORA UND FAUNA

SEIN FREUND DER BAUM

Um sich für den Tag zu lockern, absolviert ein Mann am Ufer des Westsees in Hangzhou in China ein paar frühmorgendliche Dehnübungen – hier die vertikale Version eines Spagats.

KOMMUNIKATION
ÄRGER IN SICHT

Verkehrszeichen sind weltweit so gestaltet, dass sie leicht zu erkennen und zu verstehen sind. Und wer die Straßenverkehrsordnung kennt, weiß, dass Zeichen, die etwas vorschreiben, kreisförmig und Warnzeichen dreieckig oder rautenförmig sind. Aber Einheimische stellen Zeichen mit einer ganz eigenen Bedeutung auf.

KASUAR (großes Bild, links) Achtung, Kasuarwechsel! Queensland, Australien
01. FUSSGÄNGER-ÜBERGANG
Speziell für Nudisten
02. SCHNEERISIKO
Dachlawinen!
03. KEINE FUSSGÄNGER
Übungszielscheibe
04. RADFAHRER VORSICHT!
Neuseeland
05. ENTENÜBERGANG
Mit zusätzlichem Ei
06. KEINE HUNDEKACKE
Niederlande
07. ACHTUNG, ELCHE!
Freilaufend
08. KURVENREICH
Keep smiling!
09. FUSSGÄNGER-ÜBERGANG
New Mexico
10. ZEBRASTREIFEN
Speziell für Reiter

FÜR IMMER JUNG

Aus vielen Kinderstars werden erwachsene Stars, aber was wird aus den anderen? Oft lassen sich Filmfigur und Schauspieler kaum trennen – umso überraschender ist es, dass aus Oliver Twist ein Osteopath wurde und Präriegirl Jenny Wilder für den *Playboy* posierte.

❖ DARLENE GILLESPIE

Vom 14. bis zum 17. Lebensjahr trat Darlene Gillespie singend und tanzend in der Fernsehsendung *Mickey Mouse Club* (1955–1958) auf. Sie nahm auch mehrere Alben für Disney auf. Später wurde sie zu einer Gefängnisstrafe verurteilt, weil sie ihren dritten Mann bei verschiedenen Betrugereien unterstützt hatte.

❖ JUDY GARLAND

Der berühmteste Kinderstar wurde mit 12 von MGM unter Vertrag genommen. Vier Jahre später wurde sie weltberühmt, als sie die Dorothy in *Der Zauberer von Oz* (1939) spielte. Ihre Film- und Fernsehkarriere war ebenso herausragend wie bewegt. Sie war auch eine beliebte Sängerin. Auch ihr Privatleben war bewegt: Nach fünf Ehen starb sie mit 47 an einer Überdosis Schlafmittel.

❖ DANNY LLOYD
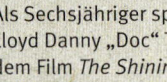

Als Sechsjähriger spielte Danny Lloyd Danny „Doc" Torrance in dem Film *The Shining* (1980). Erst Jahre später erfuhr er, dass es ein Horrorfilm war und was sein berühmter Text „Redrum! Redrum!" bedeutete. Heute ist er Biologielehrer in Illinois.

❖ LUKE HALPIN

Luke Halpin trat mit acht am Theater und in zahlreichen Fernsehserien auf, bevor er Sandy Ricks im Film *Flipper* (1963) spielte. Heute ist er Techniker und Pilot bei TV- und Filmproduktionen.

❖ JOSH SAVIANO

Jahrelang kursierte das Gerücht, Josh Saviano, der Kevin Arnolds besten Freund Paul Pfeiffer in der TV-Serie *Wunderbare Jahre* (1988–1993) spielte, in Wahrheit der provokante Sänger Marilyn Manson sei. Im Gegenteil – er machte einen Abschluss an der Yale University und wurde Anwalt.

❖ TODD BRIDGES

Seit er 13 war, spielte Todd Bridges Willis Jackson in der TV-Serie *Diff'rent Strokes* (1978–1986). Als die Serie auslief, blieb er Schauspieler und wurde mehrmals wegen Körperverletzung und Drogenbesitz verhaftet. Heute arbeitet er als Vortragsredner und warnt vor den Gefahren des Drogenmissbrauchs.

❖ SHANNON DOHERTY

Shannon Doherty – die Jenny Wilder in *Unsere kleine Farm* (1982–1984) – ist immer noch Schauspielerin und posierte im *Playboy*.

❖ DIE WALTONS

Die meisten Stars der *Waltons* sind danach erfolgreiche Schauspieler geblieben. Andere Wege gingen Earl Hamner (Erzähler), der TV-Autor und -Produzent wurde, Kami Cotler (Elizabeth), die Lehrerin ist, und Judy Norton (Mary Ellen), die *Playboy*-Model war.

❖ THE OSMONDS

Donny Osmond ist Sänger, Schauspieler, TV-Show-Gastgeber und Plattenproduzent. Wayne, Jay, Merrill und Jimmy treten immer noch als *The Osmond Brothers* auf, und Marie ist Radiomoderatorin und Puppenmacherin. Alan Osmond tritt wegen multipler Sklerose selten auf.

❖ **JORDY (LEMOINE)**

Jordy hatte als jüngster Sänger (mit viereinhalb) eine Nummer-eins-Single – „*Dur dur d'être bébé*" („Es ist schwer, ein Baby zu sein") verkaufte sich zwei Millionen Mal in Frankreich und war 1992 ein Hit in ganz Europa und in Japan. 1994 verbannte die französische Regierung Jordy aus Funk und Fernsehen, aus Sorge, seine Eltern würden ihn ausbeuten. 2006 gab er seine erste Single seit 12 Jahren heraus.

❖ **INGER NILSSON**

Die Schwedin Inger Nilsson, die die *Pippi Langstrumpf* in den überaus beliebten Filmen (1969/70) und TV-Serien (1969–1973) spielte, wurde so sehr mit ihrer Rolle identifiziert, dass sie als Erwachsene nicht an ihre frühe Karriere anknüpfen konnte. Sie gab 1978 eine Disco-Single heraus, arbeitete als Sekretärin und feiert seit 2007 in der ZDF-Serie *Der Kommissar und das Meer* ein Comeback.

❖ **MARY BADHAM**

Mit zehn spielte Mary Badham die Jean Louise „Scout" Finch in *Wer die Nachtigall stört* (1962) und wurde für einen Oscar als Beste Nebendarstellerin nominiert. Heute ist sie Kunstrestauratorin.

❖ **DIE BRADYS**

Mike Lookinland, der den jüngsten Bruder Bobby in *Die Bradys* (1969–1974) spielte, übernahm mehrere Film- und Fernsehrollen, bevor er Kameramann wurde. Eve Plum, die die mittlere Schwester Jan spielte, machte auch als Schauspielerin Karriere und ist heute Malerin.

❖ **ANNETTE FUNICELLO**

Die einzige Mouseketeer, die von Walt Disney persönlich für den *Mickey Mouse Club* ausgewählt wurde, hatte auch danach eine erfolgreiche Karriere als Schauspielerin und Sängerin. Später gründete sie den Annette Funicello Fund for Neurological Disorders und brachte ihre eigene Teddybär-Kollektion heraus.

❖ **MARK LESTER**

Mark Lester, ein erfahrener Kinderdarsteller, spielte mit neun die Titelrolle in der Verfilmung des Musicals *Oliver!* (1968). Er arbeitete weiter als Schauspieler, bis er 18 war, bekam dann Drogen- und Alkoholprobleme und wurde später Facharzt für Osteopathie.

❖ **JONATHAN GILBERT**

Jonathan Gilbert spielte von 1974–1983 den Willie Orelson in *Unsere kleine Farm*. Anders als seine Schwestern Melissa (die auch in dieser Serie auftrat) und Sara machte er keine Karriere als Schauspieler und arbeitet heute als Börsenmakler an der Wall Street.

❖ **LINDA BLAIR**

Bevor sie mit 14 die Rolle des besessenen Kindes in dem Horrorfilm *Der Exorzist* (1973) annahm, um ihr teures Hobby Reiten zu finanzieren, wollte Linda Blair Tierärztin werden. Seither trat sie in weiteren Filmen und Shows auf, bekam Drogenprobleme und gründete ihre eigene Stiftung für Tiere, die Linda Blair WorldHeart Foundation.

❖ **PETER OSTRUM**

Als 14-Jähriger spielte Peter Ostrum den Charlie Bucket in *Charlie und die Schokoladenfabrik* (1971). Er lehnte mehrere weitere Filmrollen ab und ist heute Tierarzt.

❖ **CHARLIE KORSMO**

Mit 12 spielte Charlie Korsmo „The Kid" in dem Hit *Dick Tracy* (1990). Seither arbeitet er für die amerikanische Regierung, für die Umweltschutzbehörde und die Republikanische Partei.

SPORT UND FREIZEIT
RADPARTIE

Ein Crash verursacht ein Chaos beim Eintagesrennen Paris-Roubaix über rund 250 km in Nordfrankreich. Das Rennen wird wegen seiner brutalen Kopfsteinpflasterabschnitte L'Enfer du Nord („Die Hölle des Nordens") genannt.

FLORA UND FAUNA

Anfang der 1990er-Jahre kamen die Rundungen zurück – und zwar richtig. Das war zum großen Teil Pamela Andersons Auftritt in der Fernsehserie *Baywatch* (der meistgesehenen TV-Serie der Welt) und Eva Herzigovas Werbekampagne für den Wonderbra zu verdanken. Als einige Leute Eva Herzigova mit dem 1950er-Jahre Pin up Marilyn Monroe verglichen, antwortete sie: „Abgesehen von den Kurven, haben wir beide ziemlich kleine." Bei den Männern kamen durch Brad Pitt und Johnny Depp schön geformte Wangenknochen in Mode.

90 Weiber

EVA HERZIGOVA (großes Bild, links) „Hello boys" – Eva's Werbung für den Wonderbra

01. BRAD PITT mit schön geformten Wangenknochen

02. PAMELA ANDERSON mit rotem Badeanzug als C. J. Parker in der TV-Serie *Baywatch*

03. DAVID HASSELHOFF mit nackter Brust in *Baywatch*

04. HALLE BERRY erhielt als erste afro-amerikanische Schauspielerin den Oscar als Beste Hauptdarstellerin

05. JOHNNY DEPP mit feinen Gesichtszügen als Wade Walker in *Cry-Baby* (1990)

06. JENNIFER LOPEZ Sängerin und Modedesignerin, auch J-Lo genannt

07. UMA THURMAN von der der Regisseur Quentin Tarantino sagte, sie wäre „mit der Garbo und der Dietrich auf dem Level einer Göttin"

> Man sollte nicht nur nach dem Äußeren urteilen. Ich denke, wirklich wichtig ist es, seelisches Gleichgewicht zu finden. – Jennifer Lopez

SPORT UND FREIZEIT
DAS SCHÖNSTE SPIEL
DIE GUTEN

Fußball ist wahrscheinlich die beliebteste Sportart der Welt. Da erlebt man großartige Augenblicke, doch wie bei allen Dingen gibt es hier auch eine dunkle Seite. Schauen Sie sich einmal die guten, die bösen und die hässlichen Seiten des Fußballs an.

GROSSE SPIELE

MAGISCHE MAGYAREN 1953
England war bis dahin noch nie daheim von einem ausländischen Team besiegt worden. Doch am 25. November 1953 schlugen die „Magischen Magyaren" England 6:3. Torwart Gil Merrick erklärte nach der Niederlage: „Es war ein Privileg, gegen sie zu spielen und so einen Fußball zu erleben."

NORDKOREA GEGEN PORTUGAL 1966
Im Viertelfinale der WM 1966 schockierte Nordkorea Portugal, als es nach 25 Minuten 3:0 führte. Aber eine halbe Stunde später hatte Portugal ausgeglichen und gewann nach einer der großartigsten Aufholjagden noch 5:3.

EUROPACUPFINALE 1960
Das Finale mit dem höchsten Ergebnis gilt oft als bestes Spiel. 135 000 Zuschauer sahen in Glasgow, wie Real Madrid die Mannschaft von Eintracht Frankfurt 7:3 schlug und den fünften Titel in Folge gewann. Kommentar des *Glasgow Herald*: „Danke, meine Herren, für den magischen Moment."

EUROPACUPFINALE 1999
In der 90. Minute verließ der UEFA-Präsident die Tribüne, um Bayern München, das 1:0 führte, den Pokal zu überreichen. Aber Manchester United traf in der Verlängerung zweimal und gewann 2:1. Als der Präsident aus dem Tunnel kam, dachte er: „Was ist das? Die Sieger weinen und die Verlierer tanzen."

GROSSE WELTMEISTERSCHAFTSTORE

DIEGO MARADONA 1986
Maradona schnappte sich den Ball nahe der Mittellinie und überspielte drei englische Verteidiger, bevor er den Keeper Peter Shilton alt aussehen ließ und Argentinien ins Halbfinale schoss.

PELE 1958
Mit 17 erzielte Pele ein Traumtor bei Brasiliens 5:2-Finalsieg gegen Schweden. Er stoppte einen Pass mit der Brust, ließ den Ball mit der Hüfte über einen Verteidiger springen und schoss mit einem tiefen Volley ins Tor.

GEOFF HURST 1966
Ein legendäres Tor. Hurst nahm den Ball an der Mittellinie an, als Kommentator Kenneth Wolstenholme sagte: „Da sind Leute auf dem Platz. Sie glauben, es sei schon aus..." Als Hurst den Ball ins deutsche Tor hämmerte, vollendete Wolstenholme: „...Jetzt ist es aus."

CARLOS ALBERTO 1970
Als eines der großartigsten Teamtore gilt Brasiliens viertes Tor beim 4:1-Finalsieg gegen Italien. Der Spielzug begann beim linken Verteidiger, ging über neun Spieler und wurde unhaltbar abgeschlossen von Alberto.

ARCHIE GEMMILL 1978
Schottland gegen Niederlande in der Vorrunde. Gemmill umspielte einen Verteidiger, sprang über den Fuß eines anderen, schob den Ball einem dritten durch die Beine und hob ihn über den Torwart hinweg.

GROSSER TORJUBEL

MARCO TARDELLI 1982
Als Tardelli Italiens zweites Tor im WM-Finale gegen Deutschland erzielt hatte, sprintete er wild schreiend und mit geballten Fäusten zur italienischen Bank, während ihm die Tränen übers Gesicht liefen.

DENNIS BERGKAMP 1998
Als Bergkamp im Viertelfinale der EM 98 in letzter Minute das Siegtor für Holland gegen Argentinien erzielte, blickte er mit hochgerissenen Armen gen Himmel und ließ sich flach auf den Rücken fallen, die Arme immer noch zum Himmel gereckt.

ROGER MILLA 1990
Kameruns Stürmer Roger Milla erzielte bei der WM 1990 vier Tore und feierte jedes mit seinem legendären Tanz um die Eckfahne. Zwei Tore schoss er gegen Rumänien und zwei gegen Kolumbien.

JULIUS AGHAHOWA 2002
Sein Eröffnungstor für Nigeria gegen Schweden bei der WM 2002 feierte Aghahowa mit sieben Rückwärtssalti und noch einem Purzelbaum rückwärts. Sein absoluter Rekord waren 12 Rückwärtssalti.

LIVERPOOL GEGEN ARSENAL 1989

Arsenal musste mit zwei Toren Vorsprung gewinnen. Michael Thomas erzielte das zweite in der Nachspielzeit und gewann so mit dem allerletzten Schuss der Saison die Ligameisterschaft.

DENNIS BERGKAMP 1998

In den letzten Minuten des Viertelfinales Niederlande gegen Argentinien fing Bergkamp einen langen Pass von de Boer im Strafraum ab, schob den Ball mit dem zweiten Kontakt durch die Beine des Verteidigers und hämmerte ihn mit dem dritten zum Sieg ins Netz.

JÜRGEN KLINSMANN 1994

Klinsmann, der dafür berüchtigt war, Elfmeter durch Schwalben herauszuschinden, feierte sein erstes Tor für Tottenham Hotspur (beim 4:3-Auswärtssieg in Sheffield) mit einer Schwalbe, die von anderen Teamkollegen kopiert wurde.

DIE BÖSEN

SPIELMANIPULATIONEN

RELEGATION IN ITALIEN

Am Ende der Saison 1979/80 stiegen AC Mailand und SS Lazio wegen Manipulation in die Serie B ab, sechs Jahre später wurde Roma von der UEFA gesperrt, als der Manager einen Schiedsrichter bestechen wollte. 2006 stiegen Juventus, Fiorentina und Lazio wegen Manipulationen in die Serie B ab.

BESTECHUNG IN MARSEILLE

Marseille war von 1989–1993 überaus erfolgreich. Doch 1994 wurde Präsident Bernard Tapie wegen Bestechung und Manipulation angeklagt. Marseille wurde die Meisterschaft der Division 1 aberkannt und stieg in die Division 2 ab – Tapie wollte Spieler von Valenciennes bestechen, das Spiel zu verlieren.

DIE HÄSSLICHEN

DANEBEN, PFIFFE UND MORD

ROB RENSENBRINK 1978

Beim Stand von 1:1 im WM-Finale gegen Argentinien verfehlte der Holländer Rob Rensenbrink in der letzten Minute das offene Tor. In der Verlängerung verloren die Niederlande 1:3.

ERIC CANTONA 1995

Am 25. Januar 1995 sah ManU-Star Cantona die rote Karte, als er einen Spieler von Crystal Palace foulte. Beim Verlassen des Platzes beleidigte ihn ein Palace-Fan, und Cantona trat ihm gegen die Brust. Er wurde für neun Monate gesperrt und entging nur knapp einer Gefängnisstrafe.

VINNIE JONES 1988

Vinnie Jones bestätigte seinen Ruf als harter Hund, als er dabei fotografiert wurde, wie er im Spiel gegen Newcastle United Paul Gascoigne an den Hoden packte.

ANDRÉS ESCOBAR 1994

Kolumbiens Verteidiger Escobar, der „Gentleman des Fußball", erzielte im WM-Spiel gegen die USA am 22. Juni ein Eigentor. Zehn Tage später wurde er vor einer Bar in Medellin erschossen, angeblich von einem Fan, der „Tooooor!" schrie.

DENNIS EVANS 1953

Evans hörte den Schlusspfiff und trat den Ball ins eigene Netz, um Arsenals 4:0-Sieg gegen Blackpool zu feiern. Doch gepfiffen hatte ein Zuschauer, und Evans Eigentor führte zum 4:1.

FLORA UND FAUNA

LEBENDIGE STATISTIK

Alle Menschen haben einen Körper, doch die meisten wissen sehr wenig darüber. Ja, es gibt alle möglichen faszinierenden Fakten über den menschlichen Körper, von denen die Spezies meist keine Ahnung hat – obwohl die Zahl der Neuronen in ihrem Gehirn größer ist als die Anzahl der Menschen, die je den Planeten bevölkerten, seit Homo sapiens sich erstmals aufrichtete.

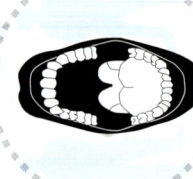

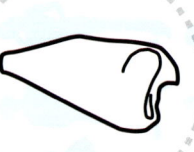

NIESEN jagt Luft und Schleim bis zu 160 km/h schnell aus der Nase. **HUSTEN** presst Luft bis zu 96,5 km/h schnell aus der Kehle.

Menschen mit **ROTEM HAAR** sind schmerzempfindlicher als Schwarzhaarige oder Blonde und brauchen bei Operationen **20 PROZENT** mehr Anästhesie.

Die **LEBER** erreicht wieder ihre Originalgröße, selbst wenn bis zu 80 Prozent entfernt werden. Das Wasser in einer jungen Kokosnuss dient als Ersatz für **BLUTPLASMA**.

Im Lauf des Lebens wachsen **NASEN-HAARE** im Durchschnitt 2 m.

Täglich werden im Durchschnitt 1,1 Liter **SPEICHEL** produziert – im Lauf eines Lebens 45 460 Liter.

Der Uterus einer **SCHWAN-GEREN** dehnt sich bis zum 500-Fachen seiner normalen Größe. **BABYS** werden mit rund 300 Knochen geboren – ein Drittel davon wachsen in der Kindheit zusammen.

Alle **BLUTGEFÄSSE** des Menschen zusammen sind im Durchschnitt über 100 000 km lang – das ist das Zweieinhalbfache des Erdumfangs am Äquator.

SCHNARCHEN kann bis zu 69 Dezibel laut sein – fast so laut wie ein Pressluftbohrer (70–90 Dezibel).

69 Dezibel

Das **FETT** im Körper könnte im Durchschnitt acht normale Stück Seife ergeben.

Aus dem **KOHLEN-STOFF** im Körper ließen sich 900 Bleistifte, aus dem **PHOSPHOR** 2200 Zündholzköpfe herstellen und das **EISEN** ergäbe einen 7,5 cm langen Nagel.

Ein Mensch hat genauso viele **WIRBEL** im Hals wie eine **GIRAFFE** (sieben).

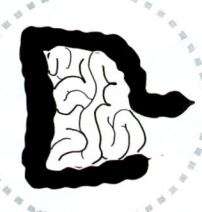

Die Menschen geben im Durchschnitt jeden Tag ungefähr 500 ml **DARMGASE** ab.

Menschen haben 96 Prozent ihrer **DNA** mit Schimpansen gemeinsam. Genetisch unterscheiden sich Schimpansen und Menschen zehnmal weniger als Ratten und Mäuse.

Die **SPANNE** zwischen den ausgestreckten Armen eines Menschen entspricht seiner Körpergröße.

In seinem ganzen Leben ejakuliert ein **MANN** im Durchschnitt etwa 20 Liter **SAMEN**.

Etwa 0,2 mg **GOLD** stecken in jedem von uns Menschen.

Ein Mensch bekommt eher eine Erkältung beim **HÄNDE-SCHÜTTELN** als beim Küssen.

Es gibt fast doppelt so viele Bakterien im **MUND** eines Menschen als Menschen auf der Welt.

Man kann länger ohne Essen (mehrere Wochen) als ohne Schlaf (einige Tage) **ÜBERLEBEN**.

Die Menschen haben **52 KNOCHEN** in den Füßen – rund ein Viertel aller insgesamt etwa 206 Knochen im Körper (die Zahl schwankt von Mensch zu Mensch).

Menschen mit einer **ZAHNFLEISCH-ERKRANKUNG** bekommen viel eher einen Schlaganfall oder einen Herzinfarkt als andere.

TECHNOLOGIE
GELD, GELD, GELD

Nach der Zahl der Redensarten, Sprichwörter, Lieder und Bücher über das Thema zu urteilen, sind Menschen von Geld besessen. Doch eigentlich „dreht sich die Welt" um Reichtum, nicht um Geld. Das sind nur Zeichen, die für Reichtum stehen. Und auf der Welt gibt es schon merkwürdige solcher Zeichen.

A STEINSCHEIBEN Die Yap-Inseln im Pazifikstaat Mikronesien sind berühmt für ihr Steingeld Fé. Diese gemeißelten Steinscheiben haben einen Durchmesser von bis zu 4 m. Davon passen zwar nicht viele in eine Geldbörse, sie sind aber auch schwer zu stehlen.

B SCHECKS Ein Scheck ist eine Anweisung an eine Bank, Geld zu zahlen, und im Prinzip braucht man dafür kein Scheckheft. So hat etwa ein Stadtrat einmal einen Scheck über 580 000 $ für eine Baufirma auf einer 60 x 120 cm großen Betonplatte ausgestellt, und ein anderer Mann schrieb einen Scheck mit Farbe auf die Seite einer Kuh.

C SALZ Römische Soldaten und Beamte wurden mit einer Salzration entlohnt, dem „salarium". Als später Münzen statt Salz ausgegeben wurden, behielt die Zuwendung ihren Namen, von dem sich das Wort für Gehalt in vielen europäischen Sprachen ableitet, etwa das deutsche „Salär".

D FEDERROLLE Auf den Santa-Cruz-Inseln wurden für das Zeremonialgeld rote Federn an einen Faserstreifen geklebt und Muscheln und Perlen angehängt, bevor es in Palmblätter gewickelt wurde.

E MENSCHENSCHÄDEL Sumatra heißt auf Sanskrit Swarna Dwipa, was „Goldinsel" bedeutet, da dort Gold abgebaut wurde. Im 15. Jahrhundert diente das Gold aber nicht als Geld – auf Sumatra bezahlte man mit Menschenschädeln.

F PFEFFERKÖRNER Pfeffer war einst so wertvoll, dass er als Geld diente. Der Westgotenkönig Alarich I., der den Untergang des Römischen Reiches herbeiführte, soll im Jahr 408 stattliche 1360 kg Pfeffer als Teil des Lösegelds für Rom verlangt haben. In England heißt eine symbolische Miete noch heute „peppercorn rent".

G LIBERIANISCHE KISSI-PENNYS Die Form verweist auf die Qualität des Eisens, das auf vier Arten bearbeitet wird – gehämmert, verdreht, zu Punkten geschlagen und zu einer Klinge geschärft.

H BANKNOTEN aus der Hölle. Am chinesischen Neujahrsfest verbrennt man zeremonielle Banknoten aus der „Bank der Hölle" zu Ehren der Toten. Die Tradition hält mit der Zeit Schritt – im 20. Jahrhundert gab es Scheckhefte der Höllenbank und Noten, auf denen statt dem König der Hölle Weltführer abgebildet waren.

I ZIERWERKZEUGE Archäologen haben Pfeilspitzen aus Halbedelsteinen, kupferne Axtklingen, Perlmuttangelhaken und andere unpraktische Werkzeuge ausgegraben, die einst als Tauschgeld geschätzt wurden.

J KAURIS Kaurimuscheln dienten vielerorts als Geld, von der Antike bis weit ins 20. Jahrhundert. Sie waren wegen ihrer Größe und Haltbarkeit praktisch – und sie sahen wertvoll aus.

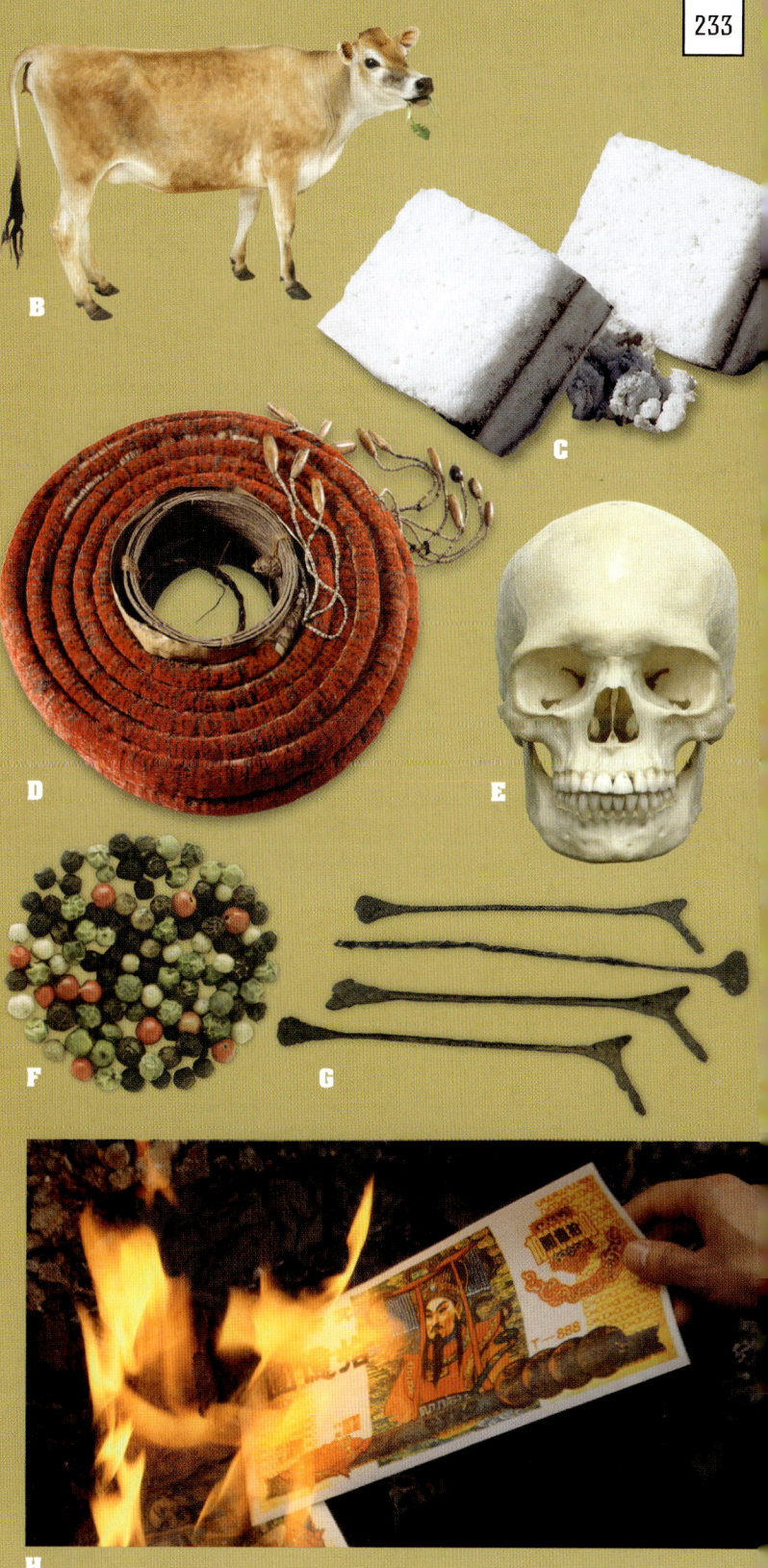

Papierflieger

Für Menschen ist das Falten eines Papierfliegers, der richtig fliegt, eine bedeutsame Entwicklungsphase. Einst gab der Vater diese Fähigkeit an den Sohn weiter, doch in aufgeklärteren Zeiten verteilt sie sich auf beide Geschlechter. Heute ist es Jungen wie Mädchen wichtig, das Fliegerfalten zu erlernen und es an ihre Söhne und Töchter weiterzugeben.

PFEIL

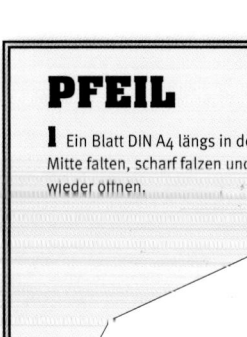

An der Spitze fassen, fest werfen, und schon fliegt der Pfeil durch die Luft.

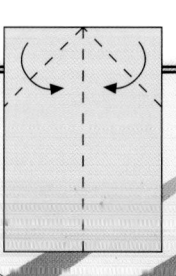

1 Ein Blatt DIN A4 längs in der Mitte falten, scharf falzen und wieder öffnen.

2 Die obere linke Ecke zum Mittelfalz hin falten, ebenso die obere rechte Ecke.

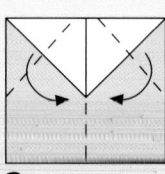

3 Das große Dreieck oben an seiner Grundlinie nach unten falten.

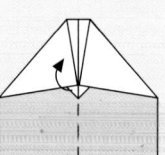

4 Jede der oberen Ecken schräg nach unten zum Mittelfalz falten, sodass oben ein gerader Abschnitt bleibt.

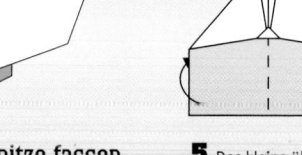

5 Das kleine überstehende Dreieck unten nach oben falten, um die Klappen zu sichern.

6 Nun entlang des Mittelfalzes zusammenfalten. Die Flügel wie hier gezeigt schräg zur Nase nach unten falten.

7 Die Nase an der gestrichelten Linie falten und nach innen drücken. Der Pfeil ist nun flugfertig.

GLEITER

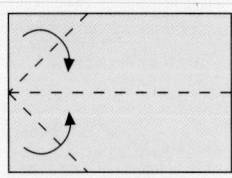

1 Wie beim Pfeil (oben) ein DIN-A4-Blatt längs in der Mitte falten. Wieder öffnen.

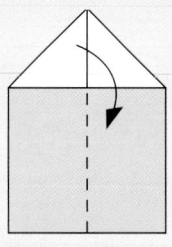

2 Die linke obere Ecke nach unten zum Mittelfalz falten, dann die rechte obere Ecke zum Mittelfalz hin falten.

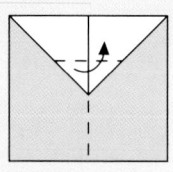

3 Das obere Dreieck nach unten falten.

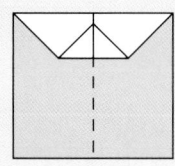

4 Die Spitze des Dreiecks zu seiner Basis hoch falten.

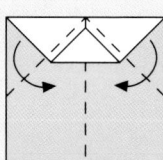

5 Zwei Dreiecke zum Mittelfalz hin falten.

BUMERANG

Wird der Bumerang seitlich geworfen, sollte er zurückkehren.

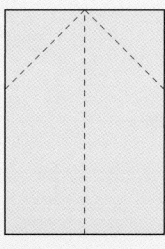
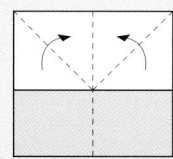

1 Das Papier längs in der Mitte falten. Zwei Dreiecke nach unten falten, um Falzmarkierungen zu erhalten. Öffnen.

2 Die obere Klappe nach unten falten und dabei die äußeren Dreieckpunkte als Grundlinie verwenden.

3 Die beiden Dreiecke entlang der Falzmarkierungen nach innen falten.

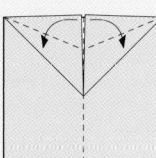
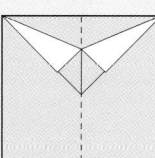
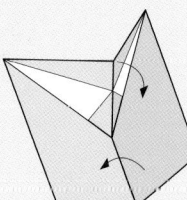

4 Die Dreiecke der obersten Lage nach unten falten ...

5 ... sodass das Modell so aussieht. Jetzt kommt ein kniffliges Doppelmanöver,

6 Die Mitte des Dreiecks mit einem Finger auf die Falte drücken. Gleichzeitig von der Mittellinie zu den Außenkanten falten.

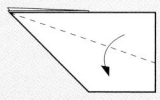
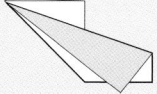
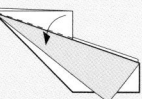
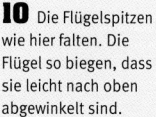

7 So soll das Modell jetzt aussehen. Den Flieger umdrehen, falls die Nase in die falsche Richtung geneigt ist.

8 Die Flügel nach unten falten.

9 Das mittlere Dreieck nach unten falten und auf eine Seite stecken, damit es nicht mehr herausragt.

10 Die Flügelspitzen wie hier falten. Die Flügel so biegen, dass sie leicht nach oben abgewinkelt sind.

Einige Wurftipps: Den Pfeil gerade halten. Die Nase des Gleiters leicht nach unten neigen. Den Bumerang unten halten und seitwärts neigen.

Den Gleiter sacht loslassen, dann schwebt er anmutig durch die Luft.

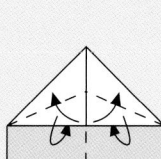
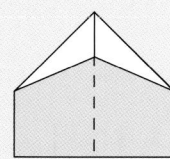
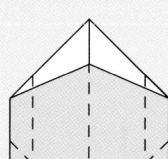
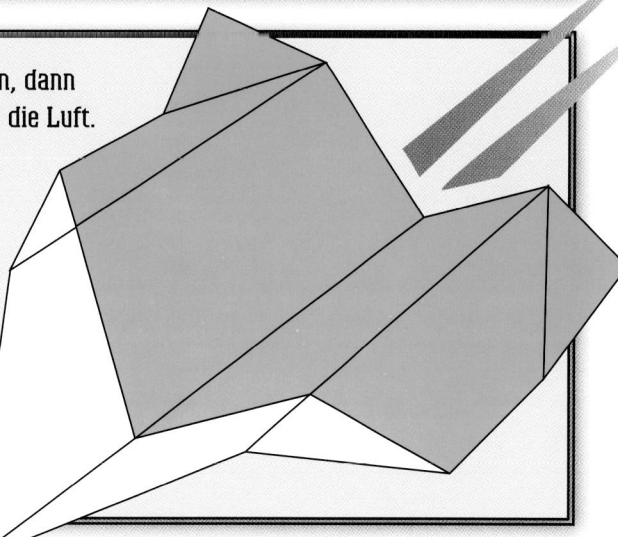

6 Zwei Dreiecke nach oben falten und die unteren Hälften unter die oberen schieben.

7 Der Gleiter sieht nun so aus. Die Mittelfalte scharf falzen.

8 Kniffe in die Flügel machen und nach oben falten. Die Dreiecke an den Flügelspitzen aufstellen.

FLUGBEOBACHTUNG

Jawohl, es ist wirklich ein Flieger, aber was für ein Typ? Mit dieser Übersicht werden Sie in der Lage sein, jedes Flugzeug zu identifizieren, das jemals geflogen ist, von Otto Lilienthals Gleitflugzeug bis zum modernen Airbus A380. Na gut, sagen wir, fast jedes Flugzeug.

Maxim Multiplane
Großbritannien
Erstflug: Kent, 31. Juli 1894

Lilienthal No 11 Gleitflugzeug
Deutschland
Erstflug: Berlin, 1894

Fabre Hydravion
Frankreich
Erstflug: 28. März 1910

Paulhan-Tatin Aero-Torpille
Frankreich
Erstflug: 1911

Russki Witjas Le Grand
Russland
Erstflug: 13. Mai 1913

Rumpler Taube
Österreich
Erstflug: 6. April 1910

Vickers Vimy
Großbritannien
Erstflug: 30. November 1917

Tarrant Tabor
Großbritannien
Erstflug: 26. Mai 1919

Fokker D.VIII
Deutschland
Erstflug: Mai 1918

Handley Page V/1500
Großbritannien
Erstflug: 22. Mai 1918

Caproni Ca.60 Transaero
Italien
Erstflug: 4. März 1921

Caproni Ca.90
Italien
Erstflug: 13. Oktober 1929

Junkers-Ju 52/3m
Deutschland
Erstflug: 7. März 1932

Handley Page H.P.42
Großbritannien
Erstflug: 14. November 1930

Macchi M.C.72
Italien
Erstflug: Juni 1931

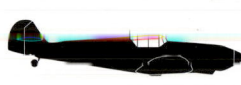

Messerschmitt Bf 109
Deutschland
Erstflug: 25. Mai 1935

Junkers Ju 87 Stuka
Deutschland
Erstflug: 17. September 1935

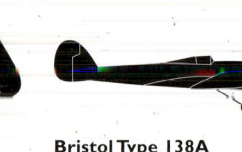

Hawker Hurricane
Großbritannien
Erstflug: 6. November 1935

Bristol Type 138A
Großbritannien
Erstflug: 11. Mai 1936

Supermarine Spitfire
Großbritannien
Erstflug: 6. März 1936

Bristol Beaufighter
Großbritannien
Erstflug: 17. Juli 1939

Heinkel He 178
Deutschland
Erstflug: 27. August 1939

Iljuschin Il-2 Schturmowik
Sowjetunion
Erstflug: 20. Dezember 1939

North American P-51 Mustang
Großbritannien/USA
Erstflug: 26. Oktober 1940

Messerschmitt Me 163 Komet
Deutschland
Erstflug: 13. August 1941

Concorde
Großbritannien/Frankreich
Erstflug: Toulouse, 2. März 1969

Rockwell International Space Shuttle
USA
Erstflug: 12. April 1981

Lockheed F-117A Nighthawk
USA
Erstflug: 18. Juni 1981

Boeing 767
USA
Erstflug: 26. September 1981

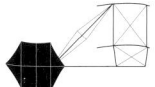
Chanute Biplane Glider
USA
Erstflug: Lake Michigan, August 1896

Wright Flyer III
USA
Erstflug: Dayton, Ohio, 23. Juni 1905

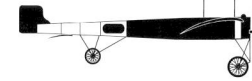
Blériot XI
Frankreich
Erstflug: 23. Januar 1909

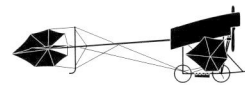
Santos-Dumont Demoiselle
Frankreich
Erstflug: 13. September 1909

Dunne Tailless Aeroplane
Großbritannien
Erstflug: 11. März 1910

Airco D.H.2
Großbritannien
Erstflug: 1. Juni 1915

Nieuport 17
Frankreich
Erstflug: Januar 1916

Airco DH.4
Großbritannien
Erstflug: 2. August 1916

Pemberton-Billing P.B.31E Nighthawk
Großbritannien
Erstflug: Februar 1917

Felixstowe F.2A
Großbritannien
Erstflug: 1917

Savoia-Marchetti S.55
Italien
Erstflug: August 1924

Lockheed Vega
USA
Erstflug: 4. Juli 1927

Hawker Fury
Großbritannien
Erstflug: 25. März 1931
(Hornet Prototyp März 1929)

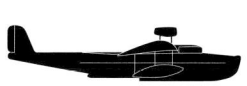
Dornier Do X
Deutschland (gebaut in der Schweiz)
Erstflug: 12. Juli 1929

Granville Gee Bee R-1
USA
Erstflug: 13. August 1932

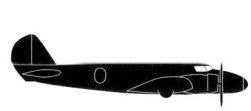
Boeing 247
USA
Erstflug: 8. Februar 1933

Polikarpov I-16
Sowjetunion
Erstflug: 31. Dezember 1933

De Havilland D.H.88 Comet
Großbritannien
Erstflug: 8. September 1934

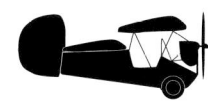
Mignet HM-14 Himmelslaus
Frankreich
Erstflug: 1935

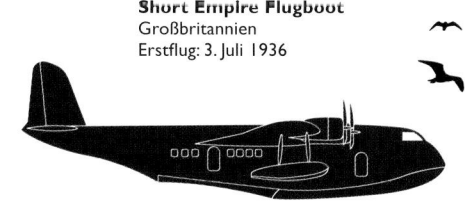
Short Empire Flugboot
Großbritannien
Erstflug: 3. Juli 1936

Short Sunderland
Großbritannien
Erstflug: 16. Oktober 1937

Boeing B-307 Stratoliner
USA
Erstflug: 31. Dezember 1938

Focke-Wulf Fw190
Deutschland
Erstflug: 1. Juni 1939

Bell X-1
USA
Erstflug: 19. Januar 1946

Northrop YB-49
USA
Erstflug: 21. Oktober 1947

Hughes H-4 Hercules
USA
Erstflug: 2. November 1947

Taylor Aerocar
USA
Erstflug: 8. Dezember 1949

Lockheed F-104 Starfighter
USA
Erstflug: 4. März 1954

Bell-Boeing V-22 Osprey
USA
Erstflug: 19. März 1989

Northrop Grumman B-2 A Spirit
USA
Erstflug: 17. Juli 1989

Scaled Composites Proteus
USA
Erstflug: 26. Juli 1998

Airbus A380
Frankreich/Deutschland/Spanien/Großbritannien
Erstflug: 27. April 2005

FLUGUNFALL

Ein MiG 29-Jagdflugzeug der sowjetischen Luftwaffe bohrt sich nach der Kollision mit einem Vogelschwarm auf der Pariser Luftfahrtschau von 1989 gerade in den Boden. Der Pilot Anatoli Kwotschur verhinderte, dass sein Flugzeug Menschen verletzte, und ließ sich sicher in nur 122 m Höhe herauskatapultieren.

SUPER-MARSHMALLOW

SCHWIERIGKEITSGRAD:
›LEICHT ›RECHT EINFACH ›MITTEL ›ANSPRUCHSVOLL

Rösten Sie unbedingt einmal Marshmallows über offenem Feuer. Es geht nichts darüber, in das knusprige Äußere zu beißen, sich die Lippen am herrlich schmelzenden Inneren zu verbrennen und rosa Schmiere über Gesicht und Kleidung zu verteilen.

ZUTATEN

210 g Gelatine
3 kg Kristallzucker
9 Tassen Wasser
Lebensmittelfarbe/Aromen wie Koschenille- und Vanilleessenz (optional), Puderzucker zum Bestäuben

ZUBEREITUNG

1 Die Gelatine in Wasser nach Packungsanweisung auflösen. Gut beiseitestellen, da es in dieser Phase schlecht riecht.

2 Den Kristallzucker im Wasser bei sanfter Hitze lösen. Die Gelatine zugeben und auflösen. Falls Ihre Küche jetzt nicht wie ein Bauernhof riecht, haben Sie was falsch gemacht.

3 Ist die Gelatine aufgelöst, langsam zum Kochen bringen, aber nicht überkochen lassen. 15 Minuten ohne Umrühren köcheln.

4 Das Gelatine-Zuckerwasser in einen sauberen Eimer gießen. Es sollte wie ungeklärte Abwässer aussehen und wie ein Affenstall im Sommer stinken. Abkühlen lassen, bis es lauwarm ist.

5 Die Mischung 20 Minuten schlagen, bis sie weiß und schaumig ist (wenn gewünscht, Farben und Aromen zugeben; Koschenille ergibt Pink).

 Einen zweiten Eimer mit Folie auskleiden, einfetten und mit Puderzucker bestäuben. Die Mischung hineingießen.

 24 bis 48 Stunden ruhen und dann aus dem Eimer herausgleiten lassen. Mit Puderzucker bestäuben.

 Mit einer Mistgabel dieses Riesenmonster über einem Lagerfeuer rösten. Nicht verbrennen lassen!

Das Riesenmarshmallow in seiner ganzen Pracht – zum Vergleich drei Marshmallows in Standardgröße.

DAS SCHÄRFSTE KOMBIWERKZEUG

Menschen spitzen längst nicht mehr Federkiele mit ihren Taschenmessern an – die enthalten heute Memorysticks und MP3-Player.

➡ **18. Jahrhundert** Die USA verdanken ihre Existenz vielleicht einem Taschenmesser. 1743 gab George Washingtons Mutter ihm ein solches und riet: „Gehorche immer deinen Vorgesetzten." 1777 wollte Washington im Unabhängigkeitskrieg als Oberbefehlshaber zurücktreten. Ein Offizier wies ihn auf das Messer und seine Pflicht hin. Washington zerriss sein Rücktrittsgesuch und führte sein Land in die Unabhängigkeit.

➡ **19. Jahrhundert** Das Schweizer Armeemesser wurde 1891 entwickelt, als ein Hersteller von Operationsinstrumenten Messer für Rekruten fertigte. Ein Konkurrent zog nach, und die Regierung teilte den Kontrakt: Victorinox liefert das „Original Schweizer Armeemesser", Wenger das „Echte Schweizer Armeemesser".

➡ **20. Jahrhundert** Schweizer Armeemesser gehörten zur Ausrüstung von NASA-Astronauten und wurden im New Yorker MOMA wegen ihres Designs ausgestellt.

1891 VICTORINOX „SOLDATENMESSER"
Das allererste Schweizer Armeemesser erhielten alle neuen Rekruten.

Leben dank Taschenmesser

INDIAN AIRLINES FLUG 524, 1976
„Ist ein Arzt an Bord?", fragte der Pilot – zum Glück war ja. Ein Kind drohte an einem Bonbon zu ersticken. Der Arzt wollte einen Luftröhrenschnitt machen, doch der Erste-Hilfe-Koffer enthielt kein Skalpell. „Hat jemand ein Taschenmesser?", lautete der zweite Aufruf. Ein Passagier gab dem Arzt ein Schweizer Offiziersmesser, mit dem er den Schnitt ausführte und so dem Kind das Leben rettete.

DAS FOHLEN AM BODENSEE
Freunde lästerten über einen deutschen Optiker, der sich für eine Radtour ein Schweizer Überlebensmesser kaufte, aber er lachte zuletzt. Eines Nachmittags rettete er am Bodensee ein neugeborenes Fohlen, das noch an der Nabelschnur hing, indem er sie mit seinem neuen Messer durchschnitt.

Tod durch Taschenmesser

WILLIAM COWPER 1763
Aus Angst vor dem Examen versuchte der englische Dichter William Cowper, sich 1763 viermal das Leben zu nehmen. Zuerst wollte er sich mit Laudanum vergiften. Als er es nicht hinunterbrachte, wollte er sich ertränken, schaffte das jedoch auch nicht. Er versuchte, sich mit seinem Taschenmesser zu erstechen, aber die Klinge brach. Schließlich erhängte er sich an einem Strumpfband, doch das riss, als er das Bewusstsein verlor. Er lebte noch weitere 37 Jahre.

HANS STANLEY 1780
Der britische Politiker Hans Stanley brachte sich mit einem Taschenmesser auf dem Gelände von Althorp House um, das den Vorfahren von Prinzessin Diana gehörte. Am Morgen des 12. Januar 1780, als Stanley den Earl of Spencer besuchte, durchschnitt er sich die Kehle im Wald und starb, bevor Hilfe herbeigeholt werden konnte.

2005, DAS WENGER GIANT

Das größte Wenger-Messer hat 87 Werkzeuge mit 141 Funktionen, wiegt 900 g und kostet 879 Euro. Das Giant Messer enthält jede Klinge, die es je in den Schweizer Armeemessern von Wenger gab.

1897 DAS „OFFIZIERSMESSER"
Das erste Schweizer Armeemesser mit dem typischen roten Griff

2005 SCHWEIZER MEMORYSTICK
Victorinox-Taschenmesser mit LED-Lampe und abnehmbarem 2 GB-Memory-Stick

1	Integrierter Schwenkkompass mit Visier/Lineal (cm und inch)	42	Reibahle
2	2-fache Schlüsselringe	43	Körner 0,8
3	Zahnstocher	44	Körner 1,2
4	Pinzette	45	Gabel für Federstegwerkzeug
5	Schraubendreher	46	Schraubendreherklinge 0,8
6	Schraubendreher PH 1	47	Schraubendreherklinge 1,2
7	Nagelknipser	48	Rundnadelfeile
8	Klinge mit Pfadfindermarke	49	Kreuzschlitzschraubendreher 1,5
9	Große Klinge	50	Werkzeughalter Minathor
10	Nagelreiniger/Schraubendreher für kleine Kreuzschlitzschrauben	51	Schräge Klinge
		52	Zigarrenschneider
11	Korkenzieher	53	Kombiwerkzeug
12	Schraubendreher mit Schloss/Kapselheber/Drahtbieger	54	Sechskantschlüssel
		55	Gebogener Schraubenschlüssel
13	Kreuzschlitzschraubendreher	56	10 mm-Sechskantschlüssel
14	Dosenöffner	57	Militärmesser
15	Reibahle	58	Spezialmilitärschraubendreher
16	Holzsäge	59	Schraubendreher
17	Stufensäge	60	Reibahle für Waffe
18	Metallfeile/Metallsäge	61	Schraubendreher für Waffe
19	Fischmesser/Leinenausrichter	62	Stollenschlüssel für Golfer
20	Lupe/Präzisionsschraubendreher	63	Reibahle
		64	Karabinerhaken
21	Kreuzschlitzschraubendreher mit Sicherheitsschloss	65	Golfgrünreparierer
		66	Reifenprofilmessgerät (mm/inch) abnehmbarer Schiebehalter
22	Kreuzschlitzschraubendreher	67	Abnehmbarer Schiebehalter
23	Allzweckschraubenschlüssel	68	Klinge für Pfropfmesser
24	Kleine Klinge	69	Klinge für Pfropfmesser
25	Halter für 3 Einsätze	70	Klinge für Pfropfmesser
26	Halbrunde Spitzzange	71	Klinge für Pfropfmesser
27	Kombizange	72	Klinge für Pfropfmesser
28	Zackenschere und Hebel	73	Retraktorklinge für Pfropfmesser
29	Mehrzweckzange/Etikettenklemmer/Drahtschneider	74	Kleine Klinge
		75	Schere
30	Multifunktionswerkzeug	76	Nagelfeile/Nagelreiniger/Schraubendreher für kleine Kreuzkopfschrauben
31	Kleines Messer		
32	Laserpointer		
33	Diodenlampe	77	Golfgrünreparierer
34	Integrierter Halter	78	Schraubendreher/Dosenöffner/Kapselheber
35	Integrierter 2-fach-Taschengriffhalter mit Schraubeinsätzen		
		79	Schraubendreher
36	Abnehmbarer Innensechskant/Schraubendreher/Speichenschlüssel/Verlängerungshebel	80	Reibahle
		81	Klinge
		82	Kombiwerkzeug: Schraubendreher/Dosenöffner/Kapselheber
37	Kettennietenzieher/geschwungener Sechskantmaulschlüssel	83	½ gezackte Klinge
38	Klinge für Kistenöffner		
39	Rundnadelfeile		
40	Messlineal/Lupe/Federstegwerkzeug		
41	Werkzeugkasten		

Das Kultobjekt

Das Schweizer Messer gehört heute zur populären Kultur, vor allem als Erkennungszeichen der TV-Serie *MacGyver*. Der Geheimagent in dieser Serie kam mit einer Rolle Isolierband und seinem treuen Schweizer Messer aus jeder Klemme. Die Serie vermarktete sogar ihr eigenes Schweizer Besteck. Das Messer wurde auch parodiert mit Erfindungen wie dem Schweizer Armeeschuh in dem Film *Die nackte Kanone*.

FLORA UND FAUNA
REPARATUR-BETRIEB

Viele Menschen sind unzufrieden mit dem, was sie sind, wie sie aussehen oder mit beidem. In einem Teil der westlichen Gesellschaft ist das Älterwerden tabu, und daher geben die Reichen viel Geld dafür aus, dass Chirurgen einige Dinge absaugen, andere Dinge einsetzen und die Haut straffen, damit sie jünger aussehen oder auf andere Weise das Aussehen verändern.

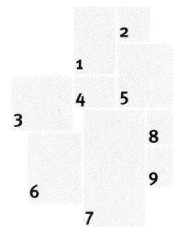

ERIK SPRAGUE (großes Bild, links) wird auch Eidechsenmann genannt
01. JOCELYNE WILDENSTEIN vom Boulevard Katzenfrau oder Braut von Wildenstein genannt
02. DONATELLA VERSACE mit Designerlippen
03. JODIE MARSH Glamourmodel zeigt ihre Gewerbeartikel
04. KERRY ELIA Ihre Brustimplantate explodierten – zweimal
05. LOLO FERRARI Praktischer Nutzen der größten Brüste der Welt
06. MICHAEL JACKSON Seine Haut wurde blasser, die Nase schmaler.
07. AMANDA LEPORE Transsexuelle Ikone mit vielen Polstern
08. CHER Sängerin, auch als Sechzigerin noch sexy
09. PETE BURNS Singer-Songwriter, nennt sich Freak Unique

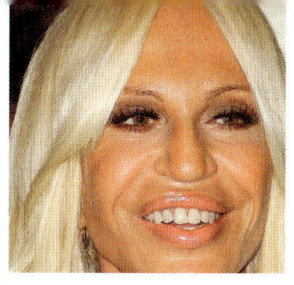

MYTHEN UND LEGENDEN
>URBANE MYTHEN 2

Vom Punkschamhaarlook bis zum Nierenraub – die modernen Mythen oder Legenden der Menschheit sind apokryphe Geschichten, die selbst dann verstören, wenn sie ein gequältes Lachen auslösen. Am Anfang steht oft die entstellte Version einer wahren Begebenheit, und wenn die Geschichte weitererzählt wird, wird sie mit zusätzlichen Details ausgeschmückt.

>VIEL GLÜCK, MR GORSKY

Im Juli 1969 sah ein Fünftel der Weltbevölkerung im Fernsehen, wie Neil Armstrong als erster Mensch den Mond betrat. Sein berühmter Ausspruch: „Das ist ein kleiner Schritt für den [einen] Menschen, ein riesiger Sprung für die Menschheit" wurde von Störgeräuschen unterbrochen. Seither streitet man darüber, ob er „den Menschen" oder „einen Menschen" sagte.

Alle schauten so gebannt zu, wie er auf dem Mond herumging, *DASS KAUM JEMAND ÜBER DAS NACHDACHTE, WAS ER DANN SAGTE.* Das Filmmaterial vom Mondspaziergang beweist, dass er beim zweiten Schritt sagte: „Viel Glück, Mr Gorsky." Das Kontrollzentrum glaubte, er habe damit einen sowjetischen Kosmonauten gemeint, doch es gab keinen Kosmonauten dieses Namens.

Jahrelang wollte der für seine Wortkargheit berühmte Armstrong nichts darüber verraten. Doch auf einer Pressekonferenz im Juli 1995 in Florida warf ein Reporter die Frage erneut auf, und Armstrong erwiderte, *ER HOFFE, NIEMANDEN IN VERLEGENHEIT ZU BRINGEN,* nun, da seine Nachbarn aus der Kinderzeit, Mr und Mrs Gorsky, verstorben seien. Als Kind habe er nämlich in einem Sommer Baseball mit seinem Bruder gespielt, der den Ball in den Garten der Gorskys schlug. Als er, Neil, den Ball holen ging, *HÖRTE ER DEUTLICH* aus einem offenen Fenster, *WIE MRS GORSKY ZU IHREM MANN SAGTE:* „Dir einen blasen? Ich werd' dir an dem Tag einen blasen, an dem der Junge von nebenan auf dem Mond spaziert."

>TEMPOMAT

Im Herbst 2000 kaufte sich Merv Grazinski, seit kurzem Rentner aus Oklahoma City, von seiner Pension das nagelneue Winnebago-Wohnmobil, von dem er immer geträumt hatte. Ein paar Wochen später begab er sich mit seiner Frau Lillian auf die erste lange Reise, nachdem sie die Schränke und den Kühlschrank aufgefüllt hatten.

Nachdem sie mühsam aus der Vorstadt bis zur Autobahn gelangt waren, beschlossen Mr und Mrs Grazinski, sich bei einer Tasse Kaffee zu entspannen. Lillian bereitete hinten den Kaffee, während Merv sich auf der Karte überzeugte, dass sie in der nächsten halben Stunde auf der Autobahn blieben. Er stellte den Tempomat ein, *VERLIESS DANN DEN FAHRERSITZ, UM HINTEN MIT LIL KAFFEE ZU TRINKEN.* Er saß noch nicht mal, als das Wohnmobil von der Straße abkam, die Böschung hinunterrollte und umkippte. Wie durch ein Wunder waren die Grazinskys nur leicht verletzt, da die Polstermöbel den Aufprall dämpften. Doch das Wohnmobil war Schrott.

Zum Glück gibt es ein Happy End: *MERV VERKLAGTE WINNEBAGO ERFOLGREICH* – man habe ihm nicht gesagt, er müsse auf dem Fahrersitz bleiben, wenn der Tempomat eingestellt sei. *ER BEKAM 1,75 MIO. $ SCHADENERSATZ* und ein nagelneues Wohnmobil.

>DEN RASEN MÄHEN

Der Punk erlebte seinen Höhepunkt Ende der 1970er-Jahre. Mit zerrissenen T-Shirts, Sicherheitsnadeln in Jeans, Gesichtspiercings und bunten Irokesenfrisuren wurde gegen das Establishment rebelliert, doch bald war auch das nur noch eine Mode.

In diesem kurzen goldenen Zeitalter wurde *EINE JUNGE PUNKERIN MIT GRELLGRÜNEM IROKESEN MIT EINER AKUTEN BLINDDARMENTZÜNDUNG INS KRANKENHAUS EINGELIEFERT.* Ohne ihre Nietenlederjacke sah sie etwas menschlicher aus, doch die Operationsvorbereitungen dauerten eine Weile, da ihre Gesichtspiercings abgenommen werden mussten, damit die Sauerstoffmaske richtig anlag.

Damals war es auch üblich, für jede Unterleibsoperation die Schamgegend zu rasieren, und zu ihrer Überraschung entdeckten die Krankenschwestern, dass das Schamhaar *DER PUNKERIN GENAUSO GRELLGRÜN GEFÄRBT WAR WIE IHR IROKESE.* Überdies war auf ihren Bauch tätowiert: Rasen nicht betreten.

Das Operationsteam amüsierte sich offenbar genauso wie die Schwestern. Als die Punkerin sich zum ersten Mal auszog, *BEMERKTE SIE AUF IHREM BAUCH EINE NEUE NACHRICHT.* Mit einem chirurgischen Marker hatte jemand geschrieben: „Sorry, mussten den Rasen mähen."

>ALARMSIGNAL

Der erste Geldautomat der Welt wurde 1967 vor der Barclays Bank in Enfield im Norden Londons installiert. Das war sehr praktisch für die Kunden, die ihr Geld nicht mehr am Schalter abheben mussten – allerdings gab der Automat maximal 10 £ aus.

Doch als der Höchstbetrag erheblich anstieg und weltweit in den Großstädten Geldautomaten eingeführt wurden, **WAR DAS AUCH FÜR RÄUBER SEHR PRAKTISCH** – sie mussten die Leute am Automaten nur zwingen, für sie Geld abzuheben. In den 1990er-Jahren suchten die Banken nach Möglichkeiten, diese Art von Bankraub zu verhindern. Manche verlegten ihre Automaten in hell erleuchtete Vorräume, statt sie außen an der Wand zu montieren, doch das erwies sich als kostspielig und erforderte aufwändige Sicherheitsmaßnahmen.

2006 kam ein einfallsreicher Softwareentwickler auf die perfekte Lösung. Er konnte den Geldautomaten so programmieren, **DASS JEMAND, DER GEZWUNGEN WURDE, GELD ABZUHEBEN, SEINE GEHEIMZAHL UMGEKEHRT EINGEBEN KONNTE**. Dann erschien eine Meldung, das Konto sei überzogen, und es gab kein Geld.

Gleichzeitig stellte das Programm automatisch eine Verbindung zur Polizei her und gab den Standort und einen Notruf durch. So stiegen die Chancen, **DEN ERPRESSER ZU FANGEN, OHNE DASS DAS OPFER RISKIERTE, IHN DURCH SEIN VERHALTEN ZU EINER GEWALTTAT ZU PROVOZIEREN.**

>BABYSITTERS ALBTRAUM

In den 1960er-Jahren half ein Mädchen in Perth in Westaustralien als Babysitter ihren Nachbarn, die sich immer telefonisch erkundigten, ob die Kinder ruhig schliefen.

Aber als das Telefon wieder einmal klingelte und das Mädchen abnahm, **VERNAHM ES NUR SCHWERES ATMEN**. Fünf Minuten später klingelte das Telefon erneut, und diesmal zögerte sie abzunehmen. Doch dann tat sie es doch, da sie dachte, die Nachbarn wollten sich wegen der Kinder erkundigen – und diesmal sagte der unheimliche Anrufer: „Ich beobachte dich" und **BESCHRIEB IHRE KLEIDUNG**. Entsetzt legte das Mädchen auf und rief sofort die Polizei an.

Man sagte ihr, falls der Verrückte wieder anriefe, sollte sie ihn reden lassen, während man den Anruf zurückverfolgen würde. Und sobald sie auflegte, klingelte das Telefon wieder, und diesmal sagte der Anrufer: „**DU SOLLTEST LIEBER NACH DEN KINDERN SEHEN**", lachte irre und legte sofort auf, als wüsste er, dass der Anruf zurückverfolgt werden könnte.

Entsetzt schloss das Mädchen alle Türen und Fenster im Erdgeschoss und wollte nach den Kindern sehen. Es ignorierte das Telefon, als es wieder klingelte. Aber diesmal war die Polizei dran, die dem Mädchen raten wollte, das Haus zu verlassen, da der Anruf von einem Anschluss im ersten Stock gekommen sei. Als das Mädchen nach oben lief, **KAM IHM AUF DER TREPPE EIN MASKIERTER ENTGEGEN, VOLLER BLUT UND EIN HACKEBEIL IN DER HAND.**

>NIERENRAUB

1996 ging ein Student der University of Texas zu einer Party, wo er ein paar Biere trank und eine junge Frau anmachte, die überraschend auf seine Annäherungsversuche einging. Er war begeistert, als sie vorschlug, die Party zu verlassen und in einer Bar nur zu zweit etwas zu trinken und anschließend auf ihr Hotelzimmer zu gehen.

Aber er erinnerte sich an nichts mehr, als er **AM NÄCHSTEN MORGEN NACKT IN EINEM BAD VOLLER EIS ERWACHTE**. Er hatte schreckliche Kopfschmerzen und empfand unten am Rücken einen dumpfen Schmerz. Er rieb sich die Augen und schaute sich um, als er eine Nachricht erblickte, die mit Lippenstift an die Wand des Zimmers geschrieben war: „**RUF 911 AN, SONST STIRBST DU.**"

Er fühlte sich noch immer groggy – was er auf einen Kater zurückführte – und schnappte sich ein Handy, das auf einem Schränkchen neben der Wanne lag. Er wählte die Notrufnummer und beschrieb die merkwürdige Situation, in der er sich befand. Man empfahl ihm dringend, keine plötzlichen Bewegungen zu machen. **OB ER EIN RÖHRCHEN AM UNTEREN RÜCKEN HABE?** Zu seinem Entsetzen entdeckte der Student, dass dies der Fall war. Man riet ihm, im Eisbad zu bleiben und auf einen Krankenwagen zu warten, der sofort käme – er sei nämlich das neueste Opfer einer Bande, die sich Studenten aussuche, ihnen eine Niere entnehme und sie auf dem schwarzen Markt verkaufe.

Als diese Geschichte in Studentenzeitungen erschien, wurden die Studenten vorsichtiger, und die Bande verlegte sich auf einsame Geschäftsreisende. Um das Jahr 2000 erschienen ähnliche Horrorgeschichten im Zusammenhang mit Geschäftsreisenden in den USA und später in Europa. **DIE MEISTEN OPFER WAREN MÄNNER, DIE SICH ALLEIN AN DER HOTELBAR EINEN LETZTEN DRINK GENEHMIGTEN.** Ein anderer Reisender oder eine attraktive Frau lud das Opfer zu einem Drink ein, und am nächsten Morgen erwachte der Unglückliche mit nur einer Niere.

PLANET ERDE

7 WUNDER DER WELT

EINE AUSWAHL DER AMERICAN SOCIETY OF CIVIL ENGINEERS

Warum sieben? Weil die Sieben für die alten Griechen eine magische Zahl war. Die sieben Wunder der Antike wurden im 2. Jahrhundert vom griechischen Dichter Antipatros von Sidon ausgewählt, doch nur eines – die Pyramiden von Ägypten – gibt es noch heute. Daher folgte die AMERICAN SOCIETY OF ENGINEERS einem Trend und votierte für die hier vorgestellten neuen sieben Weltwunder.

1 EMPIRE STATE BUILDING
NEW YORK, ERBAUT 1931

6500 FENSTER

Mit 443 m Höhe war es 40 Jahre lang das höchste Gebäude der Welt, bis es 1971 vom World Trade Center übertroffen wurde; heute ist es das neunthöchste, obwohl es noch die zweithöchste Anzahl an Stockwerken hat, nach dem Sears Tower in Chicago.

2 EUROTUNNEL
FRANKREICH – ENGLAND, ERÖFFNET 1994

Die ersten Pläne für einen Ärmelkanaltunnel gab es schon 1802, sie wurden aber wegen des Krieges zwischen England und Frankreich im darauffolgenden Jahr aufgegeben. Er ist 50 km lang und jährlich passieren 6,8 Millionen Menschen per Eisenbahn den Tunnel.

DIE SIEBEN WUNDER DER ANTIKEN WELT

▲▲ Die Großen Pyramiden, Ägypten
▲▲ Die hängenden Gärten von Babylon, Irak
▲▲ Die Zeusstatue, Olympia
▲▲ Der Artemistempel in Ephesos, Türkei
▲ Das Mausoleum zu Halikarnassos, Türkei
▲▲ Der Koloss von Rhodos, Griechenland
▲▲ Der Leuchtturm von Alexandria, Ägypten

3 GOLDEN GATE BRIDGE
SAN FRANCISCO, ERBAUT 1937

Ein Sicherheitsnetz unter der Brücke während des Baues rettete 19 Arbeitern das Leben, die damit Mitglieder im Halfway to Hell Club wurden.

 **2,74 KM LANG**  **67 METER ÜBERM WASSER**

4 CN TOWER
TORONTO, KANADA, ERÖFFNET 1976

Der bis dahin höchste Fernsehturm der Welt wurde 2009 vom Canton Tower in Guangzhou in China übertroffen, der 610 m hoch ist, inzwischen aber weit überragt wird vom Burdsch Chalifa in Dubai (828 m).

 **553 METER**

5 ITAIPÚ-DAMM
BRASILIEN UND PARAQUAY, 1991

Der den Paraná aufstauende Itaipú-Damm bleibt das stärkste Kraftwerk der Welt, bis es einmal von dem im Jahr 2006 erbauten Drei-Schluchten-Damm in China übertroffen wird.

DIE SIEBEN WUNDER FÜR:

JAMES-BOND-FANS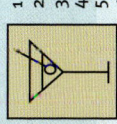
1 URSULA ANDRESS
2 HONOR BLACKMAN
3 DIANA RIGG
4 CATHERINE SCHELL
5 JILL ST JOHN
6 JANE SEYMOUR
7 BRITT EKLAND

DIE BEER DRINKERS' SOCIETY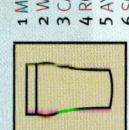
1 MOORTGAT DUVEL (BELGIEN)
2 WESTMALLE DUBBEL (BELGIEN)
3 CANTILLON SAINT LAMVINUS (BELGIEN)
4 RODENBACH GRAND CRU (BELGIEN)
5 AYINGER CELEBRATOR (DEUTSCHLAND)
6 SCHNEIDER AVENTINUS (DEUTSCHLAND)
7 SAMUEL SMITH IMPERIAL STOUT (ENGL.)

BERGSTEIGER
1 MOUNT EVEREST, ASIEN
2 ACONCAGUA, SÜDAMERIKA
3 MOUNT MCKINLEY, USA
4 KILIMANDSCHARO, AFRIKA
5 ELBRUS, EUROPA
6 MOUNT VINSON, ANTARKTIS
7 MOUNT KOSCIUSKO, AUSTRALIEN

INTERNATIONALE KUNSTDIEBE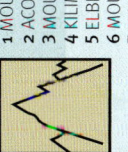
1 PICASSO (551 BILDER GESTOHLEN)
2 MIRÓ
3 CHAGALL
4 DALÍ
5 RENOIR
6 DÜRER
7 REMBRANDT

WWW.URINAL.NET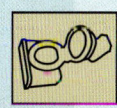
1 AMUNDSEN–SCOTT-SÜDPOLSTATION, ANTARKTIS
2 TAJ MAHAL, INDIEN
3 NATURE'S CALL VON CLARK SORENSEN, SAN FRANCISCO
4 ÖFFENTLICHE TOILETTE VON ROTHESAYS, ISLE OF BUTE
5 MIDDLE BRIGHTON BATH, AUSTRALIEN
6 URINAL FÜR DAMEN IN DAIRY QUEEN, PORT CHARLOTTE, FLORIDA
7 FLUGHAFEN ARLANDA, STOCKHOLM

---

6 PANAMA-KANAL
PANAMA, ERBAUT 1914

Die niedrigste Maut von 36 Cent bezahlte der amerikanische Abenteurer Richard Halliburton, der 1928 durch den 80 km langen Kanal schwamm. Er wurde als Schiff registriert, und die Maut basierte auf seinem Gewicht.

7 DELTAWERKE
NIEDERLANDE, ERBAUT SEIT 1958

Das Bild zeigt das Oosterschelde-Sturmflutwehr, den größten der 13 Schutzdämme der Deltawerke. Auf einer Tafel steht: „Hier werden die Gezeiten vom Wind, vom Mond und von uns geregelt."

ESSEN UND TRINKEN

GROSSER VOGEL

Viele Menschen essen an Thanksgiving und Weihnachten traditionell Truthahn. Um nicht durch unerwartete Gäste in Verlegenheit gebracht zu werden, mästeten Züchter in Kalfornien 1966 diesen 27 kg schweren Vogel – hier neben dem 16 kg leichten Donny Bigfeather zu sehen.

WAS MAN ALLES
MIT EINEM LÖFFEL MACHT

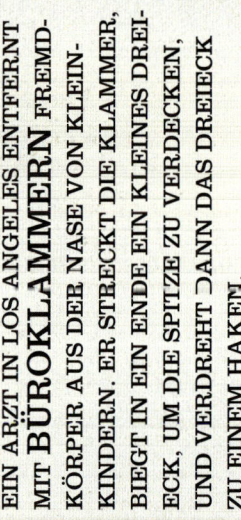

Sie haben Ihr Schweizer Messer vergessen? Kein Problem – falls Sie auf dem Mond landen oder einen Motor anlassen müssen, gibt es noch andere Werkzeuge. Sie sind geradezu davon umgeben. Mit der richtigen Einstellung entkommen Sie mit allem, vom Löffel bis zur Strumpfhose, jeder Klemme.

BANANENSCHALEN SIND EINE AUSGEZEICHNETE ALTERNATIVE, WENN SIE KEINE SCHUHCREME MEHR HABEN.

ALLIIERTE KRIEGSGEFANGENE IM SÄCHSISCHEN COLDITZ BAUTEN EINEN GLEITFLIEGER AUS **DIELENBRETTERN** UND **SCHLAFSÄCKEN**, UM DAMIT ZU FLIEHEN.

IM MAI 1995 ERLITT EINE FRAU AUF DEM FLUG VON HONGKONG NACH ENGLAND EINEN LEBENSBEDROHLICHEN SPANNUNGSPNEUMOTHORAX. ZWEI ÄRZTEN IM FLUGZEUG GELANG ES, MIT EINEM **KLEIDERBÜGEL** UND EINER FLASCHE MINERALWASSER, DIE LUFT AUS IHRER LUNGE ENTWEICHEN ZU LASSEN.

EINFALLSREICHE AFRIKANER FERTIGEN SEIT VIELEN JAHREN ÄUSSERST UNVERWÜSTLICHE SCHUHE AUS GEBRAUCHTEN **REIFEN** UND **SCHNUR**. DER VULKANISIERTE GUMMI IST SO ROBUST, DASS AUTOS DARAUF 24 000 BIS 48 000 KM FAHREN KÖNNEN.

EIN ARZT IN LOS ANGELES ENTFERNT MIT **BÜROKLAMMERN** FREMDKÖRPER AUS DER NASE VON KLEINKINDERN. ER STRECKT DIE KLAMMER, BIEGT IN EIN ENDE EIN KLEINES DREIECK, UM DIE SPITZE ZU VERDECKEN, UND VERDREHT DANN DAS DREIECK ZU EINEM HAKEN.

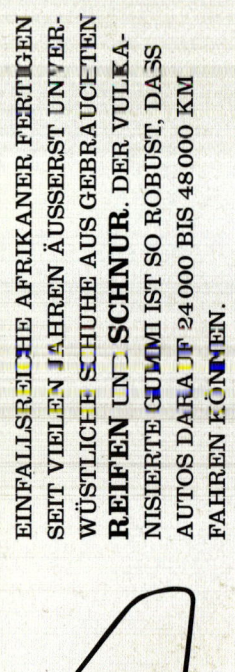

TECHNOLOGIE

US-ASTRONAUT BUZZ ALDRIN BETÄTIGTE IN DER MONDLANDEFÄHRE EINEN SCHALTER, DESSEN HEBEL ABBRACH, MIT EINEM **KUGELSCHREIBER**.

BARNES WALLIS, ERFINDER DER ROLLBOMBE, SCHOSS MIT EINEM **GUMMIBAND** DIVERSE **PINGPONG-BÄLLE** ÜBER EIN HALLENSCHWIMMBAD, UM DIE WIRKUNGSWEISE EINER ROLLBOMBE ZU SIMULIEREN.

ALS EIN KIND VOR DEM HAUS EINES ARZTES IN YORKSHIRE VON EINEM AUTO ANGEFAHREN WURDE, NAHM DER ERFINDUNGSREICHE DOKTOR MIT EINEM **BROTMESSER** AUS SEINER KÜCHE EINE NOTTRACHEOTOMIE VOR.

WENN MAN SICH AUF DEN FINGER GESCHLAGEN HAT UND DER NAGEL SCHWARZ WIRD, KANN MAN SICH MIT EINER ERHITZTEN **BÜROKLAMMER** EIN LOCH DURCH DEN NAGEL BRENNEN, DAMIT DAS BLUT ABFLIESST.

AM 11.9.2001, KURZ VOR DEM EINSTURZ DES ERSTEN NEW YORKER TOWERS, HEBELTE FENSTERPUTZER JAN DEMCZUR MIT EINEM **SCHEIBENWISCHER** LIFTTÜREN AUF, DURCHBRACH TROCKENMAUERN UND RETTETE SICH UND FÜNF ANDERE.

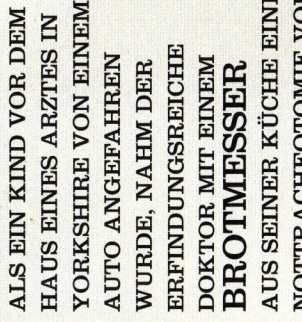

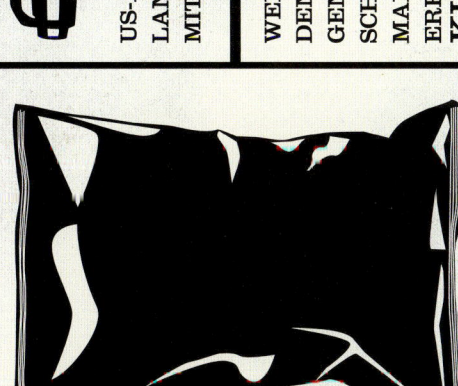

2004 WURDE BERICHTET, DASS MITTELLOSE BRITISCHE TEENAGER **CHIPSTÜTEN UND HAUSHALTSFOLIE** ALS KONDOME BENUTZEN WÜRDEN.

EINE NOTTRACHEOTOMIE LÄSST SICH MITTELS **RASIERKLINGE UND KUGELSCHREIBER** DURCHFÜHREN.

CHRISTOPHER COCKERELL, ERFINDER DES HOVERCRAFT, BAUTE SEINEN PROTOTYP, INDEM ER EINE **KATZENFUTTERBÜCHSE** IN EINE **KAFFEEDOSE** STECKTE UND MIT EINEM UMGEBAUTEN STAUBSAUGER LUFT ZWISCHEN DIE WÄNDE DER BÜCHSEN BLIES.

EIN INSPIZIENT ERSETZTE VOR EINER SHOW EINE SICHERUNG DURCH EINEN **15 CM LANGEN NAGEL**.

STRUMPFHOSEN SIND EIN IDEALER ERSATZ FÜR KAPUTTE KEILRIEMEN VON AUTOMOTOREN.

FRANK MORRIS, CLARENCE UND JOHN ANGLIN KRATZTEN MIT **NAGELKNIPSERN, LÖFFELN** UND EINEM **BOHRER** AUS EINEM VENTILATOR DEN BETON UM DIE LUFTSCHÄCHTE IN IHREN ZELLEN UND FLOHEN SO AUS DEM GEFÄNGNIS ALCATRAZ BEI SAN FRANCISCO.

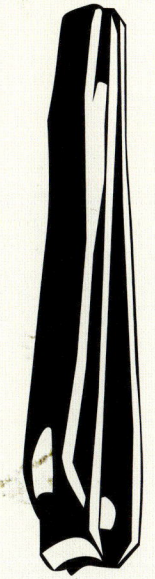

Englands Alan Knott und Australiens Alan Turner schauen zu, wie der erste Blitzer über den Platz rennt.

KAISER NERO 67 V. CHR.

Bei den Olympischen Spielen im Jahr 67 v. Chr. „gewann" Kaiser Nero das Wagenrennen, ohne durchs Ziel zu fahren. Betrunken fuhr er seinen Wagen zuschanden – doch da niemand gegen den brutalen Tyrannen antreten wollte, wurde er zum Sieger gekürt.

JAMAIKAS BOBTEAM 1998

Auf Jamaika gab es noch nie Schnee oder Eis, doch 1998 nahm die sonnenverwöhnte Nation am Bobfahren der Winterolympiade in Calgary teil. Mit seinen Sprintern hatte das Team einen starken Start, aber nach einem Crash wurde es Letzter und inspirierte zu dem Film *Cool Runnings*.

LORD'S-BLITZER 1975

Einer der ersten Blitzer bei Sportveranstaltungen in England war Michael Angelow, der nackt übers Cricketfeld der Lord's beim 4. Testmatch der England-Australien Ashes-Serie lief. Die Journalisten ergingen sich in allen möglichen Wortspielen über Bälle und Stangen.

SPORT UND FREIZEIT

GEWINNER UND

Der Sport ist nicht nur wegen der Kraft und des Geschicks der Sportler so spannend, sondern auch wegen unerwarteter Zwischenfälle – so mag es zwar aufregend sein, den schnellsten 100-Meter-Läufern zuzuschauen, doch viel interessanter ist es, wenn jemand dabei stürzt. Hier einige der spektakulären Sieger und Verlierer.

SYLVESTER CARMOUCHE 1990

Eines nebligen Nachmittags im Januar 1990 beim Delta Downs Racetrack in Louisiana, USA, stoppte Jockey Sylvester Carmouche im Nebel. Er wartete, bis die anderen Reiter wieder auftauchten, setzte sich vor ihnen an die Spitze und gewann mit 24 Längen – doch dieser große Vorsprung erregte sofort Misstrauen.

FRED LORZ 1904

Bei der Olympiade 1904 in St. Louis, USA, war Fred Lorz so begeistert über seinen Sieg beim Marathon, dass Offizielle misstrauisch wurden. Sie erfuhren, dass Lorz einen Krampf hatte und sich 17,75 km weit von einem Auto zum Stadion fahren ließ, bevor er die Ziellinie als Erster überquerte.

GOLF AUF DEM MOND 1971

1971 machte US-Astronaut Alan Shepard mit einem improvisierten Golfschläger zwei Schläge auf dem Mond. Der Royal & Ancient Golf Club schickte ihm später ein Telegramm: „Herzlichste Glückwünsche Ihnen allen für Ihre große Leistung und sichere Heimkehr. Bitte die Golfregeln, Abschnitt Etikette, Paragraph 6 nachschlagen – Zitat ‚vor dem Verlassen eines Bunkers sollte ein Spieler alle von ihm darin verursachten Löcher sorgfältig auffüllen' Zitatende."

BORIS ONISCHENKO 1976

Bei der Olympiade 1976 in Montreal erzielte der sowjetische Fünfkämpfer Boris Onischenko beim Fechten Treffer, ohne seine Gegner zu berühren. Er hatte seinen Degen so manipuliert, dass er Treffer registrierte, wenn er den Griff drückte. Er wurde disqualifiziert, und die Presse nannte ihn „Disonischenko".

JACK BRABHAM 1959

Als Stirling Moss 1959 beim US-Grand Prix in Sebring ausfiel, musste Jack Brabham nur das Rennen beenden, um Weltmeister zu werden. Auf der letzten Runde ging ihm der Sprit aus, doch er schob sein Auto durchs Ziel und gewann den Titel.

FUSSBALL IM KRIEG 1914

Im Ersten Weltkrieg wurde zu Weihnachten 1914 ein Waffenstillstand ausgerufen, und beide Seiten spielten Fußball gegeneinander. Am 1. Januar 1915 veröffentlichte die *Times* den Brief eines britischen Majors, der erklärte, dass Truppen in seinem Sektor gegen die Deutschen 2 : 3 verloren hätten.

LLOYD SCOTT 2002

2002 sammelte Lloyd Scott Spenden von über 100 000 £, als er beim London-Marathon in einem Taucheranzug „mitlief". Der wog 59 kg, sodass Scott sich alle 400 m ausruhen musste. Er kam in der bis dahin langsamsten Zeit ins Ziel: 5 Tage, 8 Stunden und 29 Minuten.

VERLIERER

BJØRGE LILLELIEN 1981

Als Norwegen 1981 in der Qualifikation zur Weltmeisterschaft England 2:1 schlug, schrie Kommentator Bjørge Lillelien: „Lord Nelson, Lord Beaverbrook, Sir Winston Churchill, Sir Anthony Eden, Clement Attlee, Henry Cooper, Lady Diana – wir haben sie alle geschlagen. Wir haben sie alle geschlagen. Maggie Thatcher, hören Sie mich? Maggie Thatcher, ich habe eine Botschaft für Sie während Ihrer Wahlkampagne. Sie lautet: Wir haben England aus der Fußball-WM geworfen. Maggie Thatcher, wie heißt es doch in Ihrer Sprache in den Boxerbars am Madison Square Garden in New York: Ihre Jungs bezogen fürchterliche Prügel! Ihre Jungs bezogen fürchterliche Prügel!"

Norwegens Kommentator Bjørge Lillelien

12

Etwa 12 Meilen war das Durchschnittstempo in London in den Jahren 1900 und 2000. ✲ Die meisten Kalender haben 12 Monate. Der römische Kalender hatte 10, bis Cäsar und Augustus nach ihnen benannte Monate einfügten (Juli und August), und darum werden die Monate 9 bis 12 (September, Oktober, November, Dezember) nach den lateinischen Worten für die Zahlen 7, 8, 9 und 10 benannt. ✲ Die Zeiteinheiten – 60 Sekunden in einer Minute, 60 Minuten in einer Stunde und 24 Stunden an einem Tag – sind alle durch 12 teilbar, da die alten Babylonier, die das System einführten, in 12er-Einheiten zählten. ✲ In den Ländern, deren Rechtssystem dem angelsächsischen Vorbild folgt, bilden 12 Personen eine Jury. ✲ Die 12 Tierkreiszeichen (deren Zyklus traditionell im Frühling begann) sind Widder, Stier, Zwillinge, Krebs, Löwe, Jungfrau, Waage, Skorpion, Schütze, Steinbock, Wassermann, Fische. ✲ Die 12 chinesischen Tierkreiszeichen sind Ratte, Ochse, Tiger, Hase, Drachen, Schlange, Pferd, Schaf, Affe, Hahn, Hund, Eber. ✲ Im Tarot ist die Nummer 12 Der Gehängte. ✲ Im christlichen Neuen Testament gibt es 12 Apostel: Simon Petrus, Andreas, Jakobus, Johannes, Philippus, Bartholomäus, Thomas, Matthäus, Jakobus, Thaddäus, Simon Zelotes, Judas Iskariot. ✲ Die 12 Stämme Israel waren Ruben, Simeon, Levi, Juda, Dan, Naftali, Gad, Ascher, Issachar, Sebulon, Josef, Benjamin. ✲ Die Schia Islam kennt 12 Imame: Ali, Hasan, Hussein und 9 Nachkommen Husseins. ✲ Die Gleichung $12^2 = 144$ geht auch auf, wenn man die Zahlen umkehrt: $21^2 = 441$. ✲ 12 ist die kleinste Zahl mit 6 Teilern (1, 2, 3, 4, 6, 12). ✲ 12 dient häufig als Verkaufseinheit, das Dutzend. 12 Dutzend sind 1 Gros. ✲ Die größte Windstärke auf der Beaufort-Skala beträgt 12 = Orkan. Die 13 Punkte der Skala (0–12) sind: 0 Windstille , 1 leiser Zug, 2 leichte Brise, 3 schwache Brise, 4 mäßige Brise, 5 frische Brise, 6 starker Wind, 7 steifer Wind, 8 stürmischer Wind, 9 Sturm, 10 schwerer Sturm, 11 orkanartiger Sturm, 12 Orkan. ✲ Ein Mensch hat 12 Rippen. ✲ 12 Männer haben bisher den Mond betreten.

60 SEKUNDEN, UM DIE WELT ZU RETTEN

Die Erde erwärmt sich rapide, und die meisten Menschen sind sich einig, dass dies an ihnen liegt – an der Umweltverschmutzung und der Nutzung fossiler Brennstoffe. Angesichts der Klimaerwärmung möchten Sie vielleicht lieber nicht zur Erde reisen, doch wenn Sie es tun, haben wir hier ein paar Tipps, wie Sie und die Menschen, die dort leben, weniger Schaden anrichten.

WÄRMER ANZIEHEN
Ziehen Sie sich in den Wintermonaten zu Hause wärmer an und senken Sie Raumtemperatur 16 °C. Anoraks und Stiefel können doch auch drinnen cool aussehen, oder?

ENERGIE SPARENDE GERÄTE KAUFEN
Energiesparende „weiße Ware" wie Waschmaschinen und Geschirrspüler verbraucht ein Drittel weniger Energie als normale Modelle, da diese Geräte bei niedrigeren Temperaturen genauso effektiv sind. Wenn Sie bei 40 °C statt bei 60 °C waschen, verbrauchen Sie ein Drittel weniger Strom. Bei 30 °C ist die Ersparnis sogar noch höher. Das Energiesparlogo garantiert Ihnen, dass das Produkt Energie und Betriebskosten spart und die Umwelt schont.

RECYCELN
Papier, Plastik, Glas, Aludosen, Pappe, Batterien und Textilien – Sie ahnen, was kommt: 88 Prozent aller Sonntagszeitungen werden nicht recycelt – das sind 440 000 Bäume –, und „Amerikaner werfen so viel Aluminium weg, dass sich daraus alle drei Monate ihre Passagierflugzeugflotte bauen ließ".

ALUFOLIE HINTER DEN HEIZKÖRPERN
Glauben Sie's: Alufolie hinter allen Heizkörpern an Außenwänden reflektiert die Wärme ins Zimmer, statt dass sie nach draußen entweicht, und spart somit Geld.

REIFENDRUCK PRÜFEN UND BENZIN SPAREN
Kontrollieren Sie regelmäßig beim Tanken den Druck Ihrer Autoreifen. Irgendjemand hat mal ausgerechnet, wenn wir alle mit dem richtigen Reifendruck fahren würden, ließen sich täglich 35 Millionen Liter Kraftstoff sparen, und Berge von Autoreifen würden nicht jedes Jahr auf den Müll wandern.

GLÜHBIRNEN AUSTAUSCHEN

Energiesparlampen erzeugen genauso viel Licht wie normale Glühbirnen, emittieren aber 70 Prozent weniger CO_2. Sie halten auch 12-mal länger, weil sie nicht so viel in Wärme umgewandelte Energie verschwenden, und daher sparen Sie damit Geld. Der Austausch von zehn Birnen könnte 1 Tonne Kohlenstoff einsparen.

STANDBY AUS!

Schaltet man ein Elektrogerät ab, statt es auf Standby zu lassen, kann man im Jahr rund 50 € sparen. Würden etwa in England alle Geräte nachts abgeschaltet, könnte man mit dem gesparten Strom 180 000 Haushalte versorgen und den Kohlenstoffausstoß jährlich um ¼ Million Tonnen reduzieren. Stereoanlage, Fernseher, DVD-Player, Computer und Peripheriegeräte, Laptop, Breitbandmodem, Batterieladegerät und Handyladegerät u. a. verbrauchen zusammen in 24 Stunden 83 Watt im Standby-Betrieb. Was bedeuten nun 83 Watt in 24 Stunden (gleich 727 KW Strom im Jahr) unwissenschaftlich ausgedrückt? Nun, das entspricht etwa der Menge an Luftverschmutzung, die erzeugt wird, wenn man 1400 km mit einem normalen Auto fährt, oder etwa 10 Prozent der Luftverschmutzung, die der jährliche Strom- und Gasverbrauch einer Person verursacht.

NEIN SAGEN ZU PLASTIKTÜTEN

Nehmen Sie zum Einkaufen eine Leinentasche mit. Wenn Sie unbedingt diese hässlichen Plastiktüten annehmen müssen, entsorgen Sie sie in der Recyclingtonne.

WENIGER SPÜLEN – WASSER SPAREN

Bei jeder Toilettenspülung gehen mehrere Liter Trinkwasser den Bach runter. Stellen Sie eine volle 1-Liter-Plastikflasche in den Spülkasten, und Sie sparen diese Menge Wasser bei jeder Spülung. Wasser ist kostbar – fragen Sie die 2,6 Milliarden Menschen, die kein sauberes Trinkwasser haben oder nicht auf eine Toilette gehen können.

WASSER NACH BEDARF KOCHEN

Täglich trinken die Engländer etwa 229 Millionen Tassen Tee oder Kaffee oder 9,5 Millionen pro Stunde. Damit ließen sich 22 olympische Schwimmbecken füllen. Würden die Menschen nur so viel Wasser kochen, wie sie trinken, könnte man mit dem gesparten Strom 374 000 Haushalte versorgen.

WENIGER AUTO FAHREN

Gehen Sie kurze Strecken zu Fuß, nehmen Sie das Fahrrad oder öffentliche Verkehrsmittel. Schaffen Sie sich kein SUV an, auch wenn Sie sich das leisten können, sondern höchstens ein Hybridauto. Vielleicht überlegen Sie es sich auch, ob Sie in der Großstadt ein quasi-militärisches Off-Road-Fahrzeug benötigen.

🐕 DER HUND OWNEY

1888 fuhr ein Straßenköter namens Owney in Postzügen mit und wurde bald ein vertrauter Anblick in amerikanischen Postämtern. Postbeamte befestigten Postanhänger an Owneys Halsband, bis das so schwer wurde, dass der Postminister ihm eine Spezialweste anfertigen ließ. 1895 schickten Beamte Owney auf Weltreise. Er fuhr auf Postzügen und Dampfschiffen von Tacoma in Washington nach Japan und China, durch den Suezkanal nach Nordafrika und Europa und über die Azoren wieder nach Hause. Owney steht heute präpariert im Smithsonian Museum in Washington D. C., mit einigen seiner 1017 Anhänger, die für rund 240 000 Reisekilometer stehen.

🐦 KÜSTENSEESCHWALBE

Sechs Vogelarten legen jährlich über 16 000 km zurück. Am erstaunlichsten ist die Küstenseeschwalbe, die mehr Tageslicht erblickt als jedes andere Tier. Sie brütet in arktischen oder subarktischen Regionen während des fast rund um die Uhr hellen Sommers im Norden und zieht dann nach Süden in den ebenso hellen antarktischen Sommer. Aber sie rastet nicht – im Süden bleibt sie auf See, nördlich des Polareises. Und unterwegs ist sie nur selten zu sehen, da ihre Reise fast nur über Wasser erfolgt.

🐱 DIE KATZE SUGAR

Stacy Wood lebte in Anderson, Kalifornien, und als er 1952 in Pension ging, beschloss er, mit seiner Frau nach Oklahoma zu ziehen. Da sie ihre Katze Sugar nicht auf die lange Autofahrt mitnehmen wollten und meinten, dass sie in vertrauter Umgebung glücklicher wäre, überließen sie sie einem Nachbarn. Doch zwei Wochen später verschwand Sugar aus dem Haus des Nachbarn – und 14 Monate danach erschien sie auf dem neuen Grundstück der Woods in Oklahoma. Sie hatte 2400 km zurückgelegt, im Schnitt 40 km pro Woche, und dabei auch die Rocky Mountains überquert, um an einen Ort zu gelangen, an dem sie noch nie gewesen war.

🐕 DER HUND NEPTUN

Neufundländer sind bekannt als gute Schwimmer, und der treffend benannte Neptun war da keine Ausnahme. Er wurde als Haustier an Bord eines Schiffes auf dem Mississippi gehalten, als er bei schlechtem Wetter ins Wasser fiel. Drei Tage später, nachdem das Schiff in New Orleans angelegt hatte, schwamm Neptun längsseits und sprang wieder an Bord.

🦋 MONARCHFALTER

Auf ihrer jährlichen Wanderung fliegen Monarchfalter bis zu 4800 km vom Nordwesten der USA und Kanadas nach Kalifornien und Zentralmexiko. Sie lassen sich von Luftströmungen tragen und legen dabei im Schnitt 80 km pro Tag zurück. Aber nicht nur die Strecke ist beachtlich – die ganze Rundreise geht über zwei oder drei Schmetterlingsgenerationen, und jede muss nach ihrem Instinkt fliegen statt zu navigieren. Rund 300 Millionen Monarchfalter ziehen nach Süden. Über die Hälfte kommt nie an, doch ihre unterwegs geborenen Nachkommen kehren dorthin zurück, von wo ihre Eltern oder Großeltern aufbrachen.

FLORA UND FAUNA
TIER-REKORDE

Alle Menschen wissen, dass Vögel nach Süden ziehen, da sie sehen, wie sie sich im Herbst auf Stromleitungen sammeln, wegfliegen und im Frühjahr wiederkommen. Überraschenderweise wandern auch Schmetterlinge und Schildkröten Tausende von Kilometern. Oder manche Vögel pendeln täglich mit der Fähre. Und zwei Froschfische reisten fast 5 Millionen Kilometer in einem Space Shuttle.

DIE STEINWÄLZER FRED UND FREDA

2007 berichtete die St. Mawes Ferry Company in Cornwall, dass ein Paar Steinwälzer die 2,4 km über den Fal River nicht fliegen, sondern mit der Fähre von Falmouth fahren würde, um in den vielen Felstümpeln von St. Mawes zu fressen. Kapitän John Brown sagte: „Sie kommen um 8:15 Uhr zu einem Brotkrumenfrühstück und verpassen nie die letzte Fähre zurück. Wir wissen nicht, warum sie nicht fliegen. Vielleicht sind sie zu faul oder sie lieben unsere Gesellschaft." Die Crew nannte das Paar Fred und Freda.

CHESTER, DIE SCHILDKRÖTE

1960 bekam der achtjährige Malcolm Edwards eine Schildkröte geschenkt und nannte sie Chester. Malcolms Vater malte ein weißes Kreuz auf seinen Panzer, damit Chester nicht im Gras verloren ging, und dennoch gelang es ihm zu entwischen. 1978 sah jemand Chester 410 m von Malcolms Haus entfernt, aber er wurde nicht gefangen. 1995, lange nachdem sich der 43-jährige Malcolm mit dem Verlust von Chester abgefunden hatte, fand ein Nachbar Chester keine 100 m vom Haus entfernt. Chester hatte gewaltige 685 m zurückgelegt – 410 m in den ersten 18 Jahren, bevor er kehrtmachte und zwischen 1978 und 1995 weitere 275 m bewältigte.

KARETTSCHILDKRÖTE

Im Juli 1994 verfolgten amerikanische Forscher Rosita, eine weibliche Karettschildkröte, als sie mit einem Sender versehen den Pazifik von Baja California bis nach Kyushu in Japan durchquerte, wo sie im November 1995 eintraf. Seither weiß man, dass Karettschildkröten in Japan schlüpfen, nach Baja California wandern und zum Laichen nach Japan zurückkehren – eine Rundreise von 21 000 km. Leider geriet Rosita nach ihrer 10 500 km langen Reise in Japan in ein Fischernetz und wurde getötet.

FROSCHFISCHE

Froschfische sehen nicht nur wie Frösche aus – die Männchen einiger Arten blähen für ihren Paarungsruf sogar ihre Schwimmblase auf. Die längste Reise, die je ein Fisch zurücklegte, ging über 4,8 Millionen km. 1998 untersuchte man an Bord des Space Shuttle Discovery an zwei Austerfischen, einer Froschfischart, die Auswirkungen der Schwerelosigkeit auf das Gleichgewicht. Der Gehörgang des Austerfisches ähnelt dem der Wirbeltiere und somit auch dem der Menschen, und das ermöglichte dem Biologen Scott Parazynski Beobachtungen, die bei der Behandlung von Gleichgewichtsstörungen wie der Reisekrankheit helfen könnten.

DER WEISSE HAI

Wissenschaftler glaubten lange, der Weiße Hai würde in den Küstengewässern bleiben. 2005 wollte ein Team des Südafrikaners Ramón Bonfil es genau wissen, versah die Rückenflosse eines Weibchens mit einem Sender und ließ es an der Küste Südafrikas frei. Zu Bonfils Erstaunen schwamm der Hai 11 000 km bis zum Exmouth Gulf in Australien – und wieder zurück. Das ist die längste bislang aufgezeichnete Strecke eines Haies: über 20 000 km in nur neun Monaten, für die Wissenschaftler „die schnellste Rückwanderung eines bekannten schwimmenden Meeresorganismus". Bonfils Team nannte seinen Hai Nicole, nach der Haie liebenden Schauspielerin Nicole Kidman.

DER HUND WHISKY

Im Oktober 1973 hielt der australische Trucker Geoff Hancock an einer Raststätte bei Darwin. Er wollte nicht lange bleiben, also ließ er seinen Foxterrier Whisky in der Kabine zurück. Als er wiederkam, war Whisky verschwunden. Nachdem er das Gelände der Raststätte vergebens abgesucht hatte, trat Geoff traurig die lange Heimfahrt an und glaubte, er würde Whisky nie wiedersehen. Doch achteinhalb Monate später, im Juni 1974, stand Whisky vor Geoffs Haus in Melbourne, nach einer Rekordwanderung von über rund 2900 km.

TECHNOLOGIE

Natürliche HEILKUNST

In der westlichen Gesellschaft wird jede Form von Medizin, die nicht streng definierten Normen entspricht, als „alternative" Medizin bezeichnet. Dazu gehören einige angesehene Disziplinen, die sich jahrhundertelang in östlichen Kulturen bewährt haben, aber auch medizinische Praktiken, die einfach unheimlich sind.

SCHRÖPFEN
Schröpfen wird seit Langem in vielen Kulturen praktiziert, zunächst mit hohlen Tierhörnern, um das Gift von Schlangenbissen abzusaugen, dann mit Bambusrohren bis hin zu Gläsern. Die moderne Schröpftherapie nutzt den Unterdruck, um weiches Gewebe zu entspannen, Gifte und überschüssige Flüssigkeiten abzusaugen und die Blutzufuhr zu Haut und Muskeln zu verstärken.

BLUTEGEL
Blutegel saugen sich an der Haut fest, injizieren Anästhetika und Antikoagulantien (Blutgerinnungshemmer) und saugen Blut ab. Mittelalterliche Ärzte ließen damit Patienten „zur Ader" und stellten so das „Gleichgewicht der Säfte" her. Heute nutzt man sie nach Operationen zur Reduzierung von Gerinnseln, zur Drucklinderung und als Kreislaufstimulans.

KUHFLADENPACKUNG
Kuhdung war im Westen einst ein traditionelles Heilmittel bei akuten Hautbeschwerden wie Geschwüren, Abszessen und Furunkeln.

NASHORN
Rhinozeroshörner gelten im Westen als angebliches Aphrodisiakum. In der chinesischen Medizin werden damit Beschwerden wie Fieber, Krämpfe, Delirium, Kopf- und Zahnschmerzen sowie Schlangenbisse behandelt.

URINTHERAPIE
Die traditionelle Urintherapie vieler östlicher Kulturen setzt sich immer mehr im Westen durch. Dabei wird der eigene Urin getrunken sowie in die Haut einmassiert.

CHINESISCHE GALLÄPFEL (WUBEIZI)
Chinesische Galläpfel werden von Bäumen wie dem chinesischen Sumach abgesondert, wenn bestimmte Aphidenlarven sie stimulieren. Die tanninreiche Galle härtet zu einer „Nuss" aus, mit der man viele Beschwerden behandelt.

APITHERAPIE
Diese alte Methode wendet Bienenprodukte an (apis = lateinisch „Biene"). Üblich sind Honig und Gelee royal, aber auch das Gift wird eingesetzt, entweder durch Stiche oder durch Injektion. Die Gifttherapie soll wirksam sein bei Arthritis, Bursitis, Tendinitis und Gürtelrose.

DONG CHONG XIA CAO
Diese sehr teure chinesische Medizin (wörtlich „Sommergras Winterraupe") wird aus Mottenlarven gewonnen, die vom Tibetischen Raupenkeulenpilz befallen wurden, und soll ähnliche Eigenschaften wie Ginseng haben.

MADEN
Die seit der Antike zur Wundbehandlung verwendeten Maden erlebten ein Comeback in den 1990er-Jahren im Kampf gegen antibiotikaresistente Bakterien. Sie beschleunigen die Heilung, indem sie totes Gewebe verzehren, Bakterien töten und damit ein Eitern verhindern sowie die Selbstheilungskräfte des Körpers anregen.

REGELN DES BUSINESS

Im Geschäftsleben der Menschen kommuniziert eine Seite der anderen, was diese wissen soll, und das kann wahr sein – oder auch nicht. Ob Wahrheit oder Lüge: Gewisse Regeln müssen eingehalten werden, und diese Regeln unterscheiden sich von Land zu Land. Hier einige besondere Feinheiten der Business-Etikette aus aller Welt.

MEETINGS

SAUDI-ARABIEN /ARABISCHE LÄNDER

• Machen Sie Termine mehrere Wochen im Voraus. Setzen Sie Meetings vormittags an – viele Araber halten nachmittags Siesta. Vereinbaren Sie keine Termine am Freitag – für Muslime ist das der Tag des Gebets und der Ruhe.

• Es ist unüblich, ein Meeting abzusagen, wenn Sie da sind, und es ist akzeptierter Brauch, Ausländer warten zu lassen.

• In vielen muslimischen Ländern gelten Füße als schmutzig – ein Zeigen der Fußsohle wird als Beleidigung betrachtet. Schlagen Sie die Beine nie vor einer Autoritätsperson übereinander.

• Feilschen gehört zum Aushandeln von Preisen. Saudis machen oft ein extrem niedriges oder hohes Anfangsgebot, je nachdem, ob sie kaufen oder verkaufen.

INDIEN

• Grüßen Sie vor einem Meeting einen Mann mit leichtem Handschlag. Schütteln Sie einer Inderin nur die Hand, wenn sie sie reicht – ansonsten probieren Sie den Friedensgruß: Sie drücken die Handflächen unterm Kinn zusammen, verbeugen sich lächelnd und sagen „Namaste".

• Stemmen Sie nie die Hände in die Hüften – das gilt als aggressive Haltung.

JAPAN

• Schneuzen Sie sich nie in ein Taschentuch, selbst wenn sie stark erkältet sind. Für Japaner ist es der Gipfel schlechter Manieren, wenn Sie ein Stofftaschentuch benutzen und es wieder in die Tasche stecken (Ausländer überrascht das, wird es doch akzeptiert, dass Japaner öffentlich laut husten und ausspucken). Nehmen Sie besser diskret Papiertaschentücher.

• Haben Sie immer *meishi* (Visitenkarten) dabei. Bei einem Meeting keine *meishi* zu haben ist eine Katastrophe – wenn Sie eine *meishi* bekommen und diese Geste nicht erwidern, sagen Sie damit praktisch, Sie seien an dieser Geschäftsbeziehung nicht weiter interessiert.

• Halten Sie die Karte immer vor sich – sie wegzustecken meint, dass das Meeting vorbei ist.

CHINA/HONGKONG

• Visitenkarten werden stets nach dem Bekanntmachen mit beiden Händen ausgetauscht. Eine Seite Ihrer Karte sollte in Mandarin oder Kantonesisch gehalten sein, mit Schriftzeichen in Gold – einer günstigen Farbe.

• Bitten Sie einen chinesischen Freund, für Ihre Karte einen Namen zu wählen. Wenn Sie Ihren Namen buchstabieren, sehen Sie dumm aus.

• Unterschätzen Sie nicht das Gesichtwahren. Wenn Sie zu spät kommen, jemanden verlegen machen oder provozieren, kann der Gesichtsverlust eine Geschäftsbeziehung ruinieren.

FRANKREICH

• Beim Verhandeln ist eine Ablehnung nicht das Ende der Diskussion – manchmal fängt sie gerade erst an.

• Guter Debattierstil, der das Durchschauen der Situation und ihrer Konsequenzen demonstriert, beeindruckt; Diskussionen können hitzig und ausgiebig sein.

• Wegen ihrer Vorliebe für *grands projets* (große Pläne) interessieren sich die Franzosen oft für das große Ganze statt für die Details.

ITALIEN

• Italiener machen lieber Geschäfte mit Leuten, die sie kennen und denen sie trauen; es dauert lange, bis Dritte eine Arbeitsgrundlage finden.

• Der Begriff der *bella figura* (gute Figur) ist äußerst wichtig und bezeichnet die gute Selbstdarstellung. Versuchen Sie möglichst zu beweisen, dass Ihr Angebot die *bella figura* des Anderen verbessert – ob es sich lohnt, Sie zu kennen und mit Ihnen Geschäfte zu machen, kann wichtiger sein als die Details Ihres Angebots.

• Meetings können lange dauern, da jeder seine Meinung äußern darf, auch wenn nur einer die Entscheidung trifft.

• Seien Sie nicht überrascht, wenn es in den Meetings zu hitzigen Debatten und Streitereien kommt – sie sind einfach Ausdruck des freien Fließens von Ideen und der typischen lebhaften Art der Italiener. Rechnen Sie mit vielen Gesten.

DEUTSCHLAND

• Termine sind obligatorisch und sollten 1 bis 2 Wochen im Voraus gemacht werden; für Meetings gibt es strenge Tagesordnungen, etwa feste Zeiten für Anfang und Ende; Pünktlichkeit wird äußerst ernst genommen.

• Beim Betreten eines Raums gibt es ein strenges Protokoll: Der Älteste oder Höchstrangige geht zuerst hinein; Männer treten vor Frauen ein, wenn ihr Alter und Status etwa gleich sind.

• Seien Sie geduldig – Deutsche sind detailversessen und wollen jede Unterklausel diskutieren und verstehen, bevor sie zustimmen.

• Am Ende eines Meetings klopfen manche Deutsche gern beifällig mit den Knöcheln auf den Tisch.

UNTERHALTUNG

FRANKREICH

• Die französische Kultur schätzt das *savoir vivre*, und die Franzosen lieben die Geselligkeit bei langen Mahlzeiten mit viel Wein.

• Geschäftsessen ziehen sich meist hin, und beim Essen unterhält man sich selten über die Arbeit.

• Schlagen Sie nie vor, man könnte ja einfach ein Sandwich an Ihrem Schreibtisch essen – Ihre gallischen Kollegen werden Sie für einen Langweiler halten.

• Wein zum Lunch abzulehnen ist akzeptabel, wenn auch unüblich, ihn zum Abendessen abzulehnen würde als unhöflich gelten.

ITALIEN

• Netzwerke bilden ist in Italien ein Fulltimejob; persönliche Kontakte helfen weiter, darum ist es wichtig, gesellschaftliche Beziehungen zu entwickeln.

• Ihre Geschäftspartner interessieren sich für Ihr Privatleben, bevor sie mit Ihnen Geschäfte machen. Nehmen auch Sie sich Zeit, sich nach ihrer Familie und ihren persönlichen Interessen zu erkundigen, da dies die Beziehung festigt.

JAPAN

• Sie haben Ihre Kollegen mit Ihren Karaokefähigkeiten beeindruckt und in Ihren japanischen Whisky geweint. Nun nehmen Sie ein Taxi zu Ihrem Hotel. Öffnen oder schließen Sie nie eine Taxitür – das übernimmt der Fahrer –, und wenn Sie einsteigen, sitzt die wichtigste Person in der Mitte. Okay?

RUSSLAND

• Geben Sie im Restaurant oder Theater immer Ihren Mantel an der Garderobe ab – ihn über die Stuhllehne zu drapieren wird missbilligt. Dieser russische Brauch beruht auf dem Wetter: Im Winter würde der von Mänteln tropfende Schnee ein Restaurant rasch in einen See verwandeln. Hat Ihr Mantel keinen Aufhänger, kann die Garderobiere Ihnen die Benutzung eines Bügels berechnen.

CHINA/HONGKONG

• Tischmanieren sind generell entspannt, doch es gibt gewisse Regeln: Fangen Sie nie vor dem Gastgeber an; essen Sie nie den letzten Happen; legen Sie die Essstäbchen stets aufs Ruhebänkchen, wenn Sie trinken wollen; lehnen Sie mindestens einmal eine zweite Portion ab, wenn Sie nicht als gierig gelten wollen; und wenn Sie fertig sind, lassen Sie etwas Essen in Ihrer Schale.

• Merke: Rülpsen gilt als Kompliment.

SAUDI-ARABIEN

• Beim Essen auf dem Fußboden dürfen Sie im Schneidersitz dasitzen oder auf einem Knie hocken.

• Essen Sie nur mit der rechten Hand, da die linke als unrein gilt.

• Zur saudischen Gastfreundschaft gehört es, Gästen mehr Essen aufzunötigen, als sie schaffen. Probieren Sie von allen Gerichten – Ehrengästen wird oft das am meisten geschätzte Stück angeboten, etwa ein Schafskopf, also rechnen Sie mit allem.

• Beim Essen wird kaum gesprochen, damit man die Gerichte genießen kann.

KOMMUNIKATION

JAPAN

• Japaner legen großen Wert auf Harmonie. Das Wort „ja" kann verwirren. Ja (hai) bedeutet nicht „Ja, ich gebe Ihnen Recht" (oder „Das werde ich tun"). Oft bedeutet es „Ja, ich höre, was Sie sagen". Das Wort „nein" (iie) gilt zuweilen als äußerst rüde.

• Rechnen Sie mit Schweigen – Gesprächspausen sind ein wichtiger Teil der Kommunikation.

• Seien Sie nicht irritiert, wenn jemand bei einer Konferenz einschläft. Wenn Sie eine Rede halten, halten Sie das Publikum wach, indem Sie sagen, es könne anschließend Fragen stellen.

• Viele japanische Geschäftsleute schütteln Ihnen heute eher die Hand, statt sich zu verbeugen. Falls sich jemand vor Ihnen verbeugt, verbeugen Sie sich ein wenig tiefer als der andere.

INDIEN

• Es gilt als unhöflich, jemandem nicht geben zu wollen, worum er bittet – statt mit einer Ablehnung zu enttäuschen, geben Inder Ihnen die Antwort, die Sie ihrer Meinung nach hören wollen.

• Eine Bestätigung kann bewusst vage sein, also achten Sie auf nichtverbale oder andere Indizien, etwa ein zögerliches Akzeptieren eines Termins.

CHINA/HONGKONG

• In vielen asiatischen Kulturen ist Schweigen eine Form der Kommunikation. Widerstehen Sie dem Drang, das Gespräch zu eröffnen, falls Ihr chinesisches Gegenüber eine Minute lang schweigt.

• Erwarten Sie beim ersten Kennenlernen Fragen, die in Ihrem Land als sehr persönlich gelten.

• Hongkong-Chinesen sind generell zuvorkommend und werden nie offen „nein" sagen, um den anderen nicht in Verlegenheit zu bringen.

• Zieht jemand Luft durch die Zähne ein, während Sie reden, ist er über das, was Sie gerade sagten, nicht glücklich. Formulieren Sie Ihre Position neu oder modifizieren Sie Ihren Wunsch.

FLORA UND FAUNA

HAUSTIERE

Seit Urzeiten haben Menschen Haustiere. Hunde waren die ersten domestizierten Tiere und sind zusammen mit Katzen die bei weitem beliebtesten Haustiere. Aber manche Menschen müssen einfach anders sein. Vergessen Sie Hunde und Katzen, Fische und Vögel, Hamster und Meerschweinchen – hier sind einige von den bizarren Haustieren, die Präsidenten, Könige und andere Querköpfe gehalten haben.

WILDE TIERE

ANTOINE YATES wurde verhaftet, weil er einen bengalischen Tiger und einen 90 cm langen Kaiman in seiner New Yorker Wohnung hielt.

KÖNIG JAKOB I. hielt 11 Löwen, 2 Leoparden, 3 Adler, 2 Eulen, 2 Pumas und einen Schakal im Londoner Tower.

SCHWERGEWICHTSBOXER Mike Tyson besaß einen Tiger als Haustier.

TSCHETSCHENIENS PRÄSIDENT Ramsan Kadyrow, ein Freund von Tyson, wurde 2006 mit einem zahmen Tiger abgelichtet. Er sagte, er habe auch einen Löwen und früher einen Wolf und einen Bären besessen.

ALS EIN FLUSSPFERDBABY in Tony und Shirley Jouberts Flussufergarten in Südafrika an Land ging, adoptierten sie es. Die kleine „Jessica" schwamm auch mit den Kindern.

SÄUGER, VÖGEL, UND REPTILIEN

THEODORE „TEDDY" ROOSEVELT jagte gern, weigerte sich aber einmal angeblich, auf ein Bärenjunges zu schießen – seither werden „Teddybären" nach ihm benannt. Unter anderem hatte er ein Zebra, einen Kojoten und eine Hyäne.

JOHN QUINCY ADAMS bekam vom Marquis de Lafayette einen Alligator, den er im Weißen Haus hielt.

CALVIN COOLIDGE hatte zwei Löwenjungen, eine Antilope, ein Zwergflusspferd, ein Wallaby, einen Esel, eine Gans, einige Waschbären und andere konventionellere Haustiere.

SCHWEINE

US-POPSÄNGERIN und Schauspielerin Jessica Simpson hat ein Hängebauchschwein namens Brutus.

NACH DER TRENNUNG von Kelly Preston im Jahr 1988 übernahm US-Schauspieler und Regisseur George Clooney das Sorgerecht für ihr 136 kg schweres Hängebauchschwein Max. Max starb 2006, nachdem er 18 Jahre bei Clooney war und zuweilen auf seinem Bett geschlafen hatte. Befragt, ob er sich ein anderes Schwein besorgen würde, erwiderte Clooney: „Nein. Ich glaube, Max hat meinen Bedarf an Schweinen gedeckt."

AFFEN

KÖNIG ALEXANDER von Griechenland starb 1920 nach einem Biss seines Hausaffen.

ELVIS PRESLEY hielt Hunde, Pferde und einen Schimpansen namens Scatter, der Filmmogul Sam Goldwyns Büro verwüstet haben soll.

POPSTAR MICHAEL JACKSON hielt zahlreiche exotische Tiere auf seiner Ranch Neverland. Am berühmtesten war sein Schimpanse Bubbles.

PLAYBOYBOSS Hugh Hefner hat eine Zoolizenz und hält Pfauen und Klammeraffen als Haustiere.

RATTEN

PARTYGIRL PARIS HILTON hatte einst eine Ratte und einen Tiger. Ihr Honigbär wurde beschlagnahmt, da es in Kalifornien verboten ist, Bären als Haustiere zu halten.

ANGELINA JOLIE hatte eine Rättin namens Harry, die mit ihr badete.

SCHAUSPIELER Rupert Grint, der Ron Weasley in den Harry-Potter-Filmen, übernahm die beiden Ratten, die Rons Haustier Scabbers spielten.

WEITERE PROMINENTE Rattenbesitzer sind Clint Eastwood, John Cleese, Grace Slick und Pink (deren Ratten Thelma und Louise heißen).

KREBSTIERE

DER FRANZÖSISCHE DICHTER Gérard de Nerval hatte einen Hummer, mit dem spazierenging. Für ihn seien Hummer „ernsthafte Lebewesen, die die Geheimnisse des Meeres kennen und nicht bellen".

SCHAUSPIELERIN Kim Basinger zählt Einsiedlerkrebse zu ihren 21 Haustieren.

SCHLANGEN

IM DEZEMBER 2006 wurde der Amerikaner Ted Dres in seinem Haus in Cincinnati von seiner 4 m langen Boa constrictor erwürgt. Ein Sprecher der Gesellschaft zur Verhinderung von Grausamkeiten gegenüber Tieren sagte: „Menschen, die derartige Tiere als Haustiere halten, sollten genau wissen, was sie tun und wessen sie fähig sind. Sonst ist ihnen nicht klar, dass sie binnen Sekunden tot sein können."

DER BASKETBALLER Mikki Moore von den Seattle Supersonics hält in seinem Haus in Atlanta, Georgia, drei Albinopythons und drei Mississippi-Alligatoren.

Wolken gucken Teil I

WOLKENARTEN
Wolken haben nicht nur verschiedene Formen, sie entstehen auch in unterschiedlichen Höhen. Schichtwolken können sich in Bodennähe entwickeln, während polare Stratosphärenwolken sich in der Stratosphäre bilden.

POLAR-STRATOSPHÄRISCH
15 000

CIRRUS
5000

ALTOSTRATUS
2000

CUMULONIMBUS

ALTOCUMULUS

NIMBOSTRATUS
1000

STRATOCUMULUS

CUMULUS
500

STRATUS

HÖHE (IN M)

POLARE STRATOSPHÄRENWOLKE (15 000–20 000 m) Die auch Perlmuttwolken genannten Wolken bilden sich in der Stratosphäre, wo sie in kräftigen Farben erstrahlen.

KONDENSSTREIFEN (5000–13 700 m) sind künstliche Cirruswolken. Sie entstehen durch Wasserdampfkondensation, die beim Ausstoß von Teilchen aus Düsentriebwerken ausgelöst wird, oder aus Niederdruckwirbeln an den Tragflächen von Flugzeugen.

PILEUS (460–13 700 m) Diese kleinen, flachen Begleitwolken (pileus = lateinisch „Kappe") erscheinen über Cumulonimbus- oder Cumuluswolken. Sie bilden sich durch Aufwinde in der Hauptwolke und kündigen oft eine Wetterverschlechterung an.

CUMULONIMBUS (460–13 700 m) Diese dichten Haufenwolken bauen sich oft zu riesigen, ambossförmigen Türmen auf, die Regen und Gewitter ankündigen.

STRATOCUMULUS UNDULATUS (460–2000 m) Als undulatus bezeichnet man Wolken, die der Wind wellenförmig geformt hat. Dazu gehören Cirrocumulus, Cirrostratus, Altocumulus, Stratus und Stratocumulus.

STRATOCUMULUS (460–2000 m) Diese geschichteten Wolkenrollen sind größer als Altocumuli und bilden sich meist über subtropischen und polaren Meeren. Sie treten bei trockenem Wetter, aber bedecktem Himmel auf.

Die Erde wird oft als „blauer Planet" bezeichnet, doch aus dem Weltall betrachtet sind die Hauptfarben Blau und Weiß, wegen der Ozeane, die 70 Prozent der Erdoberfläche ausmachen, und der Wolken, die es immer irgendwo gibt. Wolken spielen eine wichtige Rolle bei der Verteilung von Wasser und signalisieren auch Wetteränderungen.

CIRROSTRATUS (5000–13 700 m) sind eher Schichten als „Locken", wie ihr Name suggeriert. Die hohen, milchigen Fasern dieser „Schleierwolken" sind oft ein Vorbote von Regen.

CIRROCUMULUS (5000–13 700 m) Diese fasrigen Wolkenflecken in großer Höhe, auch „Schäfchenwolken" genannt, sind ein Zeichen von instabilem Wetter und meist kurzlebig.

CIRRUS (5000–13 700 m) Cirrus bedeutet „Locke", und diese aus Eiskristallen hoch oben in der Atmosphäre gebildeten „Federwolken" sind oft ein Zeichen von unmittelbar bevorstehendem schlechtem Wetter.

NIMBOSTRATUS (900–3000 m) Nimbus bedeutet „Regenwolke", und eine feste Masse dieser grauen Wolken über Ihnen kann nur eines bedeuten: Sie werden gleich nass.

ALTOCUMULUS (2000–7000 m) Diese Wolkenfelder, die in der Höhe einsetzen, wo Cumuli enden, bestehen aus runden Ballen oder Walzen und künden meist baldigen Sonnenschein an.

ALTOSTRATUS (2000–7000 m) Diese dünnen blauen oder grauen Schichtwolken in mittlerer Höhe verschleiern oft die Sonne oder den Mond und können sich zu Regenwolken entwickeln.

CUMULUS (460–2000 m) Cumulus bedeutet „Haufen", und damit können Sie sich den Namen dieser flauschigen, strahlend weißen Haufenwolken mit grauer Basis leicht merken. Sie signalisieren schönes Wetter.

FÖHNWOLKEN (0–10 000 m) Diese Wolken bilden sich, wenn Luftmassen durch ein Gebirge gezwungen werden aufzusteigen. Das führt oft zu Regen auf der dem Wind zugewandten Seite.

STRATUS (0–460 m) Stratus bedeutet „Schicht". Diese neblig grauen Schichten hängen oft so tief, dass Sie in einem unangenehmen Nieselregen mitten hindurchgehen.

Wolken gucken Teil II

PLANET ERDE

MAMMATUS (460–2000 m) Diese von Konvektionsströmungen verursachten Wolkenbeutel – hier über Denver, Colorado – bilden sich kurz vor Gewittern unter Cumulonimbus. Der Name geht auf lateinisch mamma = Brust zurück.

MODERNE MYTHEN

Die Menschen halten Hunderte von „Fakten" unbesehen für wahr. Manche lassen sich aus ihrem historischen Kontext heraus verstehen, andere aber sind völlig unbegründet. So erklärt man etwa Menschen mit Flugangst, sie würden eher von einem Esel als bei einem Flugzeugabsturz getötet – doch wer registriert eigentlich die Anzahl der mit Eseln zusammenhängenden Todesfälle?

Kann ein Mensch in der **VAKUUMTOILETTE** eines **FLUGZEUGS** stecken bleiben? Nein. 2001 wurde berichtet, eine beleibte Frau sei in einer Vakuumtoilette stecken geblieben, als sie spülte, während sie darauf saß. Doch die Saugwirkung hält bloß wenige Sekunden an und erreicht nur gut 200 mbar.

Löst sich ein **ZAHN** in **COLA** über Nacht auf? Nein. 1950 sagte ein Fachmann vor Gericht aus, ein Zahn würde sich nach zwei Tagen aufzulösen beginnen. Die Verteidigung erwiderte, das passiere auch in Fruchtsaft. Aber wer behält schon Cola oder Saft zwei Tage im Mund?

Alle glaubten, die Erde sei **FLACH**, bis **KOLUMBUS** sie umsegelte. Zweimal nein. Eine Minderheit hielt sie für flach (und für manche ist sie es noch heute), aber seit der Antike gilt sie für Wissenschaft und Religion als kugelförmig. Und erst Magellans Expedition umsegelte sie, wobei Magellan selbst unterwegs starb.

Menschen nutzen nur **10 PROZENT** ihres **GEHIRNS.** PET- und MRI-Scans widerlegen dies zwar, doch der Mythos hält sich hartnäckig – vielleicht weil die Neurologen früher nur wussten, wie 10 Prozent des Gehirns funktionieren.

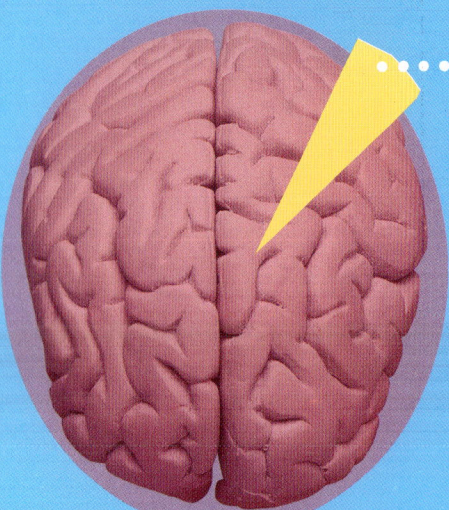

Nach einem weiteren Mythos kann eine kleine **MÜNZE** auf den Schienen einen **ZUG** entgleisen lassen. Experimentierfreudige Teenager, die das versuchten, wissen, dass dies nicht passiert – der Zug fährt die Münze einfach platt.

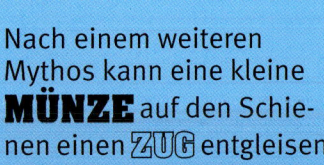

Wenn jemand sagt, Sie hätten das Gedächtnis eines **GOLDFISCHS**, dann nehmen Sie es als besonderes **KOMPLIMENT**. Im Gegensatz zum Mythos, sie könnten sich nur drei Sekunden zurückerinnern, lassen sich Goldfische trainieren, Farbmuster zu erkennen und Hinderniskurse zu absolvieren. Und daran können sie sich noch bis zu drei Monate später erinnern.

EDISON erfand weder die **GLÜHBIRNE** noch das **STROMNETZ**. Joseph Swan führte eine funktionierende Glühbirne neun Monate vor Edison vor, der sein Patent aber zuerst bekam. Und Edison führte zwar den Gleichstrom ein, doch erst Nikola Tesla entwickelte, finanziert von George Westinghouse, den Wechselstrom.

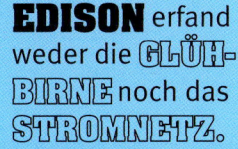

BADEWASSER läuft auf der Nordhalbkugel **SPIRALFÖRMIG** gegen den **UHRZEIGERSINN**, auf der Südhalbkugel im Uhrzeigersinn und am Äquator gerade ab? Nein. Es dreht sich so, wie Sie es herumwirbeln. Die Corioliskraft beeinflusst zwar Luftströmungen, aber nicht das Badewasser.

HAARE UND NÄGEL wachsen nach dem **TOD** weiter. Auch das ist ein Mythos. Biologische Funktionen enden mit dem Tod, und Haare und Nägel wachsen nur scheinbar weiter. Denn während der Körper austrocknet, schrumpft die Haut, und dann sehen Haare (besonders im Gesicht) und Nägel im Vergleich dazu länger aus.

2003 hieß es in den Medien, **BLONDE** würden bis 2202 **AUSSTERBEN**, weil zu wenige Menschen dieses Gen besäßen. Das ist nicht nur unwahr, sondern nicht einmal neu – Gerüchte über das Aussterben von Blonden kursieren schon seit 1865.

1938, lange bevor Menschen im All waren, schrieb der amerikanische Abenteurer Richard Halliburton: „Astronomen meinen, die **CHINESISCHE MAUER** sei das einzige Bauwerk, das **VOM MOND** aus zu sehen sei." Der Mythos hält sich, obwohl Apollo-Astronauten erklärt haben, vom Mond aus seien keine Bauwerke zu sehen.

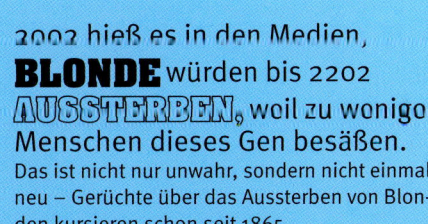

Mehr Menschen werden von **ESELN** getötet als bei **FLUGZEUGABSTÜRZEN**. So zitierte die *Times* 1987 einen Experten. Der blieb indes anonym, und seine Schätzung lässt sich nicht verifizieren, da niemand eine globale Statistik über Eseltote führt.

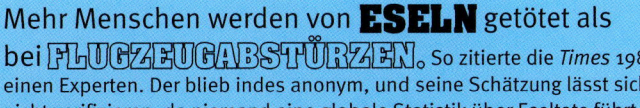

SITTEN UND GEBRÄUCHE

Mit dem Beginn des neuen Millenniums bestimmte die „Größe 0" das Bild auf den Laufstegen dieser Welt und es entzündete sich eine Debatte darüber, ob die spindeldünnen Models schlechte Vorbilder wären. Inzwischen ist man aber dazu übergegangen, allerlei Spekulationen darüber anzustellen, welche der Stars in welcher Frequenz bei ihrem Aussehen mithilfe von Implantaten, Liftings oder Botox nachgeholfen haben.

00s IDOLE

war die erste Latina, mit einem Nr. 1-Hit von den USA bis Australien
03. GEORGE CLOONEY wie immer sexy
04. SCARLETT JOHANSSON wurde mehrmals zum sexiesten Star gewählt
05. GISELE BÜNDCHEN Die Brasilianerin gilt als eine der höchstbezahlten Models
06. KYLIE MINOGUE wurde vom australischen Soap-Star zum globalen Sexsymbol
07. BEYONCE KNOWLES ist Sängerin, Schauspielerin und Model
08. TYSON BECKFORD wurde in der Bronx geboren und zählt zu den reichsten männlichen Supermodels der Welt

ANGELINA JOLIE (großes Bild, links) im Fetisch-Look 2005 bei der Vernissage einer Fotoausstellung in Tokio
01. PENELOPE CRUZ Der spanische Superstar schmollt für die Kamera
02. SHAKIRA Die aus Kolumbien stammende Popsängerin

ICH HABE TATOOS UND TRAGE TATSÄCHLICH LEDER, ABER ES GIBT AUCH ANDERE SEITEN VON MIR. – ANGELINA JOLIE

Die Tafel, auf die die Mona Lisa gemalt ist, hat das ideale Seitenverhältnis von 1:1,618.

Auge zur Oberkante des Gesichts: Breite der Augen

Der Abstand Mieder-Hände steht im goldenen Verhältnis zur Körperbreite.

Das Auge selbst entspricht dem goldenen Schnitt.

• Mona Lisa •

Die Kritiker streiten sich, ob Leonardo da Vinci den goldenen Schnitt auf die Mona Lisa anwandte oder nicht. Konstruierte er ihr Gesicht nach mathematischen Prinzipien, oder entspricht es zufällig dem goldenen Schnitt, genau wie unsere instinktiven Vorstellungen von Schönheit? Die über ihr Gesicht gelegten Rechtecke stehen im Verhältnis des goldenen Schnitts – 1:1,618 – zueinander.

Das ganze Gesicht entspricht perfekt den mathematischen Proportionen.

Breite des Mundes: Strecke Augen–Mund

Halbe Breite des Mundes: Strecke Kinn–Mund

SITTEN UND GEBRÄUCHE

WAS IST SCHÖNHEIT?

GÖTTLICHE PROPORTIONEN

Wenn Sie wieder einmal jemandem sagen, er sehe göttlich aus, können Sie das jetzt wissenschaftlich begründen. Die Mathematiker der alten Griechen waren fasziniert von dem geometrischen Verhältnis 1:1,618, das sie *phi* nannten. 1509 erklärte der italienische Mathematiker Luca Pacioli in seinem viel beachteten

Wir alle erkennen ein ideales Gesicht, wenn wir es sehen, aber liegt Schönheit wirklich im Auge des Betrachters, wie das Sprichwort behauptet, oder ist sie mathematisch nachweisbar? Symmetrie ist zwar wichtig, aber vor allem kommt es auf den „goldenen Schnitt" an, wie ihn schon die alten Griechen kannten. Diese Proportionen gefallen dem Auge am besten, und die schönsten Gesichter entsprechen ihnen.

Der italienische Bildhauer Michelangelo wandte den goldenen Schnitt auf seinen David an – das Renaissanceideal männlicher Schönheit –, in den Proportionen des Körpers wie des Gesichts. Die Breite des Mundes ist gleich dem Abstand zwischen den Augen und steht im goldenen Verhältnis zur Strecke Augen–Mund.

• David •

Ingrid Bergman

▲ Form und Größe ihres Kopfes entsprechen dem goldenen Schnitt.

▶ Kinn–Auge und Mundbreite entsprechen phi.

▶ Die Breite des Kinns und der Abstand ihrer Pupillen ist gleich und im goldenen Verhältnis zum Kinn-Augen-Abstand.

Audrey Hepburn

▶ Breite des Mundes entspricht Strecke Mund–Augenbrauen.

▼ Strecke Auge–Nase korrespondiert mit Augenbreite.

Lucy Liu

▼ Abstände Ohr–Ohr und Ohr–Kinn entsprechen phi.

Alek Wek

Christy Turlington

Nofretete

Buch *De divina proportione* warum Objekte mit Proportionen im Verhältnis 1,618 am besten gefallen. Das Buch wurde von Leonardo da Vinci illustriert, der diese Proportionen – später goldener Schnitt genannt – auf die Mona Lisa angewandt haben soll. Facioli und da Vinci wiesen Künstler und Architekten auf *phi* hin, und seither verwenden sie es bei ihrer Arbeit. In neuerer Zeit stellten Physiognomen fest, dass *ph.* auch in Gesichtern auftaucht, die als schön gelten, im Verhältnis Auge–Mundbreite, Pupillen- zu Nasenbreite, Augen-Nasenhöhe und so fort.

phi = 1,618034

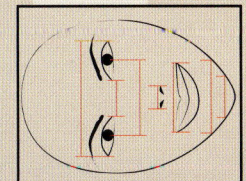

5 ASPEKTE ÄUSSERER SCHÖNHEIT
1 SYMMETRIE
2 PROPORTION
3 TEINT
4 JUGENDLICHKEIT
5 GESUNDHEIT

5 ASPEKTE INNERER SCHÖNHEIT
1 INTELLIGENZ
2 GROSSZÜGIGKEIT
3 HUMOR
4 LEBENSFREUDE
5 SYMPATHIE

5 ARTEN, WIE ZEITSCHRIFTEN GESICHTER MODIFIZIEREN
1 HAUTTON VERBESSERN
2 FALTEN RETUSCHIEREN
3 HAUTUNREINHEITEN RETUSCHIEREN
4 AUGEN AUFHELLEN
5 ZÄHNE WEISSER MACHEN

James Dean

▲ Augenbreite korrespondiert mit Auge–Nase.

Denzel Washington

▼ Gesichtsbreite korrespondiert mit Nase–Augenbraue.

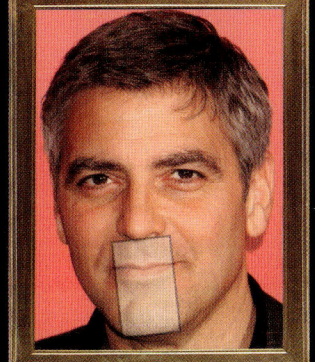
George Clooney

◀ Kinnbreite steht in Proportion zur Strecke Kinn–Nase.

▶ Augenbreite korrespondiert mit Abstand Augen–Mund.

Rudolph Valentino

280

Manche Menschen wollen schön sein, andere hässlich. Grimassieren ist die Kunst, ein hässliches Gesicht zu schneiden – ohne goldenen Schnitt. Im englischen Cumbria gibt es alljährlich Grimassen-Weltmeisterschaften.

KOMMUNIKATION

ORTE & DINGE

Wer denkt sich eigentlich die Namen aus, die die Menschen für Alltagsdinge benutzen? Häufig stammen sie aus dem Lateinischen oder Griechischen, aber einige Dinge sind nach Orten benannt. Diese Karte zeigt 25 Orte auf der Welt, die besser bekannt sind wegen der nach ihnen benannten Dinge.

(1) **NOKIA** Die Kleinstadt Nokia am Nokianvirtafluss in Westfinnland ist Sitz eines der größten Telekommunikationsunternehmen der Welt. Nokia begann als lokale Papierfabrik.

(2) **MAGENTA** Um einen neuen Farbstoff zu vermarkten, wurde er nach der italienischen Stadt Magenta benannt, wo am 4. Juni 1859 die Schlacht von Magenta stattfand.

(3) **MARATHON** Dieser Langstreckenlauf erinnert an die Leistung des altgriechischen Boten Pheidippides, der starb, nachdem er etwa 35 km von Marathon nach Athen gelaufen war, um den Sieg der Athener in der Schlacht von Marathon im Jahr 490 v. Chr. zu verkünden.

(4) **NEANDERTAL** Der Name einer urzeitlichen Menschenspezies geht auf den Ort zurück, wo erste Überreste gefunden wurden: das nach dem Pastor Joachim Neander benannte Neandertal bei Düsseldorf.

(5) **COACH/KOCS** Das von Pferden gezogene Verkehrs- und Transportmittel Kutsche geht auf die ungarische Stadt Kocs zurück, wo im Mittelalter besonders gute Kutschen hergestellt wurden.

(6) **MOTOWN** Die Plattenfirma Motown (oder Tamla-Motown) ist nach der Autostadt („Motor Town") Detroit im US-Staat Michigan benannt.

(7) **RUGBY** Der Sport Rugby ist nach dem Internat im englischen Rugby benannt, wo 1846 die Regeln von älteren Schülern festgelegt wurden.

(8) **MANILA** Die für Seile und Papier verwendete Faser Manila ist nach Manila, der Hauptstadt der Philippinen, benannt.

(9) **HAVANNA** Havannazigarren sind nach Havanna, der Hauptstadt von Kuba, benannt, wo sie hergestellt werden. Der Name kann von einem Eingeborenenhäuptling herrühren.

(10) **OLYMPISCHE SPIELE/ OLYMPIA/OLYMP** Die modernen Olympischen Spiele wurden von einem altgriechischen Fest zu Ehren des Zeus angeregt, dessen Sitz der Olymp war. Das Tal, wo das Fest stattfand, wurde Olympia genannt.

(11) **BIKINI** 1946 enthüllte der französische Modeschöpfer Jacques Heim einen kleinen zweiteiligen Badeanzug, der so einschlagen sollte wie die vier Tage zuvor auf dem Bikini-Atoll getestete Atombombe.

(12) **JEANS/GENOA** Jeans sind nach dem Baumwollstoff benannt, der ursprünglich im italienischen Genua (französisch Gênes) hergestellt wurde.

(13) **DENIM/NÎMES** Denim heißt das zuerst in Nîmes in Frankreich hergestellte Gewebe, wo es *Serge de Nîmes* hieß.

(14) **ANGORA** Diese feine Wolle stammt vom Angorakaninchen und ähnelt Mohair, der Wolle der Angoraziege. Die Tiere sind nach dem älteren Namen für Ankara benannt, der türkischen Hauptstadt.

(15) **BALAKLAVA** Diese Sturmhaube, die britische Soldaten im Krimkrieg vor der Kälte schützte, wurde nach der Stadt Balaklawa benannt, wo 1854 eine Schlacht stattfand.

(16) **TUXEDO** Der erste Smoking wurde 1886 vom Amerikaner Griswold Lorillard beim Herbstball des Tuxedo Park Country Club getragen und ist danach benannt.

(17) **CADILLAC** Die Autofirma wurde nach dem Abenteurer Antoine Laumet de La Mothe, Sieur de Cadillac, benannt, der 1701 Detroit gründete, wo die Cadillacs zuerst gebaut wurden. Cadillac ist eine Gemeinde an der Gironde in Frankreich.

(18) **PARMESAN/PARMA** Parmesankäse und Parmaschinken sind nach ihrem Herkunftsort benannt, der italienischen Provinz Parma.

(19) **FRANKFURTER/WIENER** Diese in Deutschland, Österreich und der Schweiz beliebten dünnen Brühwürstchen heißen paradoxerweise in Frankfurt Wiener und in Wien Frankfurter.

(20) **PORT/OPORTO** Portwein ist nach dem portugiesischen Distrikt Porto benannt, wo Weinhändler im 18. Jahrhundert Wein mit Brandy verstärkten.

(21) **BUDWEISER/BUDWEIS** Diese von einer amerikanischen und einer tschechischen Brauerei verwendete Biermarke geht zurück auf Budweis, den deutschen Namen für die südböhmische Stadt Ceské Budejovice im heutigen Tschechien.

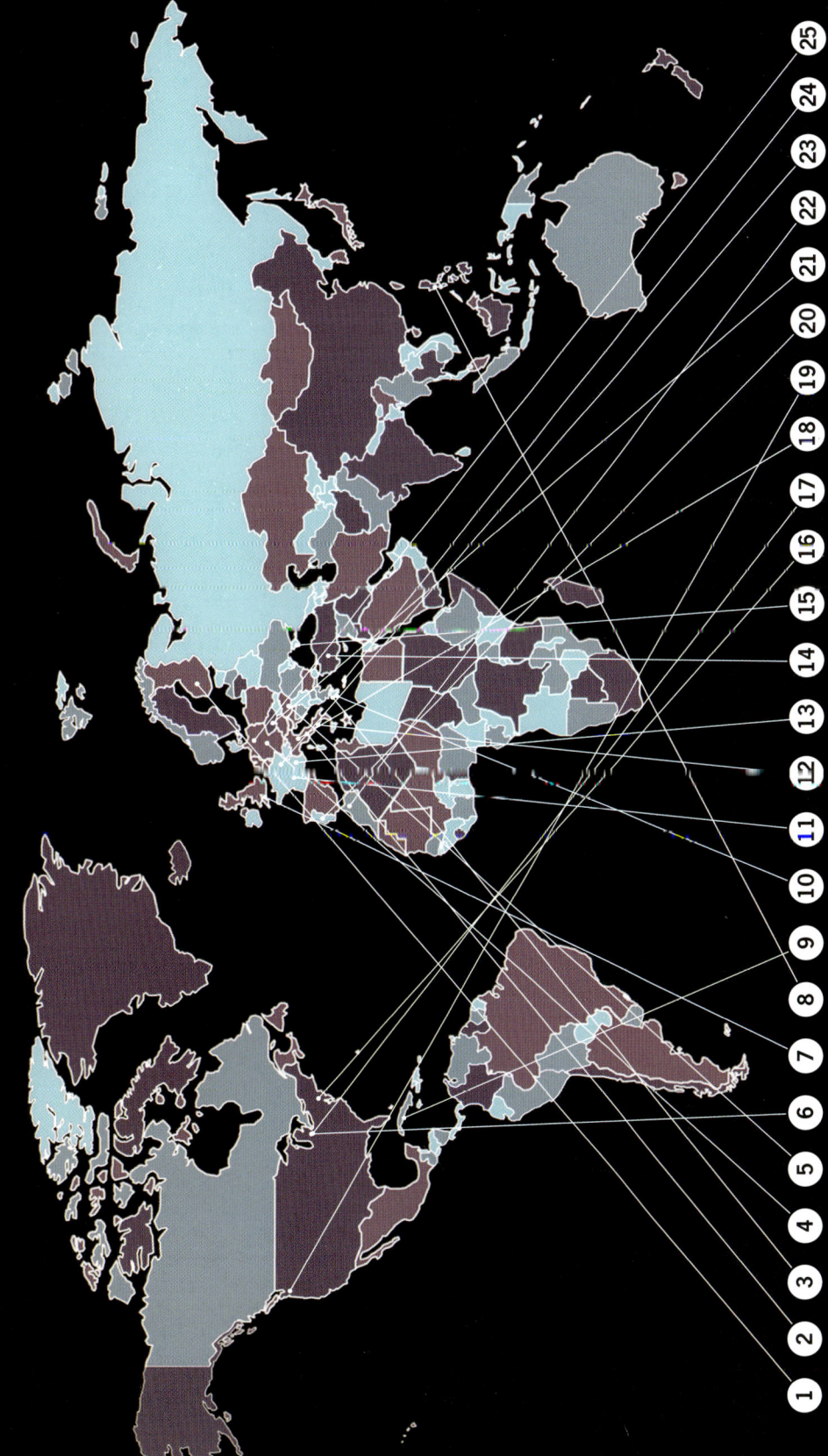

FES Dieser rote Filzhut heißt auch Fez oder Tarbusch und ist nach dem marokkanischen Herkunftsort Fès benannt.

CHAMPAGNER Schaumwein darf nur dann Champagner heißen, wenn er in der nordostfranzösischen Region Champagne gekeltert wurde.

LESBISCH/LESBOS Die griechische Dichterin Sappho, die Liebesgedichte über Frauen schrieb, wurde auf der Insel Lesbos geboren – daher der Name „lesbisch" für Frauen, die Frauen lieben.

HAMBURGER/HAMBURG Deutsche Einwanderer brachten Ende des 19. Jahrhunderts Hackfleischfrikadellen nach Hamburger Art in die USA, wo sie mit einem Brötchen serviert und Hamburger genannt wurden.

KOMMUNIKATION
ZEICHEN-SPRACHE

Sie beherrschen die lokale Sprache nicht? Drücken Sie doch mit Gesten aus, was Sie sagen wollen. Aber Vorsicht – nicht alle bedeuten überall das Gleiche. Manche sind zu Hause freundlich gemeint, können Ihnen aber anderswo ernste Probleme bereiten.

RISIKOFAKTOR:  **GEFÄHRLICH** **MITTEL** **HARMLOS**

AUSZEIT

- USA: Auszeit (viele Sportarten) oder technisches Foul (Basketball)
- GB: Teepause (kulturelles Gegenstück zur Auszeit)
- Japan: Die Rechnung bitte!

WINKEN

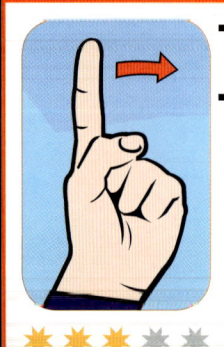

- Allgemeine Bedeutung: Komm her (unhöflich)
- Mögliche sexuelle Einladung, je nach den Umständen

WELTWEIT

STINKEFINGER

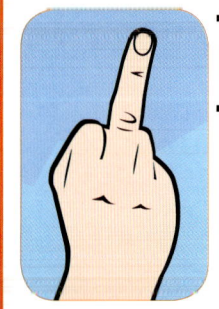

- Weltweite Bedeutung: „Leck mich"; den Vogel zeigen
- Die alten Römer nannten diese Geste *digitus impudicus*.

WELTWEIT

ZEIGEN

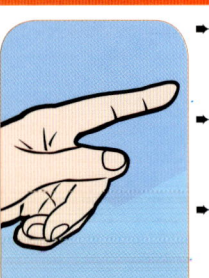

- Weltweit: Zeigen auf ein Objekt oder in eine Richtung
- Fast überall gilt es als unhöflich, auf jemanden zu zeigen.
- Die Fähigkeit, einem zeigenden Finger zu folgen, gilt als Ursprung der Sprache.

WELTWEIT

SIEG/FRIEDEN

- Bedeutet oft Sieg (II. Weltkrieg), seit etwa 1960 Frieden
- Italien, Spanien, Portugal (hinter jemandes Kopf): „Hahnrei" (beleidigend)

SIEG VERKEHRT

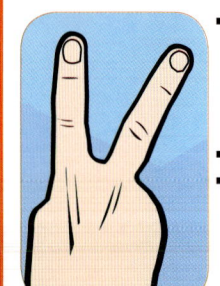

- GB/Australien: „Verpiss dich", weniger beleidigende Version des Stinkefingers, *oben*
- GB: „V"-Zeichen
- USA: synonym mit Sieges/Friedenszeichen (harmlos)

DAUMEN HOCH

- USA, Westeuropa: Beifall
- Naher Osten, Westafrika, Südamerika, Russland: „Du kannst mich" (beleidigend)
- Ursprung: Römische Gladiatorenkämpfe

ZEIGEFINGER

- USA, Westeuropa: „Warte" oder „Moment mal"
- Naher Osten, Türkei, Griechenland: „Leck mich"

HÖRNER

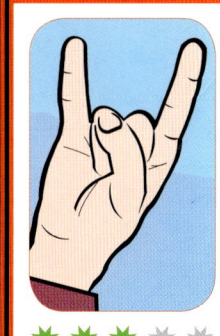

- Okkult: den bösen Blick zeigen oder abwehren
- Für Heiden: Der gehörnte Gott
- Für Satanisten: Der Teufel
- Italien, Brasilien: „Deine Frau geht fremd"
- Rockmusik: Heavy-metal-Gruß

WINKEN

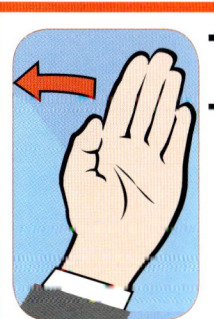

- Weltweit: Hallo oder Auf Wiedersehen
- China: Handfläche nach unten bedeutet „Komm her"

VULKANIERGRUSS

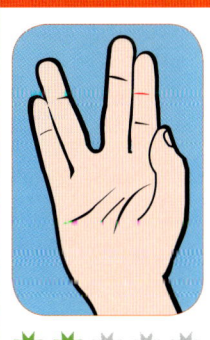

- TV-Kultur: „Lebe lange und gedeihe", signalisiert in der TV-Serie *Star Trek* der Vulkanier Spock mit den spitzen Ohren.
- Ursprung: Segensgeste im Judentum

WELTWEIT

OKAY

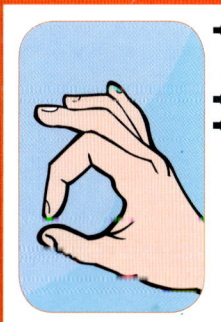

- USA/Europa (außer Deutschland): Okay
- Japan: Geld
- Brasilien, Deutschland: „Arschloch" (äußerst beleidigend)

GEBALLTE FAUST

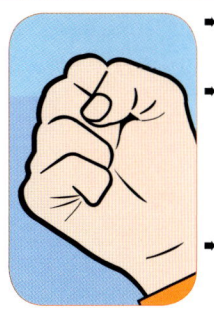

- In Kopfhöhe: Zeichen der Aggression
- Von Nationalisten, Revolutionären und Unterdrückten hochgereckt: Aufbegehren (wie beim Black-Power-Gruß)
- Militär: Anforderung schwerer Waffen

WELTWEIT

BLABLA

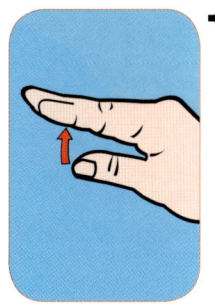

- Bedeutung: Zu viel Gerede/langweilig/Ich höre nicht zu (verächtlich)

WELTWEIT

PENG PENG

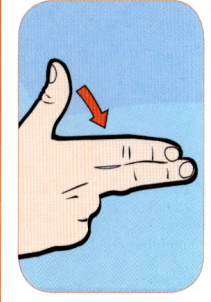

- Kann bedrohlich gemeint sein: „Ich werde dich töten"
- USA: Dient zuweilen auch als Begrüßung

WELTWEIT

SITTEN UND GEBRÄUCHE

IRRE JOBS

Nach einer Redensart gibt es bekannte Bekannte, bekannte Unbekannte und unbekannte Unbekannte. Das gilt auch für Jobs. Es gibt traditionelle Jobs, die ein Mensch für normal hält, und Jobs, die ein Mensch für seltsam hält. Doch es gibt auch so irre Jobs, dass niemand sie kennt.

TESTER FÜR KUEGELSICHERE WESTEN

Heute verwendet man hochempfindliche Geräte, doch früher schoss man einfach auf Testpersonen. Von 1919 bis etwa 1950 ballerten Scharfschützen der New Yorker Polizei auf Leo Krouse, um die neuesten kugelsicheren Westen von Spooner Armor Co. zu testen.

GROOM OF THE STOOL

Am Hof der britischen Tudorkönige war der Groom of the Stool für die königliche Toilette zuständig und musste das königliche Hinterteil abwischen. In viktorianischer Zeit wurde aus „Stool" „Stole" und das Amt zum Oberkammerherrn aufgewertet.

KASTRAT

Ein Kastrat war ein Sänger, der seine hohe Stimme durch Kastration vor der Pubertät behielt. Meist steckte man das Opfer in ein heißes Bad, dass es das Bewusstsein verlor, und zerdrückte seine Hoden. Kastraten waren im Italien des 17. und 18. Jahrhunderts beliebt. Der letzte starb 1922.

VOGELNESTSAMMLER

Schwalbennestersuppe gilt als Delikatesse in China und Südostasien. Sie besteht aus den Nestern von Salanganen, einer Seglerart. Das Sammeln ist ein gefährlicher Job, der auf riesigen, schmalen Bambusleitern in dunklen Höhlen ausgeübt wird.

FALTENGLÄTTER

Warum sind Schuhleder so glatt, Kühe aber nicht? Nun, das verdanken wir den Faltenglättern dieser Welt, die beim Fertigen der Schuhe die Falten ausbügeln.

HOT WALKER

Die Person, die Rennpferde nach einem Rennen herumführt, heißt Hot Walker. Das ist ein wichtiger Job: Kühlt ein Pferd nicht richtig ab, bevor es wieder in den Stall kommt, kann die Überhitzung zu Nierenschäden führen.

COUNTRY AND WESTERN SÄNGERIN TONYA WATTS ist auch Körperdouble von Ex-*Baywatch*-Star Pamela Anderson.

KÖRPERTEIL-DOUBLE

Alle Menschen wissen, dass Schauspieler aus gutem Grund Stuntdoubles haben. Manche Schauspieler aber sind mit ihren Hinterteilen, Brüsten und so weiter nicht glücklich – auch dafür gibt es Doubles.

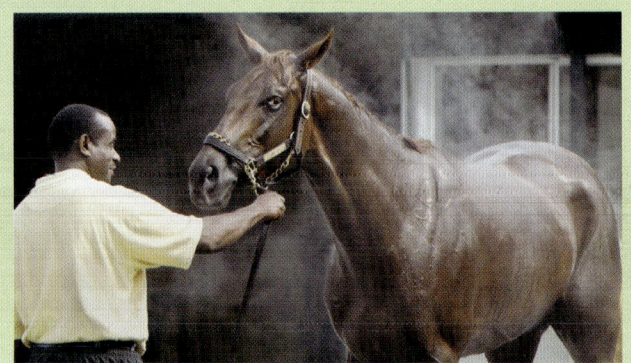

TEAM-MASKOTTCHEN
Für viele Sportfans mag dies kein Job sein, doch es ist harte Arbeit. Ein Profi sagte einmal, dies sei wie Aerobic im Pelzmantel in der Sauna.

SCHORNSTEIN-FEGER
Das Schornsteinfegen war früher als unangenehmer und gefährlicher Job berüchtigt, wurde aber durch Teleskopbürsten und Absauggeräte sicherer. Heute ist es eine gut bezahlte Arbeit.

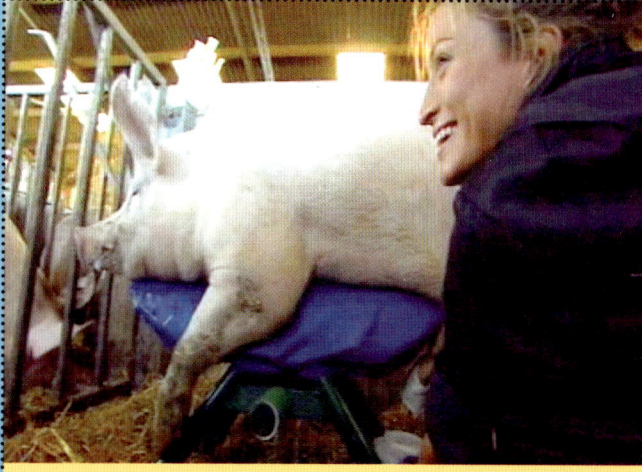

SCHWEINE/BULLEN-MASTURBATOR
Viehzüchter sind dagegen, dass Tiere miteinander Sex haben. Sie sammeln den Samen, um die Weibchen künstlich zu besamen – und dafür brauchen sie jemanden, der die Männchen masturbiert.

FLUFFER
Fluffer verhelfen in der Pornoindustrie den männlichen Stars zu einer Erektion, wenn diese vor den Dreharbeiten einen „Durchhänger" haben.

SANDWICH-DESIGNER
Wer sich nicht nur mit der Wahl zwischen Quadraten oder Dreiecken begnügt, sondern auch mal neue Geschmacksvarianten kreiert, ist Anwärter für die Sandwich Designer of the Year Awards (ja, echt!).

GEFLÜGEL-SEXER
Geflügelzüchter müssen das Geschlecht von Küken früh kennen, es ist aber vor der sechsten Woche schwer zu bestimmen. Geübte Sexer ermitteln das Geschlecht anhand der Kloake oder der Federn.

MÖBELTESTER
Hier ein Job für Leute, die gern horizontal arbeiten (die Verkäufer oben demonstrieren, wie man ein Bett nicht testen sollte). Möbelfirmen suchen Tester für ihre Sofas, Liegestühle und Betten.

LEBENSAUFGABE
Viele Menschen machen sich Gedanken, was mit ihnen wird, wenn ihr Job überflüssig ist. Michael Scott kennt solche Sorgen nicht – wenn er San Franciscos Golden Gate Bridge fertig gestrichen hat, fängt er am anderen Ende wieder an.

Come fly with me

TECHNOLOGIE

Bordverpflegung

1909 Graf Ferdinand von Zeppelin gründet die Deutsche Luftschiffahrts-Aktiengesellschaft (Delag), die erste Fluggesellschaft, die Mahlzeiten an Bord ihrer Luftschiffe serviert.

1914 Die erste komplette Mahlzeit in einem Flugzeug gibt es im Riesendoppeldecker *Ilja Muromez I* über Russland.

1919 Die ersten reguläre Bordverpflegung sind Lunchpakete, die auf den Flügen der Handley Page Transport von London nach Brüssel zum Preis von 3 Shilling verkauft werden.

1925 Die französische Fluglinie Air Union behauptet, als Erste heiße Mahlzeiten serviert zu haben – fünf Gänge inklusive Wein.

1952 Die ersten Mahlzeiten an Bord eines Düsenflugzeugs gibt es bei der Einführung der Jetverbindung der BOAC zwischen London und Johannesburg.

✈ 1950ER DIE ANZEIGE DER AIR FRANCE AUS DEN 1950ER-JAHREN WIRBT FÜR DAS ERLEBNIS, AN BORD ZU SPEISEN.

Heutzutage
Moderne Bordverpflegung wird vorab zubereitet, eingefroren und vor dem Start am Boden wieder erhitzt. Sie ist meist fade, um möglichst vielen Passagieren zu schmecken, und soll Winde und schlechten Atem in der engen Kabine vermeiden helfen. Auf Wunsch gibt es spezielle Gerichte. Pilot und Kopilot essen unterschiedliche Dinge, damit nicht beide eine Lebensmittelvergiftung bekommen.

✈ MODERNE BORDVERPFLEGUNG (VORSPEISE, HAUPTGERICHT, DESSERT) WIRD UNTER FOLIE WARM GEHALTEN.

Flugsicherheit

Die sichersten Airlines
Es gibt zwar kein offizielles Ranking für Flugsicherheit, doch laut www.askcaptainlim.com haben folgende Gesellschaften die niedrigsten Unfallraten (pro 100 000 Starts):

1	AMERICA WEST (USA)	0,00
	SOUTH WEST (USA)	
	QANTAS (AUSTRALIEN)	
4	ALL NIPPON (JAPAN)	0,22
5	DELTA (USA)	0,23
6	BRITISH AIRWAYS (GB)	0,27
7	LUFTHANSA (DEUTSCHLAND)	0,30
8	NORTH WEST (USA)	0,35
9	CONTINENTAL AIRLINES (USA)	0,40
10	UNITED AIRLINES (USA)	0,43

Blackbox
Der Flugdatenrekorder, die „Blackbox" (die aber leuchtend orangefarben oder rot ist), wurde 1953 vom Australier David Warren erfunden, als er den Absturz des ersten Düsenpassagierflugzeugs der Welt untersuchte, der De Havilland Comet. 1960 wurden in Australien als erstem Land Blackboxes Pflicht.

✈ FLUGDATENREKORDER, DIE „BLACKBOX"

Fakten vom Fliegen

1783 Die Pariser Vorstadt Gonesse hat Beziehungen zum Fliegen, lange bevor die Flughäfen Le Bourget und Charles de Gaulle in der Nähe erbaut wurden. 1783 landet ein in Paris gestarteter unbemannter

1853 Das erste Luftfahrzeug, das einen Menschen im freien Flug trägt, ist ein Gleiter des Erfinders George Cayley und mit dessen Kutscher bemannt, der danach erklärte: „Bitte, Sir George, ich möchte kündigen.

1890 Dampf spielte in der Pionierzeit des Fliegens eine Rolle. Das erste Luftfahrzeug, das mit eigener Kraft abhob, war ein mit Dampf betriebener Nurflügel-Eindecker des Franzosen Clément Ader. Der letzte

1903 Am 17. Dezember um 10:35 Uhr unternahmen die Brüder Wright den ersten gesteuerten und bemannten Flug. Bei diesem berühmten Flug legte Orville Wright eine Strecke zurück, die kürzer ist

Es klang so einfach, als Frank Sinatra mit „Come fly with me" die Romantik und den Glamour des goldenen Zeitalters der Passagierluftfahrt der 1950er- und 1960er-Jahre einfing. Aber in Wirklichkeit machen sich die Menschen so viele Sorgen an Bord: Werden sie sicher sein? Was werden sie zum Essen wählen? Und wird der Star der Veranstaltung Frank Sinatra sein?

Unterhaltung an Bord

Die unfallträchtisten Airlines

Die zehn Abstürze (ohne Terroranschläge) mit der größten Anzahl an Toten sind:

1	PAN AM/KLM	Kanarische Inseln, Startbahnkollision, 583 Tote
2	JAPAN AIRLINES	Japan, An Berg zerschellt, 520 Tote
3	SAUDI AIRLINES/ KAZAKHSTAN AIR	Indien, Kollision in der Luft, 349 Tote
4	TURKISH AIRLINES	Frankreich, Absturz unmittelbar nach Start aufgrund von offener Frachttür, 346 Tote
5	SAUDIA AIRLINES	Saudi Arabien, Feuer an Bord, 301 Tote
6	IRAN AIR	Persischer Golf, Versehentlich abgeschossen von US-Kampfschiff, 290 Tote
7	AMERICAN AIRLINES	USA, Triebwerk fiel ab, 273 Tote
8	KOREAN AIR	UdSSR, Abgeschossen nach Eindringen in sowjetischen Luftraum, 269 Tote
9	AMERICAN AIRLINES	New York, In der Luft zerbrochen, 265 Tote
10	CHINA AIRLINES	Japan, Bei 300 m abgeschmiert, 264 Tote

1922 Der erste Steward an Bord eines Flugzeugs (nicht Luftschiff) ist Jack Sanderson von Daimler Airways.

1930 Lieutenant Ellen Church arbeitet als erste Stewardess für Boeing Air Transport (später Teil von United Airlines).

→ 1930 WIRD DIE AMERIKANERIN ELLEN CHURCH ERSTE STEWARDESS.

1925 Der erste Film an Bord, *The Lost Wing*, ist auf einem Imperial-Airways-Flug zu sehen.

→ THE LOST WORLD WAR DER ERSTE FILM AN BORD UND EINER DER ERSTEN DINOSAURIERFILME.

1947 Das Magazin *Clipper* von Pan Am wird das erste Bordmagazin.

1961 Die ersten regelmäßigen Bordfilme werden am 19. Juli von TWA eingeführt, mit *By Love Possessed* auf einem Flug von New York nach Los Angeles.

Komfort

Skytrax World Airline Star Ranking hat fünf Sterne für Service und Komfort nur vier Gesellschaften verliehen: Cathay Pacific Airways, Malaysia Airlines, Qatar Airways sowie Singapore Airlines.

Überlebende

Sie alle haben Flugzeugabstürze überlebt: Politiker Jassir Arafat, Rennfahrer David Coulthard, Schauspieler und Regisseur Clint Eastwood, Opernsänger Luciano Pavarotti, Rockstar Sting, Schauspieler Patrick Swayze, Schauspielerin Elizabeth Taylor und die Luftfahrtpioniere Wright.

→ ELIZABETH TAYLOR UND MIKE TODD UND IHR JET THE LIZ, 1958

Nichtüberlebende

Sie alle starben bei Flugzeugabstürzen: die Luft- und Raumfahrtpioniere John Alcock, Amelia Earhart, Amy Johnson und Juri Gagarin; die Musiker Glenn Miller, Buddy Holly, Big Bopper, Ritchie Valens, Otis Redding und John Denver; der Boxer Rocky Marciano und Autohersteller Charles Rolls.

→ BUDDY HOLLY (1936–59) WAR EIN AMERIKANISCHER ROCK'N'ROLL-STAR.

→ MAJOR GLENN MILLER (1904–44) WAR AMERIKANISCHER BANDLEADER.

1909 Hätte er einen Wecker gehabt, wäre Hubert Latham berühmt geworden. Am 25. Juli sollte er ein zweites Mal versuchen, über den Ärmelkanal zu fliegen – doch er wurde von einem Flugzeugmotor geweckt, als Louis Blériot abhob und Geschichte schrieb.

1919 Als John Alcock und Arthur Brown im Juni als Erste den Atlantik nonstop überquerten, flogen sie 16,5 Stunden lang durch Nebel und Eisregen in einem offenen Cockpit und ernährten sich von Kaffee, Bier, Sandwiches und Schokolade. Ihr historischer Flug endete mit der Nase voraus in einem irischen Torfmoor.

1976 Concord bedeutet „Eintracht" – ein passender Name für das erste Überschallpassagierflugzeug der Welt. Die Koproduzenten England und Frankreich diskutierten, ob der Name auf Französisch mit „e" am Ende oder ohne wie im Englischen geschrieben werden sollte. Die Franzosen setzten sich durch.

→ DIE AÉROSPATIALE-BAE CONCORDE KONNTE IN GUT DREI STUNDEN VON LONDON NACH NEW YORK FLIEGEN.

ZITATE, ZITATE

Es heißt zwar, ein Bild sage mehr als tausend Worte, doch manche Menschen malen mit Worten und erschaffen großartige Bilder damit. Der französische Autor André Breton meinte, dass Menschen, die ihre Fantasie nicht optisch nutzen, Idioten seien. Hier also eine kleine Auswahl an Formulierungen, die plastische Bilder beschwören.

> **DER MENSCH, DER SICH NICHT VORSTELLEN KANN, WIE EIN PFERD AUF EINER TOMATE GALOPPIERT, IST EIN IDIOT."**
> **André Breton** *Französischer Autor und Surrealist*

Eine Frau braucht einen Mann wie ein Fisch ein Fahrrad braucht.
Irina Dunn *Australische Autorin (oft fälschlich Gloria Steinem zugeschrieben)*

Um die Welt in einem Sandkorn zu seh'n
Und den Himmel in einer wilden Blume,
Halte die Unendlichkeit auf deiner flachen Hand
Und die Stunde rückt in die Ewigkeit.
William Blake *Englischer Dichter und Maler*

Jede Decke wird, ist sie erreicht, ein Fußboden, auf dem man ganz natürlich und vorschriftsmäßig geht.
Aldous Huxley *Englischer Autor*

Der wahre Weg geht über ein Seil, das nicht in der Höhe gespannt ist, sondern knapp über dem Boden. Es scheint mehr dazu bestimmt, stolpern zu machen als begangen zu werden.
Franz Kafka *Deutschsprachiger Schriftsteller*

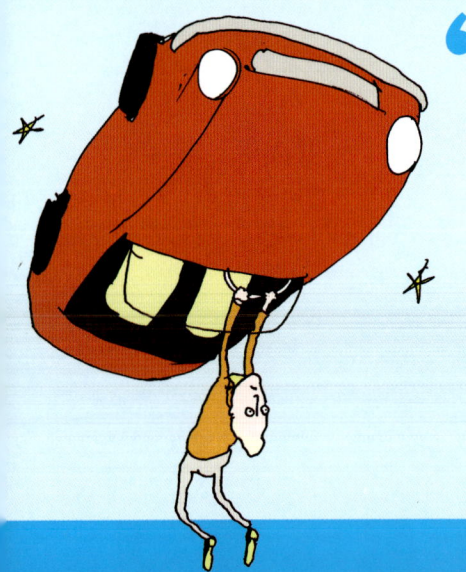

> **DAS ALL IST ÜBERHAUPT NICHT FERN. ES IST NUR EINE STUNDE ENTFERNT, WENN IHR AUTO DIREKT NACH OBEN FAHREN KÖNNTE."**
> **Sir Fred Hoyle** *Englischer Astronom und Mathematiker*

Man denke sich eine Anzahl Menschen in Ketten und alle zum Tode verurteilt, die einen werden jeden Tag vor den Augen der andern erwürgt und die, welche bleiben, sehen ihre eigne Lage in der Lage ihrer Genossen, und sich einer den andern mit Schmerz und ohne Hoffnung betrachtend, erwarten sie, dass die Reihe an sie komme. Das ist das Bild von der Lage der Menschen.
Blaise Pascal *Französischer Philosoph*

Die großen Nationen handeln immer wie Gangster und die kleinen Nationen wie Prostituierte.
Stanley Kubrick *US-Filmregisseur*

Die Luftverschmutzung lässt Mutter Natur vorzeitig ergrauen.
Irv Kupcinet *US-Zeitungskolumnist*

Das Alter zieht noch mehr Runzeln in unserem Verstande als in unserem Antlitz.
Michel de Montaigne *Französischer Schriftsteller*

Der Inbegriff der Liebe ist eine Tür ohne Griff.
Tony Peek *Englischer Sänger ud Songschreiber*

> **ALLES IST EIN WUNDER. ES IST EIN WUNDER, DASS MAN SICH NICHT IM BAD WIE EIN STÜCK ZUCKER AUFLÖST."**
> **Pablo Picasso** *Spanischer Maler*

Ich fahre gern mit den Knien – wie könnte ich sonst meinen Lippenstift auftragen und telefonieren?
Sharon Stone *Amerikanische Schauspielerin*

Einen Gedichtband zu schreiben ist, als ob man ein Rosenblatt in den Grand Canyon fallen lässt und auf das Echo wartet.
Don Marquis *US-Romancier, Lyriker und Stückeschreiber*

Die Jugend läuft dir weg. Sie hinterlässt keine Nachricht oder schmeißt die Tür zu. Du bleibst einfach älter zurück, mit toten Spinnen als Augen und feuerhemmendem Haar.
Dylan Moran *Irischer Comedian*

> **WENN EIN HUND EINEN MANN BEISST, IST DAS KEINE NACHRICHT, ABER WENN EIN MANN EINEN HUND BEISST, IST DAS EINE NACHRICHT."**
> *Umstritten – zugeschrieben sowohl* **John B. Bogart,** *Redakteur der New York Sun,* **Charles Anderson Dana,** *US-Journalist, wie* **Charles Amos Cummings,** *US-Architekt*

FLORA UND FAUNA

HERR DER RINGE

Körperpiercing ist beliebt bei Menschen vieler Kulturen – dieser Mann allerdings dürfte ein Problem beim Passieren von Metalldetektoren an Flughäfen haben, vom Rasieren und Naseputzen ganz zu schweigen.

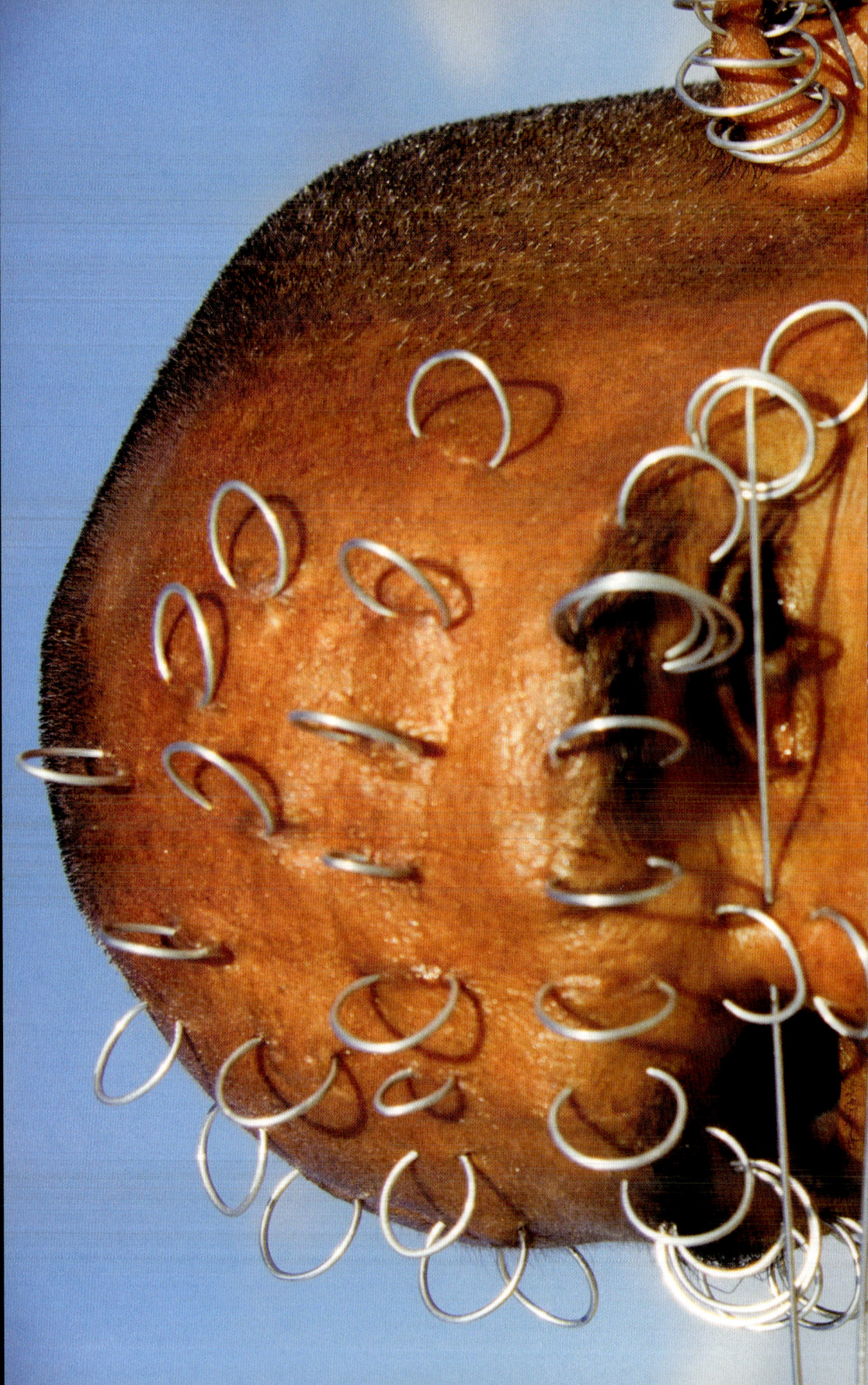

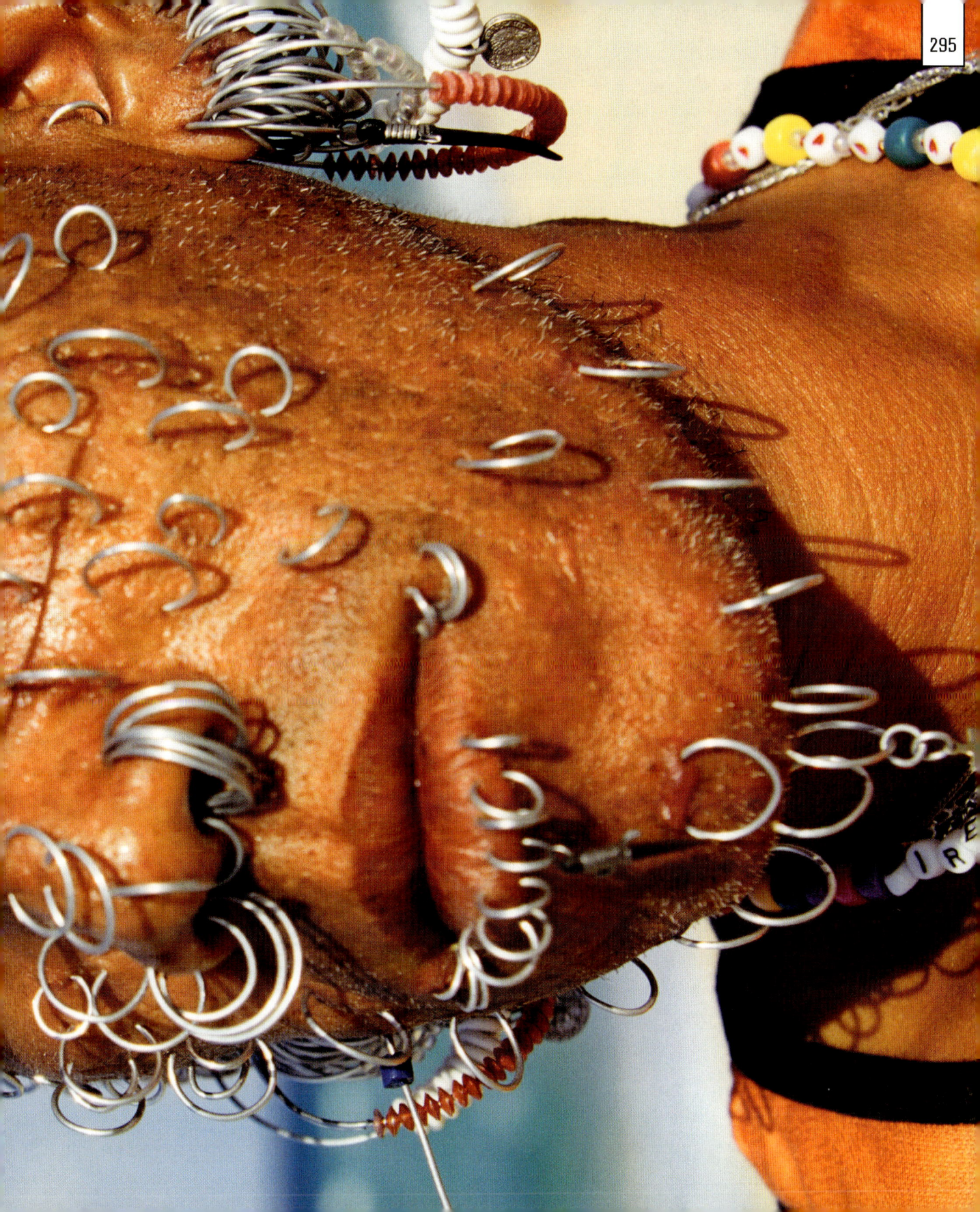

TECHNOLOGIE
MENSCH UND MASCHINE

Den meisten Menschen genügt es, mit ganz gewöhnlichen Flugzeugen, Zügen, Autos und Schiffen zu reisen, wie sie allen zur Verfügung stehen. Aber immer wieder will jemand anders sein. Das ergibt dann ebenso wunderliche wie wunderbare Fahrzeuge, wie Delfinen nachgebildete Schiffe oder Panzer auf Beinen.

TRANSFORMER-MONSTERTRUCK
Dieser Transformer-Monstertruck basiert auf den Spielzeugmodellen, die sich von Motorfahrzeugen und Flugzeugen in Roboter verwandeln. Auf einer Show in Denver, Colorado, speit er sogar Feuer.

SPACESHIPONE
Am 4. Oktober 2004 gewann SpaceShipOne den Ansari X Prize über 10 Millionen Dollar für ein privat gebautes, wiederverwendbares bemanntes Raumschiff, das zweimal binnen zwei Wochen ins All aufsteigen kann.

DELFIN-WASSERFAHRZEUG

Das Innespace Dolphin ist ein Ein-Personen-Tauchfahrzeug. Mit dem „Ab/Auftrieb" seiner Flügel kann es genau wie ein Delfin tauchen, springen und rollen.

LANDGÄNGER

Die Tarnfärbung und die Kanonen an diesem „Bipedal Exoskeleton" – für Normalsterbliche: „Laufpanzer" – verweisen auf seinen militärischen Einsatz. Die Riesengestalt ist 3,40 m hoch und wiegt eine Tonne, bewegt sich aber nur mit einer Geschwindigkeit von 1,5 km/h.

THRUST SSC

SSC steht für Supersonic Car, und am 15. Oktober 1997 durchbrach RAF-Pilot Andy Green die Schallmauer, als er mit dem Thrust SSC durch die Black Rock Desert in Nevada mit 1227,952 km/h jagte.

STROMLINIEN-RENNWAGEN

Viele moderne Autos werden aerodynamisch gebaut, um mit wenig Kraftstoff schnell zu fahren. Dieser auf den Bonneville Salt Flats in Utah gesichtete Rennwagen ist extrem stromlinienförmig.

SPORT UND FREIZEIT

KATASTROPHEN IM FUSSBALL

Bei den meisten Sportarten sind die Chancen, verletzt zu werden, recht gering – wenn man sie nicht betreibt. Leider hat es beim Fußball einige schreckliche Unfälle gegeben, wo Massenpanik oder schlechte Sicherheitskontrollen zur Folge hatten, dass viele Zuschauer verletzt oder getötet wurden.

OLYMPIA-CHAOS Eine der verheerendsten Katastrophen gab es vor den Olympischen Spielen 1964. Die Spiele selbst fanden im Oktober in Tokio statt, doch das Qualifikationsspiel zwischen den Rivalen Argentinien und Peru wurde am 24. Mai 1964 im Nationalstadion in Lima in Peru ausgetragen. Argentinien lag ein Tor vorn, und zwei Minuten vor Spielende ließ der Schiedsrichter das Ausgleichstor der Peruaner nicht gelten. Zwei Fans stürmten aufs Spielfeld und griffen den Schiedsrichter an, und als er das Spiel abbrach, war die Hölle los. **Fans verwüsteten das Stadion und zogen dann randalierend durch Lima** – 318 Menschen wurden getötet, 500–1000 verletzt, und das Kriegsrecht wurde ausgerufen, um den Aufruhr unter Kontrolle zu bringen. Bei den Spielen im Oktober gewann Ungarn Gold, die Tschechoslowakei Silber und Deutschland Bronze.

FUSSBALLKRIEG Ende der 1960er Jahre führte eine Einwanderungswelle von El Salvador nach Honduras zu politischen Spannungen und zum Krieg. **Man nannte ihn den Fußballkrieg, da er nach eskalierenden Massenunruhen** bei drei Qualifikationsspielen zur Fußball-WM 1970 ausbrach. Zu kleineren Störungen kam es beim ersten Spiel am 6. Juni 1969, als Honduras El Salvador zu Hause 1:0 schlug. Eine Woche später, am 15. Juni, schlug El Salvador zu Hause Honduras mit 3:0, und es kam zu Ausschreitungen gegen Honduras-Fans. Die Grenze wurde geschlossen, und in Honduras lebende Salvadorianer wurden schikaniert. Zum Aufruhr kam es beim Entscheidungsspiel am 27. Juni in Mexiko – wo El Salvador Honduras 3:2 besiegte. Honduras brach die diplomatischen Beziehungen zu El Salvador ab. Am 14. Juli griffen die salvadorianische Armee und die Luftwaffe Honduras an und drangen über die Grenze vor, bevor Kraftstoff- und Munitionsknappheit den Vormarsch stoppte. Die Hauptkämpfe dauerten vier Tage – der Fußballkrieg wird auch 100-Stunden-Krieg genannt –, und am 20. Juli wurde das Feuer eingestellt. Auf beiden Seiten gab es jeweils etwa 2000 Tote.

SOWJETISCHE VERHARMLOSUNG 1982 qualifizierte sich der holländische Club HFC Haarlem zum ersten und einzigen Mal für den UEFA-Cup. Nachdem er AA Gent insgesamt 5:4 besiegt hatte, fuhr er am 20. Oktober zum Hinspiel der zweiten Runde zu Spartak Moskau – **ein Spiel, das sich auf traurige Weise als denkwürdig erwies.** Gess traf nach 17 Minuten für Spartak, und da es kurz vor Schluss noch immer 1:0 stand, verließen viele Fans vorzeitig das Stadion durch den einzigen offenen Ausgang. Als Schwezow das zweite Tor für Spartak in der 90. Minute erzielte, wollten viele der abziehenden Fans wieder ins Stadion zurück, wo sie mit anderen zusammenstießen, die gehen wollten. Angeblich verhinderte die Polizei eine Rückkehr der Fans, **indem sie die Fans eine schmale eisige Treppe hinabstießen, was zu einer Panik führte, bei der rund 340 Menschen getötet wurden** – der bislang schlimmsten Zuschauerkatastrophe. Offiziell war von 66 Toten die Rede, und die sowjetischen Medien verloren über den Vorfall nur zwei Sätze: „Gestern gab es nach dem Fußballspiel im Luschniki-Stadion einen Unfall. Es gab unter den Zuschauern einige Verletzte." Die wahre Geschichte kam erst nach einer unabhängigen Ermittlung 1989 ans Licht. 2007 trugen Spartak und Haarlem am 25. Jahrestag der Tragödie ein Gedenkspiel aus.

KEIN WUNDER, DASS ES ZUR PANIK KAM...

SCHANDTAG DES FUSSBALLS ... DIE DUNKELSTE STUNDE

HEYSEL

HOOLIGANS Ihren Tiefpunkt erreichten Ausschreitungen von Fußballhooligans am 29. Mai 1985 beim Europacupfinale zwischen Liverpool und Juventus Turin im Brüsseler Heysel-Stadion. Gegnerische Fans in benachbarten Blöcken des veralteten Stadions begannen sich mit Wurfgeschossen zu bombardieren. Etwa eine Stunde vor dem Anpfiff durchbrachen Liverpoolfans eine unzureichende Absperrung zu den Juvefans. Nach einer Schlägerei auf der Tribüne gingen britische Anhänger auf italienische Fans los, die an eine Mauer zurückwichen. Diese brach zusammen und begrub viele Menschen unter sich. Trotz der Todesopfer gingen die Schlägereien noch zwei Stunden weiter, wobei Juvefans sich an den Liverpoolfans rächen wollten. Beide Seiten bewarfen sich mit Flaschen, Dosen und sogar Betonbrocken von der eingestürzten Mauer. **Da die Behörden weitere Unruhen befürchteten, wurde das Spiel ausgetragen, während die Polizei noch immer auf die Juvefans losging.** Juventus gewann mit 1:0. Aber 39 Menschen waren getötet, rund 600 verletzt worden. Das *Time Magazine* sprach vom „Schandtag des Fußballs", die UEFA von „der dunkelsten Stunde in der Geschichte der UEFA-Wettbewerbe". Margaret Thatcher und die Queen entschuldigten sich offiziell bei Belgien und Italien, und britische Clubs wurden auf unbegrenzte Zeit von Spielen in Europa ausgeschlossen. Das Verbot wurde schließlich 1990 aufgehoben.

TOR AUS FEUER

Spiele zwischen den argentinischen Clubs Boca Juniors und River Plate heißen El Superclásico. Ihre Rivalität ist weltberühmt – eine britische Zeitung zählte ihre Spiele zu den „50 Sportevents, die man erleben muss, bevor man stirbt". Leider taten 74 Menschen genau das am 23. Juni 1968, als **Bocafans brennende Fackeln auf Riverfans** von einem Balkon auf die unteren Reihen warfen. In ihrer Panik versuchten viele Riverfans, durch das versperrte Tor 12 zu entkommen. Bei dem Gedränge wurden 74 Fans getötet und über 150 verletzt.

HILLSBOROUGH

Englands verheerendste Sportkatastrophe ereignete sich vor dem FA-Cup-Halbfinale zwischen Nottingham Forest und Liverpool am 15. April 1989 im Sheffield Wednesday's Hillsborough Stadium. Tausende von Liverpoolfans trafen spät ein, und als der Anpfiff nahte, bildete sich vor den Drehkreuzen an der Leppings Lane eine Traube von rund 5000 Menschen. Aus Angst vor Gewalttätigkeiten und um das Gedränge aufzulösen, traf die Polizei eine fatale Entscheidung. Man öffnete ein Tor ohne Drehkreuze, sodass die Menschen plötzlich auf die bereits volle Tribüne strömten. Die Menschen vorn wurden gegen den Hochsicherheitszaun gedrückt, einer Antihooliganeinrichtung in den meisten damaligen Fußballstadien. (Solche Zäune wurden nach der Katastrophe aus allen Stadien entfernt.) **Anfangs merkten die Verantwortlichen nicht, dass etwas nicht stimmte,** und Forestfans am anderen Stadionende buhten, weil sie meinten, Liverpoolfans würden Ärger machen. Aber als die Polizei aufs Spielfeld lief und den Schiedsrichter das Spiel abpfeifen ließ und Leichen über den Zaun gehoben und auf den Platz gelegt wurden, wurde das Ausmaß klar – 96 Liverpoolfans waren getötet, 200 verletzt worden. Ein Denkmal für die Verstorbenen steht außerhalb vom Hillsborough-Stadion und trägt den Titel des Liverpool-Vereinslieds: „You'll never walk alone" – „Du gehst nie allein."

„Du gehst nie allein"

KOMMUNIKATION

AL CAPONE, der Boss der Chicago-Mafia, auf dem Weg zum Bundesgefängnis von Atlanta nach seiner Verurteilung wegen Steuerhinterziehung 1932.

MAFIA ITALIEN/USA

Die Mafia, auch Cosa Nostra („Unsere Sache") oder der Mob genannt, entstand im 19. Jahrhundert in Sizilien und breitete sich von da in Italien und den USA aus. Sie hat keine auffälligen Gesten, Tätowierungen oder Symbole wie Straßengangs und zieht teure Anzüge Baseballmützen oder Jacken mit Abzeichen vor. Das Gelübde der *omertà*, des Stillschweigens, verbietet es den Mitgliedern, mit den Behörden zu kooperieren.

YARDIES JAMAIKA/GB/USA

Der Name bezieht sich auf die Hinterhöfe von Trenchtown auf Jamaika, wo Verbrechen und Bandenkriminalität um 1950 gang und gäbe waren. Heute bezeichnet man damit Banden von Jamaikanern in England und den USA. Im Gegensatz zu ihren ärmlichen Wurzeln stellen Yardies ihren Reichtum mit teuren Autos, Designerschmuck und automatischen Waffen zur Schau.

BIKER-GANGS USA/WELTWEIT

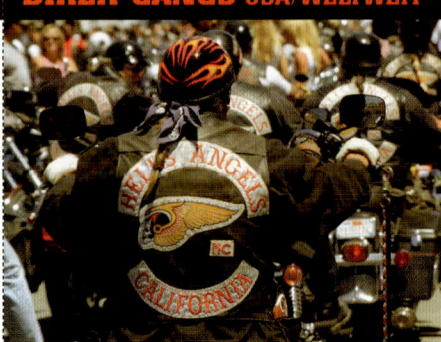

Zu den US-Gangs zählen die Bandidos (1966 in Texas gegründet), Outlaws (1935 in Illinois entstanden), Pagans (1959 in Maryland gebildet) und vor allem die Hells Angels, die 1948 in Fontana in Kalifornien entstanden sind und heute rund 2500 Mitglieder in 30 Ländern haben. Ihr Erkennungsmerkmal sind Jeanswesten, die mit den Farben und dem Namen der Ortsgruppe des Clubs verziert sind.

HELLS ANGELS am Unabhängigkeitstag, dem 4. Juli

GANGSTER-KULTUR

Seit jeher bilden Menschen Gruppen – aus Sicherheitsgründen, aus Kameradschaft oder wegen gemeinsamer Interessen. In den Straßen der Großstädte zeigt sich dieser Stammesinstinkt an der Art und Weise, wie Menschen Gangs bilden, die häufig an ihren Symbolen, Gesten und an ihrer Bekleidung zu erkennen sind.

YAKUZA JAPAN

Die „japanische Mafia" ist eines der größten Verbrechenssyndikate der Welt und geht auf umherziehende Banden „herrenloser Samurai" zurück. Der Name spielt auf diesen bescheidenen Ursprung an: Ya-Ku-Sa heißt 8-9-3, das schwächste Blatt im japanischen Kartenspiel *Oichu-Kabu*, was auf die Fähigkeit der Organisation verweist, mit allen Widrigkeiten fertig zu werden. Ihre Merkmale sind Ganzkörpertätowierungen und fehlende Finger, die die Praxis des *yubitsume* verraten – man hackt sich einen Finger ab, um ein Vergehen zu sühnen.

PEOPLE NATION & FOLK NATION USA

Die meisten Straßengangs in den USA sind einer der beiden „Unions" angeschlossen: der People Nation und der Folk Nation. Gangsymbole erscheinen als Graffiti in ihrem Revier und sind oft auf Jacken oder Baseballmützen gestickt. Symbole der People Nation beziehen sich auf die Zahl Fünf (wie Hände oder fünfzackige Sterne) und die linke oder finstere Seite. Folk-Nation-Symbole drehen sich um die Zahl Sechs (wie sechszackige Sterne oder Würfel mit einer 6) und um Attribute des Teufels wie Hörner oder Schwanz.

TRIADEN CHINA

Triade ist ein kollektiver Begriff für verschiedene Untergrundgangs und kriminelle Organisationen in China, Hongkong, Taiwan und westlichen Ländern mit einer großen chinesischen Bevölkerungsgruppe. Triaden sind aus einer lokalen Widerstandsbewegung des 18. Jahrhunderts hervorgegangen, die die Han-Dynastie wiedereinsetzen wollte – einer ihrer Namen war *Sanehui* („Drei-Harmonien-Gesellschaft"), und sie verwendete Dreiecke als Symbole. Im 20. Jahrhundert wurde aus der patriotischen Organisation der Trianden eine kriminelle. Wie bei der Mafia sind Mitglieder nicht offenkundig zu erkennen.

EINE TRIADE ist in dem blutrünstigen Film *City Wolf II* das Thema.

NORTEÑOS/SUREÑOS USA

Zwei Gruppen kalifornischer Latinogangs, die nichts mit der People oder Folk Nation zu tun haben, sind die Norteños („Nordler", aus dem Norden von Delano) und die Sureños („Südler"). Norteño-Embleme basieren auf der Farbe Rot, dem Buchstaben „N" (für die Knastgang Nuestra Familia) und der Zahl 14 oder 4 („N" ist der 14. Buchstabe im Alphabet), Sureño-Embleme auf der Farbe Blau, dem Buchstaben „M" (für die Knastgang Mexican Mafia) und der Zahl 13 oder 3.

BNG PHILIPPINEN/EUROPA/AMERIKA

Die berüchtigte Bahala-Na-Gang („Komme-was-wolle-Gang") entstand um 1940 als Filipino-Knastgang. Während der 1990er-Jahre beging die BNG auf den Philippinen Schwerverbrechen wie Mord, Drogenhandel, Autodiebstahl und Kidnapping und hat seither ihre Operationen auf Europa und Amerika ausgedehnt. Erkennungszeichen ist unter anderem ein Fragezeichentattoo auf irgendeinem Körperteil.

DIE BLOODS AUS LOS ANGELES tragen auffällige rote Tücher und zählen sich meist zur People Nation.

NIE IM LEBEN

Alle Menschen wissen, dass Filme nicht die Realität sind. Sie sollten aber glaubwürdig sein, und darum müssen sie den Gesetzen der Physik gehorchen. Denn sonst würde sich ein Mensch im Kino nicht auf diese Fantasiewelt einlassen, sondern seinen Nachbarn anstupsen und sagen: „So würde das nie passieren."

Star Wars: Die Rückkehr der Jedi-Ritter (1983)

WELTALL
- Große Asteroiden sind Tausende von Kilometern voneinander entfernt, und darum müssen Raumschiffe ihnen nicht ständig ausweichen.
- Schall pflanzt sich nicht durch das fast luftleere All fort, und darum ist jede Explosion lautlos wie in frühen Episoden von *Star Trek*. Andernfalls würde der Schall sich langsamer als Licht verbreiten, sodass der Knall nach dem Blitz erfolgen würde, wie der Donner nach dem Blitz.
- Raumschiffe ändern die Richtung durch Schub und kurven nicht wie Flugzeuge herum, wie das in *Star Wars* und anderen Weltraumfilmen geschieht.

WAFFEN
- Würde eine Magnum .44 einhändig abgefeuert wie in *Dirty Harry*, wäre sie unkontrollierbar – der Rückstoß würde den Lauf hochreißen, dem Schützen vielleicht das Handgelenk brechen und die Kugel in die Luft jagen.
- Echte Kugeln blitzen nicht auf, wenn sie auftreffen. Sie sind aus Blei und zuweilen mit Kupfer ummantelt – und beides blitzt nicht, nicht einmal bei einem Aufprall auf Stahl.
- Echte Maschinenpistolen müssen nach 1,8 Sekunden Schnellfeuer nachgeladen werden. Und falls sie ständig schießen könnten wie in *Terminator*, *Matrix* usw., würden sie so heiß werden, dass der Lauf schmelzen würde.
- Echte Kugeln haben nicht so viel Wucht, um ein Opfer rückwärts durch die Luft zu schleudern.

Dirty Harry (1971)

Ein Duke kommt selten allein (2005)

FAHRZEUGE
- In echten Helikoptern sitzt der Pilot rechts, aber in *Batman Forever* oder *Stirb an einem anderen Tag* sitzt er links. In *Mission Impossible 2* und *X-Men* stimmt es.
- Echte Autos explodieren nicht sofort bei einem Aufprall. Selbst wenn sie Feuer fangen, kommt es selten und verspätet zu Explosionen.
- Echte Autos fliegen nur von einer steilen Rampe über ein Hindernis, doch Filmautos schaffen dies oft von einer flachen Rampe oder wie in *Speed* von gar keiner.

X-Men: Der letzte Widerstand (2006)

ACTION

- Würde ein echter Mensch durch ein Sicherheitsglasfenster springen, ginge er k. o. Würde er durch ein Flachglasfenster springen, würde er sich böse verletzen. In Filmen springt der Held unverletzt durch einen Glasscherbenregen.
- Echte Terroristen legen keine Bomben mit großen rot leuchtenden LED-Zeitschaltuhren wie in *Operation Broken Arrow*, *Das fünfte Element* usw.
- Echte Laserstrahlen sind unsichtbar, wenn sie nicht ein Medium passieren, das Licht streut, wie Rauch. Sicherheitsstrahlen sind nicht erkennbar, damit man bequem über sie hinwegsteigen kann.
- Ein echter Mensch kann nicht vor einer Explosion davonlaufen und vor der Druckwelle in Deckung gehen – diese ist über 217,260 km/h schnell, und der derzeitige 100-m-Rekord liegt bei weniger als 37 km/h.
- Eine echte Zigarette kann keine Benzinpfütze entzünden.

WESTERN

- Ein echter Revolver kann nur sechs Kugeln abfeuern und muss dann nachgeladen werden.
- Oft sieht man, wie zwei Cowboys riesige Rinderherden treiben – aber die ließen sich nur von mindestens dreimal so vielen Cowboys kontrollieren.
- Cowboys sieht man oft am Lagerfeuer Dosenbohnen essen, doch laut Westernautor Owen Wister, der den Wilden Westen noch selbst erlebte, ernährten sie sich vorwiegend von Ölsardinen, eingelegtem Huhn und Corned Beef.

Superman (1978)

SUPERHELDEN

- Man weiß natürlich, dass Superhelden nicht existieren, doch im Film agieren sie in Großstädten, die von realen Menschen bevölkert sind. Falls ein Superheld eine fallende Frau auffangen könnte, würde ihr die plötzliche Verzögerung wahrscheinlich das Genick brechen.

Cowboy (1958)

HISTORIENSCHINKEN

- Dinosaurier und Höhlenmenschen lebten nicht gleichzeitig wie in D. W. Griffiths *Tumak, der Herr des Urwalds* und dem Remake *Eine Million Jahre vor unserer Zeit* (1966).
- Der Smog im viktorianischen London war grünlich gelb (daher der Spitzname „Erbsensuppe"), nicht weiß wie in *From Hell*.
- In England und den USA wurden Hexen erhängt oder zerquetscht – nicht auf dem Scheiterhaufen verbrannt wie in *Witchcraft* oder *Verhext Nochmal!*

Tumak, der Herr des Urwalds (1940)

13

Die US-amerikanische Nationalflagge, *Stars & Stripes*, hat 13 Streifen. Sie repräsentierten ursprünglich die 13 Staaten, die die Unabhängigkeit von Großbritannien erreichten. ✿ Die Angst vor der Zahl 13 wird als Triskaidekaphobie bezeichnet. ✿ Ein Satz Karten hat jeweils 13 Karten. ✿ Im Tarot bedeutet die 13. Karte Tod. ✿ 13 Stufen führten zum Galgen, an dem Verbrecher gehängt wurden. ✿ 13 gilt in vielen Kulturen als Unglückszahl, daher haben viele amerikanische Gebäude keinen 13. Stock. Dieser Aberglaube wurde durch die Beinahe-Explosion der Mondfähre Apollo 13 verstärkt. ✿ Den Aberglauben, dass der Freitag der Unglückstag der Woche ist und der 13. das Unglücksdatum des Monats, thematisiert der Slasherfilm *Friday the 13th* (1980) – in Kombination bringt dieses Datum doppeltes Unglück. ✿ Die alten Ägypter glaubten, dass 13 Stufen der Entwicklung zur Weisheit führten. ✿ Der skandinavischen Mythologie nach wurde in Walhalla ein Bankett abgehalten, in das Loki, der Gott der Zwietracht, hineinplatze und so die Anzahl der Gäste auf 13 erhöhte. Daraufhin fand Baldur, der Gott des Lichts, den Tod. Bestärkt wurde dieser Aberglaube durch das letzte Abendmahl Jesu mit seinen Jüngern, nach dem er und Judas Iscarciot den Tod fanden. ✿ In Frankreich

bezahlte man früher sogenannte Quartorzieme, fremde Menschen, dafür, einem Essen beizuwohnen, damit 14 Personen anwesend waren. ❋ Mit 13 erreichen jüdische Jungen in religiösen Dingen Volljährigkeit und sind für ihr Handeln selbst verantwortlich: Bar Mitzvah wird gefeiert. ❋ Den Sikhs bringt 13 Glück, weil das Punjabi-Wort für 13 auch „dein" bedeutet, gleichbedeutend mit „Ich bin dein, Gott". ❋ Die aztekische Woche hat 13 Tage. ❋ Die Kabbala benennt 13 böse Geister. ❋ Es gibt 13 Mondmonate im Jahr, daher gilt die 13 in verschiedenen Kulturen, etwa bei den Maya und Juden, als Glückszahl. ❋ Die Gleichung $13^2 = 169$ gilt auch für die vertauschten Ziffern: $31^2 = 961$. ❋ Die Dollarnote nimmt Bezug auf die 13 Staaten: eine Pyramide mit 13 Stufen und an der Spitze das „allsehende Auge Gottes", sowie ein Weißkopfseeadler mit einem sechszackigen Stern, der sich wiederum aus 13 Einzelsternen zusammensetzt. In der rechten Kralle des Adlers ist ein Olivenzweig zu sehen, der 13 Blätter und 13 Früchte (Oliven) hat, die linke Kralle des Adlers umfasst ein Bündel von genau 13 Pfeilen. Zwei lateinische Inschriften auf der Note haben jeweils 13 Buchstaben.

TECHNOLOGIE
BIS IN DEN HIMMEL

Wie lange dauert es, einen Wolkenkratzer zu bauen? Das Fundament des lange Zeit höchsten Gebäudes der Welt wurde 1999 gelegt. Fünf Jahre später war es fertig. Müsste man ganz von vorn anfangen, dauerte es sehr viel länger: Zu lernen, wie man Aufzüge baut, Stahl und Eisenbeton herstellt sowie Fassaden konstruiert, brauchte etwa 3500 Jahre.

STARTPUNKT
EIN BLICK ZURÜCK IN DIE GESCHICHTE

▼ 2004: TAIPEI 101 IN TAIPEH, TAIWAN

DIE HÖCHSTEN GEBÄUDE DER WELT
Einst zeigten die Kulturen ihren Reichtum, indem sie Tempel, Kathedralen und Paläste errichteten. Heute sind es Wolkenkratzer. Über ein Jahrhundert besaßen die USA die höchsten Gebäude, aber 1996 übernahm Asien mit Malaysias Petronas Zwillingstürmen die Führung. 2004 wurde der Wolkenkratzer Taipei 101 in Taipeh, Taiwan, mit 101 Stockwerken und einer Dachhöhe von 449,2 m zum höchsten Wohngebäude der Welt. Am 4. Januar 2010 ist in Dubai das inzwischen höchste Bauwerk der Welt eröffnet worden. Sein Turm überragt das Gebäude in Taipeh um mehr als 300 Meter.

STEIGENDE GRUNDSTÜCKSPREISE
Nicht nur der technologische Fortschritt hat den Bau von Wolkenkratzern ausgelöst – sondern auch wirtschaftliche Gründe. Unternehmen wollten ihre Sitze in der Nähe der Finanzbezirke der schnell wachsenden Städte wie Chicago oder New York haben. Doch der Platz wurde knapp und die Grundstückspreise stiegen. Die amerikanische Lösung war es, in die Höhe zu bauen. Als Chicago Gesetze zur Begrenzung der Gebäude auf 40 Stockwerke erließ, wurde New York zur Welthauptstadt der Wolkenkratzer. Die Krönung war das 443 m hohe, 102-geschossige Empire State Building. Es wurde 1932 eröffnet und war 40 Jahre lang das höchste Gebäude der Welt.

◀ 1932: EMPIRE STATE BUILDING, NEW YORK CITY

GLÄSERNE FASSADEN
Besonders auffällig an den modernen Wolkenkratzern ist, dass man meint, sie seien aus Glas. Das ist möglich, weil die Glasfassaden keinerlei tragende Funktion haben – sie hängen einfach an einem Außengerüst. Man nennt sie gläserne Fassaden. Das weltweit erste Gebäude dieser Art war das Hallidie Building, das 1918 in San Francisco errichtet und nach Andrew Smith Hallidie, dem Erfinder der Cable Cars in San Francisco, benannt wurde. Passenderweise ist es heute der Sitz der San-Francisco-Dependance des American Institute of Architects.

▲ 1918: HALLIDIE BUILDING IN SAN FRANCISCO

▲ 1855: BESSEMER-BIRNE

BESSEMERBIRNE

Den Stahl für Wolkenkratzer gäbe es ohne die geniale Erfindung des britischen Metallurgen Henry Bessemer nicht. Bessemer erfand für den Krimkrieg eine neue Granate, die jedoch für die Gusseisenkanonen der damaligen Zeit zu durchschlagend war. 1855 entwickelte er eine Möglichkeit, das Gusseisen zu verstärken, indem er in der Bessemerbirne, einem zylinderförmigen Gefäß, Luft oder reinen Sauerstoff durch das geschmolzene Roheisen blies. Dadurch wurden die Verunreinigungen beseitigt und es entstand ein robusteres, vielseitiges Produkt – Stahl –, verwendet für Eisenbahnschienen, im Schiffsbau, in der Rüstung und später für Wolkenkratzer.

STAHLBETON

Die Erfindung von Stahl alleine genügte noch nicht, um Wolkenkratzer zu bauen. Dazu war ein neues, vielseitiges Baumaterial nötig, das im 20. Jahrhundert den Stahl allmählich verdrängte: Stahlbeton. Dieser Verbundwerkstoff besteht aus den Komponenten Beton und gerippltem Bewehrungsstahl, die mit dem Bindemittel Zement verbunden werden. Diese Technik wurde von dem Franzosen Joseph-Louis Lambot 1848 erfunden und später von anderen weiter verbessert, unter anderem von dem Franzosen Joseph Monier, der sich den „Monierbeton" 1868 patentieren ließ. Stahlbeton ist brandsicher mit einem Kraft-Gewicht-Verhältnis zwischen 1 : 300 und 1 : 500 – also viel belastbarer als Stahl allein.

◀ 1885: HOME INSURANCE BUILDING, CHICAGO

SKELETTBAUWEISE

Bevor es Fassaden gab, wurden die Gebäude entweder von Säulen oder den Wänden getragen, was die Höhe sehr begrenzte. Die Vorhangfassaden wurden durch die Entwicklung der „Skelettbauweise" möglich, deren Pionier der amerikanische Ingenieur William le Baron Jenney war. Dabei wird das Gewicht des Gebäudes nicht durch Wände getragen, sondern durch ein innen liegendes Stahlskelett: Die Wände hängen einfach an einem Gerüst. Das erste Bauwerk in dieser Technologie war das Gebäude der Gebäudeversicherung in Chicago, oft als erster Wolkenkratzer bezeichnet, obwohl es bei seiner Eröffnung 1885 nur zehn Stockwerke hoch war (später wurde es um zwei Etagen aufgestockt).

▲ 1854: ELISHA GRAVES OTIS BEWEIST: DER AUFZUG IST SICHER

SICHERER AUFZUG

Trotz aller Bautechnik wäre ohne die Erfindung des Amerikaners Elisha Graves Otis aus dem Jahr 1852 kein höheres Gebäude möglich gewesen. Aufzüge gab es bereits seit Jahren, doch 1854 demonstrierte Otis anschaulich, dass seine Aufzüge sicher waren. Bei einem Aufzug im New Yorker Crystal Palace ordnete er an, das Halteseil der Plattform, auf der er hoch über der Menge stand, mit einer Axt zu durchtrennen. Die Plattform sackte jedoch nur einige Zentimeter ab. Sie stoppte dank seiner neuen Sicherheitsbremse: Stahlfedern, die beim Reißen des Tragseils in Zahnschienen neben den Führungsschienen einrasten.

▲ 1797: FLACHSSPINNEREI IN SHREWSBURY

EISENZEIT

Keine der genannten Erfindungen wäre möglich gewesen ohne Eisen, das in der Natur in Form von Eisenerz vorkommt. Im 2. Jahrtausend v. Chr. bauten Menschen im Mittleren Osten, allen voran die Hethiter, Öfen, in denen sie das eisenhaltige Gestein stark genug erhitzen konnten, um das Eisenerz zu schmelzen. Dann wurde es bearbeitet und die Verunreinigungen entfernt. Nun konnten Werkzeuge und Waffen hergestellt werden, die härter und besser waren als die bisherigen aus Bronze. Es dauerte lange Zeit, bis sich das Prinzip der Eisenschmelze verbreitet hatte, und die Eisenzeit wird üblicherweise von 800 bis 15 v. Chr. datiert.

▲ EISENZEIT: HERSTELLUNG VON SCHMIEDEEISEN

◀ 1832: JAMES NASMYTH'S EISENHAMMER

INDUSTRIELLE REVOLUTION

Etwa zur gleichen Zeit, als William Strutt die revolutionären „feuerfesten" gusseisernen Stützensysteme für die Flachsspinnerei entwarf, kam die industrielle Revolution in Europa und Nordamerika in Gang. Am Anfang stand die Erfindung der Dampfmaschine durch James Watt im Jahr 1781, dann machten es Erfindungen wie der Eisenhammer von James Nashmyth immer einfacher und billiger, Eisen und Stahl zu schmieden. Zuvor entwickelte sich aber die Massenproduktion von Gusseisen, das leichter und stabiler war als Ziegelkonstruktionen. Es wurde für Eisenbahnen, Brücken und erste Gebäude mit Eisenskelett verwendet.

METALLGERÜST

William le Baron Jenney mag den ersten Wolkenkratzer in Stahlbauweise errichtet haben, doch der amerikanische Architekt James Bogardus wird oft als der „Vater des Wolkenkratzers" angesehen. Sein fünfgeschossiges Gebäude in New York (1848) hatte Träger und Stützen aus Gusseisen. Auch er hatte Vorgänger: Das weltweit erste Gebäude mit Eisenträgern, also der „Großvater des Wolkenkratzers", war die Flachsspinnerei von Nebyon Marshall & Bages, entworfen von William Strutt und erbaut 1797 im englischen Shrewsbury, Shropshire. Dank der gusseisernen Säulen und Träger wurde die Brandgefahr bei der Flachsverarbeitung verringert.

SPORT UND FREIZEIT

SPORT BRUTAL

Sport ist Nervensache, besonders für Männer. Da gilt es Ego und Stolz zu behaupten. Hinzu kommt noch all das Testosteron und Adrenalin. Wenn vor Tausenden von Zuschauern, von denen dann vielleicht noch die Hälfte auf der Seite des Gegners ist, etwas schief läuft, geraten manche Sportler schon mal in Rage.

14 MINUTEN UND 14 STICHE

Im August 1965 traf der Baseballprofi Marichal von den San Francisco Giants den LA Dodger-Spieler Jonny Roseboro mit seinem Schläger zweimal am Kopf – die 5 cm breite Wunde musste mit 14 Stichen genäht werden. Beide Teams gingen 14 Minuten lang aufeinander los.

BISS INS OHR

Im November 1994 errang Evander Holyfield im Boxkampf gegen Mike Tyson den Sieg im Schwergewicht. Im Revanche-Kampf am 28. Juni 1997 führte Holyfield klar. Tyson verlor in der dritten Runde die Kontrolle über sich: Er spuckte seinen Mundschutz aus, hielt Holyfield im Clinch und biss ihm ins Ohr. Sofort nach dem Wiederbeginn biss Tyson nochmal zu. Der Kampf wurde unterbrochen, es kam zu tumultartigen Szenen.

DER KOPFSTOSS EINES RAUBEINS

Seinen Ruf als Raubein besiegelte Dennis Rodmann von den Chicago Bulls endgültig am 16. März 1996 in einem Spiel gegen die New Jersey Nets – er erhielt von Ted Bernhard einen Platzverweis und verpasste ihm daraufhin einen Kopfstoß.

TENNIS-FLEGEL

John McEnroe gilt als einer der größten Tennisspieler aller Zeiten, ist aber für sein Temperament beinahe so berühmt wie für sein Tennisspiel. Von der Presse als Flegel bezeichnet, zerschlug er regelmäßig seine Schläger, beschimpfte Gegner und Schiedsrichter – etwa 1983 in Wimbledon einen der Unparteiischen mit den Worten: „Das kann doch nicht dein Ernst sein!"

FINALE

In der 111. Minute des Finales der Fußballweltmeisterschaft 2006 ging Frankreichs Zinedine Zidane nach einem Streit mit dem Italiener Marco Materazzi zunächst auf seine Position zurück, drehte sich aber plötzlich um, rannte auf Materazzi zu und stieß ihm mit dem Kopf auf die Brust. „Zizou" erhielt im letzten Spiel seiner Karriere einen Platzverweis.

AUF EIS GELEGT

Am 21. Februar 2000 regte sich der in der Geschichte der Boston Bruins mit am häufigsten bestrafte Spieler, der Verteidiger Marty McSorley über Eishockeystürmer Donald Brashear auf. Kurz vor Spielende schlug McSorley, seinen Schläger mit beiden Händen auf Brashears Kopf und ließ ihn bewusstlos auf dem Eis liegen. Später meinte er: „Ich war außer Kontrolle. Ein blödes Spiel."

SCHLÄGEREI BEIM GRAND PRIX

Als der Formel 1 Pilot Eliseo Salazar versuchte, den Brasilianer Nelson Piquet, der ihn 1982 beim Großen Preis von Deutschland in Hockenheim überrunden wollte, auszubremsen, kollidierten beide Autos und waren Schrott. Der so um seine Chancen gebrachte Piquet prügelte auf Salazar ein.

TECHNOLOGIE
Aufgemotzt

GLITZER-BENZ
Dieser Mercedes-Benz aus Key West, Florida, ist mit Marmor, Perlenschnüren und Sonnenbrillen überzogen. Der Kopf eines Models schmückt den Kühler.

DURCHBLICK
Der Kalifornier Jim Rattan auf seiner mit 27 Scheinwerfern und 20 Spiegeln aufgepeppten Vespa.

SUPERBIKE
Der stolze junge Besitzer eines aufgemotzten Mofas im Kearny Park, Fresno, Kalifornien.

HARLEM-COWBOY
Der Besitzer hat sein Motorrad mit schicken Metallbeschlägen verziert, ähnlich den mexikanischen Sätteln.

Viele Menschen in den Industriestaaten lieben ihre Autos. Manche polieren ihren Liebling jedes Wochenende; andere (wie die Band Queen oder die Rolling Stones) schreiben sogar Songs über sie. Aber der ultimative Ausdruck dieser Autoliebe ist extreme Individualität – das auffällige Aufmotzen von Autos und Motorrädern mit allerlei Extras.

„MAD CAR"
Larry Fuente brauchte vier Jahre, um seinen Cadillac von 1960 mit über einer Million Perlen, Kugeln und Ringen zu verzieren.

GLÜCKLICHE ZUFÄLLE

Es heißt, die Not sei die Mutter aller Erfindungen, aber manchmal ist ein glücklicher Zufall der Vater. Serendipidität ist der Name für Erfolge, die aus reinem Zufall entstehen. So etwas brauchen Erfinder. Während manche jahrelang mühsam ein bestimmtes Ziel verfolgen, werden andere durch Entdeckungen berühmt, die viele Erfinder einfach übersehen haben.

KEVLAR®

1963 ging der Chemikerin Stephanie Kwolek von der Firma Du Pont ein Experiment mit aromatischen Polyamiden schief: Es entstand eine trübe Flüssigkeit. Kwolek goss sie nicht weg, sondern spann sie zu Fasern – und hatte ein revolutionäres synthetisches Material erfunden. Kevlar® ist extrem zugfest, leicht sowie außerordentlich wärme- und kältebeständig. Man verwendet es unter anderem für kugelsichere Westen, für Haltetaue bei Ölplattformen, in Rennwagen oder auch für Fischernetze.

KNETMASSE

In den 1950er-Jahren stellten die Amerikaner Noah und Joseph McVicker fest, dass sich aus einem bestimmten Tapetenreinigungsmittel Figuren formen ließen – so entstand eine seit 1956 beliebte Modelliermasse für Kinder.

KORREKTUR-FLÜSSIGKEIT

Korrekturfluid wurde 1951 von der Bankangestellten Bette Nesmith Graham erfunden. Sie sah, dass die Schreibkräfte ihrer Bank Tippfehler einfach überschrieben, und erkannte die Möglichkeit, Fehler zu retouchieren.

BUBBLE GUM

Es heißt, Bubble Gum wurde erfunden, als der Amerikaner Walter Diemer von der Frank H. Fleer Company 1928 versehentlich besonders elastischen Kaugummi herstellte. Aber das Patent darauf wurde Gilbert Muslin erteilt; Fleer hatte schon 1906 einen Bubble Gum entwickelt, der jedoch nicht auf den Markt kam.

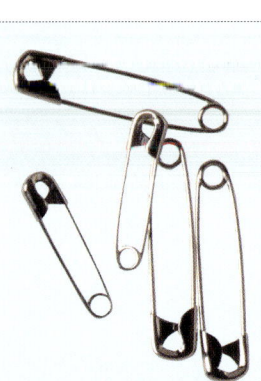

SICHERHEITS-NADEL

1849 wollten die Gebrüder Richardson dem New Yorker Walter Hunt seine Schulden erlassen, wenn er aus einem Stück Draht etwas erfinden konnte. Nach drei Stunden Biegerei war die Sicherheitsnadel gefunden.

BLACK & DECKER® SÄGEBOCK

1961 erfand der Südafrikaner Ron Hickman einen klappbaren Sägebock, nachdem sich ein Küchenstuhl als untauglich dafür erwiesen hatte – und wurde Multimillionär. Acht Unternehmen, auch Black & Decker, lehnten die Erfindung ab, also produzierte er selbst – so erfolgreich, dass Black & Decker 1972 die Rechte erwarb.

LAKRITZ-SORTIMENT

1899 schüttete Charlie Thompson, Vertreter für Süßwaren, sein Mustersortiment auf dem Ladentisch eines potenziellen Kunden in Leicester. Dieser war an Süßigkeiten nicht besonders interessiert, bis er die farbige Mischung sah. Er bestellte ein buntes Sortiment: die erste Lakritz-Mischung.

POST-IT® ZETTEL

1969 erfand der Amerikaner Spencer Silver einen lösbaren Klebstoff. Niemand hatte dafür Verwendung, bis fünf Jahre später Silvers Kollege Art Fry, Mitglied des Kirchenchors, diesen Kleber benutzte, um seine Marker im Liederbuch zu befestigen. Der Post-it-Zettel war geboren.

MIKROWELLE

Als der Wissenschaftler Percy LeBaron Spencer mit einem Magnetron experimentierte, schmolz ein Schokoriegel in seiner Tasche. Er entwickelte die erste Mikrowelle, indem er den Mikrowellenstrahl durch eine Öffnung in einen Ofen lenkte.

KATZENAUGEN-REFLEKTOREN

1933 bewahrten den Engländer Shaw die reflektierenden Augen einer Katze vor einem Autounfall – er sah, dass er von der Straße abgekommen war. Er erfand die Katzenaugen als Reflektoren an Leitplanken und Leitpfosten, um das Fahren nachts sicherer zu machen.

ROLL-ON DEODORANT

Deodorants wurden früher mit den Fingern aufgetragen. Ein Produktentwickler einer Deodorant-Firma erkannte in einem lichten Moment, dass die Methode, wie ein Kugelschreiber Tinte freisetzt, auf Deodorants übertragbar sein konnte – ein Roll-on ist im Grunde nichts anderes als ein großer Kuli.

KLETT-VERSCHLUSS

1941 untersuchte der Schweizer George de Mestral die Kletten, die sich im Fell seines Hundes festsetzten, unter dem Mikroskop und reproduzierte das praktische Haken- und Flauschsystem der Natur. Der Name seiner Erfindung „Velcro"® ist abgeleitet vom französischen *velours croché*.

SLINKY®

Die laufende Feder Slinky® wurde 1943 entwickelt, als dem amerikanischen Ingenieur Richard James eine flexible Metallfeder vom Tisch fiel und wegrollte. Er fand es witzig, wie sie sich bewegte.

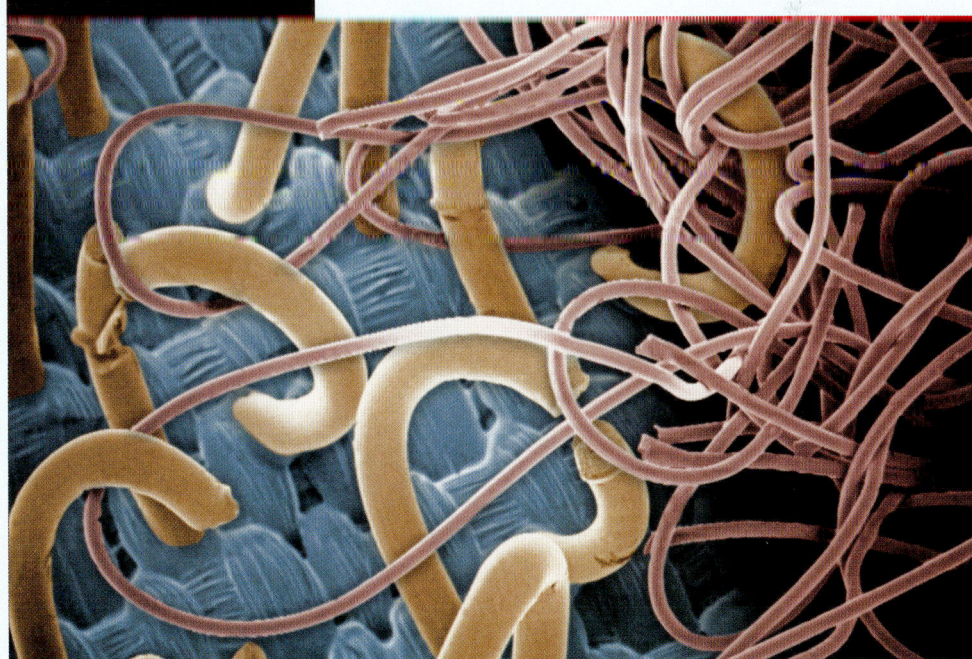

NOTAUFNAHME

Oft wird gesagt, Schmerzen seien relativ. Was für manche Menschen unerträglich ist, bedeutet für andere nur ein gewisses Unwohlsein. Aber die hier gezeigten extremen Fälle – von einem Bleistift in der Blase bis zum Abziehen der gesamten Gesichts- und Kopfhaut – sind wohl definitiv so heftig, dass sich jedes Relativieren von selbst erledigt.

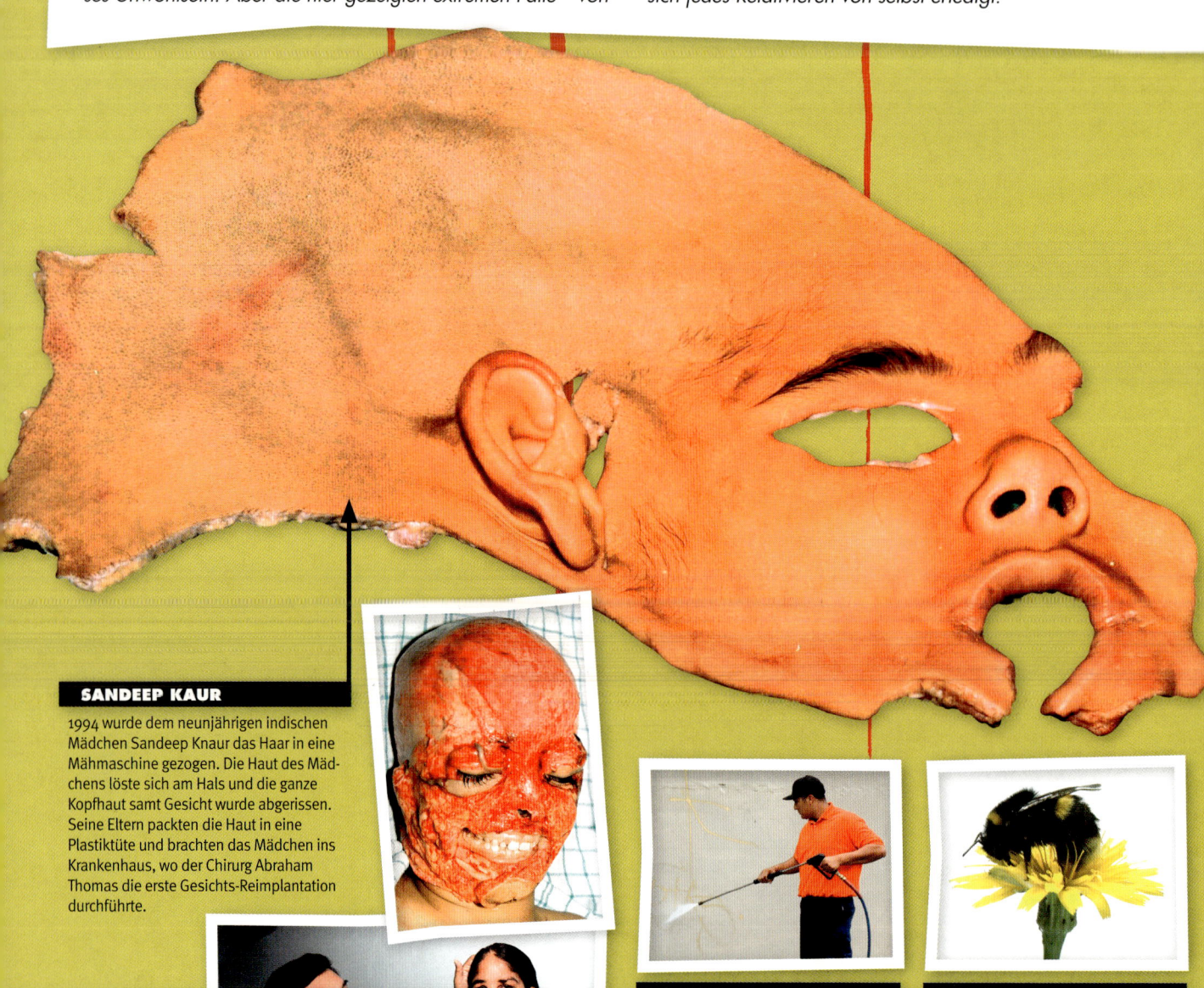

SANDEEP KAUR
1994 wurde dem neunjährigen indischen Mädchen Sandeep Knaur das Haar in eine Mähmaschine gezogen. Die Haut des Mädchens löste sich am Hals und die ganze Kopfhaut samt Gesicht wurde abgerissen. Seine Eltern packten die Haut in eine Plastiktüte und brachten das Mädchen ins Krankenhaus, wo der Chirurg Abraham Thomas die erste Gesichts-Reimplantation durchführte.

MUTHUVATTI ABDUL
Der indische Bauarbeiter Muthuvatti Abdul wurde im November 2006 mit einem geplatzten Darm ins Krankenhaus eingeliefert. Ein Freund hatte auf einer Baustelle in Bahrain den Schlauch eines Hochdruck-Kompressors in seinen Po gesteckt.

JOHANNES RELLEKE
Im Januar 1962 wurde der Holländer Johannes Relleke in Rhodesien von einem Bienenschwarm angegriffen. Er sprang in den Fluss Gwaii, aber die Bienen verfolgten ihn weiter, bis Regen einsetzte. Ein Rekord: 2443 Stachel wurden aus seinem Körper entfernt.

MEENA PUROHIT

Chirurgen entfernen nicht nur Dinge aus den Körpern der Patienten, sondern lassen gelegentlich auch etwas zurück. Die Inderin Meena Purohit hatte nach einem Kaiserschnitt vier Jahre lang eine 33 cm lange Zange im Körper.

MICHAEL HILL

Am 25. April 1998 wurde dem 41-jährige Amerikaner Michael Hill in einer die ganze Nacht dauernden Operation ein 20 cm langes Messer aus dem Schädel entfernt – der bislang längste Gegenstand in einem menschlichen Schädel.

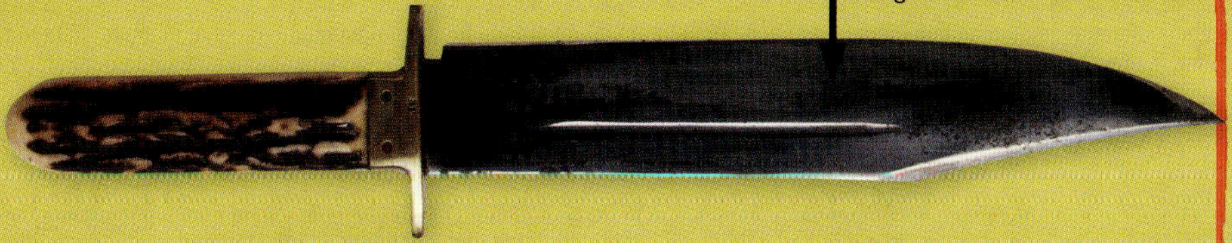

RATKO DANKOVIC

2006 wollte der Serbe Ratko Dankovic einen Schwertschlucker aus dem Fernsehen imitieren. Er verschluckte ein 20 cm langes Messer, acht Nägel, zwei Löffel und mehrere Wäscheklammern, bis er zusammenbrach. Die Chirurgen brauchten fünf Stunden, um alles herauszuholen.

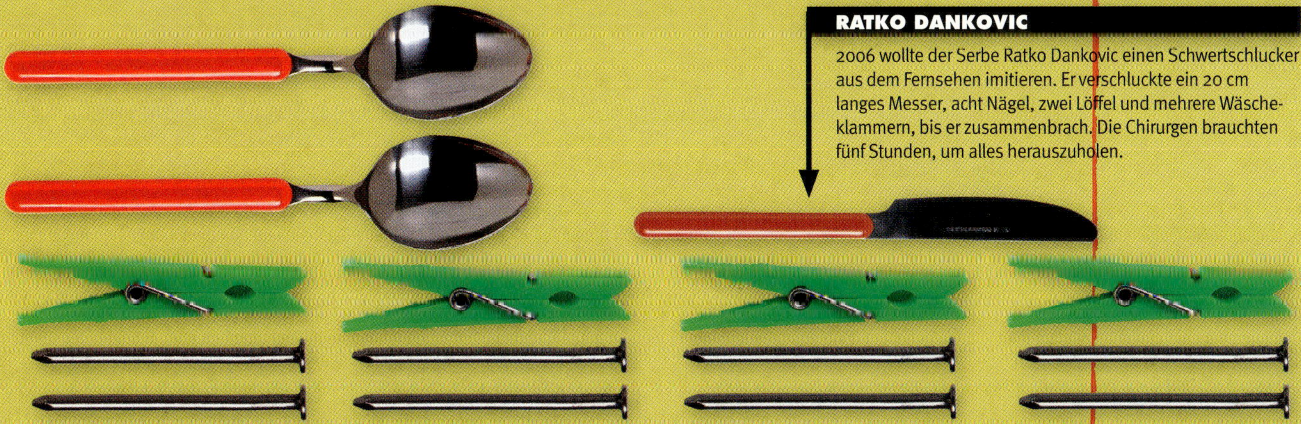

ZELJKO TUPIC

2007 führte der Serbe Zeljko Tubic einen Bleistift in seinen Penis ein, damit dieser für den Sex mit seinem neuen Freund steif blieb. Als der Bleistift in die Blase wanderte, musste der Notarzt alarmiert werden.

JOHN WAYNE BOBBIT

Am 23. Juni 1993 stellte John Wayne Bobbit beim Aufwachen entsetzt fest, dass seine Frau Lorena seinen Penis mit einem Küchenmesser abgeschnitten hatte. Sie hatte das abgetrennte Organ beim Wegfahren aus dem Autofenster geworfen, aber die Polizei fand es und die Chirurgen schafften es, Bobbits fehlendes Teil wieder anzunähen.

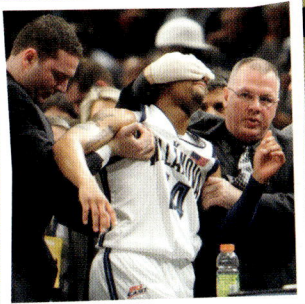

ALLAN RAY

Der Basketballspieler Allan Ray musste 2006 behandelt werden, nachdem offenbar sein Augapfel aus der Augenhöhle gesprungen war – wie Videoaufnahmen anscheinend zeigten. In Wirklichkeit rutschte das Augenlid hinter das Auge, was nur eine Schädigung des weichen Gewebes verursachte – aber immer noch ziemlich schmerzhaft war.

SPORT UND FREIZEIT

NICHTS

MR MOJO RISIN'
In Im März 1969 holte während eines Auftritts im Dinner Key Auditorium in Miami, Florida, der betrunkene **JIM MORRISON** von den *Doors* seinen Schwanz heraus und schlurfte über den Set, was unter dem Publikum zu Tumulten führte. Er wurde später wegen unsittlicher Entblößung und Obszönität verurteilt. Morrisons Nickname „Mr Mojo Risin", ein Anagramm seines Namens, wurde in dem Song „LA Woman" verewigt.

ALS

KRATZBÜRSTE BEIM KEHREN
Am 7. Oktober 2005 wurde der 45-jährige englische DJ und Sänger **BOY GEORGE**, alias George O`Dowd, wegen Kokainbesitz von der New Yorker Polizei verhaftet. Er bestritt zwar, dass es ihm gehörte, musste aber fünf Tage lang auf den Straßen von New York Müll kehren. Der frühere Frontman der Band *Culture Club* nahm die Strafe gelassen und meinte, er sei schon immer eine „Kratzbürste" gewesen.

EXZESSE

ERWISCHT!
Am 16. November 1969 wurde **JANIS JOPLIN** in Florida wegen „vulgärer, unanständiger Äußerungen" verhaftet und zu 200 $ Geldstrafe verurteilt. Laut Zeugen forderte ein Polizist per Megaphon die Leute im Auditorium auf, sich hinzusetzen. Joplin beleidigte die Polizisten. Als die Polizei backstage von ihr verlangte, den Zuhörern zu sagen, sie sollten sich wieder setzen, antwortete sie: „Ich werde ihnen keinen solchen Sch... sagen."

Am 25. August 1993 wurde der erfolgreiche „Gangsta"-Rapper **SNOOP DOGG** (Calvin Cordozar Broadus jr.) der Komplizenschaft beim Mord an dem Mitglied einer rivalisierenden Gang beschuldigt. Nach drei Jahren juristischer Auseinandersetzung wurde er freigesprochen. Am 26. April 2006 wurde Dogg gemeinsam mit einigen Fans am Heathrow Airport wegen Gewalttaten und Hausfriedensbruch verhaftet. Die Einreise nach Großbritannien wurde ihm zukünftig untersagt.

Auch Rocker werden alt. Burce Sprinsteens Fahrer verlangt nun grünen Tee und Sojamilch, und die Rolling Stones einen Snookertisch backstage. Das war nicht immer so – Rock'n'Roll lebt von den Legenden diverser Exzesse. Rockstars verhalten sich oft extrem, vom Versenken eines Autos im Pool bis zum Abbeißen von Fledermausköpfen.

Nach dem letzten Album der Band zog der bärtige, übergewichtige, in Leder gekleidete Salonlöwe nach Paris. Dort plante er eine literarische Karriere. Er war drogen- und alkoholabhängig. Am 3. Juli 1971 wurde er tot in seinem Badezimmer aufgefunden, 27 Jahre alt. Offiziell gab man als Todesursache Herzversagen an, aber es wurde keine Autopsie vorgenommen und so blieb der Weg für Spekulationen von einer Überdosis bis zum Suizid frei. Sein Grab auf dem Friedhof Père Lachaise gehört zu den berühmtesten Touristenattraktionen in Paris.

VERHAFTETER POPSTAR
1998 wurde **GEORGE MICHAEL** in einem Park in Beverly Hills, Kalifornien, wegen Sex auf einer öffentlichen Toilette verhaftet. Ein Undercover-Agent hatte ihn ausgetrickst. Er wurde zu 810 $ und 80 Stunden gemeinnütziger Arbeit verurteilt. Das Video für seine nächste Single „Outside" war eine Satire auf diesen Vorfall: Es zeigte küssende Polizisten und George, gekleidet als LA-Cop. 2006 geriet er zweimal wegen Fahrens nach Cannabis-konsum in Schwierigkeiten.

RED SNAPPER-AKTION
LED ZEPPELIN'S Exzesse in Hotels waren legendär – Drummer John „Bonzo" Bonham fuhr manchmal mit dem Motorrad durch die Korridore des Hyatt House Hotels in Los Angeles. 1968 logierte die Band im Edgewater Inn am Meer. John Bonham und Manager Richard Cole fingen mehrere Haie und verstauten sie in den Schränken des Hotels. Einem 17-jährigen Groupie steckten sie ein Rotauge (Red Snapper) in sämtliche Körperöffnungen. Frank Zappa schrieb später einen Song darüber.

FIXERTREFF
Ex-*Sex Pistol* Sid Vicious (John Ritchie) wurde wegen Mordes an seiner Freundin Nancy Spungen am 12. Oktober 1978 verhaftet. Angeblich fand er Spungen, als er aus seinem Drogenrausch erwachte, tot auf dem Badezimmerboden. Sie hatte eine einzige Stichwunde im Bauch und war verblutet. Er wurde des Mordes angeklagt, obwohl er angab, keine Erinnerung an das Geschehen zu haben. Manche Theorien besagten, dass Spungen von Drogendealern ermordet worden sei. Vicious starb vier Monate später am 22. Februar 1979 an einer Überdosis Heroin.

DER GROSSE ÜBERLEBENSKÜNSTLER
Der Gitarrist der *Rolling Stones*, **KEITH RICHARDS**, scheint gegen Auswüchse aller Art so immun zu sein, dass seine Exzesse oft skurrile Züge hatten. So soll er, als er 1973 für die *Stones*-Tour durch Europa seine Heroin-Abhängigkeit rasch überwinden musste, in der Schweiz eine komplette Blutwäsche haben vornehmen lassen. Tatsächlich hatte sich Keith einer Art Nierendialyse unterzogen, die die toxischen Substanzen (Heroin) ausfilterte. Man sagt auch, er habe eine saubere Blutprobe vorweisen müssen, um ein Visum für die USA zu bekommen. 30 Jahre später trotzte der 60-Jährige wie derum allen Widernissen, als er bei einem Sturz von einer Kokospalme nur eine leichte Gehirnerschütterung erlitt..

FLOWERPOT MAN
Babyface-*Beatle* Sir **PAUL MCCARTNEY** ist nicht ganz so harmlos, wie es den äußeren Anschein hat, trotz seines Erfolgssongs „Rupert and the Frog Song" (1984). Er wurde insgesamt viermal wegen Cannabis-Schmuggels oder -Besitzes festgenommen – 1972 (Schweden), 1973 (Schottland), 1980 (Japan, wo er sogar zehn Tage in Haft blieb) und 1984 (Barbados).

Am 11. Dezember 2003 wurde der Plattenproduzent **PHIL SPECTOR** wegen des tödlichen Schusses auf die Schauspielerin Lana Clarcs verhaftet. Der Fall kam im April 2007 vor Gericht. Auch vorher hatte er schon eine Exfreundin mehrere Male mit einem Gewehr bedroht.

HERZ DER FINSTERNIS
Man kann sich kaum vorstellen, dass der Schock-Rocker und heutige Golfer **ALICE COOPER** der Mann war, der angeblich einem lebendigen Huhn den Kopf abbiss und auf der Bühne seine eigene Hinrichtung inszenierte. Laut Alice Cooper, mit bürgerlichem Namen Vincent Furnier, bewarf man ihn bei einem Auftritt mit John Lennon, Yoko Ono und *The Doors* im kanadischen Toronto 1969 mit dem Geflügel. Als er das Huhn zurückwarf, spritzten Blut und Federn – eine schockierende Rock-Legende war geboren.

Im Jahr 1982 wiederholte **OZZY OSBOURNE** (Bild links) Coopers Tierquälerei und biss während eines Auftritts in Des Moines, Iowa, einer Fledermaus, die auf die Bühne geworfen wurde, den Kopf ab. Ganz Showstar, hob Osborne auf, was er für ein Gummispielzeug hielt (die Fledermaus war tot) und biss hinein. Ozzy wurde wegen Tollwutgefahr sofort in ein nahe gelegenes Krankenhaus gebracht.

„KEINE SORGE, NICHT GELADEN"
Das waren am 23. Januar 1978 die letzten Worte des Gitarristen **TERRY KATH** von der Jazz-Rock-Band *Chicago*. Nach einer Party räumte Kath in der Wohnung eines Roadies etliche Waffen beiseite. Er dachte, eines der Gewehre sei nicht geladen, hielt den Lauf an seinen Kopf, drückte ab und war augenblicklich tot.

BRAUNE M&M'S – VAN HALEN'S ANGST
Die „Freebies"-Forderungen der Rockbands sind berüchtigt. **VAN HALENS** Standardvertrag war besonders anspruchsvoll. Er enthielt eine Klausel, nach der immer eine Schale mit M&M's – ohne ein braunes Stück – bereit stehen musste. Das war eine listige Sicherheitsklausel. Sie stellte sicher, dass jeder Veranstalter den Vertrag sorgfältig las. Wenn die Band ein braunes M&M in der Schale Backstage ausmachte, bedeutete dies, dass es Onstage vermutlich ein weit ernsteres Sicherheitsproblem gab. Der Vertrag enthielt auch eine Rücktrittsklausel.

DER STOFF AUS DEM LEGENDEN SIND
1976 flog **ELVIS PRESLEY**, der König des Rock'n'Roll, mitten in der Nacht zwei Polizisten 1600 km von Memphis nach Denver, um sie mit seinem Lieblingssandwich (ein XXL-Monster mit Erdnussbutter, Marmelade und einem Pfund Schinken) aus dem Colorado Gold Mine Restaurant zu bewirten. Nach der Bestellung des ultimativen „Takeout" brach im Restaurant die Hölle los.

Der Restaurantbesitzer, seine Frau und ein Kellner eilten mit 22 „Fool's Gold"-Sandwichs, einer großen Kiste Perrier und Champagner sowie einer großen Eisbox zum Flughafen. Elvis Flugzeug landete um 1:40 Uhr. In einem privaten Hangar servierte der Restaurantbesitzer Elvis die Bestellung auf Silbertabletts. Im Laufe seiner Karriere legte Elvis wegen seiner Fressanfälle von 75 auf 118 Kilo am Ende seines Lebens zu.

Es gibt ein ganzes Sortiment an englischsprachigen Elvis-Kochbüchern; eine deutsche Version ist das Original Elvis-Kochbuch von Elizabeth Wolf-Cohen.

Ballonskulpturen

Unterhalten Sie Ihr Publikum beim Basteln mit witzigen Sprüchen.

Eine besonders nützliche Fähigkeit des Menschen ist die Kunst, aus Luftballons Tiere und Schwerter zu formen. Damit kann man jemanden stundenlang bei Laune halten; wenn Sie also mit einer Schar Kinder Kontakt knüpfen wollen, befolgen Sie diese einfachen Anleitungen.

1 Blasen Sie einen speziellen, dünnen Luftballon mit einer Luftpumpe auf; etwa 7,5 cm des Ballons bleiben leer, damit Sie ihn gut drehen können. Verknoten Sie das offene Ende.

2 Verdrehen Sie den Ballon, so dass sich drei 5 cm lange Stücke bilden. Sie bilden Nase und Ohren. (Für Hasen müssen die Ohren länger sein.)

3 Führen Sie das dritte Stück, die Nase, zwischen den Ohren durch. Zum Befestigen dreimal verdrehen. Nun haben Sie eine Nase, zwei Ohren und einen langen Körper.

4 Formen Sie ein weiteres längeres Stück (5 cm). Das wird der Hals. (Bei einer Giraffe ist er sehr lang.)

5 Nun drehen Sie zwei längere Stücke (7,5 cm) für die Vorderbeine.

6 Schlagen Sie die Beine nach unten und fixieren sie durch mehrfaches Verdrehen.

7 Nun formen Sie vier weitere 7,5 cm lange Stücke aus dem restlichen Ballon.

8 Ein Teil bildet den Körper. Die beiden nächsten schlagen Sie als Hinterbeine nach unten und sichern sie durch mehrfaches Verdrehen.

9 Führen Sie die Nase zwischen den Ohren hindurch und stellen Sie die Ohren hoch. Den Schwanz drehen Sie schwungvoll nach oben. Fertig ist Ihr Hund, den nun sicher alle haben wollen.

Die meisten Tiere haben eine ähnliche Form. Um ein anderes Tier zu formen, verändern Sie einfach die Proportionen.

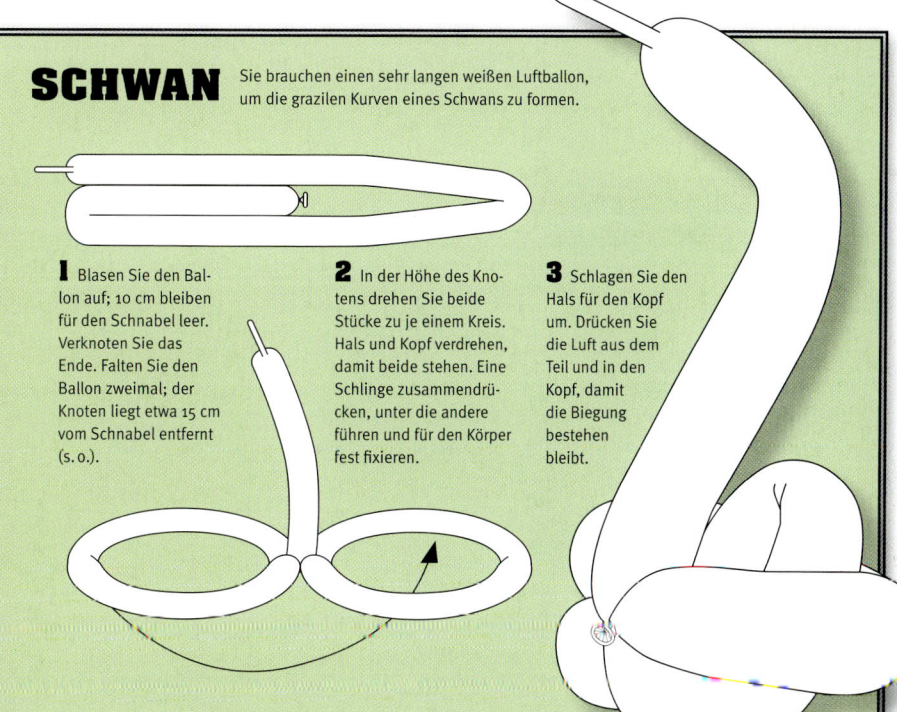

Das Ende des Ballons bleibt immer unaufgeblasen, damit der Ballon beim Verdrehen nicht platzt. Platzt ein Ballon, machen Sie einen Witz, damit man meint, das sei Absicht.

SCHWAN

Sie brauchen einen sehr langen weißen Luftballon, um die grazilen Kurven eines Schwans zu formen.

1 Blasen Sie den Ballon auf; 10 cm bleiben für den Schnabel leer. Verknoten Sie das Ende. Falten Sie den Ballon zweimal; der Knoten liegt etwa 15 cm vom Schnabel entfernt (s. o.).

2 In der Höhe des Knotens drehen Sie beide Stücke zu je einem Kreis. Hals und Kopf verdrehen, damit beide stehen. Eine Schlinge zusammendrücken, unter die andere führen und für den Körper fest fixieren.

3 Schlagen Sie den Hals für den Kopf um. Drücken Sie die Luft aus dem Teil und in den Kopf, damit die Biegung bestehen bleibt.

SCHWERT

Eine ideale Chance für einen ungefährlichen Schwertkampf ohne Verletzungsgefahr.

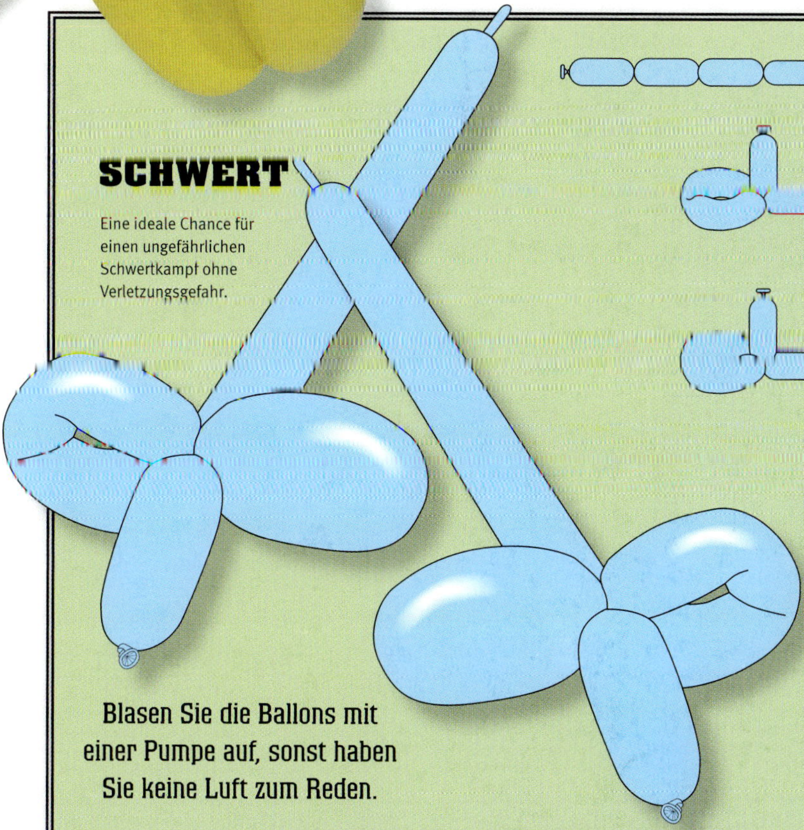

1 Blasen Sie einen langen Ballon auf und drehen drei Teile vom Knoten an ab.

2 Schlagen Sie die beiden mittleren Teile übereinander und verdrehen Sie sie. Sie bilden einen Teil des Griffs.

3 Formen Sie zwei weitere Teile (je 5 cm).

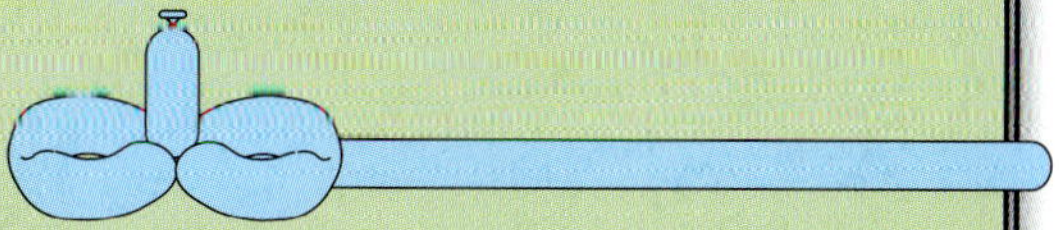

4 Verdrehen Sie sie wie in Schritt 2, um die andere Griffseite zu formen.

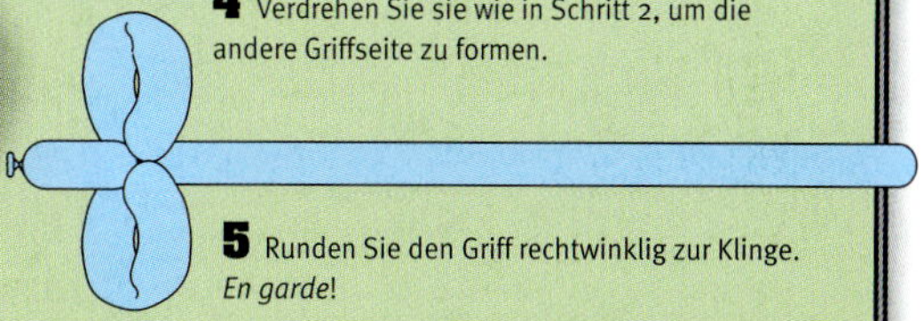

5 Runden Sie den Griff rechtwinklig zur Klinge. *En garde!*

Blasen Sie die Ballons mit einer Pumpe auf, sonst haben Sie keine Luft zum Reden.

EXTREMSPORT

Es gibt keine klare Trennung zwischen Freizeit- und Extremsport. Die Aufnahme ins Olympische Programm ist oft ein Zeichen dafür, dass eine Randsportart ernst genommen wird. Manche ausgefallenen Sportarten, wie das Käserollen, haben Tradition, andere, wie das Elefanten-Polo und Bett-Rennen, sind Variationen „normaler" Sportarten. Wieder andere, wie Zorbing und Extrem-Bügeln, wurden von adrenalinsüchtigen Verrückten erfunden.

Käserollen

Das „Cooper´s Hill Cheese Rolling and Wake" hat eine jahrhundertelange Tradition und findet jedes Jahr im Mai in Gloucestershire, Großbritannien, statt. Die Teilnehmer verfolgen einen großen Gloucester Käse den Steilhang des Berges hinab. Wer zuerst unten ist, gewinnt den Käse. Die Rettungswagen am Ziel haben immer viel zu tun.

Unterwasserhockey

Unterwasserhockey, auch Octopush, ist ein internationaler Sport, bei dem zwei Teams, mit Schnorcheln und Flossen ausgerüstet, mit kurzen Stöcken einen Puck auf dem Boden eines Pools ins Tor des Konkurrenten schießen. Der Sport wurde 1954 von vier Tauchern aus Southsea, Großbritannien, erfunden.

Zwergenwerfen

Dieser Sport, bei dem kleine Menschen quer durch den Raum auf eine Matratze oder Matte geworfen werden, ist so abstoßend, dass er in Teilen Kanadas, Frankreichs und den USA verboten wurde. 1986 fand in Australien die Weltmeisterschaft im Zwergenwerfen statt.

Zorbing

Haben Sie sich jemals gefragt, wie sich ein Hamster im Hamsterrad fühlt? Probieren Sie Zorbing – Sie rollen in einer riesigen aufblasbaren Kugel einen Berg hinunter. Zorbing stammt aus Rotorua, Neuseeland, wo es eine 200 m lange Strecke gibt, auf der Zorber 50 km/h erreichen können.

Bett-Rennen

Ein Teammitglied wird in einem Bett so schnell wie möglich über die Piste befördert. Hier schieben drei Brüder ihre Schwester samt „Hawaiian Clipper" beim jährlich stattfindenden „Delray Beach-Bettenrennen" in Florida rasant durch die Gegend.

Zehenkampf

Erfunden wurde der Sport in Ye Olde Royal Oak Inn in Staffordshire, England, in den 1970er-Jahren. Leider bekam die World Toe-Wrestling Organization (WTWO) keinen olympischen Status, aber sie organsiert seit 1993 Weltmeisterschaften. 2005 gewannen Paul und Heather Beech, alias Mr und Mrs Toeminator, die Paarwertung.

Elefanten-Polo

Jeder Elefant hat zwei Reiter, einen Mahout, der ihn dirigiert, und einen Spieler, dessen Schläger zwischen 152 und 366 cm lang sein kann, je nach Größe des Elefanten. Der Sport stammt aus dem Indien des frühen 20. Jahrhunderts; die „World´s Elephant Polo Association" wurde 1982 gegründet.

Redneck Games

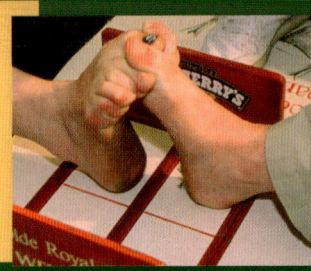

Die Redneck Games sind von der rustikalen Art, begründet 1996 als Gegenpol zu den olympischen Spielen in Atlanta. Sie finden in Georgia statt und umfassen Schlammspringen, Schweinefüße tauchen, Ringen, Armdrücken, Wurf mit der Toilettenbrille, Tauchen im Müllcontainer, Kerne-Weitspucken.

Sumpfschnorcheln

Die Weltmeisterschaft im Sumpfschnorcheln findet seit 1985 im Moor von Llanwrtyd Wells statt. Die Teilnehmer schwimmen zwei Längen in einem 55 m langen übel riechenden Schlammgraben ohne normalen Schwimmbewegungen. Der Rekord liegt bei einer Minute und 35 Sekunden.

BRETTSPORT

Extrembügeln ist eine im Freien ausgetragene Extremsportart. Ziel ist es, selbst unter anspruchsvollsten klimatischen, geografschen und körperlichen Bedingungen mithilfe eines heißen Bügeleisens und eines normalen Bügelbretts Wäsche zu bügeln – von den höchsten Höhen bis in die tiefsten Tiefen.

KOMMUNIKATION
LASS MICH IN RUHE...

Wenn Sie durch die Welt reisen, werden Sie mit Einheimischen reden müssen. Auf den Seiten 30–31 konnten Sie nachlesen, wie man sich bei einem Drink näher kommt, und auf den Seiten 204–205 konnten Sie erfahren, wie süße Worte helfen, neue Bekanntschaften zu intensivieren. Hier können Sie in 54 Sprachen lernen, mit welchen Worten man sich nach einer alkoholisierten Liebesnacht aus der Affäre zieht.

„Laat my met rus"
AFRIKAANS

„Lëmë rehat"
ALBANISCH

Mann zu Frau: „Otrokni"/
Frau zu Mann: „Otrokini"
ARABISCH

„Utzi pakean"
BASKISCH

„Pusti me na miru"
BOSNISCH

„Me deixa em paz"
BRASIL. PORTUGIESISCH

„Ostavete me namira"
BULGARISCH

„Búyào dǎrǎo wǒ/
Bié guǎn wǒ"
CHINESISCH (MANDARIN)

„Lat wårå mig"
DALMAL

„Lad mig være i fred"
DÄNISCH

„Lass mich in Ruhe"
DEUTSCH

„Lasu min trankvile"
ESPERANTO

„Jätke mind rahule"
ESTNISCH

„Antakaa minun olla rauhassa"
FINNISCH

„Laisse-moi tranquille"
FRANZÖSISCH

„Lig dom/Fág dom i m'éinear"
GÄLISCH (IRLAND)

„Lhig yn raad dou"
GÄLISCH (MANX)

Mann zu Frau: „Áse me ísiho"/
Frau zu Mann: „Áse me ísihi"
GRIECHISCH

„Mujhe akela chod do"
HINDI

„Jangan ganggu saya"
INDONESISCH

„Lasciami in pace/Vattene"
ITALIENISCH

„Hottoite"
JAPANISCH

„Dixâ-m' em pás/
D'xá-m' s'sególd/
D'xé-m' s'sególd"
KAPVERDISCHES KREOL

„Deixa'm en pau"
KATALANISCH

„Honja naebeoryeo dushipshio"
KOREANISCH

„Pustite me na miru"
KROATISCH

„Atstajiet mani mierā"
LETTISCH

„Atstokite/Palikite mane ramybeje"
LITAUISCH

„Jangan ganggu saya"
MALAIISCH

„Viknete policija"
MAZEDONISCH

„Teinii ttiisa"
MAROKKAN. ARABISCH

„Laat me met rust"
NIEDERLÄNDISCH

„La meg være alene"
NORWEGISCH

„Velam kon"
PERSISCH

„Lot me toch"
PLAUTDIETSCH

„Zostaw mnie w spokoju/Zostaw mnie"
POLNISCH

„Deixa-me em paz"
PORTUGIESISCH

„Lăsa-mă în pace"
RUMÄNISCH

„Ostav'te menja v pokoe"
RUSSISCH

„Ntlogele"
SETSWANA

„Ndisiyawo ndiri ndega"
SHONA

„Pustite me na miru"
SLOWENISCH

„Déjeme en paz"
SPANISCH

„Usinisumbue"
SWAHILI

„Lämna mig ifred"
SCHWEDISCH

„Lubayan mo ako/Lumayas ka sa harapan ko/Huwag mo akong pakialamanan"
TABALOG

Mann zu Frau: „Yaa yung kap phom"/Frau zu Mann: „Yaa yung kap chan"
THAI

„Larim mi"
TOK PISIN

„Nechte mně být"
TSCHECHISCH

„Beni rahat bırak"
TÜRKISCH

„Zalyšte mene u spokoji"
UKRAINISCH

„Hagyjon engem békén"
UNGARISCH

„Đừng làm phiên tôi"
VIETNAMESISCH

„Gad lonydd i fi"
WALISISCH

ESSEN UND TRINKEN

XXL-FISCHSTÄBCHEN

SCHWIERIGKEITSGRAD:
›LEICHT   ›RECHT EINFACH   ›MITTEL   ›ANSPRUCHSVOLL

Fischstäbchen mit Erbsen ist ein Gericht, das die Menschen von Kindheit an lieben. Für Erwachsene mit größerem Appetit finden Sie hier eine Erwachsenen-Version: eher ein Fischklotz als ein Fischstäbchen, als Beilage gibt es Riesenerbsen.

ZUTATEN

2 kg weißes Fischfilet
1 Laib Weißbrot
1 großer Beutel Tiefkühlerbsen

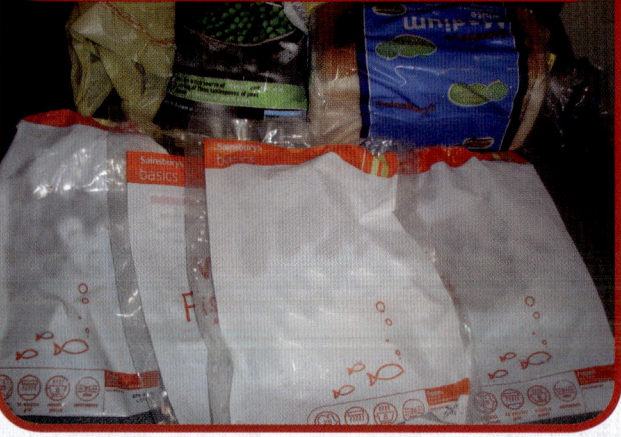

ZUBEREITUNG

1 Die Fischfilets aus der Packung nehmen und 20–30 Min. bei starker Hitze grillen oder garen. In eine große Schüssel geben, mit einer Gabel zerdrücken und alle Gräten entfernen.

2 Das Brot in kleine Stücke teilen und im Backofen goldbraun rösten. Herausnehmen und abkühlen lassen.

3 Mit einem Nudelholz das geröstete Brot zu Semmelbrösel zerdrücken. Nach Wunsch die Brotwürfel dazu in einen Plastikbeutel geben, damit keine Brösel danebenfallen.

 Den zerdrückten Fisch zu einem großen Fischstäbchen formen. Rundum mit gerösteten Semmelbröseln panieren, bis er wie ein echtes Fischstäbchen aussieht.

 Die Erbsen weich kochen, dann das Wasser abgießen. Nach dem Abkühlen die Erbsen zerstampfen und zu Riesenerbsen formen.

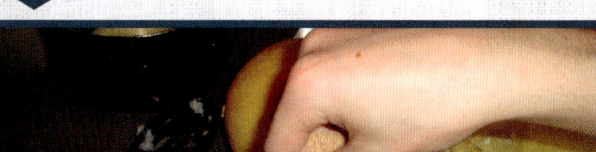

 Auf ein Backblech geben und bei schwacher Hitze im Backofen knusprig überbacken. Nun fehlen nur noch ein paar Riesen-Pommes und fertig ist eine „richtige" Mahlzeit!

Das XXL-Fischstäbchen und die Riesenerbsen aus dem Backofen – im Vergleich dazu die Standard-Version.

ACHTUNG Fisch ist gesund (allerdings nicht so viel auf einmal), aber garen Sie ihn gründlich durch und achten Sie auf Gräten.

VAN GOGH

Der niederländische Maler Vincent van Gogh konnte zu Lebzeiten kaum Bilder verkaufen, doch heute gehören drei Werke von ihm zu den zehn teuersten Gemälden der Welt. Van Gogh schoss sich am 27. Juli 1890 eine Kugel in die Brust und starb zwei Tage später.

VAN GOGHS LETZTES GEMÄLDE „WEIZENFELD MIT RABEN" (1890)

FRANZ KAFKA

Kafkas Romane wurden zu Lebzeiten nicht veröffentlicht; sein letzter Wunsch war, dass alle seine Papiere verbrannt werden sollten. Glücklicherweise wurde sein Wille nicht befolgt. Seine drei Romane *Der Prozess*, *Das Schloss* und *Der Verschollene* wurden posthum veröffentlicht.

KURT COBAIN

Kurt Cobain, Sänger und Gitarrist der Rockband *Nirvana*, beging am 5. April 1994 Selbstmord. Sein Tod machte ihn zur Legende, seine Platten verkauften sich immer besser. 2006 war er der bestverdienende tote Musiker (50 Mio. $ von Oktober 2005 bis Oktober 2006).

COBAIN WÄHREND DER MTV UNPLUGGED SESSIONS IN DEN SONY STUDIOS, 18. NOVEMBER 1993

GEORGE ARMSTRONG CUSTER, 1839–1876

GENERAL CUSTER

Custer gilt als Held der amerikanischen Kavallerie und als eitler Narr, weil er versuchte, ohne Verstärkung 2000 Indianer anzugreifen. Bekannt wurde er vor allem wegen seiner Niederlage und seinem Tod in der Schlacht am Little Bighorn.

JFK

Seit seiner Ermordung am 22. November 1963 wurde das Gedenken an John F. Kennedy durch Verschwörungstheorien wach gehalten. Was er wohl erreicht hätte, wäre er am Leben geblieben? Er wäre aber kaum stärker in Erinnerung geblieben als durch diesen Tod.

MYTHEN UND LEGENDEN

BESSER TOD?

Philosophen, Priester und auch Bob Dylan haben alle gesagt, dass der Tod nicht das Ende ist, sondern der Beginn von etwas Neuem. Für die hier angeführten Menschen und Dinge stimmt das – sie sind seit ihrem Tod berühmter oder erfolgreicher geworden als zu Lebzeiten.

MARILYN MONROE

Der letzte Film der Hollywoodlegende Marilyn Monroe *Nicht gesellschaftsfähig* floppte bei Erscheinen, wurde aber nach ihrem plötzlichen und undurchsichtigen Tod 1962 ein Erfolg. Seither ist Marilyn in der Forbes-Liste der bestverdienenden Toten immer präsent.

MARILYN MONROE 1959, DREI JAHRE VOR IHREM LEGENDÄREN TOD

ELVIS PRESLEY

Der „King" starb am 16. August 1977 nach dem Konsum von mindestens 14 verschreibungspflichtigen Medikamenten. Mehrere Re-Releases beherrschten die Charts im frühen 21. Jahrhundert. Von 2001 bis 2005 führte Elvis die Forbes-Liste der verstorbenen Dollar-Millionäre an.

DIE TITANIC

Die Kollision mit einem Eisberg und ihr Untergang auf der Jungfernfahrt von 1912 machten die Titanic, den damals größte Ozeanliner der Welt, legendär – fast genau 90 Jahre später wurde sie durch einen rührseligen „Hollywoodschinken" wieder in Erinnerung gerufen.

DIE HINDENBURG

Berühmt wurde das größte Luftschiff der Welt weniger durch seine Flüge, sondern durch sein spektakuläres Ende. Es ging am 6. Mai 1937 in Flammen auf. Luftschiffe galten zu diesem Zeitpunkt schon als überholt, denn die rasche Entwicklung des Flugzeugbaus beendete die Ära der fliegenden Salons.

JAMES DEAN

James Dean starb bei einem Autounfall am 30. September 1955 nach Abschluss seines dritten und letzten Filmes *Giganten*, der 1956 posthum in die Kinos kam. Paul Newman übernahm seine nächste Rolle. Newman, ebenso erfolgreich, wurde nie so legendär, wie James Dean es dank seines frühen Todes war.

ELVIS PRESLEY BEI EINEM SEINER LETZTEN KONZERTE AM 20. JUNI 1977

Letzte Verbrechen

JACK THE RIPPER'S LETZTES OPFER Fünf Opfer sind bekannt, die von dem Serienmörder des 19. Jahrhunderts, Jack the Ripper, umgebracht wurden. Alle waren Prostituierte, denen er die Kehle durchgeschnitten hatte.

▶ **GRAUSIGE ENTDECKUNG** Die verstümmelte Leiche von Mary Jane Kelly, das letzte Opfer von Jack the Ripper, wurde am 9. November 1888 in ihrem armseligen Zimmer im Londoner East End gefunden.

Die Ersten werden immer wahrgenommen, die Letzten bleiben oft unbemerkt – meist weil man sich nicht bewusst ist, dass dieses Ereignis nie wieder geschehen wird. Bei den zuletzt Hingerichteten war es anders: Wurde das Gesetz geändert, wusste man, dass sie die Letzten sein werden.

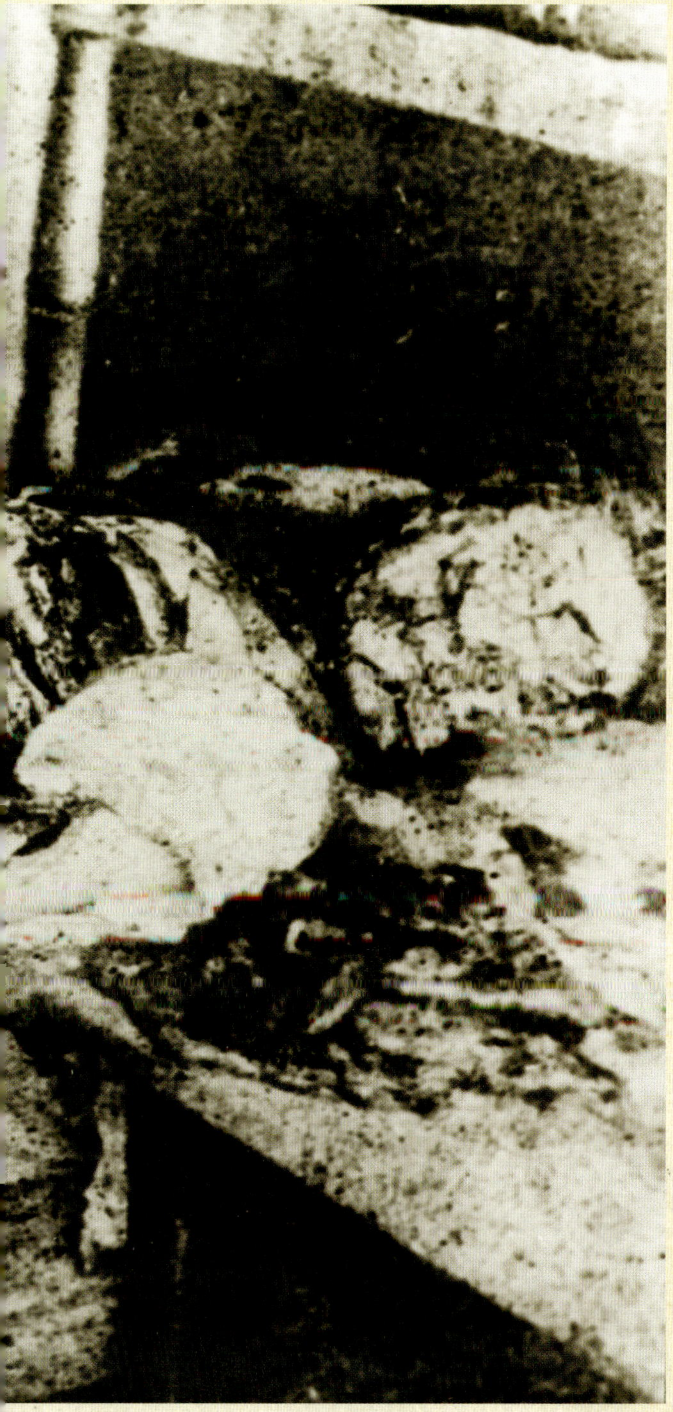

DIE LETZTE ENTHAUPTUNG MIT DER AXT IN ENGLAND
Wegen der Teilnahme an der Jakobiter-Rebellion 1745 wurde der 80-jährige Lord Lovat in London enthauptet. Sein Kopf flog weg und die Axt saß im Holzblock fest.

DIE LETZTE LEBENDIG GEKOCHTE FRAU IN ENGLAND
Die Giftmischerin Margret Davy wurde im März 1547 mehrfach in einen Kessel mit kochendem Wasser getaucht, bis „das Leben ausgelöscht war".

DER LETZTE ERHÄNGTE AMERIKANISCHE PIRAT
10 000 Menschen beobachten, wie Albert E. Hicks am Freitag, den 13. Juli 1860, in Bedloe´s Island, New York, erhängt wurde.

DIE LETZTE ÖFFENTLICHE GUILLOTINIERUNG
Im Juni 1939 wurde Eugene Weidmann wegen sechsfachen Mordes guillotiniert. Der Henker Henri Desfourneaux vollzog den Akt so langsam, dass die Hinrichtung bei hellem Tageslicht und nicht im Morgengrauen stattfand. So konnten Fotografen nochmals Aufnahmen machen, denn kurz zuvor wurde festgelegt, dass Hinrichtungen nicht mehr öffentlich sein müssen.

LETZTER POSTKUTSCHEN-RAUB DURCH EINE FRAU
Im Mai 1899 beraubten Pearl Hart und Joe Boot die Passagiere der Arizonas-Benson-Globe-Postkutsche um 431 $. Drei Tage später wurden sie verhaftet. Pearl Hart wurde zu fünf Jahren verurteilt; nach zwei Jahren aber begnadigt. Später trat sie in Wild West Shows als Arizona-Banditin auf.

DIE LETZTEN BRITISCHEN GEFANGENENTRANSPORTE
Großbritannien verschiffte von 1597 bis 1776 Verurteilte in Strafkolonien nach Nordamerika und von 1787 an nach Australien. Der letzte Transport erreichte Fremantle in Westaustralien am 10. Januar 1868.

DIE LETZTE IN EUROPA HINGERICHTETE HEXE
Als die bayrische Magd Anna Maria Schlegel von ihrem Liebhaber verlassen wurde, brach sie zusammen und wurde in eine Irrenanstalt eingewiesen. Die Hausmutter hörte sie ständig murmeln: „Der Teufel in Gestalt des Kutschers verrief mich." Deshalb wurde Schlegel am 11. April 1775 wegen Hexerei enthauptet.

DIE LETZTE ENTHAUPTETE FRAU JAPANS
Die Prostituierte O-Den Takahashi wurde im Januar 1879 hingerichtet. Sie hatte einem schlafenden Kunden den Hals aufgeschlitzt. Nachdem es zweimal misslungen war, ihren Kopf glatt abzutrennen, hackte ihr der Henker den Hals durch, während sie noch bei Bewusstsein war.

DER LETZTE GEFANGENE VON ALCATRAZ
Am 21. März 1963 wurden die letzten 27 Insassen von der Insel Alcatraz nahe San Francisco verlegt. Über 29 Jahre befand sich hier ein berüchtigtes Gefängnis. Der zuletzt eingekerkerte Insasse betrat als Letzter das Boot.

LETZTE WEGE

MYTHEN UND LEGENDEN

Eine Sache ist allen Lebewesen auf Erden gewiss – sie müssen streben. Manche Menschen hoffen friedlich in ihrem Bett zu sterben, andere wollen mit großer Geste abtreten. Aber sehr wenige gingen ihren letzten Weg auf so bizarre Art, wie diese Menschen.

HERRSCHER

KÖNIGE VON BIRMA (HEUTE MYANMAR)
König Theinko von Birma wurde von einem Bauern getötet, dessen Gurken er unerlaubt aß.

König Minrekyawaswa wurde von einem seiner eigenen Elefanten zerquetscht.

König Nandabayin lachte sich tot, als er hörte, dass Venedig eine freie Republik ohne König sei.

KÖNIG VON NORWEGEN
Haakon VII. rutschte in der Wanne auf einer Seife aus und schlug seinen Kopf gegen die Wasserhähne.

ATTILA DER HUNNE
Er starb in der Hochzeitsnacht an Nasenbluten.

KÖNIG VON FRANKREICH
Karl VIII. starb beim Tennisspielen. Er eilte so überstürzt zu einem Tennisspiel mit seiner Frau, dass er sich den Kopf an einem Torbogen aufschlug und starb.

RÖMISCHE HERRSCHER
Claudius erstickte an einer Feder, mit der sein Arzt Erbrechen auslösen wollte.

MENSCHEN DER TAT

ISADORA DUNCAN
Die amerikanische Tänzerin Isadora Duncan starb, als sich ihr Schal in den Speichen ihres Cabrios verfing. Sie wurde stranguliert, als sie davonfuhr. Zuvor hatte sie Freunden zugerufen: „Lebt wohl, Freunde, ich fahre dem Ruhm entgegen."

HOUDINI
Der ungarische Entfesselungskünstler Harry Houdini behauptete, er überstehe jeden Schlag in den Magen. Nach einem Überraschungstreffer starb er an einem geplatzten Blinddarm.

AMY JOHNSON
Die englische Flugpionierin Amy Johnson starb bei einer Bruchlandung in der Themsemündung; sie wurde unter das Rettungsboot gezogen.

JIM FIXX
Der Mann, der das Joggen populär machte, starb an einem Herzinfarkt – beim Joggen.

SCHRIFTSTELLER

AISCHYLOS
Der antike griechische Dramatiker Aischylos starb, als ein Adler eine Schildkröte auf seinen kahlen Schädel fallen ließ, in der Annahme er sei ein Stein. (Adler zerbrechen so den Panzer von Schildkröten.)

SOPHOKLES
Man weiß wenig über den Tod des Dramatikers Sophokles. Den Legenden nach erstickte er an einer Weintraube oder als er einen langen Satz bilden wollte, ohne Atem zu holen. Vielleicht starb er auch vor Freude über den Erfolg seines Stücks *Antigone*.

DYLAN THOMAS
Der walisische Dichter Dylan Thomas starb bei seiner Lieblingsbeschäftigung, dem Trinken. Er brach 1953 in der White Horse Taverne in Greenwich Village, Manhattan, zusammen.

MUSIKER

GLENN MILLER
Der amerikanische Jazz-Musiker und Bandleader verschwand mit seinem Flugzeug über dem Ärmelkanal während des Zweiten Weltkriegs.

SONNY BONO
Der US-Popstar fuhr beim Skifahren gegen einen Baum.

CHET BAKER
Der US-Jazz-Trompeter stürzte aus dem zweiten Stock eines Hotelfensters mit dem Kopf auf einen Betonpfosten. Mord wurde ausgeschlossen, da die Zimmertür von innen verschlossen war.

MAMA CASS
Der Legende nach erstickte die Sängerin der Popgruppe *Mamas and Papas* an einem Schinkensandwich. In Wirklichkeit starb sie an einem Herzinfarkt infolge ihres Übergewichts.

RICHIE VALENS
Der Rockstar der 1950er-Jahre starb bei einem Flugzeugzusammenstoß gemeinsam mit dem Sänger Buddy Holly. Er hatte mit Hollys Gitarrist Tommy Allsup per Münzwurf um den Platz an Bord gelost.

DENKER UND FORSCHER

FRANCIS BACON
Nach dem Experiment, die Haltbarkeit toter Hühnchen durch Ausstopfen mit Schnee zu verlängern, starb der englische Philosoph des 16. Jahrhunderts an Lungenentzündung.

TYCHO BRAHE
Der dänische Astronom soll an einer geplatzten Blase gestorben sein, weil er es ungehörig fand, bei einem Bankett aufzustehen, um sich zu erleichtern. Inzwischen gibt es Hinweise auf eine Quecksilbervergiftung – und das Gerücht, er sei von seinem Rivalen Johannes Kepler ermordet worden.

MYTHEN UND LEGENDEN

Geoffrey Chaucer behauptete einst: „Mord wird bekannt" und Shakespeare schrieb: „Mord kann nicht lang verborgen bleiben." Doch nicht immer werden Mörder gefasst, so schrecklich ihre Verbrechen auch sein mögen. Leider gibt es zu viele ungelöste Mordfälle – und angesichts der Tatsache, dass die ersten Stunden für die Untersuchung entscheidend sind, bleibt eine Tat umso eher unaufgeklärt, je länger sie zurückliegt.

JACK THE RIPPER 1888

14 Morde wurden dem Serienmörder Jack the Ripper zugeordnet. Als sicher gilt, dass er mindestens fünf Frauen ermordet hat – alle Prostituierte in der Gegend von Whitechapel in East London zwischen August und November 1888. Die Erste war Mary Anne Nichols, alias Polly Nichols, deren verstümmelte Leiche am 31. August 1888 in Buck´s Row (heute Durward Street) mit durchgeschnittener Kehle gefunden wurde. Am 8. September wurde die Leiche von Annie Chapman in der Hanbury Street in ähnlichem Zustand entdeckt. Kurz darauf erhielt die Polizei ein Bekennerschreiben, unterzeichnet mit „Jack the Ripper". Der Brief mag eine Fälschung sein, aber der Name blieb und mehr als ein Jahrhundert danach löst er immer noch Spekulationen über die dahinter verborgene Identität aus. Am 30. September gab es zwei weitere Morde: an Elizabeth Stride in der Berner Street (heute Henriques Street). Ihre Leiche war nicht verstümmelt, was vermuten ließ, dass der Ripper gestört wurde – und später in derselben Nacht an Catherine Eddowes in Mitre Square. Am 9. November wurde der ausgeweidete und teilweise zergliederte Körper von Rippers letztem Opfer, Mary Jane Kelly (alias Marie Jeanette Kelly) entdeckt. Der Ripper wurde nie gefasst. Möglicherweise lebte er bis in die 1950er-Jahre. Unter den Verdächtigen waren: der Herzog von Clarence; der Künstler Walter Sickert; Dr. Pedachenko, ein russischer Chirurg; und ein Rechtsanwalt namens Druitt, dessen Körper kurz nach dem letzten Mord in der Themse gefunden wurde. Es gab sogar Vermutungen, dass „Jack" eine Frau war.

BLACK DAHLIA 1947

Elizabeth Short war fest entschlossen, Schauspielerin zu werden, und so zog sie 1946 im Alter von 22 Jahren nach Hollywood, wo sie zeitweise als Kellnerin arbeitete. Am 14. Januar 1947 verließ sie das Biltmore Hotel in Los Angeles, offensichtlich nach einem Treffen mit einem Mann. Danach wurde sie nie mehr lebend gesehen. Am folgenden Morgen meinte die Hausfrau Betty Bersinger, eine zerbrochene Schaufensterpuppe auf einem leeren Grundstück in Crenshaw, nahe Hollywood, entdeckt zu haben – es stellte sich heraus, dass es die zwei Hälften von Elizabeths nacktem und zerteiltem Körper waren. Sie hatte Fesselspuren an Knöcheln und Handgelenken und an jeder Seite ihres Mundes eine 7,5 cm breite Schnittwunde.
Wegen ihres auffälligen schwarzen Haares bezeichnete sie die Presse als „Black Dahlia". Als ihr außergewöhnlich grausamer Tod bekannt wurde, gab es sofort mehrere falsche Geständnisse – ein Forscher beziffert die Anzahl mit 50. Da der Mörder nie gefasst wurde und daher nie bekannt wurde, wie und warum sie getötet und halbiert wurde, hat Elizabeths Mörder seither die Menschen fasziniert. James Ellroy verfasste *Black Dahlia*, einen fiktiven Bericht, basierend auf den bekannten Fakten. Er wurde 2006 verfilmt.

ERMORDUNG EINES PREMIERMINISTERS 1986

Der bis heute nicht aufgeklärte Mord an Schwedens Premierminister Olof Palme im Jahr 1986 schockierte Schweden beinahe genauso wie die Ermordung Kennedys die USA 23 Jahre zuvor. Palme wurde 1969 Premierminister. Er war ein streitbarer Politiker, der die USA für ihr Engagement in Vietnam kritisierte, die UdSSR wegen der Niederschlagung des Prager Frühlings, General Franco wegen seines faschistischen Regimes in Spanien und Südafrika wegen seiner Apartheidpolitik. In Schweden setzte er grundlegende Reformen durch, verlor aber 1976 die Wahl, weil er das Wohlfahrtssystem durch höhere Steuern finanzieren wollte. 1982 kehrte er an die Macht zurück und wurde 1985 wiedergewählt. Als er in der Nacht des 28. Februar 1986 im Zentrum Stockholms nach einem Kinobesuch mit seiner Frau Lisbet nach Hause ging, wurde er von hinten erschossen. Ein zweiter Schuss traf seine Frau. Da Palme oft auf Personenschutz verzichtete, wurde das Paar nicht von Bodyguards begleitet. Der Bewaffnete floh, bevor die Polizei gerufen werden konnte. Bei der Einlieferung ins Krankenhaus war Palme bereits tot. Lisbet erholte sich. Eine Tafel markiert heute die Stelle, an der Palme ermordet wurde. Straßen und Plätze in Stockholm und anderen Städten in Schweden wurden nach ihm benannt, auch in fernen Ländern wie Nicaragua, Russland, Namibia und dem Irak. Die Hiphop-Band *The Latin Kings* vertonte eine seiner Reden. Die Identität des Mörders wurde nie geklärt, keine Organisation bekannte sich zu dem Mord.

FÜR IMMER UNGELÖST

DER PROMINENTESTE MÖRDER 1994

Am 17. Juni 1994 unterbrachen zahlreiche US-Fernsehsender ihr Programm und berichteten live über OJ Simpsons Flucht vor der Polizei. Der Schauspieler und frühere Footballstar OJ Simpson wurde schließlich wegen Mordes an seiner Ex-Frau Nicole und ihrem Freund Ronald Goldman verhaftet. Eine der spektakulärsten Prozesse in der Geschichte begann im Januar 1995 und endete im Oktober mit einem Freispruch für OJ Simpson, trotz scheinbar überwältigender Beweise. Obwohl der Strafprozess mit „nicht schuldig" endete, wurde er vom Zivilgericht zu einer Schadensersatz-Zahlung von über 33 Mio. $ verurteilt.

DER JUNGE IN DER KISTE 1957

Am 25. Februar 1957 fand die Polizei die nackte, übel zugerichtete Leiche eines vier bis sechs Jahre alten Jungen in einem Pappkarton in Philadelphia. Obwohl Fotos des Jungen an jeden Haushalt in Philadelphia verschickt wurden und mehrere Berichte in den Fernsehshows *America's Most Wanted* und *Cold Case* gesendet wurden, konnten weder Opfer noch Mörder jemals identifiziert werden. 2002 behauptete eine Frau, dass ihre gewalttätige Mutter den Jungen 1954 gekauft und systematisch misshandelt hätte, bevor sie ihn in einem Wutanfall umgebracht habe. Die Frau war jedoch wegen psychischer Störungen in Behandlung und es gab keine Beweise, die ihre Geschichte bekräftigt hätten.

DIE MÖRDER VOM BODOM-SEE 1960

Die finnische Heavy Metal Band *Children of Bodom* hat sich nach den Opfern dieses Mehrfachmordes benannt und mehrere Songs dazu geschrieben. In den frühen Morgenstunden des 5. Juni 1960 wurden vier Teenager, die am Ufer des Bodom-Sees, westlich von Helsinki, zelteten, mit einem Messer angegriffen: Maila Irmeli Björklund und Anja Tuulikki Mäki, beide 15, und Seppo Antero Boisman, 18, wurden getötet. Nils Wilhelm Gustafsson, 18, überlebte. Der (oder die) Mörder wurde niemals identifiziert. Im Juni 1972 schien der Fall jedoch gelöst – ein Mann, der am Seeufer arbeitete, beging Selbstmord und hinterließ ein Geständnis. Die Polizei stellte jedoch fest, dass er zum Zeitpunkt der Tat nicht vor Ort war. Im März 2004, beinahe 44 Jahre später, belasteten DNA-Untersuchungen von Blutflecke den Überlebenden Nils Gustafsson. Es wurde behauptet, dass Gustafsson seine Freundin Björklund aus Eifersucht getötet und dann die anderen angegriffen hätte. Nach über einem Jahr Prozessdauer wurde Gustafsson am 7. Oktober 2005 freigesprochen.

ZODIAC KILLER 1968–1969

Der „Zodiac-Killer" brüstete sich mit 37 Morden; tatsächlich hat er vermutlich fünf Menschen getötet. Am 28. Dezember 1968 erschoss er ein junges Liebespaar in ihrem Auto. Im Juli 1969 griff er ein weiteres Paar unter ähnlichen Umständen an, einer überlebte. Im August schickte er das erste von mehreren Bekennerschreiben an Zeitungen und übernahm die Verantwortung für die drei Morde. Er nannte sich „Zodiac". Im September 1969 stach er auf ein drittes Paar in einem Auto ein, wieder überlebte einer. Im Oktober 1969 erschoss er den Taxifahrer Paul Stine. Mehrere Briefe enthielten Kryptogramme, die vielleicht eines Tages Zodiacs Identität enthüllen.

KIRCHEN-MORD 1980

1977 ernannte man Oscar Romero zum vierten Erzbischof von San Salvador, der Hauptstadt von El Salvador. Er wurde wegen seines Konservatismus gewählt, brachte aber bald politisch einiges in Bewegung, als er sich zum deutlichen Kritiker an den Menschenrechtsverletzungen, der Armut und dem Bürgerkrieg in El Salvador wandelte. Am 24. März 1980 wurde er erschossen, als er eine Messe in einer Kapelle nahe der Kathedrale zelebrierte. Sein Blut spritzte auf den Altar. Eine Viertel Million Menschen wohnten seiner Beerdigung bei, die von einer Explosion und Schüssen unterbrochen wurde. Dies löste eine Panik aus, bei der 39 bis 50 Menschen getötet wurden. Der Zeitpunkt der Ermordung – einen Tag, nachdem Romero die Soldaten aufgerufen hatte, lieber Gott zu gehorchen statt dem korrupten Regime – ließ wenig Zweifel daran, dass der Mord von salvadorianischen Todesschwadronen ausgeführt wurde, mit großer Wahrscheinlichkeit auf Befehl des republikanischen Militärführers und Politikers Major Roberto D'Aubuisson. D'Aubuisson starb 1992, ohne vor Gericht gebracht worden zu sein. Die Wahrheit um Romeros Mord wurde noch immer nicht geklärt. 1997 leitete Papst Johannes Paul II. das Verfahren von Romeros Seligsprechungsprozess ein.

SPORT UND FREIZEIT

KONTAKTSPORT

Ein Karatemeister zerschlägt einen Stapel Holzblöcke mit seinem Kopf. Wissenschaftler sagen, ein solcher Akt sei eine Frage des mentalen Zustands und der Geschicklichkeit und habe nichts mit übernatürlichen Kräften zu tun.

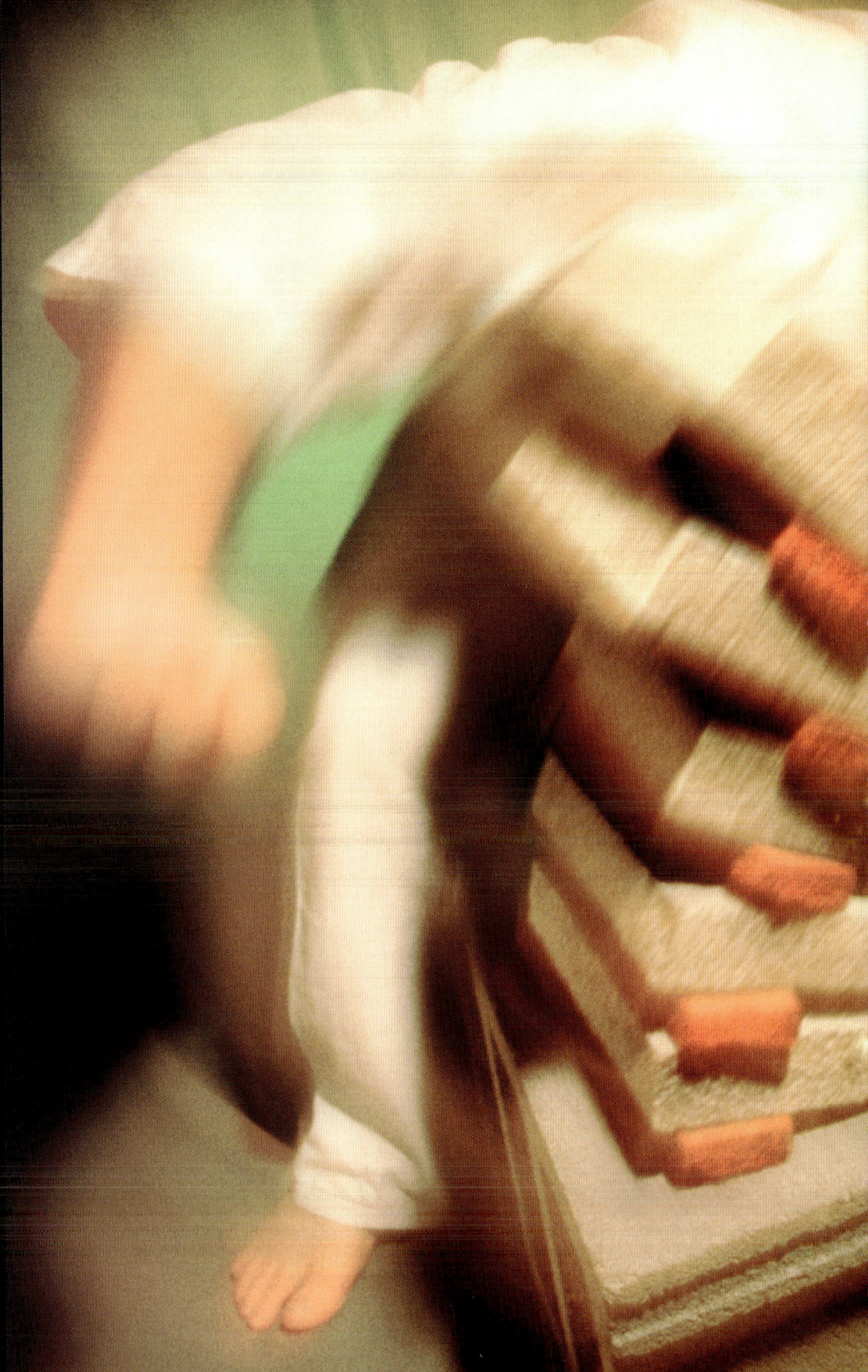

Berühmte letzte Worte 1

Ist es nicht erstaunlich, wie eloquent berühmte Menschen im Angesicht des Todes sein können. Doch vielleicht überliefern die Geschichtsbücher auch lieber kluge Worte, statt die tatsächlich geäußerten Bitten nach Wasser oder Schmerzmitteln. Doch auch wenn manche der folgenden Zitate gefakt sein mögen, sind andere, wie das von Donald Campbell, gewiss authentisch.

MEHER BABA

Der indische Guru Meher Baby sprach 1925, 44 Jahre vor seinem Tod, seine letzten Worte. Bevor er ein Schweigegelübde ablegte, sagte er:

“Don't worry, be happy.”
– Sorge dich nicht, lebe.

GESTORBEN 1969

RENÉ DESCARTES

Die letzten Worte des französischen Philosophen lauteten:

“Nun, meine Seele, heißt es Abschied nehmen. Die Stunde ist gekommen, dein Gefängnis zu verlassen, die Fesseln dieses Körpers zu sprengen. Geh mit Freude und Mut.”

GESTORBEN 1650

MIGUEL DE CERVANTES

In dem letzten Brief an seinen Patron schrieb der spanische Schriftsteller und Autor von *Don Quichote*:

“Mein Fuß ist im Steigbügel. Die Agonie schwebt über mir, großer Herr und Meister, wenn ich diese Zeilen übersende. Gestern erhielt ich die Sterbesakramente. Heute schreibe ich dies. Die Zeit ist kurz. Die Agonie wächst. Die Hoffnung schwindet. Nur der Wille zu leben erhält mich am Leben. Würde dieses Leben doch dauern, bis ich die Füße Ihrer Exzellenz küssen kann. Ihre Exzellenz wieder wohlbehalten und gesund in Spanien zurück zu wissen, würde meine Lebenskraft beleben. Doch wenn verfügt ist, dass ich sterben muss, wird es geschehen. Möge Eure Exzellenz wissen, dass er in mir den ergebensten Diener hatte, oh, könnte ich Eurer Exzellenz auch nach dem Tod dienen.”

GESTORBEN 1616

JULIUS CAESAR

Der römische Kaiser Julius Caesar (links) wurde bei einer Verschwörung, angeführt von seinem früheren Vertrauten Marcus Junius Brutus, ermordet. Seine letzten Worte, bevor Brutus ihn erstach waren:

“Et tu, Brute?”
– Auch du, Brutus?

GESTORBEN 44 V. CHR.

PAUL GAUGUIN

Der französische Maler Paul Gauguin (oben) starb auf den Marquesasinseln. Seine letzten Worte richtete er an einen Missionar:

“Wäre es zu viel verlangt, dass Sie mich besuchen kommen? Mein Augenlicht erlischt, ich kann nicht gehen. Ich bin sehr krank.”

GESTORBEN 1903

HENRIK IBSEN

Als die Krankenschwester des norwegischen Schriftstellers Besuchern versicherte, dass Ibsen auf dem Wege der Besserung sei, waren seine letzten Worte:

“Ganz im Gegenteil.”

GESTORBEN 1906

KAISER NERO

Bescheidenheit zeichnete den römischen Kaiser Nero nicht aus. Er sah sich als Dichter, Philosoph, Schauspieler und Musiker. Seine letzten Worte:

“Qualis artifex pereo.”
– Welcher große Künstler stirbt in mir.

GESTORBEN 68 N. CHR.

PLATO

Die letzten Worte des griechischen Philosophen waren einem anderen großen Philosophen gewidmet:

“Ich danke der Vorsehung und dem Schicksal; dafür, dass ich als Mann und Grieche geboren wurde, nicht als Barbar oder Unmensch, und dafür, dass ich im Zeitalter von Sokrates leben durfte.”

GESTORBEN CA. 348 V. CHR.

DONALD CAMPBELL

Der englische Automobil- und Rennbootfahrer Donald Campell starb bei dem Versuch, einen neuen Rekord in seinem Turbojet-Gleitboot aufzustellen. 1967 wurde der Unfall im Radio übertragen.

“Das Wasser ist dunkelgrün und ich kann verflucht noch mal nichts sehen ... Hallo, der Bug ist oben ... Ich kentere. Ich überschlage mich ... Ich bin verloren.”

GESTORBEN 1967

ANNA PAWLOWA

Die letzten Worte der russischen Primaballerina (rechts), besonders berühmt für die Rolle des sterbenden Schwans, waren:

❝ Legt mir mein Schwanenkostüm zurecht. ❞

GESTORBEN 1931

JAMES CROLL

Der schottische Physiker und Geologe James Croll was lebenslang Abstinenzler, wollte auf dem Sterbebett aber einen Whisky trinken:

❝ Ich nehme einen winzigen Tropfen. Es besteht wohl keine große Gefahr mehr, dass ich zum Trinker werde. ❞

GESTORBEN 1890

LEONARDO DA VINCI

Die letzten Worte des italienischen Genies waren:

❝ Ich habe Gott und die Menschheit beleidigt, denn meine Arbeit erreichte nicht die Qualität, die sie hätte haben sollen. ❞

GESTORBEN 1519

KÖNIG GEORGE V.

Ihm werden eine Vielzahl an letzten Worten zugeschrieben, darunter diese knappe Antwort auf die Vermutung, dass er auf dem Weg der Besserung sei und bald seinen Lieblingsort, Bognor Regis, besuchen könne:

❝ Dieses verdammte Bognor. ❞

GESTORBEN 1936

NICCOLÒ MACHIAVELLI

Dem italienische Staatsmann und politischem Philosoph Niccolo Machiavelli verdankt die Welt das Wort „Machiavellismus". Er behauptete, dass politische Ziele jedes Mittel rechtfertigen. Seine Verachtung der existierenden Ordnung zeigte sich in seinen letzten Worten:

❝ Ich geht zur Hölle und nicht in den Himmel. Dort schätze ich die Gesellschaft von Päpsten, Königen und Prinzen, während im Himmel nur Bettler, Mönche und Apostel sind." ❞

GESTORBEN 1527

MARK TWAIN

Der amerikanische Erzähler hinterließ eine Notiz auf seinem Sterbebett:

❝ Tod, du einzig Unsterblicher, der du uns alle gleich behandelst, allein Glück und Zuflucht schenkst: Sündern und Reinen, Reichen und Armen, Geliebten und Ungeliebten. ❞

GESTORBEN 1910

EUGENE O'NEILL

Die letzten Worte des amerikanischen Dramatikers waren:

❝ Ich weiß. Ich weiß. Geboren in einem Hotelzimmer und, verdammt, gestorben in einem Hotelzimmer. ❞

GESTORBEN 1953

CARL PANZRAM

Am Galgen gefragt, ob er etwas zu sagen hatte, antwortete der amerikanische Massenmörder:

❝ Ja. Beeil dich, du Bastard! Ich könnte 10 Männer töten, während du herumtrödelst! ❞

GESTORBEN 1930

SOKRATES

Verurteilt wegen Gottlosigkeit, waren die letzten Worte des griechischen Philosophen:

❝ Kriton, wir schulden dem Asklepios einen Hahn. Opfert ihm den und versäume es nicht. ❞

GESTORBEN 399 V. CHR.

KARL MARX

Die Haushälterin von Karl Marx (rechts) fragte, ob er der Welt eine letzte Botschaft hinterlassen wolle. Er antwortete:

❝ Hinaus! Letzte Worte sind für Narren, die noch nicht genug gesagt haben. ❞

GESTORBEN 1883

VOLTAIRE

Die Abneigung des französischen Schriftstellers der Vernunft gegen die Religion erklärt seine letzten Worte, gerichtet an einen Priester, der an seinem Sterbebett hoffte, er würde Buße tun:

❝ In Gottes Namen: Lasst mich in Frieden! ❞

Dann beim Betrachten der brennenden Lampe an seinem Bett, sagte er:

❝ Sind das schon die Flammen? ❞

GESTORBEN 1778

FLORA UND FAUNA

GING,

POPULATION 500,000	POPULATION 3,500	POPULATION 2,500	POPULATION 500	POPULATION 500	POPULATION 450
BEDROHT	**GEFÄHRDET**		**STARK GEFÄHRDET**		
AFRIKANISCHER ELEFANT POPULATION ca. 500 000 HEIMAT Schwarzafrika URSACHEN DER GEFÄHRDUNG Wilderei: Fleisch und Elfenbein. Obwohl der Elfenbeinhandel verboten ist, werden jährlich zehntausende Elefanten wegen ihres Elfenbeins getötet.	**KÖNIGSTIGER** POPULATION 3000–4500 HEIMAT Vorwiegend Indien. Einige in Bangladesch, Bhutan, China, Nepal, und Myanmar URSACHEN DER GEFÄHRDUNG Wilderei: Substanzen zur Arzneimittelherstellung, Aphrodisiaka und Fell. Großflächige Zerstörung des Lebensraums für menschliche Ansiedlungen.	**ÖSTLICHER FLACH-LANDGORILLA** POPULATION 2000–3000 HEIMAT Ost-Kongo URSACHEN DER GEFÄHRDUNG Jagd und Zerstörung der Lebensräume durch den Abbau von Tantal und Zinn, die in Kondensatoren von Elektrogeräten wie Handys verwendet werden.	**ZWERGWILD-SCHWEIN** POPULATION 500 HEIMAT Assam, Indien URSACHEN DER GEFÄHRDUNG Zerstörung des Graslandes durch Brandrodung sowie Jagd. Das Zwergwildschwein ist das kleinste Schwein der Welt: Erwachsene Tiere sind gerade 70 cm lang, 30 cm groß und etwa 10 kg schwer.	**SANDTIGERHAI** POPULATION 500 HEIMAT Küstengewässer des Atlantik, des Indischen und Pazifschen Ozeans URSACHEN DER GEFÄHRDUNG Einst getötet, weil sie als gefährlich betrachtet wurden, sind sie jedoch harmlos. Fortdauernde Gefährdung durch illegale Fischerei und Abschneiden der Flossen für Haifischflossensuppe.	**MITTELMEER MÖNCHSROBBE** POPULATION 400–500 HEIMAT Atlantik, Östliches und Südliches Mittelmeer URSACHEN DER GEFÄHRDUNG Jagdwettbewerbe; Nahrungsknappheit wegen Überfischung der Meere, Verfangen in Fischernetzen; Umweltverschmutzung und Tourismus im Bereich der Brutgründe.

GING, GEGANGEN

POPULATION 120 ↓

POPULATION 35 ↓

POPULATION 1 ↓

Wenn etwas tot ist, ist es tot. Doch wenn es ausgestorben ist, ist es mausetot. Bei Tierarten ist das meist die Folge des dummen, kurzsichtigen menschlichen Verhaltens. Früher ging es dem Dodo, einem ein Meter großen, flugunfähigen Vogel, der ausschließlich auf den Inseln Mauritius und Réunion im Indischen Ozean vorkam, an den Kragen. Für die Seeleute war er leichte Beute und damit bald ausgestorben. Doch heute sollten die Menschen klüger sein – warum also werden immer mehr Tierarten ausgerottet?

IN DER WILDNIS AUSGESTORBEN

AUSGESTORBEN

BLAUER LEGUAN
POPULATION
120 in Naturschutzgebieten
HEIMAT
Grand Cayman, Cayman-Inseln
URSACHEN DER GEFÄHRDUNG
Menschliche Besiedlung führt zum Verlust der Lebensräume. Viele Tiere wurden überfahren. Beute für Hunde und Wildkatzen. Die Population stieg dank der Maßnahmen von 25 Tieren im Jahr 2002.

AMURLEOPARD
POPULATION
35 freilebend
HEIMAT
östliches Russland
URSACHEN DER GEFÄHRDUNG
Wilderei, Zerstörung der Lebensräume durch Brandrodung, wirtschaftliche Entwicklung und Rückgang der Beutetiere.

ABINGDON RIESENSCHILDKRÖTE
POPULATION
1
HEIMAT
Pinta Island, Galapagosinseln
URSACHEN DER GEFÄHRDUNG
Im 19. Jahrhundert Bejagung; Ziegen zerstörten die Lebensräume. Das letzte Tier, George, lebt auf der Charles-Darwin Foundation Resarch Station – vielleicht noch 100 Jahre.

BEUTELTIGER
AUSGESTORBEN
1936
HEIMAT
Tasmanien, Australien und Neu-Guinea
GRÜNDE FÜR DAS AUSSTERBEN
Gejagt, weil er als Gefahr für die Schafe galt. Das letzte bekannte Exemplar starb am 7. September 1936 im Hobart Zoo. Die Art gilt offiziell seit 1986 als ausgestorben.

PYRENÄENSTEINBOCK
AUSGESTORBEN
2000
HEIMAT
Spanische und Französische Pyrenäen
GRÜNDE FÜR DAS AUSSTERBEN
Ungewiss: vermutlich Konkurrenz mit anderen Arten. Zum Teil Wilderei. Eine kleine Population überlebte im Ordesa Nationalpark, doch das letzte Tier wurde von einem Baum erschlagen.

CHINESISCHER FLUSSDELFIN
AUSGESTORBEN
2006
HEIMAT
Jangtse-Fluss, China
GRÜNDE FÜR DAS AUSSTERBEN
Die Industrialisierung in China führte zur Umweltverschmutzung und hoher industrieller Nutzung des Flusses. Als Götter des Jangtse bezeichnet, wurde die Art im Dezember 2006 für ausgestorben erklärt.

ESSEN UND TRINKEN
HENKERSMAHL

A. LETZTES ABENDMAHL
Gemäß der Schrift beging Jesu als letztes Mahl das Passah-Mahl mit Brot und Wein im Kreis seiner Jünger. Die Heilige Kommunion ist eine symbolische Wiederholung dieses letzten Abendmahls.

B. KÖNIG KARL I.
Am 30. Januar 1649 wurde der englische Monarch Karl I. enthauptet. Er war wegen Verrats vom Parlament zum Tode verurteilt worden. Seine Henkersmahlzeit bestand aus Brot und Rotwein. Angeblich trug er zwei Hemden, damit er nicht fror und das Publikum sein Frieren als Angst interpretierte.

C. GARY GILMORE
Gary Gilmore wurde des zweifachen Mordes bei bewaffneten Raubüberfällen beschuldigt. Er konnte zwischen Hängen und Erschießen wählen und wollte lieber erschossen werden. Am 17. Januar 1977 wurde er nach einer Henkersmahlzeit mit Hamburgern, Eiern und Kartoffeln hingerichtet. Seine letzten Worte waren: „Auf geht's."

D. JOHN ROOK
John William Rook wurde am 19. September 1968 wegen Vergewaltigung und Mord an einer Krankenschwester mit einer Giftspritze hingerichtet. Seine Henkersmahlzeit bestand aus einem Dutzend Hotdogs mit Senf und einer Dose Cola.

E. LARRY WHITE
Larry Wayne White wurde am 22. Mai 1997 wegen Mordes an einer 72-jährigen Frau hingerichtet. Seine Henkersmahlzeit bestand aus Leber mit gebratenen Zwiebeln, Tomaten, Hüttenkäse und einem Glas Wasser. Der Staat verweigerte ihm aus Gründen des Gesundheitsschutzes eine letzte Zigarette.

"Dead man walking", so sagt man in amerikanischen Gefängnissen, wenn ein Verurteilter in die Todeszelle geführt wird – oder seltener „dead woman walking". Zum Ritual vor der Hinrichtung gehört, entsprechend der üblichen letzten Zigarette, die Henkersmahlzeit nach Wunsch des Gefangenen. Hier sind zehn dieser Henkersmahlzeiten.

F. BRUNO HAUPTMANN

Bruno Hauptmann wurde am 3. April 1936 wegen der Entführung und dem Mord an dem 20 Monate alten Sohn des amerikanischen Flugpioniers Charles Lindbergh hingerichtet. Als Henkersmahlzeit gab es Sellerie, Oliven, Hähnchen, Pommes, Buttererbsen, Kirschen und ein Stück Kuchen.

G. ADOLF EICHMANN

Der Nazi und Kriegsverbrecher Adolf Eichmann brüstete sich einmal: „Ich werde freudig in mein Grab springen, denn es befriedigt mich ungeheuer, dass ich fünf Millionen Menschen auf meinem Gewissen habe." Er wurde in Israel hingerichtet. Als Henkersmahlzeit trank er Carmel, einen trockenen Rotwein.

H. RICKEY RECTOR

Rickey Ray Rector wurde durch eine Giftspritze am 24. Januar 1992 hingerichtet. Er hatte bei einem Überfall auf einen Mini-Markt einen Zivilisten und einen Polizisten erschossen. Einen Teil seiner Henkersmahlzeit ließ er „für später" übrig.

I. TIMOTHY McVEIGH

Timothy Mc Veigh, alias der „Oklahoma-Bomber" wurde am 11. Juni 2001 wegen Beteiligung am Mord an 168 Menschen bei dem Attentat in der Stadt Oklahoma 1995 hingerichtet. Seine Henkersmahlzeit bestand aus einer Riesenportion Pfefferminzeis mit Schoko-Chips.

J. LARRY HUTCHERSON

Larry Eugene Hutcherson wurde am 25. Oktober 2006 wegen des Mordes an einer 89-jährigen Frau hingerichtet. Er wollte keine Henkersmahlzeit, sondern aß mit seinen Angehörigen etwas aus einem Automaten im Gefängnis.

berühmte LETZTE WORTE 2

[Wer eine klare Meinung äußert, hat oft weitreichende Konsequenzen zu tragen. Manche Überzeugungen können sich nachträglich als falsch erweisen und die Person, die sie geäußert hat, in große Verlegenheit bringen. In manchen Fällen kosten sie Firmen Millionen von Dollars.]

"Saddam Husseins ... Programm der Massenvernichtungswaffen existiert. Es ist im Detail ausgearbeitet und wird umgesetzt. Die Politik der Zurückhaltung funktioniert nicht. Die Gefahr des Nichthandelns ist bei Weitem größer als die Gefahren, die aus unserem Handeln entstehen."

tony blair

Der britische Premierminister Tony Blair am 25. September 2002

"Zu meiner Zeit wird keine Frau Premierminister, Kanzler oder Außenminister sein – nicht in den Top Jobs. Ich wollte nie Regierungschefin sein, denn dem musst du dich 100%ig hingeben."

margaret thatcher

Die Britin Margret Thatcher wurde 1979 die erste Premierministerin Europas.

"Vergiss es, Louis! Kein Bürgerkriegsfilm hat je einen Cent eingespielt!" *irving thalberg*

Irving Thalberg, Produktionschef bei MGM, wies Louis B. Mayer an, bei den Filmrechten für *Vom Winde verweht* nicht mitzubieten.

"Wer zur Hölle will Schauspieler sprechen hören?"

harry warner
von Warner Brothers, 1927

"Die Aktienkurse haben offenbar ein dauerhaft hohes Niveau erreicht."

irving fisher

Irving Fisher, Wirtschaftsprofessor an der Yale University 1929, kurz vor dem Crash an der Wall Street

"Dieses ‚Telefon' kommt als Kommunikationsmittel nicht ernsthaft in Betracht. Es hat zu viele Mängel. Für uns ist dieses Gerät grundsätzlich nicht von Wert."

Western Union Hausmitteilung, 1876   *western union*

"Sie ist eine ganz gute Schauspielerin, aber ich glaube kaum, dass sie damit bald einmal ihre Brötchen verdienen kann."

jono coleman

Der australische DJ Jono Coleman, nachdem er Kylie Minogues erste Single gespielt hatte

"Keine Flugmaschine wird je von New York nach Paris fliegen."

Der amerikanische Flugpionier Orville Wright

orville wright

"Dich interessiert nichts als Schießen, Hunde und Rattenjagd. Du wirst eine Schande sein für dich und deine Familie."

Robert Darwin zu seinem kleinen Sohn Charles, der später die Evolutionstheorie entwickelte

robert darwin

dionysius lardner

"Man kann niemals ein Dampfschiff bauen, das so groß ist, um ausreichend Kohle für eine Atlantik-Überquerung mitzunehmen."

Der irische Professor und Enzyklopädist Dionysius Lardner im frühen 19. Jahrhundert

rca

"Diese Radio Music box bringt kein Geld. Wer sollte für Mitteilungen bezahlen, die sich an niemanden speziell richten?"

Mitarbeiter von David Sarnoff, Chef der Radio Corporation of America (RCA), der in den 1920er Jahren um Investitionen bat

"Flugzeuge sind interessante Spielereien, haben aber keinen militärischen Nutzen."

Der französische Marschall Ferdinand Foch, Hauptbefehlshaber der Alliierten am Ende des Ersten Weltkriegs

ferdinand foch

William Thomson, Lord Kelvin, Präsident der Royal Society in den 1890er-Jahren

lord kelvin

"Flugmaschinen, die schwerer sind als Luft, sind unmöglich."

"Television? Das Wort ist halb griechisch und halb lateinisch. Daraus wird nichts Gutes."

Herausgeber des Manchester Guardian, 1928

charles prestwich scott

dick rowe

"Wir mögen ihren Sound nicht. Gitarrenbands sind out."

Dick Rowe, A & R Mann bei Decca, lehnte die *Beatles* 1962 ab.

"Alles, was erfunden werden kann, ist erfunden worden."

Charles H. Duell, Kommissar, US-Patentamt, 1899

charles h. duell

"Eine Gitarre ist schon recht, John, aber du wirst so nie deinen Lebensunterhalt verdienen können."

John Lennons Tante Mimi

tante mimi

"Bauch, Brust und Gehirn werden dem vernünftigen Chirurgen immer verschlossen bleiben."

Sir John Eric Ericksen, Chirurg der Queen Victoria

eric ericksen

"Seine Ohren sind zu groß. Er sieht aus wie ein Affe."

Der Filmproduzent Darryl F. Zanuck weigerte sich, Cary Grant Warner Brothers zu empfehlen.

darryl f. zanuck

"Ich glaube, zu unseren Lebzeiten wird nun Frieden herrschen … Frieden und Ehre."

neville chamberlain

Der britische Premierminister Neville Chamberlain am 29. September 1938, weniger als ein Jahr vor Ausbruch des Zweiten Weltkriegs

WO EIN WILLE IST…

Menschen mögen Exzentriker. Sie machen das Leben interessanter. Manche machen mit ihren seltsamen Vermächtnissen auch den Tod spannender. Die meisten Menschen hinterlassen ihr Vermögen ihrer Familie, manche einer wohltätigen Einrichtung, einige Preise. Und einige Exzentriker denken: „Wer zuletzt lacht …"

FETTE BELOHNUNG

Eine Schotte belohnte seine Töchter posthum für „gutes Essen": Er verfügte, dass jede von ihnen ihr Gewicht in Ein-Pfund-Noten aufgewogen bekam. Die ältere, etwas schlankere Tochter erbte 51 200 £. Die jüngere Tochter wurde für ihren größeren Appetit belohnt und erbte 57 433 £.

VERFLUCHTE ERBSCHAFT

Oliver Winchester verdiente sein Vermögen mit der Produktion von Gewehren. Als er 1880 starb hinterließ er das Vermögen seinem Sohn William. Aber William starb im darauffolgenden Jahr, mit nur 41. Er hinterließ alles seiner Frau Sarah, für die es mehr Fluch als Segen war. Sarah erbte mehr als 20 Millionen, plus knapp 50 Prozent der Firma. Die Firma baute ein Gewehr, von dem Soldaten der Konföderation sagten: „Dieses verdammte Yankee-Gewehr, das man Sonntag lädt und die ganze Woche damit schießen kann."

In ihrer Trauer konsultierte Sarah ein Medium, das ihr sagte, dass die Geister der Zehntausenden, die von Winchester-Gewehren getötet wurden, Rache nehmen würden. Sie könne diese ruhelosen Geister nur besänftigen, wenn sie ihnen ununterbrochen ein Haus baue: „Solange du baust, wirst du leben. Wenn du aufhörst, stirbst du." Sarah zog nach Santa Clara und baute von 1884 bis zu ihrem Tod am 5. September 1922 an ihrem Haus.

In diesen 38 Jahren, gab sie 5,5 Mio. $ aus. Das Haus wuchs auf sagenhafte 160 Zimmer mit 1,6 Hektar Wohnfläche – eines

SIE GAB 5,5 MIO. $ FÜR DAS HAUS AUS

der größten Wohnhäuser der USA.

Heute ist das Gebäude als das Geisterhaus von Winchester bekannt. Die bizarre Konstruktion hat 1257 Fenster, 950 Treppen und 367 Treppen in 40 Treppenhäusern, von denen manche einfach ins Nichts führen.

NIMM MEINEN SCHÄDEL

1955 hinterließ der Argentinier Juan Potomachi dem örtlichen Theater etwa 35 000 Euro unter der Bedingung, dass sie zur Aufführung einer häufig falsch zitierten Szene aus Shakespeares Hamlet seinen Schädel verwendeten. Hamlet sagte, als er Yoricks Schädel findet, nicht: „Ach, armer Yorick. Ich kannte ihn gut", sondern …

… „ACH ARMER YORICK, ICH KANNTE IHN, HORATIO."

VELOCKUNG DES GELDES

Der kanadische Anwalt und wohlhabende Finanzier Charles Millar starb 1928 und hinterließ mehr als eine halbe Million $ in bar und Aktien für eine Reihe bizarrer sozialer Experimente.

Um festzustellen, ob Menschen ihre Prinzipien wegen des Geldes verraten würden, hinterließ er einem Priester und einem Richter, von denen er wusste, dass sie gegen Glücksspiel waren, Anteilsscheine an einer Rennbahn (beide nahmen an), abstinenten Kirchenmännern Anteile an einer Brauerei (nur einer lehnte ab) und einer Gruppe von Personen, die einander hassten, gemeinsam eine Ferienwohnung (sie nahmen an).

500 000 $ hinterließ er der Frau aus Toronto, Kanada, die in den zehn Jahren nach seinem Todestag die meisten Kinder gebären wird. Nun begann ein „Storchderby". Vier Frauen gebaren in diesen zehn Jahren jeweils zehn Kinder: Annie Smith, Isabel MacLean, Kathleen Nagle und Lucy Timleck. Eine fünfte Frau, Pauline Clarke,

BEKAM 10 KINDER, WURDE ABER DISQUALIFIZIERT,

weil fünf außerehelich geboren waren. Eine sechste Frau, Lilian Kenney, wurde disqualifiziert, weil mehrere ihrer zwölf Kinder gestorben waren und sie nicht nachweisen konnte, dass sie nicht totgeboren waren.

Clarke und Kenney bekamen jewells 12 500 $ als Trostpreis, das restliche Preisgeld wurde unter den anderen vier aufgeteilt.

STORCHENDERBY

EINE FRAGE DES NAMENS

Der Londoner John Nicholson war so stolz auf seinen Familiennamen, dass er einen Großteil seines Besitzes armen Menschen namens Nicholson hinterließ. In seinem Testament vom 28. April 1717 bestimmte er, dass jährlich 100 Pfund zur Ausbildung an arme Jungen und Mädchen verteilt werden sollten – wenn sie Nicholson hießen. Mit weiteren 100 Pfund sollten Hochzeiten armer Paare finanziert werden, die sonst nicht heiraten könnten – wenn sie Nicholson hießen. Die fünf Bevollmächtigten seines Testaments hießen alle ... Nicholson.

DER NAME SOLLTE FÜR ALLE ZEIT WEITERLEBEN

EHESTREIT

1841 wurde der deutsche Dichter der Romantik Heinrich Heine von dem Mann einer Frau, die Heine öffentlich des Ehebruchs mit einem anderen Schriftsteller bezichtigt hatte, zu einem Duell herausgefordert. Weil er im Duell getötet werden könnte, heiratete er schnell seine Freundin Mirat, damit sie nicht mittellos zurückbleiben würde. Doch er überlebte das Duell. Als er 16 Jahre später starb, hinterließ er seinen gesamten Besitz Mirat unter der Bedingung, dass sie wieder heiratete. Es war eine schlechte Beziehung gewesen, denn Heine begründete diese Bedingung damit, „dass es wenigstens einen Menschen geben wird, der meinen Tod bedauert".

ER HINTERLIESS SEINEN BESITZ BEI EINER BEDINGUNG

AGATHAS LETZTES WERK

Die große englische Krimiautorin Agatha Christie hinterließ ihren Fans ein unveröffentlichtes Werk. Während des Zweiten Weltkriegs verfasste sie den letzten Fall ihrer fiktiven Detektivin Miss Marple *Ruhe unsanft*. Das Werk wurde ein Jahr nach ihrem Tod veröffentlicht.

... LETZTES VERMÄCHTNIS AN VIELE MILLIONEN TREUER FANS

PLANET ERDE

DAS ENDE IST NAH

Das Ende ist nah! Globale Erwärmung? Wir werden vermutlich alle schon lange tot sein, bevor es so weit ist. Wir leben mit der ständigen Bedrohung durch Katastrophen – durch Asteroide, Sonneneruptionen, Super-Gaus und vieles andere mehr. Die Erde und überlebende Tierarten wären ohne Menschen sicher besser dran – doch in einem Schwarzen Loch werden alle untergehen.

ASTEROIDENEINSCHLAG

Ein Asteroideneinschlag löschte einst Dinosaurier aus. Im Dezember 2004 bezifferten Astronomen die Wahrscheinlichkeit, dass der Asteroid 2004 MN4 die Erde 2029 trifft, auf 1:38. Heute meinen Wissenschaftler, dass er nicht mehr auf Kollisionskurs ist – aber es wir andere geben ...

GAMMABLITZ

Diese unvorstellbar starken Energieeruptionen explodierender Sterne (Supernovae) kann man nicht vorhersagen. Eine Supernova, die innerhalb von 1000 Lichtjahren auftritt, könnte die Ozonschicht verbrennen und eine neue Eiszeit auslösen.

SCHWARZES LOCH

Sterbende Sterne bilden ein so starkes Gravitationsfeld, dem nicht einmal Licht entkommt. Wir würden ein schwarzes Loch in unserem Sonnensystem erst sehen, wenn es zu spät ist. Selbst wenn die Erde nicht verschluckt würde, veränderte sich ihre Umlaufbahn und würde uns in lebensfeindliche Zonen bringen.

AUFHEBUNG DES MAGNETFELDS

Dazu kommt es etwa alle 100 000 Jahre. Seit dem letzten Mal sind 780 000 Jahre vergangen, also könnte es bald so weit sein. Das Magnetfeld nimmt ab, verschwindet und nimmt wieder zu. In der Zwischenzeit ist die Erde ungeschützt Partikelstürmen und kosmischen Strahlen ausgesetzt.

MEGA-VULKANAUSBRUCH

Super-Vulkanausbrüche ereignen sich etwa alle 50 000 Jahre. Sie erfüllen die Atmosphäre mit Asche und Schwefel und hüllen die Erde länger in Dunkelheit. Die Temperaturen auf der Erde sinken, das Klima verändert sich. Forscher halten eine solche Eruption für zwölfmal wahrscheinlicher als einen Asteroideneinschlag.

GLOBALE PANDEMIE

Pandemien töten mehr Menschen als jede andere Katastrophe. Der Schwarze Tod tötete ca. 75 Millionen Menschen und die Welt ist heute weitaus stärker bevölkert. Zwischen 1918 und 1928 fielen der Grippe 20 Millionen Menschen zum Opfer; Aids hat bereits annähernd 30 Millionen Opfer gefordert.

GLOBALE ERWÄRMUNG

Sie ist in vollem Gange. Die Folgen steigender Temperaturen sind weniger Sauerstoff in der Luft, Abschmelzen der Polarkappen, höhere Meeresspiegel mit Überschwemmungen, extreme Wetterbedingungen, Missernten, Hungersnöte, Aussterben von Tierarten – mit zunehmendem Tempo.

BIOTECHNOLOGIE-GAU

Genmanipulierte Pflanzen oder Tiere haben angeblich bessere genetische Stämme zur Nahrungsproduktion oder für die Medizin. Aber die Natur ist nicht kontrollierbar und Genveränderungen können schaden wie nutzen. Gehen sie auf andere Pflanzen und Schädlinge über, kann es zu einem Öko-Gau kommen.

TEILCHENBESCHLEUNIGER-PANNE

In den 1990er Jahren fürchtete man, dass ein Schwerionen-Speicherring in New York ein subatomares Schwarzes Loch schaffen könnte, das die umgebende Materie verschlingen würde, immer größer würde und letztlich die Erde verschlucken könnte. (Wissenschaftler versicherten, dass ein solches Szenario unmöglich sei.)

NANOTECHNOLOGIE-GAU

Wissenschaftler haben winzige Roboter entwickelt, die im Körper medizinische Operationen durchführen können. In der Entwicklung sind sich selbst reproduzierende Roboter. Wie lange wird es dauern, bis die Selbst-Replikation außer Kontrolle gerät oder Terroristen in Besitz mikroskopisch kleiner Waffen-Roboter kommen?

NUKLEARE ZERSTÖRUNG

„MAD" die beidseitige Bereitschaft zur nuklearen Zerstörung im Falle eines Krieges sicherte der Welt zu Zeiten des Kalten Krieges den Frieden. Doch diese Kräftegleichgewicht gilt nicht für den Mittleren Osten, Nordkorea, Indien oder Pakistan, die Atomwaffen besitzen.

TELOMER-EROSION

Chromosomen werden durch „Kappen", die Telomere, stabil gehalten. Wenn der Mensch altert, werden sie kürzer und es entstehen altersbedingte Krankheiten. Eine Theorie besagt, dass sie von Generation zu Generation kürzer würden. Da die menschliche Rasse überaltert, würden Krankheiten früher ausbrechen.

SITTEN UND GEBRÄUCHE

DAS WAR'S, FREUNDE

Wenn Menschen sterben, betten Freunde und Angehörige den Körper normalerweise in einen Sarg und verbrennen oder beerdigen ihn. In den meisten Teilen der Welt sind Beerdigungen eine traurige Angelegenheit. Doch in Ghana haben sie ein bisschen Pepp, weil man dort Särge baut, die den Charakter des Verstorbenen widerspiegeln – hier wird ein Fischer in einem Fischsarg zur letzten Ruhe getragen.

GLOSSAR NÜTZLICHER BEGRIFFE

Wären Sie lieber Opfer der Pentheraphobie oder der Medomalacophobie? Können Sie einen Albatros von einem Adler unterscheiden, ein Architrav von einer Karyatide? Und wofür stehen MACHO und Sans Serif? Die Menschen kennen nicht einmal der Hälfte ihres gesamten Wortschatzes – verblüffen Sie sie mit Ihrem außergewöhnlichen Wissen ganz spezieller Begriffe.

AAM
Abkürzung für air-to-air missile: Luft-Luft-Rakete. Eine Rakete, die von einem Flugzeug abgeschossen wird, mit der Absicht, ein fliegendes Ziel zu treffen.

Akkommodation
Bezeichnet in der Biologie die Fähigkeit der Augenlinse, ihre Brechkraft an unterschiedliche Objektentfernungen anzupassen.

Albatros
Begriff aus dem Golfsport, bezeichnet ein Ergebnis, bei dem ein Loch mit drei Schlägen unter Par gespielt wurde.

Alektorophobie
Bezeichnung für eine übertriebene, andauernde Angst vor Hühnern.

Antiklinale
Geologischer Sattel. Eine durch Faltung erzeugte Aufwölbung geschichteter Gesteine.

Apogäum
Erdferne. Sie bezeichnet den größten Abstand eines Himmelskörpers zur Erde.

Architrav
In der griechischen und römischen Baukunst der waagrecht auf den Säulen aufliegende Balken.

Arctophil
Bezeichnung für einen Menschen, der Teddybären sammelt.

Arithmomanie
Ein anomaler, unkontrollierbarer oder obsessiver Zwang, Gegenstände zu zählen.

Avizide
Bezeichnung für Vogelgifte.

Baculum
Bezeichnet in der Anatomie der Säugetiere den Penisknochen.

Ba Gua Zhang
Neben Tai Ji Quan und Xing Yi Quan eine der drei bekanntesten der inneren Kampfstile Chinas. Der originale Name von Ba Gua Zhang bedeutet „drehende Handflächen".

Bauernschläue
Cleverness, Verschlagenheit.

Bingo
Lotteriespiel, das insbesondere in Großbritannien, auf den Philippinen und in den USA sehr beliebt ist.

Boreale Zone
Ökozone, die nur auf der nördlichen Erdhalbkugel etwa zwischen dem 50. und dem 70. Breitengrad vorkommt, gekennzeichnet durch ein kaltgemäßigtes Klima.

Bouquet/Bukett
Geruch eines Weines im Glas, ein wichtiges Kriterium bei der Qualitätsbeurteilung.

Bruxomanie
Zähneknirschen am Tag als neurotisches Symptom.

Bugspriet
Über den Bug eines Schiffes herausragendes Rundholz, an dem die Stagsegel gesetzt werden.

Chaff
Kleine, metallhaltige, kleine Streupartikel, die die Radarstrahlung stark reflektieren.

Chiromantie
Die Kunst, in den Handlinien die Zukunft zu lesen. Diese Wahrsagetechnik geht auf die ersten Hochkulturen der Menschheit zurück.

Chitin
Bezeichnet in der Biologie die hornige Substanz, die den Panzer von Arthropoden (Krustentiere, Insekten, Spinnen) bildet.

Community
Bezeichnet als Kurzform eine Online-Community; als Anglizismus auch den weiter gefassten Begriff der Gemeinschaft.

Conchologe
Bezeichnung für einen Muschelkundigen.

Deltiloge
Ein Mensch, der Postkarten sammelt.

Diesel
Da der Benzinmotor (Ottomotor) am Anfang einen sehr kleinen Wirkungsgrad hatte, entwickelte Rudolf Diesel den nach ihm benannten Motor (1892) mit höherem Wirkungsgrad.

Doldrums
Im Atlantik liegende, wenige Hundert Kilometer breite windstille Tiefdruckrinne in Äquatornähe.

Drapetomanie
Ein zwanghafter, unkontrollierbarer Drang wegzulaufen.

Episkop
Optisches Gerät zur Projektion von undurchsichtigen oder durchsichtigen Bildmedien auf Leinwände oder andere Projektionsflächen.

Estrich
Gestampfte fugenlose Schicht aus Mörtel, die auf dem Bau direkt auf dem Untergrund oder auf einer zwischenliegenden Trenn- oder Dammschicht aufgebracht wird.

Eversibel
Die Fähigkeit, das Innere nach außen drehen zu können.

Fumarolen
Öffnungen in der Umgebung von Vulkanen, aus denen vulkanische Gase austreten.

Gegenschein
Name, der auch im Englischen verwendet wird: Eine schwache und diffuse, aber ausgedehnte Erscheinung am Nachthimmel. Der Fleck ist nur bei absoluter Dunkelheit mit dem bloßen Auge am Himmel zu sehen.

Gehörknöchelchen
Die drei winzigen Knöchelchen im Mittelohr, die Schwingungen vom Trommelfell zum Innenohr übertragen (Hammer, Amboss, Steigbügel).

Gestapo
Abkürzung für Geheime Staatspolizei, die politische Polizei im nationalsozialistischen Deutschland zwischen 1933 und 1945. Zentrales Ausführungsorgan der nationalsozialistischen Herrschaft und verantwortlich für den organisierten Terror während des Zweiten Weltkriegs.

Guillotine
Ein nach dem französischen Arzt Joseph-Ignace Guillotin benanntes Gerät zur Vollstreckung der Todesstrafe durch Enthauptung

Gusserker (Wurferker)
Ein unten offener Vorbau an den Mauern von Burgen und mittelalterlichen Festungen, Stadtbefestigungen und Wehrkirchen.

Hadleyzellen
Benannt nach G. Hadley. Die beiderseits des meteorologischen Äquators vorhandenen meridionalen thermisch direkten Zirkulationsräder. Dabei steigt die Luft im Bereich der innertropischen Konvergenzzone auf. In der Höhe fließt sie dann divergent nach Norden und Süden auseinander.

HOTAS
Bezeichnung für ein Steuerungskonzept, das in allen modernen westlichen sowie den meisten modernen russischen Kampfflugzeugen zum Einsatz kommt. Akronym für den englischen Ausdruck Hands On Throttle And Stick („Hände an Schubregler und Steuerknüppel").

Ichthyophobie
Bezeichnung für die Angst vor Fischen.

Inklusion
In der Geologie ein Kristall oder Stück eines anderen Materials, das in einem Kristall oder Gesteinsbrocken eingeschlossen ist.

Intarsie
Ornamentale Einlegearbeit aus Holz oder Stein.

Ithyphallisch
Darstellung eines männlichen Gottes oder anderen Wesens mit deutlich aufgerichtetem Glied.

Jägerlatein
Die mehr oder weniger wahren Erzählungen von Jägern, die die Zahl und die Größe der erlegten Tiere übertreiben.

Jeet Kune Do
Kampfkunst von Bruce Lee. Selbstverteidigungskonzept, bei dem der Verteidiger versucht, sich auf einfachste und effektive Weise mit allen Waffen des Körpers (Tritte, Schläge, Stöße) zu verteidigen.

Kadmeischer Sieg
Sieg, bei dem auch der Sieger herbe Verluste hinnehmen muss. Benannt nach dem phoenizischen Prinzen Cadmus. Er erschlug ein Monster und verstreute dessen Zähne auf dem Boden. Aus den Zähnen wurden Soldaten.

Kakophonie
Missklang, Misslaut. Als hässlich empfundene Lautverbindung im Wort oder Satz.

Kakorrhaphiaphobie
Der Betroffene hat Angst vor Fehlern oder besiegt zu werden.

Karate
Aus Japan stammende Kampfsportart, bedeutet „Weg der offenen Hand".

Karyatide
In der Architektur eine Skulptur eines weiblichen Körpers mit tragender Funktion.

Katadrom
Wanderung von Fischen aus dem Süßwasser ins Meer zur Eiablage.

Klinker-Bauweise
Bezeichnet im Schiffsbau ein Holzschiff mit überlappenden Planken.

Kommensale
„Mitesser": Im Gegensatz zum Parasiten ein Lebewesen, das sich von den Nahrungsrückständen eines Wirtsorganismus ernährt.

Kryptokristallin
Aus Kristallen aufgebaut, die nur unter dem Mikroskop erkennbar sind.

Laser
„Amplification by Stimulated Emission of Radiation": Eine Lichtverstärkung durch stimulierte Emission von Strahlung.

Lek
In der Biologie ein Balzplatz, bei dem mehrere Männchen gemeinsam um ein Weibchen balzen, vor allem in der Ornithologie verwendet.

Leotard
Hautenges einteiliges Kleidungsstück, das Torso und Körper bedeckt, aber die Beine freilässt.

Linonophobie
Bezeichnung für die Angst vor Schnüren.

Litoral
Bezeichnet die Uferregion eines Sees oder Flusses, wie auch die Küstenregion des Meeres.

Logophobie
Angststörung, bei der eine übertriebene andauernde Angst vor dem Sprechen besteht. Tritt auch als Sekundärstörung beim Stottern auf.

Macho
Umgangssprachliche Bezeichnung aus dem Südamerikanischen für einen Mann mit offensichtlich typischem männlichem Imponiergehabe.

Medomalacophobie
Bezeichnung für die krankhafte Angst, eine Erektion zu verlieren.

Melba
Dessert, das Auguste Escoffier der Sängerin Nellie Melba widmete, während sie 1892 bis 1893 am Londoner Royal Opera House gastierte. Pro Portion wird ein halber geschälter Pfirsich in Läuterzucker gedünstet, in einer Sektschale auf Vanilleeis gesetzt, mit Himbeerpüree überzogen und mit Schlagsahne dekoriert. Nach dem Dessert *Pfirsich Melba* ist auch die Farbe Melba benannt, ein pfirsichfarbener Ton.

Meningen
Hirnhäute: Sie umschließen das gesamte zentrale Nervensystem, also Gehirn und Rückenmark.

Mesopelagial
Dämmerungs- oder Zwielichtzone im Meer von 200 bis 100 m. Das hier vordringende Licht reicht zur Photosynthese nicht mehr aus.

Mimikry
In der Biologie eine Signalfälschung, die der Tarnung eines Organismus dient.

Modem
Gerät, das analoge Signale (vom Telefonnetz) in digitale Signale (zur Computerschnittstelle) oder digitale Signale (von der Computerschnittstelle) in analoge Signale (zum Telefonnetz) umwandelt. Verbindet Computer mit dem Internet.

Nikotin
Alkaloid, flüssiges, farbloses Gift der Tabakpflanze mit betäubendem Geruch. Benannt nach Jean Nicot, französischer Diplomat des 16. Jahrhunderts, der den Tabak in Frankreich eingeführt haben soll.

Numinos
Von dem lateinischen Wort numen („Gottheit") abgeleitete Bezeichnung für das Göttliche.

Numismatist
Bezeichnung für einen Münzsammler.

Nunatak
Bezeichnet in der Glaziologie einen isolierten, über die Oberfläche von Gletschern und Inlandeismassen aufragenden Felsen oder Berg.

Oenophil
Bezeichnung für die Liebe zu Wein.

Pantophobie
Bezeichnung für die übertriebene Angst vor allen Dingen oder Personen.

Panzer
In der Zoologie schützende Körperbedeckung von Tieren, z. B. bei Schildkröten und Krokodilen.

Parlament
Bezeichnet in demokratischen Staaten die Vertretung des Volkes, dessen wichtigste Aufgaben die Ausübung der gesetzgebenden Gewalt, des Budgetrechts und die Kontrolle der Regierung sind.

Pentheraphobie
Bezeichnung für die Angst vor der Schwiegermutter.

Philatelist
Bezeichnung für einen Briefmarkensammler.

Philemaphobie
Bezeichnung für die Angst vor Küssen.

Photophor
Lichtträger. Name einer mit Phosphor gefüllten Lampe, deren Schirm einen Raum hell erleuchtet.

Phreatische Eruption
Schlamm- und Gaseruption, bei der Grundwasser im Kontakt zum Magma schlagartig verdampft.

Phyrrussieg
Ein teuer erkaufter Sieg, benannt nach dem König Pyrrhus von Epirus.

Pixel
„Picture Element": Bezeichnung für den kleinsten darstellbaren Bildpunkt.

Pogonophobie
Die Angst vor Bärten, Bartträgern oder Bartwuchs.

Polyandrie
Vielmännerei: Form der Polygamie, bei der eine Frau mit mehr als einem Ehemann verheiratet ist.

Poop oder Poopdeck bzw. Puppdeck
Das am weitesten nach achtern liegende und höchste Schiffsdeck.

Praline
Ein mit Nougat, Nüssen, Pistazien, Likör, Marzipan oder Ähnlichem gefülltes Konfekt aus Schokolade. Benannt nach einem französischen Offizier aus dem 17. Jahrhundert mit Lust auf Süßigkeiten: Feldmarschall Cesar de Choiseu, Ciunt du Plessis-Praslin.

Glossar – Fortsetzung

Querruder
Bei Flugzeugen Klappen an den Tragflächen, die gleichzeitig in eine Richtung oder entgegengesetzt bewegt werden können.

Radar
Abkürzung für „Radio Detection and Ranging": Funkortung und -abstandsmessung.

Rudel
Zusammenschluss einer größeren Anzahl (mehr als zwei) bestimmter, wild lebender Säugetierarten. Die nächst größere Tiergemeinschaft wird als Herde bezeichnet.

Sandwich
Benannt nach dem englischen Aristokraten John Montagnu, 4. Earl of Sandwich, aus dem 18. Jahrhundert. Er verlangte angeblich, dass sein Fleisch zwischen zwei Scheiben Brot angerichtet wird, damit er den Spieltisch zum Essen nicht verlassen musste.

Sans Serif
Typografischer Begriff für eine Schrift ohne Serifen, d. h. ohne Verzierungen der Druckbuchstaben.

Schieferung
Vorgang bei der Gesteinsumwandlung, bei dem die mineralischen Gemengeteile und die Druckeinwirkung so ausgerichtet sind, dass ihre Längsachse senkrecht zur Druckrichtung steht.

Schlussstein
In der Architektur Bezeichnung für den höchsten Punkt und Abschluss eines Gewölbes. Das statische Zentrum des Gewölbes.

Schoner
Segelschiff mit weingstens zwei gaffelgetakelten Masten.

Schrapnell
Splittergranate der Vorderlader-Artillerie mit einer Füllung aus Schwarzpulver als Sprengsatz und Bleikugeln, Metallteilen oder anderem.

Seemannsgarn
Erzählungen der Seeleute über deren (angebliche) Erlebnisse.

Shaolin-Kloster
Buddhistisches Zen-Kloster und Geburtsstätte der buddhistischen Kampfkünste.

Sophist
Abgeleitet vom Griechischen: Weisheitsbringer. Früher auch für Lehrer. Heute spricht man von Sophisterei (Weismacherei), wenn man einen Streit gewinnen will, ohne sachlich zu argumentieren.

Spandrel
In der Architektur eine dekorierte Fläche zwischen Rundbogen und seiner rechteckigen Umrandung.

Spekulum
Medizinisches Gerät (Spiegel), das der Arzt anwendet, wenn die erkrankten oder zu untersuchenden Stellen nicht sichtbar sind.

Straight
Beim Poker die Bezeichnung für fünf Karten in Folge.

Supernova
Das schnell eintretende, helle Aufleuchten eines massereichen Sterns am Ende seiner Entwicklung durch eine Explosion.

Tegestologe
Eine Person, die Bierdeckel sammelt.

Tete-beche
In der Philatelie international übliche Bezeichnung für den deutschen Begriff Kehrdruck. Bezeichnet die zwei zueinander kopfstehenden Briefmarken.

Trichotillomanie
Haarrupf-Tick. Bezeichnung für das zwanghafte Verlangen, sich Haare auszureißen.

Voussoir
Keilförmiges Element in der Architektur, gewöhnlich ein Stein, verwendet beim Errichten von Bögen.

Wernicke-Areal
Auch Wernicke-Zentrum, Wernicke-Sprachzentrum. Im hinteren, seitlichen Teil des Temporallappens der Großhirnrinde gelegenes Gebiet, in dem durch Verarbeitung zahlreicher Signale aus verschiedenen Teilen des Gehirns das Sprachverständnis und die Interpretation z. B. von Zahlen und Wörtern ermöglicht wird.

WIMP
Weakly Interacting Massive Particles = schwach wechselwirkende massereiche Teilchen. Teilchen der dunklen Materie im Weltraum.

Xylophagen
Insekten, die sich von Holz ernähren.

Yardang
Rinnen oder Furchen, welche durch Winderosion auf und an schwach gefestigten Sedimenten entstehen.

Zugzwang
Im Schach eine Situation, in der ein nachteiliger Zug ausgeführt werden muss.

Zusammendruck
In der Philatelie Begriff für zwei oder mehr Briefmarken, die auf einem Bogen zusammengedruckt sind, obwohl sie unterschiedliche Werte oder Muster haben.

REGISTER

A

Abagnale, Frank 106
AC/DC 57
Adams, John Quincy 268
Affen 269
AIDS 74, 91
Aischylos 335
Alberto, Carlos 228
Album-Titel 56–57
Alcatraz 34, 253, 333
Alcock, John 291
Aldrin, Buzz 82, 253
Aliens, Entführung durch 131
Alkohol 30–31, 84–85, 164–165
Alligatoren 25, 268–269
Ambrosius, Heiliger 48
American Society of Civil Engineers 248–249
Anästhesie 211, 230
Anderson, Pamela 226, 227
Andress, Ursula 73, 249
Angeln 102
Anglin, John und Clarence 34, 253
Apple, Fiona 57
Argyll and Sutherland Highlanders 142–143
Aristophanes 19
Armeemesser, Schweizer 242–243
Armstrong, Neil 82, 90, 246
Asepsis 211
Astaire, Fred 149
Asteroide 350
Athleten 172–173
Atombombe 79, 351
Atomkrieg 79, 351
Attila der Hunne 334
Aufzüge 309
Auschwitz 35
Ausdauerrennen 192–193
Aussterben 162, 342–343, 351
Ausweis, biometrischer 59
Autobahn 177
Autos 89, 130–131, 297, 312–313

B

Bacon, Roger 335
Bañada-Na-Gang (BNG) 301
Dailey, Robert Francis 60
Baked Beans 95
Baker, Chet 335
Bälle 88–89
Ballonskulpturen 320–321
Bardot, Brigitte 33
Bären 16, 128, 268
Bärenangriff 129
Barzun, Jacques 115
Base Jumping 102
Baseball 114–115, 216, 310
Basinger, Kim 191, 269
Basketball 217, 310
Bates, Paddy 146
Beach-Volleyball 168–169
Beatles, The 51, 148, 319, 347
Beck 57
Beckford, Tyson 277
Beckham, David 148, 153
Bedeutung der Zahl
 Eins 12–13
 Zwei 62–63
 Drei 110–111
 Sieben 160–161, 248
 Neun 208–209
 Zwölf 258–259
 Dreizehn 306–307
Beerdigung 352–353
Begrüßung 48
Bentley, Dr. John Irving 68
Bergkamp, Denis 228–229
Bergman, Ingrid 279
Berlin, Mauer 35
Berry, Halle 227
Bessemer-Verfahren 309
Betrug 106–107
Bett-Rennen 318
Bienen 96–97, 265, 316
Bier 30–31, 165, 249
Big-Wave-Surfing 103
Bigfoot 50
Biker-Gangs 300
Bilderberg-Gruppe 189
Billy the Kid 34
Birma, Könige von 334
Black Box 290
Black Dahlia 336
Blair, Tony 346
Blake, George 35
Blake, William 292
Blériot, Louis 291
Blitze 129
Blitzer 254
Blondin, Charles 38
Blutegel 265
Bluttransfusionen 101
BMX, Freestyle 103
Bobbit, John Wayne 317
Bobteam, Jamaika 254
Bodom-See-Mörder 337
Bogataj, Vinko 124
Bono, Sonny 335
Boxen 26–29, 310
Brabham, Jack 255
Bradys, Die (TV-Serie) 223
Brahe, Tycho 38
Brando, Marlon 12–13, 32–33
Breton, André 292
Brown, Arthur 291
Brown, Henry „Box" 35
Bullenreiten 104–105
Bündchen, Gisele 277
Burns, Pete 245
Burton, Jake 53
Business, Regeln des 266–267
Busst, Dave 125
Byrds, The 56

C

Caesar, Julius 259, 340
Campbell, Donald 340
Cantona, Eric 229
Capone, Al 300–301
Carmouche, Sylvester 254
Cartwright jr., Alexander 114
Casanova, Giacomo 34
Cass, Mama 335
Cervantes, Miguel de 340
Chamberlain, Neville 347
Cheerleading 102
Cher 245
Chirurgie 210–211, 244–245, 316–317, 347
Christie, Agatha 349
Christie, Julie 73
Clooney, George 268, 277, 279
CN Tower 249
Cobain, Kurt 330
Cockerell, Christopher 253
Concorde 291
Connery, Sean 72, 73
Coolidge, Calvin 268
Cooper, Alice 319
Cowper, William 242
Crass, Derrick 124
Cricket 254
Crippen, Dr. Hawley 55
Croll, James 341
Cruise, Tom 191
Cruz, Penelope 277
Curtis, Jamie Lee 191
Custer, General George 330

D

Darwin, Charles 347
Dating 126–127, 204–205
Daytona 500 125
Dean, James 24, 32–33, 171, 279, 331
Deltawerke 249
Dempsey, Jack 26
Denn sie wissen nicht, was sie tun (Film) 171
Depp, Johnny 226, 227
Derek, Bo 132
Der weiße Hai (Film) 170
Descartes, René 340
Dickens, Charles 62, 69
Die Waltons (TV-Serie) 222
DNA 55, 59, 101, 231
Dodo 343
Drachensteigen 102
Drahtseilakt 38
Drogen 16, 86–7, 318–19
Duncan, Isadora 334
Dunn, Irina 292
Durian-Frucht 166
Dylan, Bob 57, 180, 330

E

Ebola 91
Edison 275
Eiffelturm 107, 185
Eilande, künstliche 146–147
Einhorn 123
Einladungen 48
Eis, eingebrochen im 129
Eisenzeit 83, 309
Eishockey 216, 311
Ekberg, Anita 72
Ekland, Britt 133
Electric Light Orchestra 56
Elefantenpolo 318
Elektrischer Stuhl 54–55
Elia, Kerry 245
Empire State Building 248, 308
Ende der Welt 350–351
Energie, sparen von 260–261
Energiesparlampen 261
Entführung 130
Epidemien 74, 91, 350
Erdbeben 75, 131
Erde *siehe* Planet Erde
Erderwärmung 162–163, 260–261, 351
Erdrutsche 74
Erfindungen 122–123, 314–315, 346–347
Ermordung, Staatsoberhaupt 55
Escobar, Andrés 229
Esel 275
Essen und Trinken
 Bordverpflegung 290
 Essens-Premiere 94–95
 Großer Vogel 250–251
 Henkersmahl 344–345
 Hier geht es um die Wurst 18–19
 Lebensunterhalt 112–113
 Lokale Delikatessen 166–167
 Riesen-Keks 80–81
 Riesen-Maki 36–37
 Scharf auf scharfe Drinks 84–85
 Super-Marshmallow 240–241
 XXL-Fischstäbchen 328–329
 XXL-Scotch egg 174–175
Evans, Dennis 229
Everest, Mount 38–39, 193, 249
Evolution 83
Extrembügeln 324–325

F

fahren, Auto 46–7, 176–7
Fahrzeuge 296–297, 302
 siehe auch Flugzeug; Autos
Fallschirmspringen 194–195
Faulkner, William 85
Fawcett, Farrah 133
Ferrari, Lulu 245
Festivals 40–41
Feuer 25, 68–69, 83, 129, 131, 163
Filme 170–171, 222–223, 302–303
Fingerabdruck 55, 59
Fische 95, 263, 275
Fixx, Jim 334
Flirten 116–117
Flora und Fauna
 00er Idole 276–277
 50er Pin ups 32–33
 60er Sexsymbole 72–73
 70er Stars 132–133
 80er Ikonen 190–191
 90er Weiber 226–227
 Bemalte Frau 214–215
 Bienenkönigin 96–97
 Die Tödlichste 44–45
 Dringendes Bedürfnis 136–137
 Experimente mit Drogen 86–87
 Gestörte Ordnung 142–143
 Gilip, gilip, pepapteri 342–343
 Haustier-Projekte 100–101
 Haustiere 268–269
 Herr der Ringe 294–295
 Katzenkunst 120–121
 Körperschmuck 212–213
 Lebendige Statistik 230–231
 Mensch vs Tier 70–71
 Reparaturbetrieb 244–245
 Sein Freund der Baum 218–219
 Sturmlocken 180–181
 Supermenschen 42–43
 Tierischer Sex 118–119
 Tierrekorde 262–263
 Ungebetene Gäste 92–93
 „Unser bester Freund" 20–21
 Vogelscheuche 186–187
Flugzeug 39, 78, 236–237, 238–239, 290–291
Flusspferde 268
Foch, Marschall Ferdinand 347
Folk-Nation-Gang 300
Football, American 124, 125, 173
Frauen, Rechte der 16–17
Frazier, Joe 27
Freimaurer 188
Frisuren 180–181
Fullmer, Gene 28–29
Fusel 84–85
Fußball 88, 125, 173, 217, 228–229, 255, 298–299, 311

G

Gable, Clarke 347
Gagarin, Juri 82, 291
Gainsbourg, Serge 57
Galen 211
Gangster-Kultur 300–301
Gardner, Ava 33
Garland, Judy 222
Gauguin, Paul 340
Gebräuche *siehe* Sitten und Gebräuche
Geheimgesellschaften 188–189
Geld 232–233
Geldautomaten 247
Gemmill, Archie 228
Genmanipulation 351
George V., König 341
Gérard, Dalthasar 55
Gere, Richard 191
Geschenke 48–49
Geschwindigkeitsmessung, Kameras zur 177
Gesetze 16–17, 46–47, 134–135
Gesundheit 198–199, 210–211, 264–265, 316–317
Gewichtheben 124
Gewürze 150–151
Gibson, Mel 191
Glass, Charles 35
Glass, Hugh 200
Gold 150, 231
Golden Gate Bridge 249, 288–289
Golf 88, 172, 173, 255
Grimassieren 280–281
Grint, Rupert 269

H

Haakon VII., König 334
Haie 101, 128, 140, 152, 170, 262, 342
Hallidie, Andrew Smith 308
Handy 58
Handzeichen 168–169, 284–285
Harry, Debbie 133
Hasselhoff, David 227
Haustiere 20–21, 120–121, 268–269
Hefner, Hugh 269
Heine, Heinrich 349
Heirat 16–17
Hells Angels 25, 300
Henkersmahl 306–307, 344
Hepburn, Audrey 33, 279
Herbert, A. P. 18
Herzigova, Eva 226
Heuschrecken 76–77
Hexerei 333
Heysel-Stadion 299
Hillsborough-Stadion 299
Hilton, Paris 269
Hindenburg (Luftschiff) 331
Hinrichtungen 55, 333, 344–345
Hitler, Adolf 51, 331
Holly, Buddy 291, 335
Hooligans (Fußball) 298–299

Register Fortsetzung

Houdini 334
Houston, Whitney 191
Hovercraft 253
Hoyle, Sir Fred 292
Hummer 269
Hunde 20–21, 101, 262–263
Hunt, Marsha 133
Hurst, Geoff 228
Huxley, Aldous 292

I

Ibsen, Henrik 340
Illuminaten 189
Industrie-Unfälle 79, 351
Industrielle Revolution 83, 309
Insekten 70–71, 76–77, 118–119, 152–153
Instantkaffee 94
Internet 58–59, 107, 127
Itaipú-Damm 249

J

Jack the Ripper 332, 336
Jackson, Michael 245, 269
Jakob I., König 268
Jenney, William le Baron 309
Jobs, ungewöhnliche 206–207
Johansson, Scarlet 277
Johnson, Amy 291, 334
Johnson, Jack 26
Johnson, Samuel 31
Jolie, Angelina 269, 276, 277
Jones, Vinnie 229
Joplin, Janis 318–319

K

Kafka, Franz 292, 330
Kameras, versteckte 178–179
Kanaltunnel 248
Kanonen 83
Karaoke 144–145
Karate 338–339
Karl I., König 344
Karl VIII., König 334
Kartoffelchips 94
Käserollen 322
Katastrophen 74–75, 78–79, 350–351
Kath, Terry 319
Katharer 188
Katzen 120–121, 262
Kennedy, John F. 82, 91, 330
Kidman, Nicole 153, 263
Kleidung 64–67, 112
Klettern 103, 249
Klimawandel 162–163, 260–261, 351
Klinsman, Jürgen 229
Klonen 101
Knievel, Robert „Evel" 124
Knowles, Beyonce 277
Kolumbus, Christoph 274
Kommunikation
  Ärger in Sicht 220–221
  Auf einen Drink 30–31
  Berühmte letzte Worte 340–341, 346–347
  Einen Partner finden 116–117
  Gangster-Kultur 300–301
  Lass mich in Ruhe! 326–327
  Liebesgeflüster 204–205
  Orte + Dinge 282–283

Welt-Karaoke 144–145
  Wo ein Wille ist ... 348–349
  Zeichensprache 284–285
  Zitate, Zitate 292–293
Körperpiercing 294–295
Körpersprache 116–117
Kraftwerk 57
Krankheit 15, 74, 91, 350
Krebs 91
Kreditkarten 58
Krieg, Kalter 82, 351
Krokodile 128
Krupa, Michael 35
Krustentiere 269
Kubrick, Stanley 293
Kultur 57
Kupcinet, Irv 293

L

Lambot, Joseph-Louis 309
Lauda, Niki 125
Laufpanzer 298
Lawinen 75
Lawson, Henry 165
Lebenshaltungskosten 112–113
Led Zeppelin 319
Lee, Bruce 171
Lennon, John 347
Leonardo da Vinci 38, 122, 278–279
Lepore, Amanda 245
Liebe, Sprache der 204–205
Liebnitz, Gottfried 62
Lieder 144–145
Lillelien, Bjorge 255
Linkshänder 182, 209
Liu, Lucy 279
Long, Dr. Crawford 211
Lopez, Jennifer 227
Loren, Sophia 73
Lorz, Fred 254
Löschhubschrauber 25
Louis, Joe 26
Löwen 268
Lustig, Victor 107

M

MacGregor, Gregor 106
MacGyver (TV-Serie) 243
Machiavelli, Niccolò 341
MacPherson, Elle 191
Maden 265
Madonna 190
Mafia 189, 300
Magellan, Ferdinand 274
Malarchuck, Clint 124
Malaria 15, 44
Mansfield, Jayne 33
Manson, Charles 171
Maradona, Diego 228
Marathon 192–193, 201, 254–255, 282
Marciano, Rocky 27
Marescaux, Jacques 210
Margarine 95
Marquis, Don 293
Marsbewohner 50–51
Martin, Anna 68
Martin, Dean 164
Martini 30, 165
Marx, Karl 341
Mauer, Chinesische 275
McCartney, Paul 51, 319
McDonald's 167

McEnroe, John 311
McSorley, Marty 311
McVeigh, Timothy 345
Medizin, alternative 264–265
Meeresspiegel 162
Meetings, Business- 266–267
Meher Baba 340
Menschen
  Anziehung zwischen 116–117, 126–127, 278–279
  Eigenarten des 6
  Ersatzteile 202–203
  Evolution des 83
  Extreme 42–43
  Kleidung 64–67
  Lebendige Statistik 230–231
  Mensch vs Tier 70–71
  Parasiten 92–93
  Phobien 152–153
  und Gleichförmigkeit 142–143
  und Klimawandel 163
  Versicherung von Körperteilen 148–149
Michael, George 319
Michelangelo 278
Mikrochips 58
Mikrowelle 315
Militär 196–197
Militärausgaben 196–197
Milla, Roger 229
Miller, Glenn 291, 335
Minenfelder 130
Minogue, Kylie 277, 346
Misfits – Nicht gesellschaftsfähig (Film) 170
Mona Lisa (Gemälde) 278
Mondlandungen 82, 90, 255, 275
Monroe, Marilyn 32, 170, 331
Montaigne, Michel de 293
Montgolfier, Gebrüder 101
Moore, Mikki 269
Morales, Erik „El Terrible" 27
Moran, Dylan 293
Mörder 14, 24–25, 78, 336–337, 344–345
Morris, Frank 34, 253
Morrison, Jim 318–319
Moskitos 44–45, 62
Moto-X, Freestyle 154
Motorrad, verziertes 312
Muhammad Ali 27, 73
Musik 56–57, 144–145
Müsli 95
Mythen und Legenden
  Am Leben bleiben 200–201
  Berühmte Ausbrecher 34–35
  Besser tot? 330–331
  Erste Verbrechen 54–55
  Fakt oder Fiktion 140–141
  Falschmeldungen 50–51
  Für immer jung? 222–223
  Für immer ungelöst 336–337
  Letzte Verbrechen 332–333
  Letzte Worte 334–335
  Moderne Mythen 274–275
  Riesige Feuerbälle 68–69
  Sechs Grade von Prominenz 182–183
  Straßenverkehr 176–177
  Urbane Mythen 24–25, 246–247
  Verschwörungstheorien 90–91
  Wer hat Angst vor...? 152–153
  Wie man zu Geld kommt 106–107
  Willkommen im Club 188–189

N

Namen 56–57, 182–183, 282–283
Nero, Kaiser 254, 340
Nerval, Gérard de 269
Newman, Paul 72, 73
Newton, Sir Isaac 83
Niagarafälle 38, 101
Nierenraub 247
Nixon, Richard M. 91
Nofretete, Königin 279
Norteños/Sureños-Gangs 301
Notaufnahme 316–317
Notfälle, medizinische 316–317
Nukleartechnologie 79, 351

O

O'Neill, Eugene 341
Oasis 57
Old-Christians-Rugbyteam 200
Ölkatastrophe 78
Olympische Spiele 254–255, 282, 298
Onishchenko, Boris 255
Optische Instrumente 211
Opus Dei 189
Organe, künstliche 202–203
Origami 138–139, 234–235
Ortolan 167
Orwell, George 58
Osbourne, Ozzy 318, 319
Osmonds, The 222
Oswald, Lee Harvey 91
Otis, Elisha Graves 309

P

Palme, Olof 336
Panamakanal 249
Papierflieger 234–235
Papillon (Henri Charrière) 34
Paré, Ambroise 211
Parkkralle 177
Parkuhr 176
Parton, Dolly 101, 148
Pascal, Blaise 292
Pastrana, Travis 154
Patente 122–123, 347
Pawlowa, Anna 341
Pearce, Guy 181
Pearl Harbor 90
Peek, Tony 293
Pele 27
People-Nation-Gang 300
Pet Shop Boys, The 57
Petit, Philippe 38
Pfefferkörner 150, 233
Pferderennen 173, 254, 286
Phantombild 55
Philadelphia Experiment 90
Phillips, Agnes 69
Phobien 152–153
Picasso, Pablo 18, 249, 293
Piltdown Mensch 51
Pink Floyd 56
Piquet, Nelson 311
Pitt, Brad 226, 227
Planet Erde
  60 Sekunden, um die Welt zu retten 260–261
  Das Ende ist nah 350–351

Einführung in die Erde 6–7
Gottes Werk? 74–75
Heuschreckenplage 76–77
Ich überlebe... 128–131
Katastrophen und Tod 78–79
Klimawandel 5 vor 12? 162–163
Künstliche Eilande 146–147
Sieben Wunder der Welt 248–249
Wo man nicht hin sollte 14–15
Wolken gucken 270–273
Plato 340
Pogo Sticks 39
Poitier, Sydney 33
Polkappen 162
Poltergeist (Film) 171
Ponzi, Charles 106
Poppen, Sherman 53
Presley, Elvis 32, 33, 269, 318–319, 331
Principality of Sealand 146–147
Prominente 32–33, 72–73, 132–133, 182–183, 190–191, 226–227, 268–269, 276–277
Prosperi, Mauro 201
Prothesen 202–203
Punkrocker 246
Pyramiden, Ägypten 248
Pythagoras 62, 111

R

Rad fahren 154–155, 172, 193, 224–225
Rafting 103
Raketenrucksack 39
Ratten 269
Räuber 247
Ray, Allan 317
Recycling 260
Redford, Robert 133
Redmond, Derek 172
Redneck Games 322
Rennsport 89, 124–125, 255, 311
Rensenbrink, Rob 229
Ressourcen, Bewahrung von 260–261
Restaurant 94, 165
Reynolds, Burt 133
Richards, Keith 319
Rickenbacker, Eddie 201
Rivers, Neal 28–29
Roboter 210, 351
Rock 'n' Roll 318–319
Rollbombe 253
Rolling Stones 318, 319
Romero, Monseñor Oscar 337
Roosevelt, F. D. 90, 152
Roosevelt, Theodore 268
Rosemary's Baby (Film) 171
Rosenkreuzer 188
Roswell UFO 51
Rugby 173, 209, 282
Rüstungsausgaben, nationale 196–199
Ryan, Chris 200

S

Saffin, Jeannie 68
Salazar, Eliseo 311
Salz 151, 233
SARS 91
Savage, Adam 140–141
Schießpulver 83

Schiffsunglücke 78
Schildkröten 263, 343
Schimpansen 269
Schlangen 71, 118, 129, 152, 269
Schlossknackset 179
Schlüsselloch-Chirurgie 210–211
Schmetterlinge 153, 262
Schönheit 278–279
Schönheitschirurgie 244–245
Schwarzbrennerei 84–85
Schwarze Löcher 350
Schweine 152, 268
Scott, Lloyd 255
Selbstentzündung, spontane 68–69
Selbstverteidigung 131
Serienmörder 78
Sex 16–17, 118–119, 134, 318–319
Sexsymbole siehe Prominente
Shackleton, Ernest 201
Shakira 277
Sharp, Pat 181
Shepherd, Alan 255
Shields, Brooke 191
Sicherheit
    im Flugzeug 290–291
    im Haus 156–157
Sieben Wunder der Welt 248–249
Simpson, Jessica 268
Simpson, Joe 201
Simpson, OJ 337
Sinatra, Frank 291
Sitten und Gebräuche
    Arbeit und Konsum 112–113
    Das war's Leute 352–353
    Dating-Regeln 126–127
    Die Regeln des Business 266–267
    Die Regeln des Trinkens 164–165
    Es ist erlaubt... 16–17
    Es ist noch immer verboten... 134–135
    Frauen aus aller Welt 66–67
    Grimassieren 280–281
    Irre Jobs 286–287
    Lebensaufgabe 288–289
    Männer aus aller Welt 64–65
    Millionen-Dollar-Menschen 148–149
    Nationale Gesundheit 198–199
    Nationale Schätze 184–185
    Partys der Welt 40–41
    So wertvoll wie Gold 150–151
    Verkehrsregeln 46–47
    Was ist Schönheit? 278–279
    Wenn Sie in Rom sind 48–49
Skull & Bones 189
Snoop Dogg 319
Snowboarding 52–53
Sokrates 341
Sonnensystem 6–7, 209
Sophokles 335
Souvenirs 184–185
SpaceShipOne 296
Spector, Phil 319
Speed Dating 127
Spiderman 22, 23
Spielmanipulation 229
Spinnen 86–87, 123, 152
Spionagewerkzeug 178–179
Spione 178–179
Sport und Freizeit
    Amerikas Sportart Nr. 1 114–115

Auf der Piste 52–53
Ballonskulpturen 320–321
Brettsport 324–325
Bullenreiten 104–105
Das schönste Spiel 228–229
Die hehre Kunst 26–27
Extreme Ausdauer 92–93
Extremsport 322–323
Gewinner und Verlierer 254–255
Hals- und Beinbruch! 124–125
Handzeichen 168–169
Heldentaten 38–39
Horrorfilme 170–171
Katastrophen im Fußball 298–299
Klassiker 28–29
Kontaktsport 338–339
Neue Bälle, bitte 88–89
Nichts als Exzesse 318–319
Origami 138–139
Papierflieger 234–235
Pech und Pannen 172–173
Radkünstler 154–155
Radpartie 224–225
Sport brutal 310–311
Sport ist Mord 108–109
Sport und Aberglauben 216–217
Vereint im freien Fall 194–195
Was steckt dahinter 56–57
Zaubertricks 98–99
Sprague, Eric 244
Springsteen, Bruce 318
Stahlbeton 309
Stanley, Hans 242
Stiefel, Fußball 88
Stieleis 94
Stone, Sharon 293
Straßen 15, 46–47, 176, 176–177
Strelzyk, Peter 35
Strichcodes 58, 94
Strutt, William 309
Südseeblase 107
Sumpfschnorcheln 323
Superhelden 22–23, 303
Superman 22, 23, 170
Sushruta 211
Swan, Joseph 276

T

Taipeh 101, 308
Tardelli, Marco 228
Taschenmesser 242–243
Tatoos 212–215
Taylor, Elizabeth 73, 291
Technologie
    Aufgemotzt 312–313
    Big Brother 58–59
    Bis in den Himmel 308–309
    Come fly with me 290–291
    Das schärfste Kombiwerkzeug 242–243
    Flugbeobachtung 236–237
    Flugunfall 238–239
    Geld, Geld, Geld 232–233
    Glückliche Zufälle 314–315
    Horch und Guck 178–179
    Mensch und Maschine 296–297
    Menschen auf dem Mond 82–83
    Menschliche Ersatzteile 202–203
    Milliarden für das Militär 196–197

Natürliche Heilkunst 264–265
Nie im Leben 302–303
Notaufnahme 316–317
Patentierter Unsinn 122–123
Roboter-Chirurg 210–211
Sicherheit im Haus 156–157
Was man alles mit einem Löffel macht 252–253
Wie wird man ein Superheld 22–23
Teleportation 23, 90
Telomer-Erosion 351
Tempelritter 188
Tennis 89, 217, 311
Teufelsinsel 34
Thatcher, Margaret 255, 346
Theismann, Joe 124
Thomas, Dylan 335
Thomas, Henry 69
Thrust SSC 297
Thurman, Uma 227
Tiefkühlkost 95
Tierarten, gefährdete 342–343
Tiere siehe Flora und Fauna
Tiger 268, 342
Titanic (Schiff) 331
Toast 30–31, 165
Tod 334–335, 340–341, 344–345, 348–349, 352–353
Toiletten 136–137, 274
Tour de France 172, 193
Transformer-Monstertruck 296
Transportmittel 112–113, 260–261
Travolta, John 133
Treibsand 128
Triaden 301
Truthahn 250–251
Tschernobyl 79
Tsunamis 74
Tür, Eintreten einer 131
Turlington, Christy 279
Twain, Mark 341
Tyson, Mike 27, 268, 310

U

Überfälle 191
Überflutung 131, 163
Überleben
    Berichte 200–201
    Techniken 128–131
Überleben am Pol 129
Überleben im Dschungel 129
Überleben, Schiffsunglück 129
Überwachung 58–59, 178–179
Überwachungsgeräte 179
UFOs 91
Umweltschutz 260–261
Unfälle 15, 78–79, 102–103, 124–125, 140–141, 156–157, 224–225, 238–239, 291, 298–299, 316–317
Unruhen 131
Unterhaltung im Business 267
Unterwasserhockey 318
Urinale 249
Urlaub 14–15, 131, 184–185

V

V 2-Rakete 82, 100
Valens, Richie 291, 335
Valentino, Rudolph 279
van Gogh, Vincent 330
Van Halen 319

Varley, Isobel 214–15
Verbrechen 14–15, 54–55, 247, 332–333, 336–337, 344–345
Verfolger, Abschütteln 130
Verkehrsregeln 176–177
Verkehrszeichen 220–221
Verletzungen 102–105, 124–125, 156–157
Vermächtnisse 348–349
Versace, Donatella 245
Verschwörungstheorien 90–91, 188–189
Versicherung von Körperteilen 148–149
Vesalius, Andreas 211
Vicious, Sid 319
Vögel, Rekorde 262–263
Vogelscheuche 186–187
Voltaire 341
Vom Winde verweht (Film) 170, 346
von Braun, Wernher 82
Vrba, Rudolf 35
Vulkane 74, 350

W

Waldbrände 25, 129, 163
Wallis, Barnes 253
Wanderbewegungen von Tieren 262–263
Washington, Denzel 279
Washington, George 242
Wasser
    laufen über 38, 122
    Schutz 261
Watt, James 83, 309
Watts, Tonya 286
Wein 30–31, 282–283
Wek, Alek 279
Welles, Orson 50–51
Welsh, Raquel 72
Weltall 82, 100–101, 302, 350
Weltkrieg, Erster 79, 255
Weltkrieg, Zweiter 79, 82, 347
Werkzeug
    für die Spionage 178–179
    improvisiertes 252–253
Western 303
Wetzel, Günter 35
Wetzler, Arthur 35
Whisky 165
White Stripes, The 56
White, Dustry 125
Wildenstein, Jocelyne 245
Wilhelm, Prinz von Oranien 55
Winchester, Geisterhaus von 348
Wingdings 50
Winnebago 246
Witt, Dr. Peter 86–87
Wodka 165
Wolken 270–273
Wolkenkratzer 308–309
Wood, Natalie 153, 171
Wright, Gebrüder 290, 347
Wurst 18–19
Wüste, Überleben in der 128

Y

Yakuza 189, 300
Yardies 300
Yorkshire Ripper 25

Z

Zaubertricks 98–99
Zehenkampf 322
Zeichensprache 284–285
Zidane, Zinedine 311
Ziolkowski, Konstantin 83
Zodiac Killer 337
Zorbing 318
Zugunglücke 79, 274
Zwergenwerfen 318
Zyklone 75

359

DANKSAGUNG

Bildnachweis
Der Verlag dankt folgenden Personen und Institutionen für die freundliche Genehmigung zur Veröffentlichung ihrer Bilder:

(o = oben; u = unten; M = Mitte; l = links; r = rechts)

Christine Acebo: www.flickr.com/photos/lightlypaintedpixels/ 21Mru; **Action Images:** 173ul, 229ol, BM/RCB Reuters 102or; CP Reuters 103ol; JPP/ Reuters 229ul; KM/Reuters 228r; Brandon Malone 52ol; Steve Marcus/Reuters 27or; MSI 27ur; Steven Paston Livepic 103ul; Patrick Price 104–105; CB/BM/CLH/ Reuters 173M; Peter Schols/ Reuters 311ur; Sporting Pictures (UK) Ltd 228ur; **The Advertising Archives:** 181uM, 181ur, 181Mu, 181Ml, 181l, 226, 290M; **akg-images:** Musée Africain, Lyon 233Mru; **Alamy Images:** Rubens Abboud 147ul; Allstar Picture Library 277M; Arco Images 93Ml, 265M; Bill Bachmann 40Ml; Suzy Bennett 166Mlo; Barry Bland 322or; blickwinkel/Peltomaeki 119uM; blickwinkel/Schmidbauer 342–343 M; Steve Bloom Images 342M; Oote Boe Photography 221l; Oote Boe Photography 2 221Mru; Mark Bowler Amazon–Images 92ul; Buzz Pictures 322url; John Cancalosi 119M; Frank Chmura 22ur; Nic Cleave Photography 41or; Bruce Coleman/Tom Brakefield 343Ml; Wendy Connett 308l; Gary Cook 342Ml; David Crossland 40ur; CuboImages srl/Damiano Zanderighi 89ol; David Cumming/Eye Ubiquitous 249ur; Sue Cunningham Photographic 249Ml; Martin Cushen 323Ml; DJ Dates 167Ml; Phil Degginger 75or; Matthew Doggett 211ur, 221Mro; Darroch Donald 210; Craig Ellenwood 21M, 21Mu, 21or; Simon Evans 309uM; FilterEast 167or; Food Features 167Mr; Global Images 39ol; Simon Grosset 322Mr; Rab Harling 221ur; Glenn Harper 278ur; Mike Hill 221uM, 322l; Kraus/f1 online 193Mr; Yadid Levy 213M; J Marshall – Tribaleye Images 167Mlo; Mary Evans Picture Library 26ul, 54, 69, 83Mo, 83Mlo, 83ol, 88tM, 88ol, 101or, 211M, 287oM, 309ol, 332ul; Antony Medley/SIN 318; MJ Photography 167ol; Peter Mundy 167uM; North Wind Picture Archives 309or; James Osmond 221M; Andrew Paterson 314ur; Photos 12 32, 33uM, 73ur, 302ol, 303Ml; Pictorial Press 279oM; Pictorial Press Ltd 33M, 51M, 291Mu, 291Mru, 302Mr, 303ur; Wolfgang Pölzer 118ul; Popperfoto 13M, 27ul, 27ol, 89Ml, 89Mlo, 168ol, 173ur, 228uM, 228l, 229M, 300ol; Gene Rhoden 272–273; Pablo Ricardo 316ur; RightImage 202; Kevin Schafer 343M; Skyscan Photolibrary 297ul; Jack Sullivan 168or; The Print Collector 211uM, 309Mru; Miro Vrlik Photography 166Ml; Mark Wagner Aviation–Images 291ur; Andrew Woodley 21Mr; **The Trustees of the British Museum:** 233Ml; **China Foto Press:** 167Mr; **Corbis:** 22Mu, 55Mr, 191Mr, 211ur; Nogues Alain 317ul; James L. Amos 315ul; Bernard Annebicque 23uM; Richard Baker 142–143; Tiziana und Gianni Baldizzone 233or; Dave Bartruff 333ul; Mariana Bazo/Reuters 102ul; Bettmann 26ur, 26or, 28–29, 50ol, 74ol, 78u, 100, 134Ml, 134Mlu, 134or, 135M, 211M, 211Ml, 222ur, 223or, 255or, 279ul, 286 or, 291Ml, 309M, 309Mlu, 312Ml, 330Ml, 331u, 331ol, Mike Blake/Reuters 245Mru; Gene Blevins 296–297u; Danilo Calilung 345ul; Philippe Caron/Sygma 248or; CinemaPhoto 279 ol; Andy Clark/Bettmann 124o; Envision 19or; epa 210ul; Robert Eric 279ul; Deborah Feingold 190; Firefly Productions 140–141; Rufus F. Folkks 279uM; Owen Franken 167ul; Tony Friedkin/Sony Pictures Classics/ZUMA 103ur; Al Fuchs/NewSport 154–155; Louie Psihoyos/Larry Fuente 312–313; Lynn Goldsmith 133or, 180; Philip Gould 102Ml; Neil Guegan/zefa 261 or; Pierre Holtz/Reuters 76–77; Hulton-Deutsch Collection 133uM, 255Ml; Ed Kashi 212; Kelly/Mooney Photography 312ul; Igor Kostin/Sygma 79or; JP Laffont/Sygma 73Ml; Danny Lehman 41ul; C. Lyttle/zefa 40ul; . Wayne Lockwood, M.D. 119ol; Francis G. Mayer 330ol; Stephanie Maze 311M; Amos Nachoum 102ur; Alain Nogues 238–239; Charles O'Rear 4–5; Gianni Dagli Orti 278ol, 278or; Jose Luis Pelaez 338–339; Neal Preston 287ol; Roger Ressmeyer 203, 288–289; Reuters 75l, 277ul, 286ur; Patrick Robert 240M; Joel W. Rogers 294–295; Patrick Roncen 193ul; Anders Ryman 232; William Sallaz 296u; Schwarzwaelder 279Ml; Erica Shires/zefa 102ol; Julian Smith/epa 342Mr; Joseph Sohm/Visions of America 186–187; John Springer Collection 33ur; Rolf Vennenbernd/Epa 136–137; Patrick Ward 312ol; Michael S. Yamashita 218–219, 233b; **DK Images:** Michael Jackson/Sudwerk Privatbrauerei Hübsch (von Michael Jackson's Ultimate Beer) 165ul; Geoff Brightling/Courtesy of Denoyer – Geppert Intl 202; Courtesy of ESPL/Denoyer-Geppert 274ul; Courtesy of H Keith Melton Collection 179or; Courtesy of the H Keith Melton Collection 178ul, 178M; Geoff Dann/The Wallace Collection, London 55ol; Chas Howson/The British Museum 150–151; Judith Miller/Lyon and Turnbull Ltd. 88ul; Judith Miller/Wallis and Wallis 344M; Andy Crawford/Courtesy of the Football Museum, Preston 88uM, 88or; Shanachie 57Ml; Sony BMG 56ul, 56Mr, 56ol, 57ur; Wenger SA 242–243; Liz Wheeler 65ur, 65oM, 66ul, 66ur, 66ol, 66or, 67ul, 67ur, 67Mlo, 67Mro, 67or; **Durrat al Bahrain:** 147ur; **Robert Estall Photo Library:** Carol Beckwith/Angela Fisher 352–353; **Dr. J. Fletcher:** 213Mlo; **FLPA:** Hugh Clark 343Mr; Panda Photo 118ol; **Getty Images:** 27M, 33ul, 82ur, 101uM, 101ul, 181Mr, 181or, 227Mlu; Evan Agostini 279or; David Ashdown 124ul; Bongarts 229ur; Boston Museum of Science 315ur; Shaun Botterill/Allsport 125l; Matt Cardy 410l; Del Castillo 227Mlo; CBS Photo Archive 50–51u; Skye Chalmers 52–53; Ralph Crane/Time Life 250–251; Sam Diephuis 267ul; Stuart Franklin 168–169; Kent Gavin 228or; Daisy Gilardini 118or; George Gojkovich 124ur; Sylvain Grandadam 249or; Stuart Hannagan 168Mr; Alexander Hassenstein 168ul; Paul Hawthorne 245uM; Mike Hewitt 125ul; Dave Hogan 245l; Kevin Horan 192ul; Hulton Archive 279ur; Chris Jackson 245ur; Dr. Dennis Kunkel 92–93; Ross Land 168ur; Oliver Lang 279Mr; David Livingston 21ul; John Lund 213Mr; Jim McIsaac 317ur; Ryan McVay 29r; Frank Micelotta 330Mr; John Moore 220M; Chuck Nacke 300ur; Kazuhiro Nogi 213ur; Scott Olson 296–297o; Gabe Palacio 125or; Pascal Pavani 172r; Mike Powell 103or; Patrick Riviere 191uM; H. Armstrong Roberts 222–233; Norbert Rosing 118ur; George Silk 287u; Victoria Snowber 170–171; Jamie Squire 168Ml; Justin Sullivan 21uM; Yoshikazu Tsuno 23Ml; Art Wolfe 74r; **GrahamWatson.com, Inc.:** 224–225; **Graham Hawkes Aerial Library:** 146, 147Ml; **Illustrated London News Picture Library:** 3330M; **Imaginechina:** 167ur, 265ul; **iStockphoto.com:** William Berry 185ur; Donall O Cleirigh 209uM; Rob Friedman 208r; Ethan Myerson 230; Graeme Purdy 209r; Nuno Silva 208–209M; Kevin Su 209bl; Glen Teitell 164ul; **jupiterimages:** 2210M; Steve Vidler/ImageState 249ol; **The Kobal Collection:** 20th Century Fox 2910M, 3030l; ABC/Paramount 223l; Baywatch Co/Tower 12 Prods 2270M; Cinema City Film Prod 3010l; El Deseo S.a. 2770M; Hammer 72; Imagine/Universal 227ul; MGM 222l; NBC–TV 202ul; Rank 33Mr; Romulus/Warwick 223Mr; Warner Bros 222ul, 223ul, 227ur, 302ul; Wolper/Warner Bros 223ur; **Susan & Jason Larkins www.yoda-dog.com:** 1, 5, 20; **Lonely Planet Images:** Frank Carter 167Mo; Peter Ptschelinzew 166Mru; Oliver Strewe 166Ml; **Mary Evans Picture Library:** 510r, 89Mro, 135ul, 333l; Ad Lib Studios 55Ml; David Lewis Hodgson 332–333M; **NASA:** 39ul, 82, 82or, 83, 147Mr; **National Costume Doll Collection:** Josien Buijs: 64ur, 64Ml, 64ur, 65Ul, 65Mu, 65ol, 66Ml, 66Mr, 67Ml, 67Mlu, 67ur, 67ol; **naturepl.com:** Mark Brownlow 96–97; **NewsCast photo library:** Smiths Group plc 202; **Niagara Falls Public Library:** 38ul; **PA Photos:** 173oM, 173ol, 254ur, 255Mr; AP 79ur; AP Photo/Alan Welner 38Mr; Charles Doherty 310ol; Gerry Kahrmann 311ul; Tony Marshall/EMPICS Sport 254Mr; Michael Probst/Ap 26ol; S&G 254ol; Amy Sancetta 311l; Jack Smith 31or; USAF/Abaca/ABACA 13Mo; Henny Wiggers/AP 194–195; **The Patent Office:** 122ol, 123ur, 123or; **Photolibrary:** Joe Blossom/SAL 342Ml; David M Dennis 23ur; Floyd Holdman William/Index Stock Imagery 249ul; Max Gibbs 93ur; Jtb Photo Communications Inc 400M; David Kirkland 213Mlu; Patti Murray 343Ml; Nonstock Images 213uM; Doug Scott/Mauritius 119ul; Claude Steelman 22Ml; Frank P Wartenberg 212; Ariadne Van Zandbergen 119or; **PHOTOPRESS/Victorinox:** 242Mr, 243M, 2430M; **PunchStock:** 202, 202, 203; **Redferns:** Action Press 181r; Sony BMG 57or; Sympathy 4 the R.I. 56M; **Rex Features:** 20thc.fox/Everett 276; 39r, 52Ml, 53or, 202, 213ul, 245or, 286l, 287ol, 322ol, 324–325; Stuart Atkins 277uM; Matt Baron 279M; David Batcholor 181or; Bruce R. Bennett 322ul; Peter Brooker 21Ml, 21clu, 21Mro, 244; John Chapple 21oM; Crollalanza 227oM; Andre Csillag 181ul; Andrew Dunsmore 322Ml; Jeremy Durkin 245M; Everett Collection 73uM, 73Mr, 730M, 73or, 133ul, 133ul, 133Ml, 133 oM, 191 oM, 291ul; Albert Ferreira 277ur, 277 or; Neale Haynes 53M; Annelisen Iackho 255ur; Richard Jones 343Mr; Pete Lawson 147M; MGM/Everett 191M; Ita Molin 181oM; David Muscroft 280–281; Paramount 191ur; Paramount/Everett 133M; Gary Roberts 322ur; Roger-Viollet 79l; Sinopix Photo Agency Ltd 297ol; Sipa Press 21Mr, 330M, 191ul, 245Mro, 277Ml, 277Mr, 290ul, 290r, 300–301u, 316ul, 316Ml, 316Mu; SNAP 33Ml, 33or, 73ul, 191Ml, 191Mro, Michele Tantussi 227uM; J Tavin/Everett 73M; Sam Tinson 322ul; Warner Br/Everett 132; Les Wilson 245ul; **The Ronald Grant Archive:** Columbia 303Mr; **Science & Society Picture Library:** Science Museum 89Mr, 102, 202, 203, 213or; **Science Photo Library:** George Bernard 271oM; Dr. Pete Billingsley, University Of Aberdeen/Sinclair Stammers 44–45; Eye Of Science 93Mr; David R. Frazier 271ur; Geoeye 147oM; Pascal Goetgheluck 2100r; Steve Gschmeissner 93ul, 93ol; Klaus Guldbrandsen 21Mr; Adam Hart-Davis 152–153; Dr Najeeb Layyous 210ur; Jackie Lewin, Em Unit Royal Free Hospital 93uM; London School Of Hygiene & Tropical, Medicine 93or; John Mead 271ul; Pekka Parviainen 270Mr, 270 ol, 271Mr; George Post 270ur; Alan Sirulnikoff 271or; Volker Steger 930M; **Shutterstock:** Stephen Coburn 185Mr; Vladislav Gurfinkel 184ul; Anton Gvozdikov 21ul; Jason 185ul; Antonio Lacovelli 185uM; Oleg Lazarenko 185Mlu, Neven Mendrila 185Mru, Burton Silver & Heather Busch: 120, 121uM, 121l, 121ur, 121Mo, 121Mu, 121Ml, 121l or, 121Mr; **SuperStock:** age fotostock 290Mr; **Switzerlandshop.com:** 185M; **Tails by the Lake.com:** 21ur; **TopFoto.co.uk:** The British Library /HIP 78ol; **U.S. Patent Office:** 122ul, 122ur, 1220r, 123Ml, 123Mr, 123ol; **Isobel Varley:** Alexander Wehowski 214–215; **www.macgyveronline.org:** 243uM, 243ul

Cover von: Susan & Jason Larkins www.yoda-dog.com

Alle weiteren Bilder © Dorling Kindersley Zusätzliche Informationen unter: www.dkimages.com

Dank des Autors

Ein besonderer Dank geht an Jeremy Beadle für seine große moralische Unterstützung und für den Zugang zu seiner umfangreichen Bibliothek; an Mitch Symons für die Bereitstellung einiger skurriler Informationen; an Caroline Allen für ihre Hilfe bei der Recherche; an Barbara Dixon für ihre Informationen zur Ernährung und an Roddy Langley für die Fußballstatistiken.

Mein Dank gilt auch dem Verlagsteam, besonders Liz Wheeler, Jonathan Metcalf, Kathryn Wilkinson und Vicky Short. Des weiteren bedanke ich mich bei folgenden Personen und Institutionen für ihre Hilfe bei der Recherche: Simon Ager (www.omniglot.com), James Harrison, John Allen, Kate Allen, Ashrita Furman, Lee Gluyas, Phil Harrison, Rick Harrison, Rebecca Holmes (Norwich Union Insurance), Rébecca Käslin (Wenger SA), Thomas Keenes, Irene Knight (CN Tower), Kate Langley, Sally Lindsay, Tim McGee, William Parry, Tony Peek, Richard Penfold, Louise Prior, Mark Regan, Josh Risso-Gill, Barrie Singleton, Peter Tehan, Beyond Entertainment Inc. Village Books, Dulwich.

Dank des Verlags

Der Verlag bedankt sich für die zusätzlichen Illustrationen bei:

Dave Anderson, Container, Neil Duerden, Genevieve Gauckler, Clare Joyce, Tim Lane, Pablo Pasadas, Jo Ratcliff;

für die zusätzlichen Zeichnungen bei:
Alison Gardner, Kenny Grant, Thomas Keenes, Simon Murrell, John Round, Elma Aquino, Adam Brackenbury, Mandy Earey, Philip Fitzgerald, Peter Laws, Heather McCarry, Adam Walker, Sara Oiestad und Pete Wilcock;

für die redaktionelle Mitarbeit bei:
Angela Wilkes

und für die Bildrecherche bei:
Sarah und Roland Smithies sowie bei Lucy Claxton und Claire Bowers.